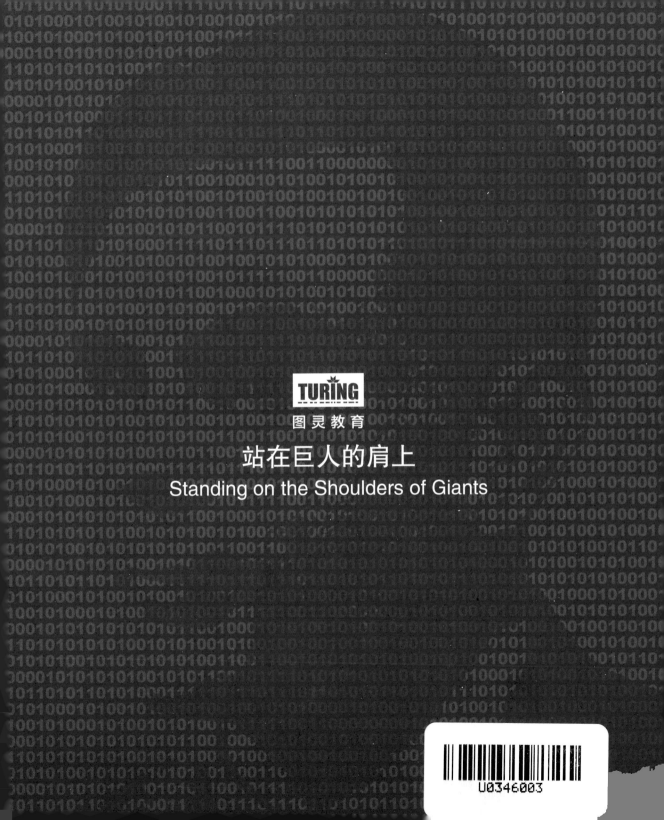

TURING

图灵教育

站在巨人的肩上

Standing on the Shoulders of Giants

U0346003

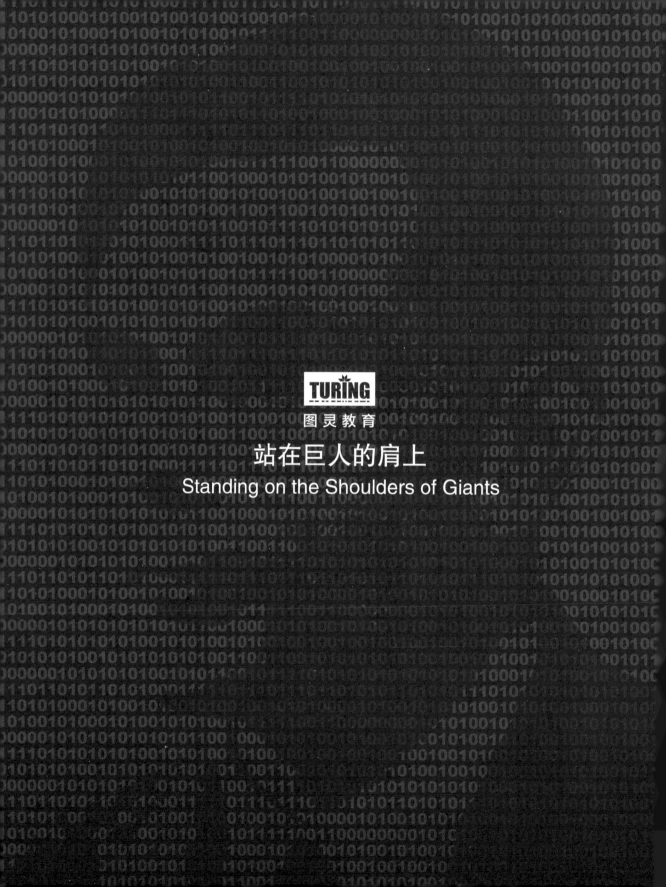

TURING

图灵教育

站在巨人的肩上

Standing on the Shoulders of Giants

小程序开发
原理与实战

王贝珊 戴 頔 李成熙 ◎ 著

人民邮电出版社

北 京

图书在版编目（CIP）数据

小程序开发原理与实战 / 王贝珊，戴頔，李成熙著.
-- 北京：人民邮电出版社，2021.5
　（图灵原创）
　ISBN 978-7-115-56290-6

Ⅰ．①小… Ⅱ．①王… ②戴… ③李… Ⅲ．①移动终
端—应用程序—程序设计 Ⅳ．①TN929.53

中国版本图书馆CIP数据核字(2021)第058027号

内 容 提 要

本书全面讲解小程序的开发原理、运行机制和云开发。首先，从小程序开发入门开始，通过实用的项目案例，教你快速编写一个小程序应用；其次，深入讲解小程序底层框架设计原理和运行机制，为你提供全方位的实战技巧以及工具和管理后台的实用指南；最后，全面介绍了小程序提供的云端能力，结合云开发轻松实现 Serverless 架构，提高开发效率，降低开发成本。

本书适合有一定编程基础的软件开发人员和技术管理人员阅读，为开发者提供了详细的避坑指引，适合作为小程序编程技术培训的教材。

◆ 著　　　　王贝珊　戴　頔　李成熙

责任编辑　张　霞

责任印制　周昇亮

◆ 人民邮电出版社出版发行　　北京市丰台区成寿寺路11号

邮编　100164　电子邮件　315@ptpress.com.cn

网址　https://www.ptpress.com.cn

北京市艺辉印刷有限公司印刷

◆ 开本：800×1000　1/16

印张：29.5

字数：697千字　　　　　　　　2021年5月第1版

印数：1-4 000册　　　　　　 2021年5月北京第1次印刷

定价：119.80元

读者服务热线：(010)84084456　印装质量热线：(010)81055316

反盗版热线：(010)81055315

广告经营许可证：京东市监广登字 20170147 号

业内推荐

"面对当今小程序领域旺盛的产品研发需求、迅猛的技术发展势头以及频繁变化的业务形态，技术人员如何做到快速响应市场变化以满足自身竞争力要求，这对所有的开发者而言都是一个不小的挑战。这本书对小程序原理介绍深入浅出，知识点由浅入深、循序渐进，通过对小程序入门实战、技术原理、云开发等知识点的深度分析，可以帮助小程序应用的前端开发者迅速走上全栈之路，让读者感受到小程序带来的技术魅力。更难能可贵的是，这本书还蕴含了三位作者在团队中多年研发的实战技巧，是一本难得的小程序开发实践教程，值得推荐。"

——黄骏伟　微盟集团高级副总裁，首席技术官

"小程序的崭新前端呈现和云开发的划时代研发模式，引领并推动着国内互联网研发业态的发展。本书凝聚了三位作者许多工作中的宝贵实践经验，并且揭露了许多不为人熟知的小程序、云开发使用技巧，还通过一个电商小程序前后台全栈实战的项目带领读者将知识融会贯通，比市面上许多小程序图书的完成度都要高。"

——宁鹏伟　腾讯云云开发产品中心总经理，
小程序·云开发负责人，腾讯前端通道委员会委员

"本书以实战为主，主要包括小程序入门、原理分析、云开发等几部分内容。跟市面上大多讲小程序的书不同，这本书中还包含了作者在实践中的不少踩坑经验。强烈推荐。"

——曾探　腾讯文档专家工程师，前端技术畅销书
《JavaScript 设计模式与开发实践》作者

"小程序这一跨时代的技术产品自面世以来，很快就给国内互联网市场带来了巨大的冲击，小程序的开发技术也迅速受到开发者的广泛关注。这本书条理清晰，从小程序的开发基础到技术实现原理，再到云开发、实战演练，由浅入深地展现了一个小程序的完整学习过程，对有意掌握小程序开发的同学，是一本诚意十足的实用教程。"

——裴皓萍　微盟集团高级技术总监，智慧餐饮、销售云技术负责人

"小程序作为连接用户与服务的方式，因便捷性和出色的使用体验受到越来越多的开发者拥护。本书对小程序开发入门实践、开发原理、运行机制及云开发等进行了深度剖析，能够帮助读者系统地掌握小程序开发知识。书中的经典案例以及几位作者在实践过程中的踩坑经验，相信能够让开发者更好更快地通过小程序开发创造有价值的产品，强烈推荐阅读。"

——张亚辉　腾讯游戏增值服务部商业化基础平台负责人，
腾讯游戏高级工程师，商业化系统资深架构师

"本书是不错的小程序教程，三位作者从工作中不断总结沉淀，精心打磨出自己擅长的内容。小程序虽然问世多年，但本书内容依然具备技术前沿性。不管是新手，还是有一定经验的开发者，都值得一读。"

——张磊（当耐特）　微信支付高级研发工程师，
众多高分高 Star 开源框架（Omi、Cax、AlloyFinger 等）作者

"本书内容全面，三位作者基于丰富的项目经验，结合实际项目案例，由浅入深地从入门实战、原理分析和云开发进阶等方面对小程序开发进行了全面介绍，相信这本书能帮助开发者迅速打开小程序开发世界的大门。"

——谢晋　微信开放平台高级研发工程师，
小程序与 Web 同构框架 kbone 作者

"本书内容深入浅出，帮助读者快速入门小程序开发，掌握小程序底层的设计原理和运行机制，并通过一系列实战案例讲解了小程序·云开发，具有很好的学习和参考价值。"

——王伟嘉　腾讯云高级研发工程师，
Node.js Core Collaborator，腾讯云 TCB 团队成员

前　　言

在过去两年多的时间里，小程序迅速覆盖了人们生活中出行、点餐、娱乐等各种生活场景，也由最初的微信小程序逐步发展为包括支付宝、百度、头条在内的各大厂商争相追逐的高地。

当微信中的 WebView 逐渐成为移动 Web 的一个重要入口时，微信就有相关的 JS API 了。随着公众号的出现和繁荣，WebView 的使用频率也越来越高，随之而来的糟糕体验、管控困难等问题便频频出现。为了从根源上解决这些问题，微信设计并推出了小程序，这是一种全新的连接用户与服务的方式，它可以在微信内被便捷地获取和传播，具有出色的使用体验。

小程序正式发布后的三年里，应用数量超过 230 万，日活超 3 亿，逐渐延伸至电商、餐饮、教育、文旅、政务等多个领域。微信小程序累积用户量已达 8.4 亿，月活用户量更是突破 6.8 亿，占微信平台月活用户的 62%，次日留存用户过半。如今小程序用户使用习惯基本形成，微信给小程序的入口流量不断增加，小程序开发的队伍也在不断壮大，越来越多的产品选择使用小程序作为轻应用开发。

虽然官方提供了配套工具和开发文档，但对于一个不熟悉小程序的开发者来说，由于背景知识的缺乏，很多时候甚至不知道应该如何搜索某个问题或者某个功能。本书引导开发者进行快速入门和实战，对小程序的原理和机制进行详细的说明，并提供丰富的避坑指引和使用指南。

2019 年，小程序推出了云开发的能力，提供了小程序开发的闭环能力。有了小程序·云开发，开发者可使用平台提供的 SDK 来开发完成后端服务，无须搭建服务器，弱化了运维的概念。本书使用简单易懂的案例说明了小程序·云开发功能，结合完整的项目实战来引导开发者实现小程序 Serverless。

结构和内容

本书共分为三部分。第一部分从开发入门小程序开始，辅以项目实战教会读者如何快速编写小程序应用。第二部分结合小程序底层框架设计和运行机制，提供了全方位的避坑指南以及工具和管理后台的实用指南。第三部分全面介绍了小程序提供的云端能力，结合云开发可轻松实现 Serverless 架构。

第一部分　小程序快速入门与实战

该部分包括 6 章内容。

- ❏ 第 1 章介绍了小程序的前世今生，包括其诞生背景和应用场景，帮助读者了解什么是小程序，为什么使用小程序以及何时应用小程序，使读者对小程序形成初步的认识。
- ❏ 第 2 章提供了一份小程序快速入门文档，构建了一个基础的小程序开发环境，使读者可以快速开启小程序开发之旅。
- ❏ 第 3 章讲解了小程序的开发基础，包括小程序的生命周期、架构和开发框架，以及小程序的逻辑层和视图层开发方法。
- ❏ 第 4 章与第 5 章介绍了两个不同类型的实战项目。第 4 章以一个电商小程序为例，还原了开发者开发小程序的完整流程，带领读者开发了一个完整的小程序项目。第 5 章以一个通用分享插件为例，介绍了如何将代码中可以重用的部分提取出来，实现一个可以复用的插件，避免重复造轮子，提高开发效率。
- ❏ 第 6 章介绍了小程序生态中其他小程序（例如 QQ 小程序、百度小程序等）的开发，展示了如何实现从微信小程序到其他小程序的转换，从而在小程序的生态之争中立于不败之地。

第二部分　小程序原理分析与避坑指南

该部分包括 4 章内容。

- ❏ 第 7 章介绍了小程序的设计原理，包括小程序的双线程设计、线程通信、自定义组件、原生组件，以及基础库的组成、代码包下载和启动等机制。
- ❏ 第 8 章结合上述原理和分析，提供了详细的避坑指南，介绍了性能问题、API 兼容、小程序跳转、kbone 多端构建等，还提供了登录态管理、小程序跳转和高性能 WXS 等开发指南。
- ❏ 第 9 章介绍了开发者工具的基本使用配置和技巧，分析了开发者工具的底层设计和实用功能，包括真机调试、体验评分、性能面板和 vConsole 等，另外还介绍了自动化测试的能力。
- ❏ 第 10 章介绍了小程序管理后台的配置和使用，讲解了大量实用的功能，包括日志能力、监控告警、数据上报、加速审核等，并介绍了如何进行小程序的技术管理。

第三部分　小程序·云开发

该部分包括 4 章内容。

- ❏ 第 11 章结合日常开发详细地介绍了小程序·云开发的基础能力，包括数据库、文件存储和云函数。
- ❏ 第 12 章讲解了云开发的增值能力、架构、原理、推荐的开发模式等，帮助读者进一步提升云开发实战能力。

❑ 第 13 章通过 3 个极具代表性的实战案例，解构了云开发在不同场景下的使用。
❑ 第 14 章使用云开发完成了电商小程序的项目实战，增加了数据拉取、下单、支付、通知等能力，使之成为一个前后台能力完整的小程序项目。通过实战讲解，开发者能更好地掌握和理解小程序的前后台能力。

内容参考

本书对微信小程序进行了基础介绍、快速入门、原理分析、工具和功能使用指导、云开发能力介绍与实战，在讲解过程中，部分内容参考了官方网站的资料，如小程序开发文档和小程序开发指南。

示例代码与勘误

本书所有的实战项目案例代码都可以到 GitHub 下载，地址：https://github.com/miniprogram-bestpractise。后续若增加新的项目案例，也会同步更新到该仓库中。

开发者可以使用 Git 版本控制克隆项目到本地或直接下载代码，目前默认的检出分支为 master 分支。如果对某项目有疑问或意见，可以在该项目中提交 Issue。如果想要接收某项目的更新邮件提醒，请点击 Watch；如果要持续关注某项目，请点击 Star；如果要复制代码到自己的账户，请点击 Fork。

由于作者时间和水平有限，本书难免会存在一些纰漏和错误，欢迎广大读者批评指正。勘误请提交至图灵社区本书主页 ituring.cn/book/2806。对于读者发现的问题，我们将在本书后续印次和版本中加以改正。

致谢

作为开发人员，能够编写一本技术性和实践性非常强的小程序图书，我们感到非常荣幸。在此向所有给我们提供指导、支持和鼓励的朋友表示衷心的感谢。

感谢腾讯 AlloyTeam 架构师、前端技术专家曾探帮我们三位作者组队，在整个编写、审校和合作过程提供了不少的帮助。

感谢帮忙进行技术审校的三位业界大神，他们分别是云开发团队布道师白宦成，腾讯 OMI 框架作者张磊（当耐特），还有摩拜小程序负责人张世兵，他们为本书内容提供了严谨和详尽的反馈。

感谢云开发的三位客户的开发代表，他们分别是腾讯相册的高级工程师张石新、享物说的前端架构师代长新，还有猫眼娱乐的高级工程师高英健，感谢他们协助采访并提供内容。

　　感谢人民邮电出版社图灵公司的张霞编辑，为我们三个第一次写书的作者提供了不少的指导和建议，耐心地帮助协调我们的工作。

　　感谢图灵公司的其他编辑们，是他们不辞辛苦、仔细严谨的审阅和校对工作为本书的顺利出版提供了有力保障。

目 录

第一部分

小程序快速入门与实战

作者：戴頔

- ❑ 第1章　小程序的前世今生
- ❑ 第2章　快速开始
- ❑ 第3章　小程序开发基础
- ❑ 第4章　实战：商城类项目开发
- ❑ 第5章　小程序插件实战
- ❑ 第6章　小程序的迁移

第1章

小程序的前世今生

从 20 世纪 90 年代开始，随着信息技术的发展，互联网逐渐兴起。虽然中国互联网比国际互联网发展慢了一步，但在进入 21 世纪以后逐渐呈现后来者居上的趋势。互联网信息的大爆炸让我们从以静态、单向阅读为主的 Web 1.0 时代，快速跨越到以分享为特征的社交 Web 2.0 时代，再到现在以网络化和个性化为特征、以移动化和融合化为发展方向、辅以更多人工智能服务场景的 Web 3.0 时代。时代的变迁在给广大互联网用户带来颠覆性上网体验的同时，也为我们带来了互联网红利。小程序就是这场互联网浪潮催生的产物，被广泛认为是下一波互联网浪潮的最佳载体之一。

在过去的一段时间里，小程序凭借数十亿级别的用户市场和"无须下载安装，用完即走"的特性迅速地覆盖了人们出行、点餐、娱乐等点点滴滴的生活场景，犹如一场春雨，润物细无声。小程序这一概念也由最初腾讯公司出品的微信小程序逐步发展为包括支付宝、百度、字节跳动等各大厂商争相追逐的高地。其中微信小程序由于出现时间最早、理念最为超前、触达用户更多，已经成为小程序市场里的标杆产品。微信小程序的出现标志着我们中国自己的技术标准首次得到大规模的普及与应用，中国公司第一次拥有了自己的开发者生态。

1.1 什么是小程序

每一个新时代都是从旧时代中不断孕育和发展出来的，互联网也是如此。每当硬件、产品和观念无法满足新形态的需求时，互联网便会通过追求极致和创新，孕育出新形态、新产业、新经济，从而推动互联网本身进化出一个新的时代。

2016 年 1 月 11 日，微信公开课 PRO 版在广州举行，"微信之父"张小龙首次对外界宣布，微信将继"订阅号""服务号"后，推出全新的公众号形态——"应用号"，使用户通过公众号完成部分 App 的功能。张小龙指出，越来越多的产品通过公众号来做，因为开发、获取用户和传播成本更低。然而拆分出来的服务号并没有提供更好的服务，所以微信内部正在研究新的形态——"应用号"（资料来源：腾讯科技）。

2016 年 9 月 21 日，微信官方宣布将应用号更名为"小程序"，并开启内测（资料来源：

TechWeb)。随后张小龙亲自为小程序作出了定义：

> 小程序是一种不需要下载安装即可使用的应用，它实现了应用"触手可及"的梦想，用户扫一扫或搜一下即可打开应用。它也体现了"用完即走"的理念，用户不用关心安装太多应用的问题。应用将无处不在，随时可用，但又无须安装卸载。

2017 年 1 月 9 日，小程序正式发布。2021 年 1 月，微信官方公布了最新的小程序成绩单：2020 年微信小程序日活用户超 4 亿，全年交易额同比增长超 100%。其中，人均使用小程序个数较 2019 年增长 25%，人均小程序交易金额较 2019 年增长 67%，整体的实物商品交易部分年增长率达 154%。各行业商家自营商品销售 GMV 增长达 255%（资料来源：腾讯网）。

虽然当前小程序呈现百家争鸣之势，但是为了避免开发者产生混乱，各家后起的小程序平台几乎都兼容了微信小程序官方文档。掌握了微信小程序的开发思路和核心方法，对于学习其他品牌的小程序开发会起到辅助作用。因此，本书将以微信小程序为例，带大家掀开小程序的神秘面纱。

1.2　为什么是小程序

由于互联网+概念的盛行，许多人纷纷踏入互联网行业，全国上下掀起了一股创业潮。在互联网时代早期，人们不由自主地认为互联网创业约等于做一个网站；而在移动互联网时代，在不少人的印象中，互联网创业约等于做一个 App。很多传统企业开始涉足互联网时，往往会迫不及待地开始招募人员开发 App，可是移动互联网的创业真的有这么简单吗？

在 Web 1.0 时代，诞生了以新浪、网易、搜狐、腾讯为主的四大门户网站；在 Web 2.0 时代，QQ 空间、论坛、博客等 UGC 产品百花齐放；之后，随着移动设备和互联网的发展，在 Web 3.0 时代，互联网的体验可以随时随地可用。移动互联网经过近几年的发展，已经发展到了巅峰，人们普遍认为万物互联时代即将到来。智能手机作为完成万物互联这一伟大愿景的终端设备，势必要求运行终端必须具备更快的运行速度、更大的存储空间以及更优秀、更智能的用户体验。但手机硬件本身的提升已经难以满足软件发展的需求，开发运营传统 App 的高成本、使用 H5 应用的糟糕体验、场景限制大等问题阻碍了创业者与用户的沟通交流。应用上云、即用即走已经成为互联网的普遍共识。这些现状直接催生了小程序和其他类似小程序的产品来整合大量的功能和资源。目前微信用户有 11 亿左右，可挖掘的商业价值难以估量。由于小程序体积小巧、安装方便，只需要用手机微信扫描小程序码即可，所以相比 App，用户更倾向于使用小程序。

1.2.1　小程序还是 App

虽然张小龙一直在重申，小程序跟 App 是两种不同的应用组织形式，小程序并不是要取代 App 的，相反是要去丰富 App 的很多场景，但是很多人依然会拿微信小程序与 App 进行比较。事实上，对于用户来说，因为一个场景下载一个 App 的门槛太高，用户转化路径折损率极高。

1. 不菲的开发成本

小程序比 App 的开发更加简单，开发周期相对更短。要完成一个移动客户端的开发，至少需要一个后台开发、一个 Android 客户端开发和一个 iOS 客户端开发。因为不同系统客户端的开发模式不同，创业者在付出了高昂的人力开发成本后，很难在短时间内形成较好的用户体验，生产出来的产品也很难被大众认同。同时，App 的开发经常需要适配各种主流机型，而小程序的适配较简单，开发周期相对较短。

2. 高昂的推广成本

放眼当今国内的 App 市场，移动互联网的格局已经基本确定，PC 时代的互联网巨头和一些新兴的互联网公司已经完成了对互联网市场的洗牌，用户主要的需求场景都有了对应的 App。App 需要下载、安装，因此天然地拥有高昂的推广成本，App 的困局在于，强需求、重交互的 App 很难再打开市场，而轻需求、低交互的 App 又很少会有用户下载，很容易出现吃力不讨好的情况。

在流量费用和手机存储价格仍然较高的今天，我们很难说服用户在自己的手机里维持一个全新的 App，并且能够在需要用到的时候很快地想到它。而小程序无须安装，用户通过微信扫描二维码、搜索、分享等途径即可打开小程序，推广成本相对较低。

另外，很多创业者缺乏流量来源，难以维系 App。而小程序作为国内安装量和活跃用户时长均名列前茅的超级 App，可能更容易帮助商家推广自己的 App。

3. 高昂的维系成本

App 会有持续维系的成本，因为它的价值不仅在于用户下载量，而且更重要的是 App 的月活、日活、月度总有效时长等核心指标。另外，由于 App 需要被发布到各大应用商店内，很多用户天然地希望 App 能够有稳定的更新迭代，而不是一次下载、再无更新，因此对于 App 来说，定期的更新和维护是很有必要的。App 除了 Android、iOS 客户端需要定时更新外，还需要固定的服务器成本，而小程序则可以借助于云开发，维护成本更低。

但是，App 开发有其存在的必然性，小程序也不全是优点，存在以下不足。

1. 计算能力不足

小程序可以满足大部分的基础轻应用，但是对于需要大量计算能力的场景，例如美图、文档处理等，虽然小程序可以实现大部分功能，但是在体验上难以与原生 App 相媲美。

2. 灵活性不足

小程序提供的功能必须局限于微信官方提供的接口功能，而 App 对系统接口的调用更加简单方便。对于一些个性化功能，小程序需要依赖或等待官方团队给出新的接口才能实现。

3. 有一定的局限性

小程序背靠微信这棵大树，虽然会带来极高的流量价值，但是也受到微信的一些限制。为避免小程序滥用影响微信的生态，微信对小程序的运营进行了诸多限制。以流量获取为例，很多在 App 上可以使用的营销策略，在小程序上是被禁止的，而 App 内部的功能和运营策略则是由运营者自己掌握的。

1.2.2 小程序还是 H5

H5 其实是一种不标准的叫法，它是 HTML5 的缩写，代表的是 HTML 的第五代技术标准。但是大家常说的 H5 实际上是指在移动端打开的 Web 页面，是 HTML5 技术在实际场景中的应用。

当计划开发一款移动端的产品时，我们到底是用小程序来实现还是用 H5 应用来实现呢？很多做产品的同学都会有类似的疑问，要回答这个问题，我们首先需要明白小程序和 H5 应用之间的区别。

1. 运行环境不同

小程序依赖微信提供的运行环境，因此我们只能在微信内打开小程序，脱离微信这个宿主环境，小程序将无法继续使用。H5 则以浏览器作为载体，因此只要存在浏览器，就可以使用小程序，例如，可以使用手机自带的浏览器、第三方浏览器、各种 App 内嵌的 WebView 组件，甚至可以在小程序内使用 WebView 组件（当然，这里的使用是有限制的，在后面的章节中我们会逐步讲解）。

从这个层面上来讲，H5 比小程序更加灵活，例如当你需要通过短信下发你的产品给用户时，那么微信小程序将无法实现这个需求。不过如果你对于这些特定渠道的需求并没有那么强烈，那么 H5 和小程序都可以很好地满足你的需求。

2. 接口能力不同

由于运行环境的限制，H5 应用和微信小程序之间的接口能力不太相同。H5 应用因为依赖浏览器实现，因此很多系统级别的能力会受到限制，例如访问用户通讯录、调用系统蓝牙、录音等。这些能力依赖 Web 标准协会制定协议，需要等待浏览器开发商实现协议，并最终需要你更新浏览器内核，而这些更新似乎不是很容易，这也产生了由于不同时期的浏览器、手机厂商实现的协议标准不一致而导致的 H5 页面应用兼容性问题。而对于微信小程序，由于微信是国民级的 App，因此只要微信提供了相应的权限 API，开发者就可以使用这些接口。微信对小程序基础库的更新是很快的，因此不用过多考虑高低版本基础库的兼容性问题。

虽然技术实现方案不太相同，但是其实微信小程序与 H5 应用之间有着千丝万缕的联系。对很多开发商来说，商家的 H5 会选择微信公众号作为主要渠道来源，甚至会利用公众号提供的能力实现诸如登录、支付等脱离了微信无法实现的能力。而小程序本身就是依赖微信而生，小程序内也支持使用 WebView 组件实现打开 H5 页面的功能。根据微信官方的规划，未来公众号将服务于营销与信息传递，而小程序主要会面向产品与服务，所以我们认为如果你的产品依赖微信提供的能力，那么小程序将是更好的选择。

3. 访问入口不同

H5 应用常见的访问入口来自于广告导流、二维码导流或者公众号，而小程序目前提供了上百个入口，并通过"场景值"的概念方便商家进行来源流量分析。例如在微信的"搜一搜"中，如果我们的页面使用小程序开发，那么就可以直接被索引到，而 H5 应用则没有这样的待遇。

在移动互联网时代，流量为王。微信小程序作为微信的"亲儿子"，微信自然会对其进行一定程度的流量层面的倾斜。因此对于一个产品来说，如果流量来源不依赖微信，那么就可以考虑使用 H5 实现，否则我们应该优先考虑使用小程序来获得微信方面的流量扶持。

4. 使用体验不同

虽然手机的硬件设备在不断发展，但是我们仍然认为依赖于 WebView 组件的 H5 应用使用体验比较糟糕，同时 H5 应用还存在难以实现用户留存的问题。事实上，小程序就是在 H5 应用这些现状下催生出来的。虽然小程序可以实现的功能受到微信平台开放能力的限制，但小程序可以满足很多的功能场景，具有非常流畅的交互体验。尽管小程序不是原生 App，但可以借助微信封装的一系列接口能力去实现更丰富的功能。因此在交互体验上，小程序体验更加接近原生 App，比 H5 应用更流畅。

1.2.3　如何选择合适的载体

小程序、App、H5 有着各自适合的场景，我们需要根据业务的定位选择适合业务需要的承载方案。表 1-1 列出了三种运行载体的比较。

表 1-1　三种运行载体的快速对比

运行载体	运行环境	功能性	便捷性	交互体验	开发成本	推广难度	消息推送
公众号	H5	简单	无须安装	一般	低	低	支持
小程序	微信	轻应用	无须安装	接近原生 App	中	低	受限
App	原生系统	丰富	需要安装	最流畅	高	高	支持

根据以上对比，我们可以简单总结出小程序适合的场景。

(1) 低频服务行业。例如家政服务业、汽车站购票等使用场景，用户平时很少会使用这些场景，用到的时候也要求可以很方便地打开、用完即走，小程序将是负担最低、留存最高的形式。

(2) 部分工具类产品。工具类产品是典型的"低频""刚需"场景，使用小程序实现是最合适不过的了。

(3) 作为增量渠道，为已有 App 团队导流。如今流量为王，App 很难在没有流量来源的情况下维持生存。小程序背靠微信这棵大树，又可以借用公众号等手段导流，不失为 App 的增量渠道首选。

(4) 为初创团队的产品模式探路。在创业初期，产品形态和营销模式往往并不能一蹴而就。小程序适合帮助创业者以低成本的方式快速迭代，迅速找到适合自身产品的发展之道。

同时，我们也列出了使用小程序的以下缺陷，帮助大家根据自己的产品形态进行合理选择。

(1) 微信小程序必须依赖宿主环境微信存在，无法作为独立产品在非微信环境下打开。

(2) 需要接受微信团队的审核，无法做到类似 H5 的快速迭代。同时对于部分产品的类目，微信小程序团队是不允许通过的（例如无法提供餐饮许可证的餐饮类小程序、无法提供食品经营许可证的食品类小程序、无法提供增值业务许可证的社区类小程序等），开发者需要在正式开发前确认当前产品是否符合微信的类目资质。

(3) 由于苹果公司的限制，小程序不支持对虚拟商品进行支付。

(4) 所有的后台接口使用的域名必须经过工信部备案。当然你也可以使用云服务，从而避免自建服务器（本书第三部分会详细介绍小程序·云开发相关的内容）。

第 2 章

快速开始

微信小程序团队为大家准备了完善细致的开发文档，建议你在平时的开发中积极关注在线文档的内容。当小程序有新的内容特性更新时，微信官方会在第一时间更新在线文档的内容。

不过本书仍然为你准备了一份入门文档，方便你快速开启小程序之旅。小程序虽然还在快速迭代之中，但是基础语法、核心思想、框架逻辑等总是万变不离其宗。在本章中，我们会帮助你注册一个小程序，后续章节会依托这个新申请的小程序讲解小程序开发的基础工作。

2.1 注册开发者账号

和其他开放平台类似，在我们开始小程序开发之前，首先应该前往微信小程序的官网注册一个账号。只有在拥有了小程序的账号后，我们才可以开发和管理小程序，后续也可以通过该账号查看、运营小程序的相关数据。当然，如果你已经拥有了一个小程序账号，可以直接跳过本节。

2.1.1 申请账号

在申请账号前，我们需要先准备一个从未在微信公众平台（包括微信公众号平台、微信开放平台等）注册过且未被个人微信号绑定的邮箱。

打开微信小程序注册页，如图 2-1 所示，根据页面提示填写相关的信息，并提交相应的资料，稍事等待即可拥有一个微信小程序开发者账号。

需要注意的是，小程序的登录账号要填写未被微信公众平台、微信开放平台注册且未被个人微信号绑定的邮箱。密码最少 8 位。

每个邮箱仅能申请一个小程序

邮箱

作为登录帐号,请填写未被微信公众平台注册,未被微信开放平台注册,未被个人微信号绑定的邮箱

密码

字母、数字或者英文符号,最短8位,区分大小写

确认密码

请再次输入密码

验证码   X H m w 换一张

你已阅读并同意《微信公众平台服务协议》及《微信小程序平台服务条款》

注册

图 2-1　小程序注册界面

2.1.2　邮箱激活

我们在上一步中输入了邮箱,在第二步中,可以单击页面的"邮箱激活",之后微信后台会向你登记的邮箱发送一封注册确认邮件。

登录邮箱后,我们会收到一封微信公众平台发来的邮件,单击链接即可激活账号。

2.1.3　用户信息登记

注册完成小程序的账号后,我们需要进行信息登记。这个步骤是注册小程序最重要的步骤,请谨慎选择。

首先我们要确认小程序的运营主体,可以是"个人",也可以是"企业"。可供选择的主体类型有个人、企业、政府、媒体、其他组织,不同的主体类型需要准备的资料也不同。

如果选择个人作为主体,我们需要输入个人的姓名、身份证号以及可以通过验证的手机号。

如果选择企业作为主体,输入的企业名称必须与当地政府颁发的商业许可证书或企业注册证上的企业名称完全一致。

最后我们需要使用绑定了管理员本人银行卡的微信扫描二维码,来验证管理员的身份。信息审核成功后,企业名称不可修改。

2.1.4   用户信息审核

如果是企业类型的注册,你还需要等待微信官方认证。认证方法有以下两种。

(1) 支付验证。你需要在 10 天内给指定的账户进行小额打款,若打款账号信息和金额正确,即可验证成功。当然你不用担心微信会"私吞"你的小额打款,注册的打款金额会在 3~10 个工作日内原路退还到你公司的对公账户上。

(2) 微信认证注册。微信会委托第三方审核公司对你的资料进行审核,当然审核不是免费的,你需要支付 300 元/年的审核服务费。

无论你选择哪种方式认证,都会在 1~5 个工作日内完成审核。单击"继续",信息提交成功后,即注册成功。接下来就可以前往小程序进行设置。

2.2   设置你的小程序

在完成小程序账号的注册后,你便可以打开微信公众平台对小程序账号进行一些设置,这是你开发前的准备工作,完善后才可以进入后续的开发步骤。

2.2.1   资料补全

第一次打开的小程序需要补全信息,例如名称、图标、描述、服务范围,等等。你可以根据实际情况进行完善。单击"设置"链接,在右侧单击"基本设置",会出现一些设置项。

(1) 名称设置。名称长度要求 4~30 个字符(一个汉字等于 2 个字符),并且不能与已有的小程序名称冲突。

(2) 头像设置。头像不得涉及政治敏感与色情的内容。建议你提前准备一张 144×144px、png 格式的图片,以保持最佳的效果。该项保存后,一年内可申请调整修改 5 次。

(3) 介绍设置。清晰明了的介绍可以让用户更快地了解小程序的功能。介绍长度要求 4~120 个字符,不得包含我国相关法律法规禁止的内容。该项保存后,一个月内可申请调整修改 5 次。

(4) 服务类目设置。选择与你的小程序相匹配的服务类目。不同类目可能会对小程序审核产生不同的影响。该项保存后,一个月内可申请调整修改 3 次。

2.2.2   添加项目成员

你的小程序可能不止一个开发者,或者你的项目可能会有一些运营者,"成员管理"这个页签可以设置其他成员拥有部分账号管理权限。

一个小程序只允许拥有一个管理员,但是我们可以通过设置项目成员来添加项目的协作者,如图 2-2 所示。

图 2-2　添加项目成员

小程序当前支持以下 4 种不同权限的角色：

❑ 运营者，拥有管理、推广、设置等模块权限，可使用体验版小程序；
❑ 开发者，拥有开发模块权限，可使用体验版小程序、开发者工具（IDE）；
❑ 基础数据分析者，拥有统计模块权限，可使用体验版小程序；
❑ 交易数据分析者，拥有统计模块权限（含交易分析），可使用体验版小程序。

2.2.3　获取密钥

小程序的开发者账号是不收费的，只要开发者满足开发资质就可以免费注册，并获得对应的开发者 ID。一个完整的开发者 ID 包含一个小程序 ID（AppID）和一个小程序密钥（AppSecret），如图 2-3 所示。

图 2-3　查看小程序 ID

单击左侧开发标签，选择"开发设置"，即可看到开发者 ID 信息。请妥善保管你的小程序 ID 和小程序密钥，在之后的开发中将会用到。

尽管开发小程序时，小程序 ID 并不是必需的，但如果你要在真机上调试小程序、发布小程序等，就必须有小程序 ID。小程序 ID 是你的小程序在整个微信账号体系内的唯一身份凭证，后续在很多地方都会用到，而小程序密钥是你对该小程序拥有所有权的凭证，后续你可以根据该密钥实现诸如发送消息、动态生成小程序码等高级操作。

需要注意的是，微信后台出于安全考虑，小程序密钥不再被明文保存，如果忘记密钥需要重置，所以在首次生成密钥后请务必保存好。

2.2.4　设置服务器域名和业务域名

现在我们已经成功获取到了小程序 ID 和小程序密钥，但还需要设置一下小程序的开发信息。小程序为了保证你的业务安全，需要你设置服务器域名配置。

不同的配置对应不同的权限，例如，你的小程序需要访问 `test.qq.com/api/new` 接口，因为你需要使用小程序 `wx.request(OBJECT)` 方法，所以需要设置 **test.qq.com** 域名为你的 request 合法域名。

关于小程序后台的使用技巧，第 10 章进行了详细的介绍。你可以在熟悉了小程序的开发模式之后再去了解。

2.3　安装开发者工具

万事俱备，只欠东风。开发各种程序都需要有相应的开发环境。为了方便开发者开发微信小程序，微信官方提供了微信开发者工具。它可以让我们很方便地完成小程序的 API 和页面的开发调试、代码查看以及编辑、预览和发布等功能。使用微信开发者工具必须联网。微信官方提供了 Windows 32 位、Windows 64 位以及 mac OS 系统下载包，你可以根据你的操作系统选择合适的版本下载安装。本书主要使用 Windows 版本进行讲解，Windows 版本和 macOS 版本大同小异，不影响读者阅读本书的内容。

开发者工具提供了以下 3 个版本的安装包：

(1) 稳定版，测试版缺陷收敛后转为稳定版；

(2) 预发布版，一般包含大的特性，通过了内部测试，稳定性尚可；

(3) 开发版，即日常构建版本，用于尽快修复缺陷和敏捷发布小的特性，开发者自测验证，稳定性欠佳。

我们一般推荐大家使用稳定版进行开发。但是因为稳定版的发布周期较长，往往一两个月才会出一次版本，因此如果在使用稳定版时遇到 bug，可以酌情采用预发布版和开发版的安装包。

打开开发者工具后，用微信扫一扫即可进入项目选择界面。单击"新增小程序"标志，进入图 2-4 所示的"新建项目"页面。我们可以在这里添加新的项目，并填写目录、AppID 等内容。

其中，开发模式有小程序和插件两种，我们将在第 4 章和第 5 章分别介绍，读者可以根据不同的开发模式选择对应的章节进行学习。后端服务也有两种方式可供选择，分别是"不使用云服务"和"小程序·云开发"，本书第三部分详细介绍了云开发的内容。

图 2-4　新建项目界面

新建项目后，我们就可以看到小程序的开发主界面了，如图 2-5 所示。

图 2-5　小程序开发主界面

开发者工具可以分为 4 个部分。

(1) 最上面是导航菜单栏，封装了我们开发时经常使用的一些操作，例如真机调试等。

(2) 开发者工具左侧是模拟器预览，可以实时预览当前的代码，帮助我们快速调试代码，在开发过程中我们需要经常关注这里。

(3) 右上部分是编辑器界面，在这里我们可以编写代码。编辑器具有语法自动补全的功能，在开发过程中，会自动提示用户可能使用的语法，并给出一些相关注解，帮助完善开发内容。当然，如果你已经有了自己使用得比较顺手的编辑器，那么也可以不使用开发者工具自带的编辑软件进行代码的开发。

(4) 右下部分是控制台界面，你在代码中打印的调试信息可以在这里查看。该界面有 Console、Network、Storage、AppData、Wxml 等窗口。Console 窗口包含了在开发中小程序输出的错误信息和调试信息。Network 窗口用来观察小程序发送的请求和返回信息。Storage 窗口用来显示小程序代码中主动存储的缓存信息。AppData 窗口用来显示小程序当前页面的数据信息，因为小程序实现了数据的双向绑定，因此我们在调试的时候可以直接在这里修改当前的页面数据，它会实时地展示到调试预览页面上。Wxml 窗口是帮助开发者查看页面的真实 DOM 结构，允许用户直接修改 DOM 树或者对应的样式。

接下来，我们可以对开发者工具做一些设置。打开右上角的"详情"即可根据需要做一些编译相关的配置修改。例如，本地设置如图 2-6 所示。

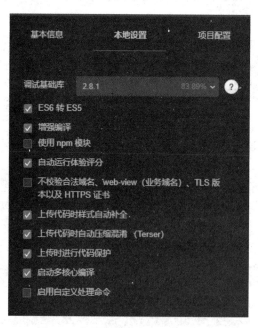

图 2-6　小程序开发者工具本地设置

其中比较重要的是"不校验合法域名、web-view（业务域名）、TLS 版本以及 HTTPS 证书"，如果你有域名还未申请或还未通过审核，把这个选项勾选上就可以跳过白名单检查。

"工欲善其事，必先利其器"，熟悉使用开发者工具界面和操作方法将为我们后续的开发带来极大的便利。关于小程序开发者工具的使用技巧，你可以在熟悉小程序开发模式后，阅读第 9 章进一步学习。

2.4 真机调试小程序

我们在开发完成代码后，可能需要在真机上查看效果。对于开发者来说，我们可以生成一个小程序开发版在手机上查看。

单击工具栏中的"预览"按钮，会弹出一个带有二维码的页面，用管理员账号登录手机微信并扫描这个二维码，你的小程序就可以在手机上打开了。开发者本人可以直接切换到自动预览标签，如图 2-7 所示。

图 2-7　真机实时预览功能

在使用真机查看时，我们可能会发现一些问题。在模拟器上开发小程序时，我们可以很容易地在调试器中查看调试信息，那么在真机运行的时候，应该怎么查看调试信息呢？很简单，在手机上单击右上角的省略号（...）菜单，就会弹出如图 2-8 所示的菜单，单击右下角的"开发调试"按钮即可打开调试模式。此时小程序会自动重新启动，如果右下角出现一个绿色的"vConsole"按钮，就说明调试模式启动成功。

取消

图 2-8   启动调试模式

2.5   打包上传小程序

当完成一个特性开发，需要使体验版生效时，我们就需要将当前代码打包上传到服务器。如图 2-9 所示，输入合适的版本号和项目备注，单击小程序的"上传"按钮，就可以将小程序上传至微信的后台服务器。

图 2-9   打包上传小程序版本

　　成功上传小程序后，我们可以打开小程序的管理后台。单击左侧的"版本管理"选项，会看到 3 个小程序版本的管理页面，如图 2-10 所示。我们通过小程序开发者工具直接上传的是开发版本，如果测试人员或者产品经理体验后认为没有问题，可以对外发布，那么管理员可以单击"提交审核"按钮，将小程序提交给微信的审核团队进行审核，这时你当前版本的小程序就成为了审核版本。当小程序管理团队审核通过后，你就可以单击"提交发布"按钮，正式将小程序推送，那么当前版本就会进入线上版本的列表中。

图 2-10　小程序版本设定

第 3 章

小程序开发基础

本章将介绍微信小程序开发的基础知识，帮助你快速入门。在阅读本章时，你可能会遇到很多小程序专有 API 和相关的属性、配置的专有名词，不过你不用担心，记不住相关名词也没有关系，因为这些名词很容易在网络或文档中查找，很多 IDE（包括官方开发者工具）也会有智能提示，你完全可以在使用时再进行快速查找。死记硬背通常并不能帮助你扎实地提高，只有实践才是提升编码能力的不二法门。

3.1　小程序的生命周期

要了解如何开发一个小程序，首先需要了解小程序的生命周期，因为生命周期的概念将贯穿小程序开发的始终。

所谓生命周期，是指一个程序从启动到关闭这一过程中产生的一系列事件的总和。图 3-1 展示了一个小程序完整的生命周期，可以看到，它实际上包括组件生命周期和页面生命周期两个部分。一个微信小程序启动后首次加载页面，会触发页面的 onLoad 事件（这个事件只有在页面首次加载时才会触发）；当这个页面显示的时候会触发 onShow 事件，如果这个页面是首次渲染完成，则会接着触发 onReady 事件。如果我们将小程序切换到后台，页面就会被隐藏同时触发 onHide 事件；下次从后台切换到前台时，则会再次触发 onShow 事件。最后，当页面被回收销毁时，会触发 onUnload 事件。

了解生命周期的含义有助于理解小程序的运行过程。关于生命周期在小程序开发中的应用，我们会在 3.4.4 节详细讲解。

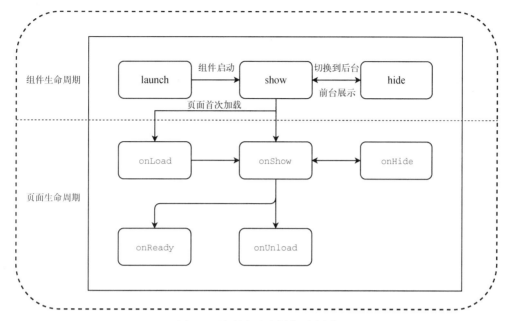

图 3-1 小程序生命周期示意图

3.2 小程序的架构

小程序的页面是如何进行渲染的呢？小程序在进行技术选型时主要考虑了以下 3 种页面渲染方式。

(1) 如果我们使用纯客户端的原生技术来编码渲染，就意味着小程序要与微信本身的代码一起编译打包和发布版本，那么小程序的开发节奏就无法做到像 Web 那样快；

(2) 如果我们使用纯 Web 的技术来做页面渲染，那么页面的渲染和页面逻辑执行的脚本就会处于同一个线程，容易导致业务逻辑和 UI 渲染互相抢占资源，从而在一些较为复杂的页面上出现一些性能问题；

(3) 如果采用介于客户端原生技术与 Web 技术之间的渲染方式，小程序使用混合模式开发，就可以像 Web 一样支持在线快速更新，又可以跨平台，同时比 Web 更接近原生体验，保持原生 App 良好的用户交互体验优势。

小程序最终选择了第三种渲染方式，在技术上又称为 Hybrid 方式。小程序的界面主要由成熟的 Web 技术渲染，再将客户端原生能力封装成接口供开发者调用，并通过双线程模型分离界面渲染和逻辑处理，提高小程序的渲染性能和管控安全。

为了满足上述设计理念，小程序开发团队设计了一套双线程模型，架构主要分为 3 层：逻辑层（JSCore）、渲染层（WebView）和系统层（Native），如图 3-2 所示。

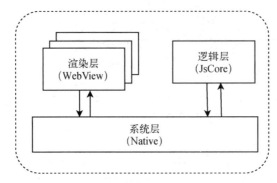

图 3-2   小程序的架构

下面我们分别进行介绍。

1. 逻辑层

逻辑层主要进行数据请求和业务逻辑处理，通过 JS 引擎提供的沙箱环境来执行 JS。与浏览器 Web 开发相比，逻辑层开发无法直接操作 DOM 和 BOM，无法使用一些浏览器暴露的接口（如跳转页面、动态执行脚本），从而提高了管控力和安全性。

逻辑层主要负责将数据进行处理后再发送给渲染层，同时接收渲染层的事件反馈，对数据进行反向操作。对微信小程序来说，逻辑层就是所有 js 文件的集合。

2. 渲染层

渲染层主要在 WebView 线程中执行界面渲染相关的任务，对于微信小程序而言，渲染层就是所有 WXML（WeiXin Mark Language）文件与 WXSS（WeiXin Style Sheet）文件的集合。通过 Virtual DOM 减少渲染开销，提高局部更新数据和重渲染的效率，让页面更流畅。渲染层中描述语言使用的 WXML、WXSS 与 Web 开发中的 HTML、CSS 类似，可以显著降低开发者的学习成本。

3. 系统层

系统层的主要作用有 3 个：

- ❑ 通过 JSBridge 构建 JS 和 Native 之间的通信，以便上层间接调用客户端的原生底层接口；
- ❑ 提供网络请求、数据缓存、本地文件、媒体等基础能力；
- ❑ 为逻辑层与渲染层的通信做中转。

在双线程模型下，把界面渲染和逻辑处理分离、并行处理，可以加快渲染速度，避免单线程模型下因为 JS 运算时间过长导致的 UI 卡顿问题。并且，采用数据驱动的方式，开发者将无法直接操作 DOM，可以加强管控和安全。但是，双线程模型也意味着逻辑层与渲染层之间的通信、各层与客户端的原生交互会有一定的延时。

关于小程序的更多设计原理，我们会在第 7 章进一步介绍。

3.3　小程序的开发框架

小程序开发使用的框架称为 MINA 框架。MINA 框架封装了微信客户端提供的文件系统、网络通信等基础功能，经过大量底层的优化设计，运行速度接近原生 App，对 Android 端和 iOS 端做到了高度一致的呈现，具有完备的开发和调试工具。它的目标是使用尽可能简单的方式，对上层提供一整套统一的 JavaScript API，便于开发者使用微信客户端提供的各种基础功能，快速构建一个近乎原生 App 体验的应用。

上一节介绍的小程序的 3 层架构其实是 MINA 框架的核心。3 层架构相辅相成，缺一不可。逻辑层主要由 JS 代码完成，渲染层主要由微信提供的 WXML 和 WXSS 完成。在小程序中，逻辑层内的数据与渲染层内的视图之前实现了数据的双向绑定，保持了数据内容的双向同步：当在逻辑层对数据进行修改的时候，渲染层会做相应的更新；反之，当在渲染层对数据进行操作的时候，逻辑层也会同步修改数据内容。有了数据的双向绑定，开发者就可以方便、快速地操作页面，而不用操纵 DOM 结构。这套机制是小程序框架工作的基本原理之一，在后续章节中我们还会提及，以加深大家对双向绑定的理解。

由于系统层的内容对我们的日常开发帮助不大，因此本章会重点介绍逻辑层和渲染层的基本语法和处理技巧。下面就让我们揭开小程序架构的面纱，一探究竟吧。

3.4　小程序的逻辑层开发

逻辑层是小程序对业务逻辑进行处理的地方。对于开发者而言，小程序的逻辑层就是所有 js 脚本文件的集合。虽然微信小程序开发框架 MINA 的逻辑层是使用 JavaScript 编写的，但是小程序使用的 JavaScript 与我们平常在 Web 开发中使用的 JavaScript 并不完全一致。一方面，小程序在 JavaScript 语法的基础上增加了一些新的 API，以提高小程序开发的效率和能力；另一方面，由于小程序并非运行在浏览器中，所以诸如 document、window 等 JavaScript 在 Web 中的一些能力是无法使用的。

3.4.1　小程序文件结构

一般来说，一个完整的小程序项目的基础目录结构如下所示：

```
├── app.wxss
├── app.json
├── project.config.json
├── pages
│   ├── index
│   │   ├── index.js
│   │   ├── index.json
│   │   ├── index.wxml
│   │   └── index.wxss
└── app.js
```

从目录结构可以看出，一个小程序项目分为两个部分：主体文件和页面文件。除此之外，有的小程序还会有一些工具类页面，这些文件可能会方便我们的项目开发，但是对我们的小程序来说，它们并不是必需的。

1. 主体文件

小程序的主体文件是全局文件，必须放在项目的根目录，它的配置会影响整个小程序项目。小程序的主体文件主要由 3 个文件组成，如表 3-1 所示。

表 3-1   小程序的主体文件目录

文件名	是否必需	作用
app.js	是	小程序逻辑，例如小程序的启动监听处理
app.json	是	小程序全局配置，例如页面文件的路径、窗口表现、设置网络超时等
app.wxss	否	小程序公共样式表

2. 页面文件

小程序的页面文件主要由 4 个文件组成，如表 3-2 所示。

表 3-2   小程序的页面文件组成

文件类型	是否必需	作用
js	是	页面逻辑，例如网络请求、页面事件处理等
wxml	是	页面结构，例如 index.wxml
json	否	页面配置，独立定义每个页面的属性，为可选文件
wxss	否	页面样式表

小程序的页面文件都放在 pages 目录下，每个页面都有一个独立的文件夹。例如，要实现 index 页面，我们就会在 pages 目录下新建一个 index 文件夹，在 index 文件夹下面放置 4 个基本文件：index.wxml 作为页面结构描述，负责页面渲染；index.json 作为页面配置，可以覆盖上述主体文件中 app.json 的配置；index.wxss 是针对 index.wxml 的样式补充；index.js 用来作为业务逻辑处理。

在项目目录中，js、app.json、wxml、wxss 文件会经过编译，因此上传之后无法直接访问，其中 wxml 和 wxss 文件仅针对在 app.json 中配置了的页面。除此之外，只有后缀名在白名单内的文件可以被上传，不在白名单内的文件可以在开发工具内访问，但无法被上传。

为了方便大家理解，下面我们看一个页面描述的例子。

```
<!--index.wxml-->
<view class="container">
    <view class="userinfo">
        <button wx:if="{{!hasUserInfo && canIUse}}" open-type="getUserInfo"
            bindgetuserinfo="getUserInfo"> 获取头像昵称 </button>
        <block wx:else>
```

```
                <image bindtap="bindViewTap" class="userinfo-avatar" src=
                    "{{userInfo.avatarUrl}}" mode="cover"></image>
                <text class="userinfo-nickname">{{userInfo.nickName}}</text>
            </block>
        </view>
        <view class="usermotto">
            <text class="user-motto">{{motto}}</text>
        </view>
</view>
/**index.wxss**/
.userinfo {
    display: flex;
    flex-direction: column;
    align-items: center;
}

.userinfo-avatar {
    width: 128rpx;
    height: 128rpx;
    margin: 20rpx;
    border-radius: 50%;
}

.userinfo-nickname {
    color: #aaa;
}

.usermotto {
    margin-top: 200px;
}
```

可以看出，构建页面与写前端页面的方式类似，初学者可以很快地学习和上手。开发者通过 wxml 就可以完成列表条件渲染、模板、事件绑定等操作，小程序框架还为开发者提供了一系列基础组件以便快速组合开发，后文会详细介绍。

3.4.2　小程序的配置

小程序根目录下的 app.json 文件用来对微信小程序进行全局配置，决定页面文件的路径（pages）、窗口表现（window）、设置网络超时时间（networkTimeout）、设置多 tab（tabBar）等。

1. 全局配置文件解析

app.json 各个配置项的含义不同，但是并不需要对每一项进行单独设置。为了增强小程序自定义的能力，小程序官方提供了强大的配置项表，你可以通过阅读小程序官网的全局配置项描述来了解全局配置的含义。

对于初学者来说，只需要记住 3 个核心配置项的内容即可：页面路由配置项、窗口表现配置项和底部标签导航配置项。

● 页面路由配置项

页面路由配置项为 pages 参数，它定义了一个数组，用来存放当前项目中所有可以访问的路径。小程序的所有页面都需要在这个配置项中完成定义。定义页面时无须写文件的后缀，小程序框架会自动将对应的文件解析为 js、json、wxml、wxss 文件去寻路。一个典型的 pages 配置如下所示：

```
"pages": [
    "pages/index/index",
    "pages/demo/demo",
    "pages/center/center",
    "pages/modifyaddr/modifyaddr",
    "pages/address/address",
    "pages/cart/cart",
    "pages/productlist/productlist",
    "pages/detail/detail",
    "pages/noticedetail/noticedetail",
    "pages/class/class",
    "pages/help/help"
],
```

你可能会问，这里填写的顺序要如何定义呢？小程序后台是否会按照开发者的定义顺序逐一执行呢？其实不用特别担心顺序的问题，这里的顺序仅仅用于定义页面路径，实际执行时是按照字母序（文件排序方式）加载的。当然，默认的第一个页面会设定为小程序的首页。

这里还有一个小技巧：我们如果要新创建一个页面访问路径，只需要在配置文件中加上这个页面路径的地址，小程序开发工具就会自动生成对应的文件夹及文件夹下对应的 js、json、wxml、wxss 基本文件。

● 窗口表现配置项

窗口表现配置项的 key 为 window 属性，主要包含窗口展示配置和窗口效果配置两部分。窗口展示配置包括导航栏背景颜色配置（navigationBarBackgroundColor）、导航栏标题颜色配置（navigationBarTextStyle）、导航栏标题文字内容配置（navigationBarTitleText）、导航栏样式配置（navigationStyle）等；窗口效果配置主要包含是否开启全局的下拉刷新（enablePullDownRefresh）、屏幕旋转方向设置（pageOrientation）等。

该配置项的内容基本是可选的。对大部分开发者来说，只需要完成配置 navigationBar-TitleText 即可，这个配置标注了小程序默认的导航栏标题文字内容。

● 底部标签导航配置项

很多移动 App 都包含底部标签导航配置，如果你要开发的小程序是一个多 tab 应用（即客户端窗口的底部或顶部有 tab 栏可以切换页面），那么就可以通过 tabBar 配置项指定 tab 栏的表现以及 tab 切换时显示的对应页面等。当然，开发者也可以自己实现底部标签导航的效果，不过小程序为大家提供了标准的底部标签导航的样式，只需要进行简单的配置就可以实现这个效果。

　　这个配置项为 `tabBar` 属性，它包含 4 个必填属性：`color` 属性是指 tab 上的文字默认颜色，仅支持十六进制颜色；`selectedColor` 属性是指 tab 上的文字选中时的颜色；`backgroundColor` 指出了 tab 的背景色；`list` 属性是 tab 的列表数组，它只能配置最少 2 个、最多 5 个 tab。

　　`list` 配置项是这个配置中的核心，它是一个数组，tab 按数组的顺序排序，每个项都是一个对象，每个对象包含 `pagePath`、`text` 两个必填项和 `iconPath`、`selectedIconPath` 两个选填项。后面两个配置项是 tabBar 支持配置图片 icon。

　　下面看一段配置示例。

```
"tabBar": {
    "color": "#7c7c7c",
    "selectedColor": "#f7545f",
    "borderStyle": "white",
    "backgroundColor": "#ffffff",
    "list": [
        {
            "pagePath": "pages/index/index",
            "iconPath": "images/tabbar/home.png",
            "selectedIconPath": "images/tabbar/curhome.png",
            "text": "首页"
        },
        {
            "pagePath": "pages/class/class",
            "iconPath": "images/tabbar/class.png",
            "selectedIconPath": "images/tabbar/curclass.png",
            "text": "分类"
        },
        {
            "pagePath": "pages/cart/cart",
            "iconPath": "images/tabbar/cart.png",
            "selectedIconPath": "images/tabbar/curcart.png",
            "text": "购物车"
        },
        {
            "pagePath": "pages/center/center",
            "iconPath": "images/tabbar/person.png",
            "selectedIconPath": "images/tabbar/curperson.png",
            "text": "个人"
        }
    ]
}
```

2. 页面配置文件解析

　　除了全局配置文件外，每一个小程序页面也可以使用同名 json 文件来对本页面的窗口表现进行配置，这个配置通常比 app.json 的配置简单很多。

　　页面配置文件只能设置全局配置文件中 `window` 相关的配置项，也就是可以指定各个页面的窗口表现。页面配置文件中的配置项会覆盖 app.json 的 `window` 中相同的配置项。例如，如果

app.json 中的 `window` 字段里配置了 `navigationBarBackgroundColor`，同时该页面也在自己的 page.json 中配置了 `navigationBarBackgroundColor`，那么小程序的框架会优先采用页面的 JSON 配置项。页面配置项的含义可以阅读官方文档，这里不再赘述。下面是一个典型的页面配置项：

```
{
    "navigationBarTitleText": "个人中心"
}
```

我们不需要书写所有的 `window` 配置内容，只需要写下需要重写的配置项。另外需要注意的是，app.json 本身是标准的 JSON 格式，因此开发者不可以在配置中设置注释。

3.4.3　小程序的场景值

场景值用来描述用户进入小程序的路径，可以帮助开发者了解用户是如何访问我们的小程序的。

场景值的作用有很多，我们通常用来做一些场景营销。例如，你可以做"添加到小程序"即可获得礼包的活动，引导用户将你的小程序加入收藏。（不过现在微信官方已经不鼓励使用这种营销方案了，因此你无法区分用户是从"我的小程序"访问的还是从"最近的小程序"访问的）。我们还可以利用场景值做一些数值统计，例如，统计用户大多是从哪里打开小程序的，方便我们关注渠道的质量。一些线上和线下场景也可以使用场景值，假如你做的是订餐小程序，那么如果用户是扫描店内的二维码打开的，我们可以认为这是在店内就餐的用户，因此可以直接进入点餐模式；而如果用户是通过"公众号菜单"打开小程序的，则可以认为该用户是在远程订餐，因此可以进入预定模式。还有一些特殊的场景，例如场景 1129（微信爬虫访问）可以用来对爬虫做一些优化，方便索引；场景 1038（从另一个小程序返回）可以用来对小程序免密签约的场景进行判断。

小程序的场景值描述非常多，这里就不一一列举了，更多场景值可以参考官方文档。

那么要如何获得场景值呢？开发者可以在 App 的 `onLaunch` 和 `onShow` 或 `wx.getLaunch-OptionsSync` 中获取上述场景值。参考代码如下：

```
App({
    onLaunch: function (options) {

        console.log("[onLaunch] 场景值:", options.scene)

    },
    onShow: function (options) {

        console.log("[onShow] 场景值:", options.scene)

    }
})
```

这里的 `options.scene` 就代表当前的场景值。

3.4.4 页面注册与生命周期

微信小程序是通过 app.js 来管理生命周期的。小程序生命周期的概念虽然简单，但是贯穿小程序开发的始终。本节将介绍如何应用生命周期。

1. 小程序生命周期的注册

一般使用 App(Object object) 来注册小程序，从而管理自己的生命周期。每个小程序都需要在 app.js 中调用 App() 方法注册小程序示例，绑定生命周期回调函数、错误监听和页面不存在监听函数等。在 app.js 中，这个函数接收一个 Object 参数，其中指定了小程序的生命周期回调。

需要注意的是，App() 必须在 app.js 中注册。在一个小程序中，App() 方法有且仅有一个，不能注册多个，否则可能会出现无法预期的后果。

小程序代码的每个根目录下都有一个名为 app.js 文件的生命周期函数,其核心代码如下所示：

```
App({
    onLaunch: function(options) {
        // 监听小程序初始化
    },
    onShow: function(options) {
        // 监听小程序显示
    },
    onHide: function() {
        // 监听小程序隐藏
    },
    onError: function(msg) {
        // 监听错误
    },
    // 全局数据对象
    globalData: {...}
})
```

小程序启动后，后台会首先完成小程序的初始化，该过程全局只会触发一次；之后会完成显示的工作；用户可以操作小程序从前台进入后台以及从后台恢复到前台显示；小程序在后台运行一段时间，当系统资源不足时会被注销。

app.js 除了定义生命周期外，还有一些其他的妙用。如果需要在小程序中定义一个全局变量，就可以利用 app.js 文件来实现。微信给开发者提供了 getApp() 函数，在小程序代码的任何地方都可以调用它。它会返回一个小程序的实例供业务逻辑使用，这样在需要使用小程序对象相关属性时就可以引用它。

```
// other.js
var appInstance = getApp()
console.log(appInstance.globalData)
```

在使用时，需要注意以下两点。

（1）App() 必须在 app.js 中注册，不可以在 App() 函数内或在定义 App() 函数前调用 getApp() 方法；

（2）通过 getApp() 方法获取实例后，不可以私自调用生命周期函数。

以上就是小程序目前开放的所有生命周期方法。我们可以根据小程序的业务逻辑来使用，例如可以定义一些全局变量、绑定一些全局的事件处理函数等。

2. 页面生命周期的注册

小程序不仅有应用的生命周期，还有页面的生命周期。应用的生命周期会影响页面的生命周期。小程序中的每个页面都需要在页面对应的 js 文件中进行注册，以指定页面的初始数据、生命周期回调、事件处理函数等。

我们可以使用 Page 构造器注册页面，也可以使用 Component 构造器构造页面。简单的页面可以直接使用 Page(params) 进行构造，通过设定不同的 params 来指定页面的初始数据、生命周期回调、事件处理函数等。示例代码如下所示：

```
// index.js
Page({
    data: {
        text: "This is page data."
    },
    onLoad: function(options) {
    },
    onReady: function() {
    },
    onShow: function() {
    },
    onHide: function() {
    },
    onUnload: function() {
    },
    onPullDownRefresh: function() {
    },
    onReachBottom: function() {
    },
    onShareAppMessage: function () {
    },
    onPageScroll: function() {
    },
    onResize: function() {
    },
    onTabItemTap(item) {
        console.log(item.index)
        console.log(item.pagePath)
        console.log(item.text)
    },
    viewTap: function() {
        this.setData({
            text: 'Set some data for updating view.'
```

```
    }, function() {
    })
    },
    customData: {
        hi: 'MINA'
    }
})
```

页面的生命周期比应用的生命周期丰富，它除了有应用生命周期中的 onShow()、onHide() 方法外，还有 onLoad()、onReady()、onUnload()、onPullDownRefresh()、onShareAppMessage() 等方法。另外，开发者还可以添加任意函数或数据到 Object 参数中，来定义一个方法，在页面的函数中可以使用 this 访问。

下面是一个典型的页面 Page 构造器的写法，完整地展示了页面生命周期的定义与使用。

```js
// index.js
Page({
    data: {
        text: "This is page data."
    },
    onLoad: function(options) {
        console.log("onLoad");
    },
    onReady: function() {
        console.log("onReady");
    },
    onShow: function() {
        console.log("onShow");
    },
    onHide: function() {
        console.log("onHide");
    },
    onUnload: function() {
        console.log("onUnload");
    },
    onPullDownRefresh: function() {
        console.log("onPullDownRefresh");
    },
    onReachBottom: function() {
        console.log("onReachBottom");
    },
    onShareAppMessage: function () {
        console.log("onShareAppMessage");
    },
    onPageScroll: function() {
        console.log("onPageScroll");
    },
    onResize: function() {
        console.log("onResize");
    },
    onTabItemTap(item) {
        console.log(item.index)
        console.log(item.pagePath)
```

```
        console.log(item.text)
    },
    viewTap: function() {
        this.setData({
            text: 'Set some data for updating view.'
        }, function() {
        })
    },
    customData: {
        hi: '小程序'
    }
})
```

通过上述示例，我们了解了小程序 Page 构造方法中各个生命周期函数的使用方法。Page 这个 prototype 中还注册了 data 属性、route 属性和 setData()方法。

使用 Page.prototype.route()方法可以获取当前所处的页面，使用示例代码如下：

```
console.log('当前正在访问页面：' + this.route);
```

开发者也可以使用 getCurrentPages()函数获取当前页面栈。该函数用于获取当前页面栈的实例，并以数组形式按栈的顺序给出，第一个元素为首页，最后一个元素为当前页面。而 Page.prototype.data 就是当前页面的数据内容。

我们指定小程序的每个页面都有一个 data 对象来存放当前页面的数据，可以使用 Page.prototype.setData()来修改。新手最常犯的错误之一就是直接修改 data 属性的值来修改页面数据，而没有使用原型中的 setData()方法。

我们也可以利用 getCurrentPage()函数获取当前页面的实例，这些函数我们会在后续的文件作用域部分详细介绍。

3.4.5　渲染页面

现在我们要开始渲染页面了,不论你使用哪种前端渲染模板引擎,都需要了解 3 个重要功能：如何渲染页面、如何绑定事件、如何修改页面。

1. 如何渲染页面

你在代码中写的初始化 data 数据将传递给渲染层进行第一次渲染。data 会以 JSON 的形式由逻辑层传至渲染层，所以数据必须可以转成 JSON 的格式：字符串、数字、布尔值、对象、数组。

渲染层可以通过 WXML 对数据进行绑定。

```
<view>{{text}}</view>
<view>{{array[0].msg}}</view>
Page({
    data: {
        text: 'init data',
```

```
        array: [{msg: '1'}, {msg: '2'}]
    }
})
```

2. 如何绑定事件

如果要处理事件，除了初始化数据和生命周期函数，Page 中还可以定义一些特殊的函数：事件处理函数。渲染层可以在组件中加入事件绑定，当触发事件时，就会执行 Page 中定义的事件处理函数。

```
<view bindtap="viewTap"> click me </view>
Page({
    viewTap: function() {
        console.log('view tap')
    }
})
```

3. 如何修改页面

完成第一次渲染和事件函数绑定后，你可能还需要更新页面的渲染。不同于传统 Web 开发需要通过指定 DOM 节点进行调整，小程序支持数据的双向绑定，因此可以使用 setData(Object data, Function callback) 函数随时调整页面的数值，从而引起页面的变化。

Object 以 key: value 的形式表示，将 this.data 中的 key 对应的值改变成 value。其中 key 以数据路径的形式给出，支持改变数组中的某一项或对象的某个属性，如 array[2].info、a.b.c.d 等，并且不需要在 this.data 中预先定义。

开发者不应该直接修改 this.data 的值，这不仅无法改变页面的状态，还会造成数据不一致，而是应该通过调用 this.setData() 方法来修改。很多前端开发在刚开始写小程序时会遇到这个问题，因为在前端开发最熟悉的双向绑定的语言中，Vue.js 是可以直接通过修改 this.data 来修改绑定数据的。

另外还需要注意的是，这个函数仅支持可 JSON 化的数据（即字符串、数字、布尔值、对象、数组）。单次设置的数据不能超过 1024 KB，尽量避免一次设置过多的数据。

最后，请不要把 data 中任何一项的 value 设为 undefined，否则这一项将不被设置，还可能遗留一些潜在问题。

理解了渲染页面的 3 个部分，再看下面这个官方文档的例子，试着理解它要实现什么样的功能：

```
<!--index.wxml-->
<view>{{text}}</view>
<button bindtap="changeText"> Change normal data </button>
<view>{{num}}</view>
<button bindtap="changeNum"> Change normal num </button>
<view>{{array[0].text}}</view>
<button bindtap="changeItemInArray"> Change Array data </button>
<view>{{object.text}}</view>
```

```
<button bindtap="changeItemInObject"> Change Object data </button>
<view>{{newField.text}}</view>
<button bindtap="addNewField"> Add new data </button>
// index.js
Page({
    data: {
        text: 'init data',
        num: 0,
        array: [{text: 'init data'}],
        object: {
            text: 'init data'
        }
    },
    changeText: function() {
        // 不要像这样直接修改 this.data: this.data.text = 'changed data'
        // 而应该使用 setData
        this.setData({
            text: 'changed data'
        })
    },
    changeNum: function() {
        // 或者修改 this.data 之后马上用 setData 设置修改了的字段
        this.data.num = 1
        this.setData({
            num: this.data.num
        })
    },
    changeItemInArray: function() {
        // 对于对象或数组字段, 可以直接修改一个子字段, 这样做通常比修改整个对象或数组更好
        this.setData({
            'array[0].text':'changed data'
        })
    },
    changeItemInObject: function(){
        this.setData({
            'object.text': 'changed data'
        });
    },
    addNewField: function() {
        this.setData({
            'newField.text': 'new data'
        })
    }
})
```

3.4.6　文件作用域

在 JavaScript 文件中声明的变量和函数只在该文件中有效, 在不同的文件中可以声明相同名字的变量和函数, 不会互相影响。

那么当我们需要设置全局变量时应该怎么做呢? 其实我们在前面已介绍过, 小程序可以设

置一个全局变量。通过全局函数 `getApp()` 可以获取全局的应用实例，如果需要全局的数据，可以在 `App()` 中设置，示例如下：

```
// app.js
App({
    globalData: 1
})
// a.js
// localValue 仅限用于 a.js 文件中
var localValue = 'a'
var app = getApp()
app.globalData++
// b.js
var localValue = 'b'
console.log(getApp().globalData)
```

3.4.7　注册路由

了解了如何启动程序、如何渲染页面，下面再来看一下如何在各个页面之间实现跳转。

在讲解生命周期时已经详细介绍过页面的概念，那么各个页面是如何在小程序中维护的呢？其实，在小程序的框架中是以栈的形式维护当前所有页面的。当发生路由切换的时候，页面栈就会产生变化，小程序的页面生命周期也会产生变化。小程序页面栈的表现形式如表 3-3 所示。

表 3-3　小程序页面栈的表现形式

路由方式	页面栈变化	老页面生命周期变化	新页面生命周期变化
初始化	新页面入栈	无	onLoad()、onShow()
打开新页面	新页面入栈	onHide()	onLoad()、onShow()
页面重定向	当前页面出栈，新页面入栈	onUnload()	onLoad()、onShow()
页面返回	页面不断出栈，直到目标返回页	onUnload()	onShow()
tab 切换	页面全部出栈，只留下新的 tab 页面	视具体情况而定	视具体情况而定
重加载	页面全部出栈，只留下新的页面	onUnload()	onLoad()、onShow()

其实，只要理解了各个生命周期对应的含义，就可以轻松判断当前的页面变化会产生哪些生命周期的变化。上述生命周期的变化很好理解，只有对于不同的 tab 页面产生的 tab 切换，对应的生命周期变化会稍微复杂一些，主要是因为不同的 tab 间切换时会触发老 tab 的 `onHide()` 和新 tab 的 `onShow()`，如果 tab 是第一次载入还会触发 `onLoad()`。另外从非 tab 页面跳转回到 tab 页面时，会触发老页面的销毁。

至此，你应该掌握了如何进行页面路由的跳转。下面介绍几个注意事项。

(1) navigateTo、redirectTo 只能打开非 tabBar 页面。

(2) switchTab 只能打开 tabBar 页面，但是不能传递参数。

(3) reLaunch 可以打开任意页面。

(4) 页面底部的 tabBar 由页面决定，即只要是定义为 tabBar 的页面，底部都有 tabBar。

(5) 调用页面路由带的参数可以在目标页面的 onLoad 中获取。

这里我们着重讲一下与第 2 点相关的内容。如果需要跳转到 tabBar，而且需要带上参数，应该怎么办呢？

这是一个很常见的需求，例如我们在制作一个商城小程序，在首页的推荐广告里推荐了一个"手办"的品类，需要跳转到 tabBar 的列表页，并且希望在点击之后直接跳转到"手办"品类的所有商品列表。但是由于 switchTab 不能传递参数，所以就需要自己来解决。

在上一节文件作用域中，我们介绍了如何设置一个全局变量，因此最简单的解决办法就是在 switch 跳转之前设置一个全局变量，到下一个页面的时候，直接去获取全局变量即可。

示例代码如下：

```
// index.wxml
<!-- 某个按钮 -->
<button bindtap='toList'>列表页</button>
// index.js
// 获取应用实例
const app = getApp()

Page({
    data: {
        result: ''
    },

    onLoad: function () {

    },

    toList: function () {
        getApp().globalData.catid = "123";
        wx.switchTab({
            url: '../details/details',
        })
    }

})ton>
// 要跳转的 tab 页面
Page({
    data: {
        catid: ''
    },
    onLoad: function (options) {

        var catid = getApp().globalData.catid
        console.log(catid)
        // 生命周期函数——监听页面加载
```

```
        this.setData({
            catid:catid
        })
    }
})
```

通过这个例子，你应该明白了如何在代码中使用全局变量。

3.4.8 模块化

对于任何一个现代化框架而言，模块化都是现代化编程的标配，小程序也不例外。在小程序中，我们可以将一些公共的代码抽离成为一个单独的 js 文件，作为一个模块。模块只有通过 module.exports 或者 exports 才能对外暴露接口。

例如，我们可以定义一个公用方法，然后通过 module.exports 或者 exports 对外暴露接口。

```
// common.js
function sayHello(name) {
    console.log(`Hello ${name} !`)
}
function sayGoodbye(name) {
    console.log(`Goodbye ${name} !`)
}

module.exports.sayHello = sayHello
exports.sayGoodbye = sayGoodbye
```

在需要使用这些模块的文件中，使用 require() 将公共代码引入：

```
var common = require('common.js')
Page({
    helloMINA: function() {
        common.sayHello('MINA')
    },
    goodbyeMINA: function() {
        common.sayGoodbye('MINA')
    }
})
```

这样我们就可以在不同的页面使用这个预定义的方法了。下面有两点注意事项。

(1) exports 是 module.exports 的一个引用，在模块里随意更改 exports 的指向会造成未知的错误。推荐开发者采用 module.exports 来暴露模块接口，除非你已经清晰地知道两者之间的关系。

(2) 小程序目前不支持直接引入 node_modules，建议开发者在需要使用 node_modules 时复制相关的代码到小程序的目录中，或者使用小程序支持的 npm 功能。

另外，善于思考的你可能会好奇，引用这么神奇，如果我循环引用小程序会发生什么呢？

例如现在有 3 个模块，它们之间的相互引用关系为 A→B→C→A。要完成模块 A，它依赖于模块 C，但是模块 C 反过来又依赖于模块 A，此时就出现了循环 require。

那么小程序引擎会一直循环 require 下去吗？答案是不会的。如果我们以 A 为入口执行程序，当 C 在引用 A 时，A 已经执行，不会再重新执行 A，因此 C 获得的 A 对象是一个空对象（因为A 还没执行完成）。

在早期版本中，小程序存在着循环引用的漏洞，这会导致栈溢出。所以作为一名优秀的开发者，我们应该尽量避免循环引用的问题。

3.4.9　强大的 API

我们为什么使用小程序开发程序，而不直接使用 H5 进行 Web 开发呢？一个很重要的原因就是小程序提供了强大的 API，可以完成 Web 开发者无法完成的很多功能。小程序开发框架提供了丰富的微信原生 API，可以方便地调起微信提供的能力，如获取用户信息、本地存储、支付功能等。

小程序的 API 有很多，建议大家随时关注官方的 API 文档，但是大体上我们可以将 API 分为以下 3 类。

1. 事件监听类

我们约定，以"on"开头的 API 用来监听某个事件是否触发，如 wx.onSocketOpen、wx.onCompassChange 等。这类 API 接收一个回调函数作为参数，当事件触发时会调用这个回调函数，并将相关数据以参数形式传入。

```
wx.onCompassChange(function (res) {
    console.log(res.direction)
})
```

2. 同步执行类

我们约定，以"Sync"结尾的 API 都是同步 API，如 wx.setStorageSync、wx.getSystem-InfoSync 等。此外，也有一些其他的同步 API，如 wx.createWorker、wx.getBackground-AudioManager 等，详情可参见 API 文档中的说明。

同步 API 的执行结果可以通过函数返回值直接获取，如果执行出错会抛出异常。

```
try {
    wx.setStorageSync('key', 'value')
} catch (e) {
    console.error(e)
}
```

3. 异步执行类

大多数 API 都是异步 API，如 wx.request、wx.login 等。这类 API 通常接收一个 Object

类型的参数，这个参数支持按需指定表 3-4 中的字段来接收接口调用结果。

表 3-4　API 调用参数示例

参 数 名	类 型	是否必填	说　　明
success	function	否	接口调用成功的回调函数
fail	function	否	接口调用失败的回调函数
complete	function	否	接口调用结束的回调函数（调用成功、失败都会执行）
其他	Any	－	接口定义的其他参数

异步 API 的执行结果需要通过 `Object` 类型的参数中传入的对应回调函数获取。部分异步 API 也有返回值，可以用来实现更丰富的功能，如 `wx.request`、`wx.connectSocket` 等。

```
wx.login({
    success(res) {
        console.log(res.code)
    }
})
```

小程序提供的各种异步方法非常强大，但是微信官方没有给出 Promise API 来处理异步操作，而且异步的 API 又非常多，因此场景的多异步编程会产生层层回调，难以处理。

但是，Promise 又是必要的，应该怎么解决呢？其实很简单，微信小程序已经支持 ES6 了，因此我们可以直接封装 Promise 方案。还记得上一节介绍的模块化吗？你可以将常用的异步方法以 Promise 的形式封装起来，方便页面调用。例如：

```
let getImageInfoPromise = new Promise(function (resolve, reject) {
    wx.getImageInfo({
        src: 'xxx.png',
        success: function (res) {
            resolve(res);
        }
    })
});
```

这样我们就定义了 `getImageInfoPromise()` 方法，大家就可以畅快地使用 Promise 开发了。

那么，一个一个地封装异步方法会不会很麻烦？其实网络上已经有成熟的解决方案了，大家可以通过 GitHub 等开源工具搜索封装好的库。本书不会推荐使用某个具体的库，读者在选择相应的库时，需要注意最关键的是要支持 Promise 的链式操作，做到像同步一样写异步，这样才会方便使用。

3.5　小程序的渲染层开发

小程序的渲染层由 WXML（WeiXin Markup Language）与 WXSS（WeiXin Style Sheet）编写，并由组件来进行展示。将逻辑层的数据渲染成视图，同时将渲染层的事件发送给逻辑层。WXML

用于描述页面的结构，WXS（WeiXin Script）是小程序的一套脚本语言，结合 WXML 可以构建出页面的结构。WXSS 是用于描述页面的样式。

3.5.1   框架组件

组件是小程序渲染层的基本组成单元。小程序 MINA 框架为开发者提供了一系列基础组件，例如图标（icon）、进度条（progress）、富文本（rich-text）、文本（text）、表单组件（button、checkbox、checkbox-group、form、input、label、picker、picker-view、radio、slider、switch、textarea）等。开发者可以通过组合这些基础组件，开发一些与微信风格类似的样式，从而可以大大节省 UI 开发成本，也使得小程序风格一致。此外，小程序还提供了一些手机应用中常见的组件，如视图容器、基础组件、表单组件、导航与媒体组件、地图与画布组件、开放能力组件、原生组件等。

一个组件通常由一个开始标签和一个结束标签组成，每个组件都包含用来修饰这个组件的属性。例如我们常用的视图容器组件 view：

```
<view style="color:white">
示例文字
</view>
```

下面我们着重介绍常用的视图容器、基础组件和表单组件。

1. 视图容器

视图容器组件是包裹其他组件的容器，主要用于界面的布局与展示。常用的组件内容包括 view 与 scroll-view、swiper 与 swiper-item、movable-area 与 movable-view、cover-view 与 cover-image。本节重点介绍最常用的 view 与 scroll-view、swiper 与 swiper-item。

- **view 组件**

view 是最常用也是最简单的视图窗口组件，它相当于 HTML 页面的 div 标签，包含了以下 4 个基本属性。

- ❑ hover-class 属性，代表按住的样式类，用于设置是否启用点击效果和设置点击的效果。默认值是 none，代表没有点击态效果。
- ❑ hover-stop-propagation 属性，代表是否阻止本节点的祖先节点出现点击态，默认是不阻止的。
- ❑ hover-start-time 属性，代表按住后多久出现点击态，单位为毫秒（ms），默认为 50ms。
- ❑ hover-stay-time 属性，代表手指松开后点击态的保留时间，单位为 ms，默认为 400ms。

hover-class 属性不仅在 view 组件中会用到，在 button、navigator 等组件中也可以看到这个属性的身影。如果 view 没有 hover 属性，则代表 hover="false"。通过指定 hover-class，我们可以轻松指定按住的样式类。

```
// 页面
<view hover-class="bg_press">这是一段文字</view>
// 样式
.bg_press{
    background: #f7f7f7; // 这里可以写任何你想要的样式
}
```

hover-stop-propagation 用于指定是否阻止本节点的祖先节点出现点击态，这与事件冒泡有关。如果 view 没有指定 hover-stop-propagation 属性，则说明不阻止本节点的祖先节点出现点击态。事件冒泡是说当一个元素上的事件被触发时，同样的事件将会在该元素的所有祖先元素中被触发。而从事件的表现形式来讲，这个事件从原始元素开始一直冒泡到 DOM 树的最上层。

hover-start-time 和 hover-stay-time 与点击效果的展示延时有关，分别设置按住后多久出现点击态和手指松开后点击态的保留时间，单位都是毫秒。如果 view 没有 hover-start-time 和 hover-stay-time 属性，延迟时间默认为 50ms，持续时间默认为 400ms。

- **scroll-view 组件**

scroll-view 又称为可滚动视图区域。如果内部组件的高度或宽度超过了 scroll-view，那么就会通过展示水平、垂直滚动条来显示内部组件。scroll-view 的主要属性如下所示。

❑ scroll-x 属性。如果要允许可视区域横向滚动，就可以设置属性 scroll-x="true"。它的默认值是 false，也就是默认不允许横向滚动。

❑ scroll-y 属性。和 scroll-x 类似，如果要允许可视区域纵向滚动，可以设置属性 scroll-y="true"。它的默认值也是 false，也就是默认不允许纵向滚动。

❑ upper-threshold 属性与 lower-threshold 属性。它们分别控制距边缘多远时，触发 scrolltoupper 事件和 scrolltolower 事件。当页面是纵向滚动时，控制距离顶部和底部的距离；当页面是横向滚动时，控制距离左边和右边的距离。

❑ scroll-top 属性与 scroll-left 属性。分别用来设置竖向滚动条和横向滚动条的位置。以竖向滚动条为例，对于垂直方向来说，一般它的滚动条是在最上方的（也就是 scroll-top 为 0），我们可以通过设置 scroll-top 属性的值来改变页面的滚动条的高度位置，从而让滚动条不出现在容器视图的最顶部。

❑ scroll-into-view 属性。在实际开发中，如果我们需要滚动容器在最开始就滑动到页面的某个位置，就可以使用这个属性。该属性要求我们先指定一个子元素的 ID（注意：这里的 ID 不能以数字开头），从而使得容器一开始就滚动到该元素的位置。

❑ enable-back-to-top 属性。在大部分原生应用中，我们可以通过 iOS 点击顶部状态栏或者通过 Android 双击标题栏时快速返回顶部。借助这个属性，我们就可以在小程序中实现这个操作。这个属性默认是关闭的，也就是 false，我们可以设置为 true 来开启。当然，这个属性只支持竖向滚动。

❑ bindscrolltoupper 属性、bindscrolltolower 属性和 bindscroll 属性。这 3 个
属性可以用来绑定事件，分别对应滚动到顶部/左边时、滚动到底部/右边时和滚动就触发。
对于前两个属性，这里有个小技巧，我们可以通过配合属性 upper-threshold 和
lower-threshold 来控制到底距离边缘多少像素才算是到达边缘。

需要注意的是，基础库 2.4.0 以下不支持嵌套 textarea、map、canvas、video 组件，在滚动
scroll-view 时会阻止页面回弹，所以在 scroll-view 中滚动是无法触发 onPullDownRefresh 的。
若要使用下拉刷新，请使用页面的滚动，而不是 scroll-view，这样也能通过点击顶部状态栏回到
页面顶部。在使用竖向滚动时，首先得设置 scroll-y="true"属性，然后给 scroll-view 一个固
定高度，通过 WXSS 设置 height。组件属性的长度单位默认为 px，从基础库 2.4.0 起支持传入单
位（rpx/px）。这样 scroll-view 就可以用来展示大量的内容，并且可以通过滚动查看所有的内容。
示例代码如下：

```
<scroll-view scroll-y="true" style="height: 100px;">
    <view class="gray" style="width: 100%; height: 100px; background: gray;"></view>
    <view class="red" style="width: 100%; height: 100px; background: red;"></view>
    <view class="green" style="width: 100%; height: 100px; background: green;">
</view>
    <view class="yellow" style="width: 100%; height: 100px; background: yellow;">
</view>
    <view class="blue" style="width: 100%; height: 100px; background: blue;"></view>
</scroll-view>
```

横向滚动稍微麻烦一些，首先还是需要设置滚动方向为 scroll-x="true"，然后给
设置 white-space 为 nowrap 不换行，最后需要将容器中包
裹的标签的 display 属性设置为 inline-block。示例代码如下：

```
<scroll-view scroll-x="true" style="width: 100px;white-space: nowrap;">
    <view class="gray" style="display: inline-block; width: 100px; height: 100px;
background: gray;"></view>
    <view class="red" style="display: inline-block; width: 100px; height: 100px;
background: red;"></view>
    <view class="green" style="display: inline-block; width: 100px;height: 100px;
background: green;"></view>
    <view class="yellow" style="display: inline-block; width: 100px;height: 100px;
background: yellow;"></view>
    <view class="blue" style="display: inline-block; width: 100px;height: 100px;
background: blue;"></view>
</scroll-view>
```

关于 display 属性的用法我们会在渲染层布局部分详细介绍。

● **swiper 组件与 swiper-item 组件**

swiper 组件又称为滑块视图容器。其中只可放置 swiper-item 组件，否则会导致未定义的行为
（放其他组件会被自动删除）。内置的 swiper-item 组件宽高会被自动设置为 100%，它是微信小程序
中用于轮播功能的组件，类似于 Web 开发中常用的第三方组件 swiper.js。开发者只需通过简单的配

置参数，就能完成一个幻灯片滑动需求。基本的属性配置可以在官方文档中查到，此处不再赘述。

下面通过一个简单的示例帮助大家理解这个组件的内容。

```
<!--swiper-demo.wxml-->
<swiper indicator-dots="{{indicatorDots}}" autoplay="{{autoplay}}"
interval="{{interval}}" duration="{{duration}}" current="0">
// 用于展示轮播图效果
    <block wx:for="{{imgUrls}}">
        <swiper-item>
            <image src="{{item}}"/>
        </swiper-item>
    </block>
</swiper>
```

其中 indicator-dots 属性用于控制是否显示面板指示点，autoplay 属性用于控制组件是否需要自动切换页面，interval 属性用来指示自动切换时的时间间隔，duration 属性用来控制滑动动画的时长，最后的 current 属性指示当前轮播模块所在的滑块索引。通过简单的配置即可实现一个轮播组件的效果。开发者如果需要关注轮播组件的事件，小程序也提供了事件的回调函数属性 bindchange、bindtransition 和 bindanimationfinish，分别用于监听页面发生轮播、swiper-item 的位置发生改变和动画结束时间，开发者可以酌情使用。

在实际项目中，我们一般会使用 swiper 来做首页轮播图效果，或者实现 tab 切换效果。这两种效果在开发中分别会出现在首页和详情页，有兴趣的读者可以参考本书的实战代码阅读学习。在使用时，开发者还需要注意，如果在 bindchange 的事件回调函数中使用 setData 改变 current 值，则有可能导致 setData 被不停地调用，因而通常情况下请在改变 current 值前检测 source 字段，判断是否是由于用户触摸引起的。

2. 基础组件

基础组件包括图标（icon）、进度条（progress）、富文本（rich-text）、文本（text）等。

- 图标组件

icon 又称图标组件。组件属性的长度单位默认为 px，自版本 2.4.0 起支持传入单位（rpx/px）。图标组件包含了微信官方提供的一系列可以直接使用的图标库，开发者可以先用 type 指定要使用的 icon 类型，然后按照需求去修改对应的大小（size）和颜色（color）即可。icon 有 3 个基本属性，如表 3-5 所示。

表 3-5　icon 组件的基本属性

属性	类　　型	默认值	必填	说　　　　明	最低版本
type	string		是	icon 的类型，有效值：success、success_no_circle、info、warn、waiting、cancel、download、search、clear	1.0.0
size	number/string	23	否	icon 的大小	1.0.0
color	string		否	icon 的颜色，同 CSS 的 color	1.0.0

● 进度条组件

progress 又称进度条组件。组件属性的长度单位默认为 px，自版本 2.4.0 起支持传入单位（rpx/px）。进度条组件可以用来展示加载的进度，例如在进行大文件下载展示时就可以使用进度条组件展示当前的进度。进度条组件的基本属性如表 3-6 所示，其中最重要的是 percent 属性，它标识了当前进度条所在的百分比位置。其余属性主要用来对进度条的细节进行调整，用于适配当前小程序的整体风格。

表 3-6 progress 组件的基本属性

属　　性	类　　型	默　认　值	必填	说　　明	最低版本
percent	number		否	百分比 0~100	1.0.0
show-info	boolean	false	否	在进度条右侧显示百分比	1.0.0
border-radius	number/string	0	否	圆角大小	2.3.1
font-size	number/string	16	否	右侧百分比字体大小	2.3.1
stroke-width	number/string	6	否	进度条线的宽度	1.0.0
color	string	#09BB07	否	进度条颜色（请使用 activeColor）	1.0.0
activeColor	string	#09BB07	否	已选择的进度条的颜色	1.0.0
backgroundColor	string	#EBEBEB	否	未选择的进度条的颜色	1.0.0
active	boolean	false	否	进度条从左往右的动画	1.0.0
active-mode	string	backwards	否	Backwards: 动画从头播放; forwards: 动画从上次结束点接着播放	1.7.0
duration	number	30	否	进度增加 1% 所需毫秒数	2.8.2
bindactiveend	eventhandle		否	动画完成事件	2.4.1

使用示例如下：

```
<progress percent="20" show-info />
<progress percent="40" stroke-width="12" />
<progress percent="60" color="pink" />
<progress percent="80" active />
```

● 富文本组件

rich-text 又称富文本。富文本组件用于在小程序中直接展示富文本内容。例如对于小程序的公告系统，在管理端配置时为了方便运营人员，我们会使用如 UEditor 等所见即所得的富文本编辑器编辑。但是如果后端不返回富文本，前端在小程序中处理是比较麻烦的，需要做描述语言的语法定义。小程序在实现 rich-text 功能前是无法识别富文本的，只能依赖第三方库解决。在有了 rich-text 组件后，小程序开始支持富文本解析。因此我们可以直接将 HTML 内容传入属性 nodes，即可按照需求进行展示了。

rich-text 的属性配置十分简单，只有两个，如表 3-7 所示。

表 3-7 rich-text 组件的基本属性

属　　性	类　　型	默　认　值	必　填	说　　明	最低版本
nodes	array/string	[]	否	节点列表/HTML String	1.4.0
space	string		否	显示连续空格	2.4.1

使用示例如下：

```
<rich-text nodes="<div>test</div>" bindtap="tap"></rich-text>
```

● 文本组件

text 文本组件也是小程序中常用的组件之一。组件内只支持嵌套。text 组件包含以下 3 个属性。

(1) selectable 属性，代表文本是否可选。text 组件是唯一可以长按选中/复制的文本，但是该功能要求微信小程序的文本必须满足文本在标签内并且标签要有 selectable 属性。

(2) space 属性，代表是否显示连续空格。需要注意的是，各个操作系统的空格标准并不一致。

(3) decode 属性，代表是否解码，可以解析的有 <>&'。

3. 表单组件

表单组件主要用于构建用户交互表单的各个部分。表单组件主要包括 button 组件、checkbox 组件、checkbox-group 组件、editor 组件、form 组件、input 组件、label 组件、picker 组件、picker-view 组件、picker-view-column 组件、radio 组件、radio-group 组件、slider 组件、switch 组件、textarea 组件等。这里主要介绍 button 组件和 form 组件。

● button 组件

button 组件是小程序开发中最常用的表单组件。它代表一个操作单元。它的常用属性如表 3-8 所示。

表 3-8 button 组件的基本属性

属　　性	类　　型	默　认　值	必　填	说　　明	最低版本
size	string	default	否	按钮的大小	1.0.0
type	string	default	否	按钮的样式类型	1.0.0
plain	boolean	false	否	按钮是否镂空，背景色透明	1.0.0
disabled	boolean	false	否	是否禁用	1.0.0
loading	boolean	false	否	名称前是否带 loading 图标	1.0.0
form-type	string		否	用于 form 组件，点击分别会触发 form 组件的 submit 和 reset 事件	1.0.0

（续）

属　　　性	类　　型	默 认 值	必填	说　　　明	最低版本
open-type	string		否	微信开放能力	1.1.0
hover-class	string	button-hover	否	指定按钮按下去的样式类。当 hover-class="none"时，没有点击态效果	1.0.0
hover-stop-propagation	boolean	false	否	指定是否阻止本节点的祖先节点出现点击态	1.5.0
hover-start-time	number	20	否	按住后多久出现点击态，单位毫秒	1.0.0
hover-stay-time	number	70	否	手指松开后点击态保留时间，单位毫秒	1.0.0

- **checkbox 组件与 checkbox-group 组件**

checkbox-group 是多项选择器组件，内部由多个 checkbox 组成。checkbox 为多选组件，可以用来实现复选框的功能。开发者通过定义一个 checkbox-group 组件并包裹多个 checkbox 标签，可以实现复选功能。示例如下：

```
<checkbox-group bindchange="checkboxChange">
    <label class="checkbox" wx:for="{{items}}">
        <checkbox value="{{item.name}}" checked="{{item.checked}}"/>{{item.value}}
    </label>
</checkbox-group>
Page({
    data: {
        items: [
            { name: 'USA', value: '美国' },
            { name: 'CHN', value: '中国', checked: 'true' },
            { name: 'BRA', value: '巴西' },
            { name: 'JPN', value: '日本' },
            { name: 'ENG', value: '英国' },
            { name: 'TUR', value: '法国' },
        ]
    },
    checkboxChange: function (e) {
        console.log('checkbox 发生 change 事件，携带 value 值为: ', e.detail.value)
    }
})
```

- **form 组件**

form 组件又称表单组件，主要用来提交组件内的用户输入的 switch、input、checkbox、slider、radio、picker 等组件内容。当点击表单中 form-type 为 submit 的组件时，系统会将表单组件中的 value 值进行提交。需要注意的是，表单组件需要在待提交的子表单组件中加上 name 属性，作为 key 才能进行提交，否则会自动忽略这个组件内容。

前文介绍的 button 组件中有一个 `formType` 属性，当用作表单提交时可以有两个属性值 `submit` 和 `reset`，分别对应 form 的提交和重置两个事件。下面的示例中定义了一个 form 表单，并提供了提交和重置两个按钮事件。

```
<formbindsubmit="formSubmit" bindreset="formReset">
    <view class="section section_gap">
        <view class="section__title">switch</view>
        <switch name="switch"/>
    </view>
    <view class="section section_gap">
        <view class="section__title">slider</view>
        <slider name="slider" show-value ></slider>
    </view>

    <view class="section">
        <view class="section__title">input</view>
        <input name="input" placeholder="please input here" />
    </view>
    <view class="section section_gap">
        <view class="section__title">radio</view>
        <radio-group name="radio-group">
            <label><radio value="radio1"/>radio1</label>
            <label><radio value="radio2"/>radio2</label>
        </radio-group>
    </view>
    <view class="section section_gap">
        <view class="section__title">checkbox</view>
        <checkbox-group name="checkbox">
            <label><checkbox value="checkbox1"/>checkbox1</label>
            <label><checkbox value="checkbox2"/>checkbox2</label>
        </checkbox-group>
    </view>
    <view class="btn-area">
        <button formType="submit">Submit</button>
        <button formType="reset">Reset</button>
    </view>
</form>
```

3.5.2　WXML

WXML 是用来编写页面结构的标签语言。本节会通过几个简单的例子来说明 WXML 具有的能力。

1. 数据绑定

WXML 中的动态数据均来自对应 Page 的 data。

数据绑定使用 Mustache 语法（双大括号）将变量包起来。一般来说，我们可以绑定内容和组件属性（class 类等），还可以把数据绑定用在控制语句中。

```
<!--wxml-->
<view> {{message}} </view>
<view id="item-{{id}}"> </view>
<view wx:if="{{condition}}"> </view>
// page.js
Page({
    data: {
        message: 'Hello MINA!',
        id: 0,
        condition: true
    }
})
```

这里需要注意，控制变量要放在双引号内。经常有同学忘记这一点，导致变量不生效。

另外，属性变量内其实可以进行一些简单的运算，因此不必把所有的属性都在 js 中进行计算。

小程序没有提供计算属性的支持，如果你是 Vue.js 的死忠粉，需要使用计算属性，可以去网上自行搜索一些方法。

2. 列表渲染

在组件上使用 wx:for 控制属性绑定一个数组，即可使用数组中的各项数据重复渲染该组件。

数组当前项的下标变量名默认为 index，数组当前项的变量名默认为 item。使用 wx:for-item 可以指定数组当前元素的变量名，使用 wx:for-index 可以指定数组当前下标的变量名：

```
<!--wxml-->
<view wx:for="{{array}}" wx:for-index="idx" wx:for-item="itemName"> {{item}} </view>

// page.js
Page({
    data: {
        array: [1, 2, 3, 4, 5]
    }
})
```

注意，wx:for 可以嵌套，用于实现复杂的页面渲染。

这里有一个经常使人迷惑的属性——wx:key。如果列表中项目的位置会动态改变，或者有新的项目添加到列表中，并且希望列表中的项目保持其特征和状态（ 如 input 中的输入内容、switch 的选中状态 ），需要使用 wx:key 来指定列表中项目的唯一标识符。

wx:key 的值有两种形式。一种是使用字符串，代表在 for 循环的 array 中 item 的某个 property，该 property 的值必须是列表中唯一的字符串或数字，且不能动态改变。另一种是使用保留关键字 *this，代表在 for 循环中的 item 本身，item 必须是唯一的字符串或数字。当数据改变触发渲染层重新渲染的时候，会校正带有 key 的组件，框架会确保它们重新排序，而不是重新创建，以确保组件保持自身的状态，并提高列表渲染时的效率。

如果不提供 wx:key，就会报一个 warning。如果明确知道该列表是静态的，或者不关注其顺序，则可以选择忽略。

3. 条件渲染

wx:if 条件渲染这个关键词你可能在之前的代码示例中见过，下面我们正式来介绍它。

在框架中，你可以使用 wx:if 来判断是否需要渲染该代码块，也可以用 wx:elif 和 wx:else 来添加一个 else 块。示例如下：

```
<!--wxml-->
<view wx:if="{{view == 'WEBVIEW'}}"> WEBVIEW </view>
<view wx:elif="{{view == 'APP'}}"> APP </view>
<view wx:else="{{view == 'MINA'}}"> MINA </view>

// page.js
Page({
    data: {
        view: 'MINA'
    }
})
```

和所有前端模板语言类似，wx:if 与 hidden 有着不小的区别。

wx:if 中的模板也可能包含数据绑定，所以当 wx:if 的条件值切换时，框架有一个局部渲染的过程，它会确保条件块在切换时销毁或重新渲染。同时，wx:if 也是惰性的，如果初始渲染条件为 false，框架就什么也不做，而是在条件第一次变成真的时候才开始局部渲染。

相比之下，hidden 就简单得多，组件始终会被渲染，只是简单地控制显示与隐藏。

一般来说，wx:if 会有更高的切换消耗，而 hidden 会有更高的初始渲染消耗。因此，在需要频繁切换的情景下，使用 hidden 会更好；如果在运行时条件不大可能改变，则使用 wx:if 较好。

4. 模板

WXML 提供了模板（template），我们可以在模板中定义代码片段，然后在不同的地方调用。

使用 name 属性作为模板的名字，然后在内定义代码片段：

```
<!--wxml-->
<templatename="staffName">
    <view>
        FirstName: {{firstName}}, LastName: {{lastName}}
    </view>
</template>
```

使用 is 属性声明需要使用的模板，然后将模板所需要的 data 传入：

```
<template is="staffName" data="{{...staffA}}"></template>
<template is="staffName" data="{{...staffB}}"></template>
<template is="staffName" data="{{...staffC}}"></template>
```

```
// page.js
Page({
    data: {
        staffA: {firstName: 'Hulk', lastName: 'Hu'},
        staffB: {firstName: 'Shang', lastName: 'You'},
        staffC: {firstName: 'Gideon', lastName: 'Lin'}
    }
})
```

这里的 `is` 属性可以使用 Mustache 语法来动态决定具体需要渲染哪个模板。模板拥有自己的作用域，只能使用 data 传入的数据以及模板定义文件中定义的模块。

5. 事件

事件是渲染层到逻辑层的通信方式，可以将用户的行为反馈到逻辑层进行处理。事件可以绑定在组件上，当触发事件时，就会执行逻辑层中对应的事件处理函数。事件对象可以携带额外信息，如 id、dataset、touches。

我们可以在组件中绑定一个事件处理函数，如 `bindtap`，当用户点击该组件的时候，会在该页面对应的 Page 中找到相应的事件处理函数。

```
<!--wxml-->
<view bindtap="add"> {{count}} </view>
```

在相应的 Page 定义中写上相应的事件处理函数，参数是 `event`：

```
Page({
    data: {
        count: 1
    },
    add: function(e) {
        this.setData({
            count: this.data.count + 1
        })
    }
})
```

事件分为冒泡事件和非冒泡事件。

(1) 冒泡事件：当一个组件上的事件被触发后，该事件会向父节点传递。

(2) 非冒泡事件：当一个组件上的事件被触发后，该事件不会向父节点传递。

WXML 的冒泡事件列表如表 3-9 所示。

表 3-9　WXML 的冒泡事件列表

类　　型	触发条件	最低版本
touchstart	手指触摸动作开始	
touchmove	手指触摸后移动	
touchcancel	手指触摸动作被打断，如来电提醒、弹窗	

（续）

类　型	触发条件	最低版本
touchend	手指触摸动作结束	
tap	手指触摸后马上离开	
Longpress	手指触摸后，超过350ms再离开，如果指定了事件回调函数并触发了这个事件，tap事件将不被触发	1.5.0
longtap	手指触摸后，超过350ms再离开（推荐使用 longpress 事件代替）	
transitionend	会在 WXSS transition 或 wx.createAnimation 动画结束后触发	
animationstart	会在一个 WXSS animation 动画开始时触发	
animationiteration	会在一个 WXSS animation 一次迭代结束时触发	
animationend	会在一个 WXSS animation 动画完成时触发	
touchforcechange	在支持 3D Touch 的 iPhone 设备，重按时会触发	1.9.90

为了避免你无法及时消化理解，这里我们不会介绍太多，其实这里介绍的内容和前端开发知识是类似的，大部分概念你应该已经理解。

3.5.3　WXSS

WXSS（WeiXin style sheets）是一套样式语言，用于描述 WXML 的组件样式。

WXSS 具有 CSS 的大部分特性，同时为了更适合开发微信小程序，WXSS 对 CSS 进行了扩充和修改，扩展的特性有：尺寸单位和样式导入。

1. 尺寸单位

微信小程序的尺寸单位是 rpx（responsive pixel），你可以根据屏幕宽度进行自适应。小程序规定了屏幕宽为 750rpx，根据设备屏幕实际宽度的不同，其 1rpx 所代表的实际像素值也是不一样的。例如在设备 iPhone 6 上，屏幕的实际宽度为 375px，共有 750 个物理像素，则 750rpx = 375px = 750 物理像素，1rpx = 0.5px = 1 物理像素。表 3-10 列出了不同设备像素的换算表。

表 3-10　设备像素的换算表

设　备	rpx 换算 px（屏幕宽度/750）	px 换算 rpx（750/屏幕宽度）
iPhone 5	1rpx = 0.42px	1px = 2.34rpx
iPhone 6	1rpx = 0.5px	1px = 2rpx
iPhone 6 Plus	1rpx = 0.552px	1px = 1.81rpx

那么我们在设计阶段需要怎么做适配呢？其实开发者并不需要关心不同的设备型号下 1rpx 到底对应了多少个像素点，只要抓住约定"所有的设备屏幕宽度都为 750rpx"这个原则，就可以实现对任意屏幕大小的设备进行自适应布局。微信官方也推荐直接用 iPhone 6 作为视觉稿的标

准，这样在实际开发时，就可以很方便地对相关尺寸进行测量。另外，rpx 的设计方案在较小的屏幕上很难保证没有"毛刺"，所以在开发时需要尽量避免这种情况。

在特殊机型（例如 iPhone X、iPhone 11）中，因为取消了物理按键，会出现手机底部区域被手机底部的小黑条遮挡的情况，此时可以使用 `padding-bottom: env(safe-area-inset-bottom)` 来告诉微信进行自动适配。

`env()`函数是 iOS 11 新增的特性，用于设定安全区域与边界的距离，有以下 4 个预定义的变量。

- `safe-area-inset-left`：安全区域距离左边边界距离。
- `safe-area-inset-right`：安全区域距离右边边界距离。
- `safe-area-inset-top`：安全区域距离顶部边界距离。
- `safe-area-inset-bottom`：安全区域距离底部边界距离。

这里我们只需要关注 `safe-area-inset-bottom` 这个变量，因为它对应的就是小黑条的高度（横竖屏时值不一样）。

2. 样式导入

CSS 最被人诟病的恐怕就是它薄弱的计算能力了，因此后面会产生 less、sass 等语言。不过，小程序吸收了 CSS 的一些精华，我们可以使用@import 语句导入外联样式表。@import 后跟需要导入的外联样式表的相对路径，用;表示语句结束，示例如下。

```
/** common.wxss **/
.small-p {
    padding:5px;
}
/** app.wxss **/
@import "common.wxss";
.middle-p {
    padding:15px;
}
```

3.5.4 渲染层布局

前面我们介绍了小程序的开发流程，以及一些元素的布局方式。在正式进入开发环节前，我们还需要从整体上介绍小程序的布局方案，从而让开发更加得心应手。

我们知道，任何客户端技术的基础都是 UI 布局。在过往 Web 页面的开发中，我们最熟悉的布局方式其实是 CSS 的布局方式，小程序的布局与 Web 页面的 CSS 布局方案十分类似。因此如果你已经对 CSS 布局比较了解，那么将很容易掌握小程序的布局方式，只需要记住些许不同的属性名即可。不过，如果你之前对 CSS 布局并不了解，也不用担心，通过本节的学习，你可以快速掌握小程序布局的核心技术。

一般来说,布局包含3个最基础的概念:浮动、定位以及外边距操纵。在传统的小程序布局中,我们主要关注盒子模型和弹性布局,下面我们分别来看一看。

1. 盒子模型

盒子模型是 Web 布局的基础,它假定每个元素都会生成一个或多个矩形框,我们称为"元素框"(示意图见图3-3)。每个元素框中心都有一个内容区(content area),内容区周围有内边距(padding)、边框(border)和外边距(margin),它们的含义如下。

- ❑ 外边距:边框外的区域,是透明的,可以是负值。
- ❑ 边框:围绕在内边距和内容外的部分。
- ❑ 内边距:填充属性,内容周围的区域,是透明的,不能是负值。
- ❑ 内容:盒子的实际内容,用于展示页面组件。

我们可以用多种属性设置外边距、边框和内边距。

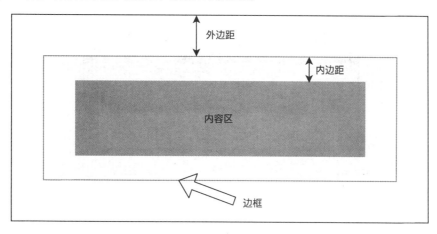

图 3-3　盒子模型示意图

在盒子模型中,元素按显示方式主要分为块级元素和行内元素。元素的显示方式是由 `display` 属性控制的,通过 `margin` 和 `padding` 这两个属性来确定盒子的位置,而常用的 `top`、`bottom`、`left`、`right` 等距离属性在盒子模型中是失效的。

● 布局与显示方式(display)

块级元素

块级元素总是在新行上开始,新的块级元素被添加时会自动换行显示,默认占用一行的高度。因此,一般来说,一行内只会有一个块级元素(除非使用了浮动)。一个块级元素的元素框与其父元素的宽度相同(所以在小程序中,如果不设置宽,则默认为屏幕宽度),块级元素的 width+marginLeft+marginRight+paddingLeft+paddingRight 刚好等于父级元素的内容区宽度,显示时默认撑满父元素内容区。

在盒子模型中，一个块级元素可以容纳行内元素和其他块级元素，而块级元素高度由其子元素决定，父级元素高度会随内容元素变化而变化。

在小程序中，一些元素默认是块级元素，如\<view/\>、\<scroll-view/\>、\<textarea/\>组件，而一些则默认是行内元素，我们可以通过修改元素 display 属性为 block，将一个元素强制设置为块级元素。下面我们使用\<view/\>组件来帮助大家理解块级元素的一些特性。

```
<view>
    <view style='border:1px;border-style: solid;height:100px'>一个块级元素可以容纳行内
元素和其他块级元素，而块级元素高度由其子元素决定</view>
</view>

<view style='border:1px;border-style: solid;width:100px'>块级元素总是在新行上开始，新的
块级元素被添加时会自动换行显示，默认占用一行的高度</view>

<view style='border:1px;border-style: solid;width:60px'>一个平平无奇的块级元素</view>
```

代码效果如图 3-4 所示。

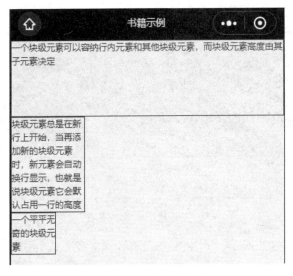

图 3-4　块级元素示例效果图

行内元素

如前文所说，我们可以通过修改元素 display 属性为 block，将一个元素强制设置为块级元素。同理，可以通过设置 display 属性为 inline，将一个元素强制设置为行内元素。与\<view/\>组件类似，\<text/\>、\<icon/\>、\<input/\>、\<label/\>、\<image/\>等默认是行内组件。

行内元素可以和其他非块级元素在同一行。在盒子模型中，高度、宽度、上下外边距、上下内边距都是不能直接设置的，我们只能设置左右的外边距和左右的内边距。宽度就是文字或图片的宽度，不可改变。行内元素只能容纳文本或其他行内元素，在行内元素中放置其他的块级元素

会引起不必要的混乱。示例代码如下：

```
<text style="border:1px;border-style: solid;width: 123px">高度、宽度、上下外边距、上下内
边距都是不能直接设置的。宽度就是文字或图片的宽度，不可改变</text>
```

代码效果如图 3-5 所示。

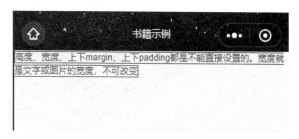

图 3-5　行内元素示例效果图

行内块元素

当 display 属性为 inline-block 时，元素就会被设置为一个行内块元素。

行内块元素是块级元素和行内元素的混合物，它可以设置宽、高、内边距和外边距。可以简单认为行内块元素是把块级元素以行的形式展现，保留了块级元素对宽、高、内边距、外边距的设置，它就像一张图一样放在一个文本行中。示例代码如下：

```
<text style="border:1px;border-style: solid;width: 123px">高度、宽度、上下外边距、上下内
边距都是不能直接设置的。宽度就是文字或图片的宽度，不可改变</text>

<view style='border:1px;border-style: solid;margin:10px;padding:10px;display:
inline-block'>文字很少</view>

<view style='border:1px;border-style: solid;margin:10px;padding:10px;display:
inline-block'>文字很多多多多多多多多多多多多多多多多多多多多多多多</view>
```

代码效果如图 3-6 所示。

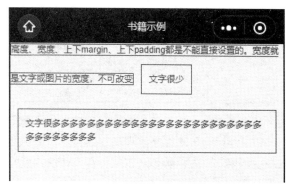

图 3-6　行内块元素示例效果图

● **浮动与定位**

浮动

浮动（float）属性产生之初其实是为了在网页实现类似 Word 中文字环绕图片的效果。"文字"在小程序中被称为行内元素。浮动并不完全是定位，它会让元素脱离正常流，向父容器的左边或右边移动，直到元素外边缘碰到包含容器的边或者碰到其他浮动元素的边框为止。由于浮动框不在文档的普通流中，文档的普通流中会表现得好像浮动框不存在一样，其他内容会环绕过去。示例代码如下：

```
<text>前面的测试文本；前面的测试文本；前面的测试文本；前面的测试文本；前面的测试文本；前面的测试文本；前面的测试文本；前面的测试文本；前面的测试文本；</text>
<text style='border:1px;border-style: solid;float:left;margin: 10px;'>测试浮动框</text>
<text>后面的测试文本；后面的测试文本；后面的测试文本；后面的测试文本；后面的测试文本；后面的测试文本；后面的测试文本；后面的测试文本；后面的测试文本；后面的测试文本；</text>
```

上述代码实现了一个"文字环绕"的效果，如图 3-7 所示。

图 3-7　浮动示例效果图

float 属性有 4 种常见的设置，如表 3-11 所示。

表 3-11　float 属性的常见值

属 性 值	说 明
left	元素向左浮动
right	元素向右浮动
none	默认值，元素不浮动，并显示其在文本中出现的位置
inherit	规定应该从父元素继承 float 属性的值

浮动可以用来实现很多特殊的效果，它具有包裹性和破坏性。包裹性指的是浮动会让元素做到刚好容纳内容，因此可以利用浮动的包裹性来实现父容器自适应内部元素宽度。破坏性是指元素浮动后可能导致父元素高度塌陷，因为浮动元素被从正常文档流中移除了，而父元素还处在正常的文档流中，所以父元素可能会因为失去浮动元素的支撑而塌陷。

那么怎么避免浮动塌陷的问题呢？我们可以使用 clear 属性来解决这个问题。看下面的例子：

```
<view style="border:3px;border-style: solid;">
    <view style="border:1px;border-style: solid;">块级元素</view>
    <view style="border:1px;border-style: solid;float: left">浮动元素</view>
    <view style="border:1px;border-style: solid;">块级元素</view>
</view>
```

可以看到，第二个块级元素因为中间的浮动元素跑到了第二行，如图 3-8 所示。

图 3-8 浮动塌陷问题效果图

如果我们要使第二个块级元素保持在第三行，就会用到浮动清除功能。请看下面的代码，我们在浮动元素的后面加上了一个高度为 0 的元素，从而实现了浮动清除的功能。

```
<view style="border:3px;border-style: solid;">
    <view style="border:1px;border-style: solid;">块级元素</view>
    <view style="border:1px;border-style: solid;float: left">浮动元素</view>
    <view style="clear: both;height: 0"></view>
    <view style="border:1px;border-style: solid;">块级元素</view>
</view>
```

实现的效果如图 3-9 所示。

图 3-9 浮动清除功能示例图

使用清除元素需要注意两点：第一，清除浮动的元素本身不能为浮动元素；第二，清除浮动的元素本身必须是块级元素。clear 属性的取值如表 3-12 所示，你会发现其实和 float 属性的取值表很相似。

表 3-12 clear 属性的常见值

属 性 值	说 明
left	元素左侧不允许有浮动元素
right	元素右侧不允许有浮动元素
none	默认值，允许浮动元素出现在两侧
both	元素左右两侧均不允许有浮动元素

定位

元素的定位由 position 属性控制，主要影响元素框生成的方法。常见的定位有 3 种：相对定位、绝对定位和固定定位。

相对定位对应的属性值是 position:relative，是指让元素相对自己原来的位置，进行位置的调整。相对定位本身真实的位置还是存在的，它只是让自己的替身移动出去，元素仍保持移动之前的形状，它原本所占的空间仍然保留。

下面看一段示例代码：

```
<view style='border:1px;border-style: solid;height: 100rpx'>
    测试文字覆盖<text style='position:relative;top:20rpx;left:40rpx;background-
    color:gray;'>relative</text>测试文字覆盖
</view>
```

效果如图 3-10 所示，可以看到，relative 区块原来的位置都被保留了下来。

图 3-10　相对定位功能示例

绝对定位对应的属性值是 position:absolute，是指让元素相对其包含块的位置，进行位置的调整。与相对定位不同，绝对定位的元素框会从文档流原先所在的位置中完全删除，就好像该元素原来不存在一样。其中所谓的包含块是指离当前元素最近的 position 为 absolute 或 relative 的父元素，如果父元素中没有任何 absolute 或 relative 布局的元素，那么包含块就是页面的根元素。绝对定位是脱离标准文档流的，所以它可以设置宽和高。

下面看一段示例代码：

```
<view style='border:1px;border-style: solid;height: 100rpx;'>
    <view style="position:relative;background-color: gainsboro">
        测试文字覆盖<text style='position:absolute;top:20rpx;left:40rpx;background-
        color:gray;'>absolute</text>测试文字覆盖
    </view>
</view>
```

效果如图 3-11 所示，可以看到，absolute 区块相对于其 relative 的父元素进行了移动。

图 3-11　绝对定位功能示例

固定定位对应的属性值是 `position:fixed`，是指让元素相对浏览器窗口的位置，进行位置的调整。也就是说，不论页面如何滚动，这个盒子显示的位置都是一直保持不变的。

下面看一段示例代码：

```
<view style='border:1px;border-style: solid;height: 100rpx'>
    测试文字覆盖<text style='position:fixed;top:220rpx;left:40rpx;background-
    color:gray;'>fixed</text>测试文字覆盖
</view>
```

效果如图 3-12 所示，可以看到，fixed 区块的位置无视了其父级元素，直接固定在视窗的指定位置。

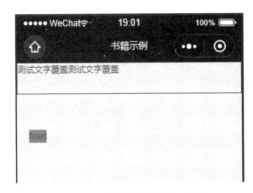

图 3-12　固定定位功能示例

2. 弹性布局

前面介绍的盒子模型是进行样式布局的基础，浮动和定位在传统的样式处理中非常重要，但是在处理一些特殊布局时非常不方便，比如常用的垂直居中或实现响应式页面设计，就不太容易仅仅依靠盒子模型实现。

2009 年 W3C 提出了一种新的布局方案——弹性布局（Flex）。Flex 是 Flexible Box 的缩写，即弹性盒子布局，也被称为柔性布局。它的特点是可以让子元素方便地改变宽度、高度和顺序，可以向任意方向伸缩，从而简单快速地完成各种伸缩性的设计，具有极高的布局灵活性，它也因此被誉为未来布局的首选方案。微信小程序也实现了 Flex 布局，下面就来介绍 Flex 布局在微信小程序中的使用。

Flex 布局的元素大小是可伸缩的，可根据需要扩展尺寸来填满可用空间。在常规的文档流布局中，方向是确定的，块就是从上到下，内联就是从左到右，而在 Flex 布局中，方向是不可预知的。

- 伸缩容器

假设 `display:flex` 的元素就是一个伸缩容器（flex container），其中的子元素称为伸缩项目（flex item），默认使用 Flex 布局排版。

我们首先按照块级元素的模式写出 3 个 view 元素块，代码如下：

```
<view style="display: block;">
    <view style='border:1px;border-style: solid;height: 100rpx'>1</view>
    <view style='border:1px;border-style: solid;height: 100rpx'>2</view>
    <view style='border:1px;border-style: solid;height: 100rpx'>3</view>
</view>
```

展示的效果如图 3-13 所示。

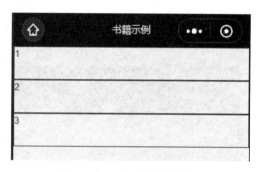

图 3-13   块级元素效果示例

然后，将代码中的 `display: block` 改成 `display: flex`。伸缩项目的子元素默认使用 Flex 布局排版，因此不用在意子元素的 style。代码如下：

```
<view style="display: flex;">
    <view style='border:1px;border-style: solid;height: 100rpx'>1</view>
    <view style='border:1px;border-style: solid;height: 100rpx'>2</view>
    <view style='border:1px;border-style: solid;height: 100rpx'>3</view>
</view>
```

效果如图 3-14 所示，可以看到，3 个元素变成了行内容器模式，在一行内显示了所有子元素。

图 3-14   伸缩容器效果示例

● 主轴和交叉轴

前面说过，采用 Flex 布局的伸缩容器是可以向任何方向布局的。我们一般默认容器有两个轴：主轴（main axis）和交叉轴（cross axis）。横向的轴称为主轴，纵向的轴称为交叉轴，如图 3-15 所示。

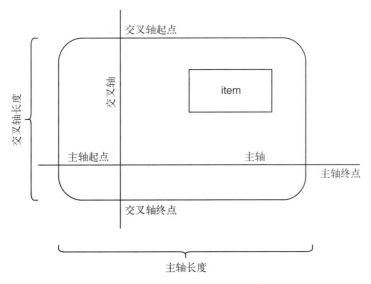

图 3-15 主轴和交叉轴含义示意图

主轴的开始位置称为主轴起点（main start），结束位置称为主轴终点（main end），主轴的长度为主轴长度（main size）。同理，交叉轴的起点称为交叉轴起点（cross start），结束位置称为交叉轴终点（cross end），交叉轴的长度称为交叉轴长度（cross size）。这些名词需要记住，它们是我们后面定位元素位置的标志线。

一般来说，主轴的长度是从左向右的，交叉轴的长度是从上到下的，但是我们可以通过 flex-direction 控制它们的方向。具体属性如表 3-13 所示。

表 3-13 flex-direction 方向的属性表

属　　性	含　　义
row	从左到右的水平方向为主轴
row-reverse	从右到左的水平方向为主轴
column	从上到下的垂直方向为主轴
column-reverse	从下到上的垂直方向为主轴

下面通过一个例子帮助大家熟悉这 4 种属性的含义。我们分别设置 4 个模块的 flex-direction 为 row、row-reverse、column、column-reverse，从而看一下它的展示效果。

```
<view style="display: flex;flex-direction: row;">
    <view style='border:1px;border-style: solid;height: 100rpx'>1</view>
    <view style='border:1px;border-style: solid;height: 100rpx'>2</view>
    <view style='border:1px;border-style: solid;height: 100rpx'>3</view>
</view>

<view style="height: 40rpx"></view>
```

```
<view style="display: flex;flex-direction: row-reverse;">
    <view style='border:1px;border-style: solid;height: 100rpx'>1</view>
    <view style='border:1px;border-style: solid;height: 100rpx'>2</view>
    <view style='border:1px;border-style: solid;height: 100rpx'>3</view>
</view>

<view style="height: 40rpx"></view>

<view style="display: flex;flex-direction: column;">
    <view style='border:1px;border-style: solid;height: 100rpx'>1</view>
    <view style='border:1px;border-style: solid;height: 100rpx'>2</view>
    <view style='border:1px;border-style: solid;height: 100rpx'>3</view>
</view>

<view style="height: 40rpx"></view>

<view style="display: flex;flex-direction: column-reverse;">
    <view style='border:1px;border-style: solid;height: 100rpx'>1</view>
    <view style='border:1px;border-style: solid;height: 100rpx'>2</view>
    <view style='border:1px;border-style: solid;height: 100rpx'>3</view>
</view>
```

展示效果如图 3-16 所示。可以发现，如果我们确定了一个方向为主轴，那么它对应的垂直方向就是交叉轴。

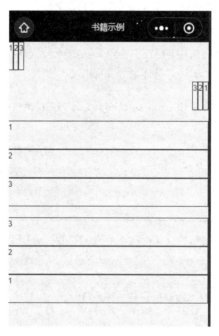

图 3-16　flex-direction 使用示例

- **对齐方式**

当我们确定了元素展开的方向，展开后的元素要按照什么方式对齐呢？子元素的对齐主要有两种方式，分别是使用 `justify-content` 属性和 `align-items` 属性。前者通过定义子元素在主轴上的对齐方式来指明对齐方式，后者通过定义子元素在交叉轴上对齐的方式来指明对齐方式。

下面着重介绍以主轴为参考系的 `justify-content` 属性，它主要有 5 个可选的对齐方式，如表 3-14 所示。

表 3-14 `justify-content` 属性的属性表

属　　性	含　　义
flex-start	默认值，按照主轴起点对齐
flex-end	按照主轴结束点对齐
center	在主轴中居中对齐
space-between	两端对齐，除了两端的子元素分别靠向两端的容器之外，其他子元素之间的间隔相等
space-around	每个子元素之间的距离相等，两端的子元素距离容器的距离也和其他子元素之间的距离相同

文字的力量是苍白的，下面我们用图片展示，相信你很快就明白了，如图 3-17 所示。

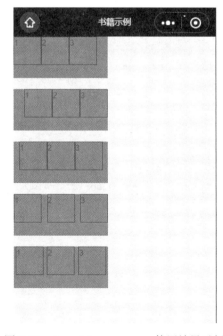

图 3-17 `justify-content` 使用效果示例

示例对应的代码如下：

```
<view style="display: flex;height: 150rpx;width:350rpx;background-color: gray;
justify-content:flex-start">
    <view style='border:1px;border-style: solid;width:100rpx;height: 100rpx'>1</view>
    <view style='border:1px;border-style: solid;width:100rpx;height: 100rpx'>2</view>
    <view style='border:1px;border-style: solid;width:100rpx;height: 100rpx'>3</view>
</view>

<view style="height: 40rpx"></view>

<view style="display: flex;height: 150rpx;width:350rpx;background-color:
gray;justify-content:flex-end">
    <view style='border:1px;border-style: solid;width:100rpx;height: 100rpx'>1</view>
    <view style='border:1px;border-style: solid;width:100rpx;height: 100rpx'>2</view>
    <view style='border:1px;border-style: solid;width:100rpx;height: 100rpx'>3</view>
</view>

<view style="height: 40rpx"></view>

<view style="display: flex;height: 150rpx;width:350rpx;background-color:
gray;justify-content:center">
    <view style='border:1px;border-style: solid;width:100rpx;height: 100rpx'>1</view>
    <view style='border:1px;border-style: solid;width:100rpx;height: 100rpx'>2</view>
    <view style='border:1px;border-style: solid;width:100rpx;height: 100rpx'>3</view>
</view>

<view style="height: 40rpx"></view>

<view style="display: flex;height: 150rpx;width:350rpx;background-color:
gray;justify-content:space-between">
    <view style='border:1px;border-style: solid;width:100rpx;height: 100rpx'>1</view>
    <view style='border:1px;border-style: solid;width:100rpx;height: 100rpx'>2</view>
    <view style='border:1px;border-style: solid;width:100rpx;height: 100rpx'>3</view>
</view>

<view style="height: 40rpx"></view>

<view style="display: flex;height: 150rpx;width:350rpx;background-color:
gray;justify-content:space-around">
    <view style='border:1px;border-style: solid;width:100rpx;height: 100rpx'>1</view>
    <view style='border:1px;border-style: solid;width:100rpx;height: 100rpx'>2</view>
    <view style='border:1px;border-style: solid;width:100rpx;height: 100rpx'>3</view>
</view>
```

按交叉轴对齐的 align-items 与此类似，有兴趣的读者可以自行试一试。

现在我们就完成了弹性布局的讲解。下一章我们会通过一个实战项目，带你走进真实的项目开发。

第4章

实战：商城类项目开发

在了解了小程序开发的基础知识后，你一定跃跃欲试想要尝试开发一个属于自己的小程序项目了。本章会以一种场景的小程序类型为例，详细介绍小程序项目的开发和制作过程，从而加深你对小程序开发流程的理解。

本章的后半部分还会介绍模板消息、内容审核等功能，这些是实际项目建设初期很少考虑到但是在提交发布时又经常会遇到的问题。

4.1 商城项目需求分析

在正式开发前，我们需要进行需求分析。这个小程序主要向用户展示一些售卖的商品，然后引导用户通过收藏、加入购物车、下单、支付、查看物流、确认收货等操作，形成一个完整的商城交互闭环。

4.1.1 技术选型

从技术层面来看，小程序一般由前端和后端两部分组成。前端是直接面向终端用户的、大家可以直接看见的小程序，包括页面数据的渲染和用户对页面的交互操作；后端主要负责提供小程序渲染所需要的数据以及用户操作数据的 API。此外，对于电商小程序来说，往往还需要一个后台管理端，允许商品供应商对商城的商品（如价格、库存）、订单（如发货、退货）等关键数据进行操作。

在技术选型上，为了帮助你深入了解小程序的语法，前端方面我们采用了小程序原生方案进行开发，在了解小程序的原生语法后，你可以再适当了解当前主流的小程序开发框架或混合开发框架。后端方面则选用了小程序官方提供的小程序云。小程序云免去了小程序开发中服务器搭建、数据接口实现等烦琐流程，可以让你更专注于业务逻辑的实现。本书会在第三部分对小程序云进行详细的语法讲解，还有专门的实战章节来进一步完善我们的小程序。

4.1.2 需求描述

在了解了技术选型后，你应该对我们即将开发的项目的业务需求有明确的概念。以本项目为例，该小程序的主要目的是制作一个电商平台，引导用户完成一个完整的商城交互闭环。因此该项目大体可以分为 4 个模块：广告模块、商品模块、购物车模块和个人中心模块，如图 4-1 所示。

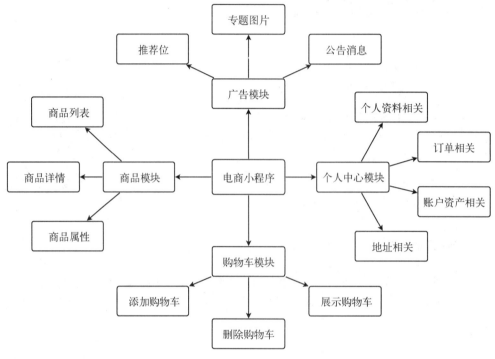

图 4-1   一个典型的电商交互闭环

每个模块根据实际业务需求可以再细分为多个功能模块，从而根据功能需求初步确定页面设计。

不知道你平时在使用各种电商类型的 App 或者 H5 页面时有没有注意过，一般来说，电商类的网站底部导航栏主要有 4 个部分：首页、分类、购物车和个人中心。经过分析业务功能需求，我们也将四大模块设计为小程序的 4 个底部导航栏入口，以常见的 tabBar 形式展示，如图 4-2 所示。在确定首页入口后，会再根据每个入口设计各自功能应展示的页面。至于每个部分的页面详细设计和实现，后面会详细讲述。

图 4-2   4 个底部导航栏入口示意图

4.2 开发前的准备

在正式开发前，我们需要为小程序项目做好准备工作。

4.2.1 创建一个新的小程序

首先，需要创建一个小程序项目。第 2 章已经介绍了如何申请一个微信小程序账户。微信小程序的申请流程可以按照第 2 章的步骤操作。

注意，在修改后台的开发者设置时，需要密切关注该配置项的可修改次数。很多设置项规定了单月最大修改次数，所以要提前规划好小程序使用到的各项内容，例如服务器域名、图片资源地址等。

另外，小程序创建的账号建议不要使用个人常用的邮箱账号。对于个人来说，你常用的邮箱账号应该用于你自己的项目，而不是用于学习教程；对于公司来说，使用个人邮箱，在员工离职后，可能在账号处理上会比较麻烦。

4.2.2 搭建商城框架

新建一个文件夹 Mall 作为项目目录，里面包含以下内容。

❑ components 目录：主要用来存放一些自定义组件相关的内容。
❑ images 目录：主要用来存放商城用到的图片信息等。
❑ libs 目录：主要用来存放商城项目中依赖的第三方库。
❑ models 目录：主要用来封装与后台进行交互的 model 操作类。
❑ pages 目录：主要用来存放商城要用到的各个具体页面，里面的每个不同的子目录都代表一个独立页面，分别包含与目录同名的 wxml、wxss、js 和 json 文件。
❑ utils 目录：主要用来存放商城开发过程中要使用到的各种工具类，避免重复代码。
❑ app.js：小程序主逻辑入口。
❑ app.json：小程序全局配置文件。
❑ app.wxss：小程序公共样式表。

至此，所有的准备工作就做好了，接下来就可以开始小程序开发了。

4.3 底部导航栏的制作

首先，在小程序中建立好导航对应的页面，并在 app.json 中的 `pages` 节点添加上对应的页面地址，这样就完成了对 4 个页面的注册。

```
"pages": [
    "pages/index/index",
    "pages/class/class",
```

```
    "pages/cart/cart",
    "pages/center/center",
 ],
```

其次，实现底部导航栏。这在小程序中很简单，在 app.json 中将之前在 pages 节点内注册好的页面细化填入 tabBar 节点，告诉小程序这 4 个页面分别对应的底部栏，即可快速生成底部导航栏。

```
"tabBar": {
    "color": "#7c7c7c",
    "selectedColor": "#f7545f",
    "borderStyle": "white",
    "backgroundColor": "#ffffff",
    "list": [
        {
            "pagePath": "pages/index/index",
            "iconPath": "images/tabbar/home.png",
            "selectedIconPath": "images/tabbar/curhome.png",
            "text": "首页"
        },
        {
            "pagePath": "pages/class/class",
            "iconPath": "images/tabbar/class.png",
            "selectedIconPath": "images/tabbar/curclass.png",
            "text": "分类"
        },
        {
            "pagePath": "pages/cart/cart",
            "iconPath": "images/tabbar/cart.png",
            "selectedIconPath": "images/tabbar/curcart.png",
            "text": "购物车"
        },
        {
            "pagePath": "pages/center/center",
            "iconPath": "images/tabbar/person.png",
            "selectedIconPath": "images/tabbar/curperson.png",
            "text": "个人"
        }
    ]
}
```

如果小程序是一个多 tab 应用（客户端窗口的底部或顶部有 tab 栏可以切换页面），可以通过 tabBar 配置项指定 tab 栏的表现以及 tab 切换时显示的对应页面。

tabBar 是小程序的一个重要功能，其配置项所对应的含义如表 4-1 所示。

表 4-1　tabBar 的配置项

属　　　性	类　　型	必填	默认值	描　　　述	最低版本
color	HexColor	是		tab 上的文字默认颜色，仅支持十六进制颜色	
selectedColor	HexColor	是		tab 上的文字选中时的颜色，仅支持十六进制颜色	

（续）

属　　性	类　　型	必填	默认值	描　　述	最低版本
backgroundColor	HexColor	是		tab 的背景色，仅支持十六进制颜色	
borderStyle	string	否	black	tabBar 上边框的颜色，仅支持 black 和 white	
list	Array	是		tab 的列表，详见 list 属性说明，最少 2 个、最多 5 个 tab	
position	string	否	bottom	tabBar 的位置，仅支持 bottom 和 top	
custom	boolean	否	false	自定义 tabBar	2.5.0

其中 list 接受一个数组，只能配置最少 2 个、最多 5 个 tab。tab 按数组的顺序排序，每个项都是一个对象，其属性值如表 4-2 所示。

表 4-2　tab 的配置项

属　　性	类　　型	必填	说　　明
pagePath	string	是	页面路径，必须在 pages 中先定义
text	string	是	tab 上按钮文字
iconPath	string	否	图片路径，icon 大小限制为 40 KB，建议尺寸为 81px × 81px，不支持网络图片。当 position 为 top 时，不显示 icon
selectedIconPath	string	否	选中时的图片路径，icon 大小限制为 40 KB，建议尺寸为 81px × 81px，不支持网络图片。当 position 为 top 时，不显示 icon

通过简单的配置，我们就完成了一个底部导航栏的开发，下面一起看看效果吧，如图 4-3 所示。

图 4-3　底部导航栏效果图

需要注意的是，tabBar 中配置的页面必须是在 `pages` 数组中存在的页面，否则 tabBar 的显示会出现问题。

4.4 商城首页的制作

一般来说，电商的大部分流量归属会到达首页，因此，首页是电商系统最重要的部分。一个好的首页会成为激活用户购物欲望、提高用户留存的关键。

在首页中，我们主要实现 3 个部分的功能：一个是顶部的导航栏，第二个是上半部分的轮播页面，最后是下半部分的商品推荐列表页面。为了方便开发，首先需要确定首页的框架。图 4-4 展示了首页框架的效果图。

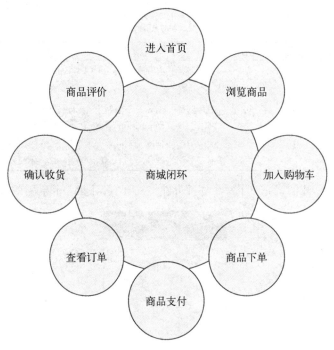

图 4-4   首页框架效果图

4.4.1 顶部导航栏的设计与实现

首先实现顶部的导航栏。顶部的导航栏与上一章实现的底部导航栏不太一样，底部的导航栏可以借助小程序强大的配置能力实现，而顶部的导航栏需要我们按照需求实现，也就是按照自己的实际需求对导航栏进行设计和排序。这里我们随机设定了几个板块作为顶部导航栏的内容，着重介绍首屏展示内容的开发，示例如下。

```
// index.wxss
.tabbar{
    width: 100%;
    height: 60px;
    display: flex;
    flex-direction: row;
    align-items: center;
    background: #fff;
    border-bottom: 1px solid #e5e5e5;
}
.tabbox{
    margin: 11px auto 0;
    height: 49px;
    flex: 1;
    align-items: center;
    box-sizing: border-box;
}
.curtab{
    border-bottom: 2px solid #f7545f;
}
.tabico{
    margin: 0 auto;
    width: 24px;
    height: 23px;
    position: relative;
}
.point-tip{
    position: absolute;
    top: 0;
    right: -1px;
    z-index: 2;
    width: 7.5px;
    height: 7.5px;
    border-radius: 50%;
    background: #ff3535;
}
.ico-recom{
    background:url(recom.png) no-repeat;
    background-size:100%;
}
.ico-baby{
    background: url(baby.png) no-repeat;
    background-size: 100%;
}
.ico-new{
    background: url(new.png) no-repeat;
    background-size: 100%;
}
.ico-discount{
    background: url(count.png) no-repeat;
    background-size: 100%;
}
.ico-notice{
    background: url(notice.png) no-repeat;
```

```
    background-size: 100%;
}
.cur-recom{
    background:url(currecom.png) no-repeat;
    background-size:100%;
}
.cur-baby{
    background: url(curbaby.png) no-repeat;
    background-size: 100%;
}
.cur-new{
    background: url(curnew.png) no-repeat;
    background-size: 100%;
}
.cur-discount{
    background: url(curcount.png) no-repeat;
    background-size: 100%;
}
.cur-notice{
    background: url(curnotice.png) no-repeat;
    background-size: 100%;
}
.tabtit{
    display: block;
    margin:3px auto 0;
    width: 100%;
    text-align: center;
    font-size: 12px;
    color: #383838;
}
.curtit{
    color: #f7545f;
}
```

　　需要注意的是，这里为了方便阅读，我们将 icon 对应的图片地址以本地地址的形式写到了上述示例中，但是在实际运行时，图片是不可读的，因为 wxss 文件不支持使用本地图片地址作为资源链接。在实际的 demo 中，你需要将图片上传到 CDN，使用外链的方式进行访问。当然，icon 这种小图标也可以使用 Base64 地址替代。事实上，在最终的代码 demo 中，我们就是使用 Base64 的方案提供的图片交付。

```
// index.wxml
    <view class="tabbar">
        <view id="1" class="tabbox  {{menuID==1?'curtab':''}}" bindtap="menuClick">
            <view class="tabico ico-recom {{menuID==1?'cur-recom':''}} "></view>
            <text  class="tabtit  {{menuID==1?'curtit':''}} ">今日推荐</text>
        </view>
        <view id="2" class="tabbox {{menuID==2?'curtab':''}}" bindtap="menuClick">
            <view  class="tabico ico-baby {{menuID==2?'cur-baby':''}}"></view>
            <text class="tabtit  {{menuID==2?'curtit':''}}">时尚美妆</text>
        </view>
        <view id="3" class="tabbox {{menuID==3?'curtab':''}}" bindtap="menuClick">
```

```
        <view class="tabico ico-new {{menuID==3?'cur-new':''}}">
            <view class="point-tip "></view>
        </view>
        <text class="tabtit  {{menuID==3?'curtit':''}}">数码电器</text>
    </view>
    <view id="4" class="tabbox {{menuID==4?'curtab':''}}" bindtap="menuClick">
        <view class="tabico ico-discount {{menuID==4?'cur-discount':''}}"></view>
        <text class="tabtit {{menuID==4?'curtit':''}}">个护清洁</text>
    </view>
    <view id="5" class="tabbox {{menuID==5?'curtab':''}}" bindtap="menuClick">
        <view class="tabico ico-notice {{menuID==5?'cur-notice':''}}"></view>
        <text class="tabtit {{menuID==5?'curtit':''}}">数码电器</text>
    </view>
</view>
```

在 index.wxml 中，我们使用变量 menuID 标记当前在哪个菜单下，使用 bindtap()方法进行事件监听。我们对每一个菜单都使用 menuClick()方法进行了事件绑定。那应该如何实现顶部导航栏中各个菜单的切换呢？

```
// index.js
var app = getApp()
Page({
    data: {
        menuID: 1,
    },
    // 菜单切换监听
    menuClick(e) {
        var id = e.currentTarget.id;
        this.setData({
            menuID: id,
        })
    },
})
```

你会发现，我们对每个 view 都设定了一个 id，当通过 bindtap 绑定事件触发时，小程序的后台引擎会传递一个点击事件参数 e 给事件函数，对这个变量包含一个 currentTarget 事件属性。currentTarget 事件属性返回其监听器触发事件的节点，即当前处理该事件的元素、文档或窗口，因此我们可以通过 e.currentTarget.id 获取对应的 id，实现切换的逻辑。

这样就可以实现一个简单的顶部导航栏。在实际开发中，你的顶部导航栏不应该像这样静态写死在页面代码中，而是应该有一个后台管理端动态下发顶部导航栏的内容。这样可以将动态获取到的顶部导航栏数据存在你的 data 中，然后在 wxml 中使用 wx:for 函数简化 index.wxml 内容。

说明

　　wx:for 是小程序中的一个重要功能，广泛应用在小程序中规模数据的渲染中，是开发者必须掌握的技能之一。本节介绍了如何对堆叠数据进行直接展示，下一节会具体介绍 wx:for 的使用方法。

4.4.2　轮播栏的设计与实现

轮播栏是电商类网站重要的一环，通常会用在电商首页和商品的详情页，效果如图 4-5 所示。轮播功能可以使狭小的手机屏幕展示更多的内容。

图 4-5　顶部轮播效果图

小程序内嵌了 swiper 组件，封装后可用来展示轮播内容。swiper 实际上是一个滑块视图容器，上一章已经完整地介绍了 swiper 的使用方法和注意事项，现在就来实战完善一个轮播组件。

```
// index.wxml
<swiper class="adbox" indicator-dots="{{indicatorDots}}" style="width:
    {{imagewidth}}px; height: {{imageheight}}px;" autoplay="{{autoplay}}"
interval="{{interval}}" duration="{{duration}}">
    <block wx:for="{{imgUrls}}">
        <swiper-item>
            <image id="{{item.iTargetType}}{{item.sLink}}" style="width:
                {{imagewidth}}px; height: {{imageheight}}px;" src="{{item.sPicLink}}"
                class="slide-image" mode="aspectFit" data-gid="{{item.sLink}}"
                bindtap="bigImageClick" bindload="imageLoad"/>
        </swiper-item>
    </block>
</swiper>
```

每一个轮播图片都应该绑定一个点击事件，一般来说，点击后应该跳转到对应的商品详情页。在 index.wxml 中，我们使用变量 gid 来标记这个轮播对应的商品 ID。和顶部导航栏开发过程类似，你可能已经意识到要使用 bindtap() 方法进行事件监听。但和之前不同的是，每一个子元素不是直接渲染的，而是使用 wx:for 进行循环渲染，将每一个图片都绑定到 bigImageClick() 方法中。

上述例子演示了 swiper 的基本用法。我们在 swiper 中没有使用自定义的 view，而是使用了 swiper-item 组件。事实上，小程序官方规定在 swiper 中只可放置 swiper-item 组件，否则可能会导致未定义的行为。swiper-item 控件的常用属性介绍如表 4-3 所示。

表 4-3　swiper-item 属性项配置

属　　性	类　　型	必　　填	说　　明	最低版本
item-id	string	否	该 swiper-item 的标识符	1.9.0

swiper-item 控件仅可放置在 swiper 组件中，宽高会自动设置为 100%。在使用轮播组件时需要注意：如果在 bindchange 的事件回调函数中使用 setData 改变 current 值，则有可能导致 setData 被不停地调用，因此在改变 current 值前要检测 source 字段，判断是否是由于用

户触摸引起的。

轮播的样式比较简单，只需要告诉小程序轮播组件的宽高即可。其中 image 组件默认宽度是 300px，高度是 225px，这里需要重置默认样式以实现想要的布局。在平时的开发中，几乎所有的小程序内置组件都有默认样式，我们可以利用开发工具中调试面板的 wxml 窗口，了解这些组件的默认样式，然后通过对窗口中样式的实时调试修改来确定最终样式，最后再回写到 wxss 文件中。

```
/**swiper**/
.pagebox{
    width: 100%;
}
.page{
    width: 100%;
}
.adbox{
    width: 100%;
}
.slide-image{
    width: 100%;
    height: 141px;
}
```

图片一般应该从接口中获取，但当前实现的小程序还没有后台能力，因此图片只能通过本地存储的方式获得。如果我们的信息是在接口中异步获得的，那么只需要调用 this.setData() 方法即可设置 data 值。这里的 this 是指向 Page 的，方法 this.setData() 实际上访问的是上一章讲到的 Page.prototype.setData()，因此在这里可以成功对 Page 进行赋值。开发者如果在调试过程中不知道 data 的数据是否被成功设置，可以利用调试面板中的 AppData 窗口查看当前的设置值（如图 4-6 所示），而不用一直通过 console.log 的方案调试。

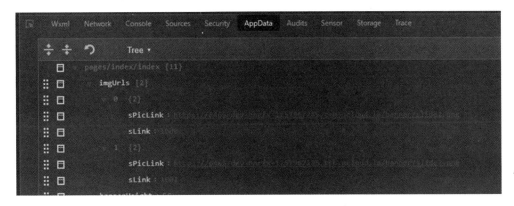

图 4-6　利用 AppData 调试窗口查看 data 值

在完成了页面样式的编写后，现在需要获取轮播的数据并绑定到渲染层。首先在 Page 的 data 字段里定义一个变量 imgUrls，用以存放轮播的数据，小程序会将这个变量以 JSON 的形式由逻辑层传至渲染层，然后在渲染层使用小程序的模板语法接收传入的数据，实现动态数据的双向绑定。另外，在 js 中我们约定最后要实现的详情页路径为 pages/detail/detail，并用 id 参数表示对应的 skuid。效果如图 4-7 所示。

```
var app = getApp()
Page({
    data: {
        "imgUrls": [{
            "sPicLink": "/images/index/slide1.png",
            "sLink": "1000",
        }, {
            "sPicLink": "/images/index/slide2.png",
            "sLink": "1001",
        }],
    },
    // 轮播按钮点击事件
    bigImageClick(e) {
        var p = e.currentTarget.dataset.gid
        wx.navigateTo({url: '/pages/detail/detail?id=' + p});
    },
})
```

图 4-7　首页轮播效果图

注意，在实际开发过程中，不应该将大图片放在小程序项目中，因为为了确保小程序为"小"程序，微信官方对小程序的包大小有所限制，要求整个小程序所有分包大小不超过 8MB，单个分包或主包大小不超过 2 MB。如果确有需求，项目目录中应该只放置少量的小图标，其他图片使用 CDN 的方式通过网络资源请求加载进来。

4.4.3　商品推荐部分的设计与实现

商品推荐的实质是一个商品列表的展示，但是不包含无限加载和商品数据的筛选，因此相对来说功能上会更简单。示例代码如下：

```
// index.wxml
<view id="index_recommend" class="listbox {{showRecommendView?'listboxhide':''}}">
    <text class="dj-tit">精品推荐</text>
```

```
    <view class="djlist cf"><!-- 道具列表 -->
        <block wx:for="{{index_recommends}}">
            <view class="djbox">
            <view class="comico djmark">热卖</view>
            <view id="{{item.iTargetType}}{{item.sLink}}" class="dj-link"
                data-gid="{{item.sLink}}" bindtap="bigImageClick" >
                <view class="djimgbox">
                    <image class="djimg" mode="widthFix"
                        src="{{item.sPicLink}}"></image>
                </view>
                <text class="djname">{{item.sDescribe}}</text>
                <view class="pricebox">
                    <text class="djpri">¥{{item.iPriceReal}}元</text>
                    <text class="djoldpri">¥{{item.iOriPrice}}元</text>
                </view>
            </view>
            <view id="{{item.iTargetType}},{{item.sLink}},{{item.iSuppliersId}}"
                class="comico btn-cart" bindtap="bindCartTap">购物车</view>
            </view>
        </block>
    </view>
</view>
```

使用 view 包裹我们需要的元素，使用 wx:for 对相应的元素进行渲染。

```
// index.wxss
/**list**/
.listbox{
    width: 100%;
    border-top: 1px solid #e5e5e5;
    margin-top: 10px;
    background: #f1f1f1;
    position: relative;
    display:block;
}
.dj-tit{
    padding: 0 10px;
    border-bottom: 1rpx solid #e5e5e5;
    background: #fff;
    height: 44px;
    line-height: 44px;
    font-size: 15px;
    color: #383838;
    display: block;
}
.djlist{
    width: 100%;
}
.djbox{
    float: left;
    margin: 0 0 1%;
    width: 49.5%;
    box-sizing: border-box;
    min-height: 240px;
```

```css
        position: relative;
        background: #fff;
}
.djbox:nth-child(odd){
        margin-right: 1%;
}
.dj-link{
        width: 100%;
        height: 100%;
}
.djmark{
        position: absolute;
        top: 0;
        left: 7px;
        z-index: 20;
        display: block;
        width: 22px;
        height: 26.5px;
        background-position: -135px -83px;
        font-size: 11px;
        color: #fff;
        text-align: center;
        line-height: 11px;
        padding-top: 2px;
        font-style: normal;
}
.djimgbox {
        margin: 0 auto 12px;
        width: 100%;
        min-height: 150px;
        overflow: hidden;
}
.djimg {
        display: block;
        width: 100%;
        min-height: 150px;
}
.djname {
        display: block;
        margin: 0 auto;
        margin-bottom: 11px;
        font-size: 13px;
        color: #383838;
        line-height: 16px;
        width: 88%;
        height: 32px;
        text-overflow: ellipsis;
        overflow: hidden;
}
.pricebox {
        margin: 0 auto;
        width: 88%;
        text-align: left;
        height: 32px;
```

```
        line-height: 14px;
    }
    .djpri {
        -size: 14px;
        color: #f7545f;
    }
    .djoldpri {
        padding: 1px 0 0 5px;
        text-decoration: line-through;
        font-size: 10px;
        color: #aaa;
    }
    .btn-cart {
        position: absolute;
        bottom: 12px;
        right: 7px;
        z-index: 10;
        display: block;
        width: 37px;
        height: 38px;
        text-indent: -9999em;
        background: url(cart.png) no-repeat;
        background-size: 100%;
    }
    .btn-cart:hover{
        background:url(curcart.png) no-repeat;
        background-size:100%;
```

由于 wxss 中不支持展示本地图片，你需要将对应的图片上传到 CDN 或者使用 Base64，方可正常展示。

为了展示双列效果，我们需要对元素进行 `float: left` 浮动，然后指定它的宽度为 `width: 49.5%`。为了使两个并排展示的商品更加协调，需要对 `nth-child(odd)` 的元素进行设置 `margin-right: 1%`。

```
// index.js
var app = getApp()
Page({
    data: {
        "index_recommends": [{
            "sDescribe": "展示专用商品1",
            "iMallId": "1000",
            "sPicLink": "/images/list/sku1.png",
            "iOriPrice": "150",
            "iPriceReal": "113"
        }, {
            "sDescribe": "展示专用商品2",
            "iMallId": "1001",
            "sPicLink": "/images/list/sku2.png",
            "iOriPrice": "250",
            "iOriPrice": "213"
        }, {
            "sDescribe": "展示专用商品1",
```

```
            "iMallId": "1000",
            "sPicLink": "/images/list/sku1.png",
            "iOriPrice": "150",
            "iPriceReal": "113"
        }, {
            "sDescribe": "展示专用商品 2",
            "iMallId": "1001",
            "sPicLink": "/images/list/sku2.png",
            "iOriPrice": "250",
            "iPriceReal": "213"
        }]
    },
    // 轮播按钮点击事件
    bigImageClick(e) {
        var p = e.currentTarget.dataset.gid;
        wx.navigateTo({url: '/pages/detail/detail?id=' + p});
    },
})
```

和之前的部分一样，在 js 中对变量进行赋值，并对事件进行绑定。我们约定最后要实现的详情页路径为 pages/detail/detail，并用 id 参数表示对应的 skuid。商品展示效果如图 4-8 所示。

图 4-8　商品展示效果图

4.5　商城分类页的制作

分类页展示了电商网站包含的商品分类，可以让用户根据商品的属性筛选出需要的商品信息。一般来说，商品的分类不会只有一级，大部分电商网站会展示两级分类。那么这里就按照两级分类来展示如何实现一个分类页。

首先看一下图4-9的效果图，分类页设计得比较简单，最上排是全部商品列表的跳转，下面是各个商品的分类。商品的分类分为两部分，白色区域标识的是一级分类，下面用阴影暗色标出的是二级分类。

图4-9　小程序分类页效果图

点击分类区域，就可以进入对应分类的商品列表页面，如图4-10所示。

图 4-10　商城列表页效果图

在商品列表页，我们会介绍如何实现无限加载功能。

4.5.1　分类页的设计与实现

分类页的实现首先要确定分类页面的数据结构。一般后台存储用的是关系型数据库，因此大部分的分类实现是使用类似 iParentId 的字段来标志不同分类属性之间的关系，然后再用算法将一级数据展开成二级（甚至是多级）的分类树。

后台算法不是本书讲解的重点，这里我们仅展示一个展开后的二级分类树，部分代码如下所示。

```
[{
    "iCatId": "101",
    "iSortOrder": "1",
    "iSortOrsCatNameder": "手机数码",
    "submit": [{
        "iCatId": "121",
        "iSortOrsCatNameder": "小米手机"
    }, {
        "iCatId": "122",
        "iSortOrsCatNameder": "华为手机"
    }, {
        "iCatId": "208",
        "iSortOrsCatNameder": "魅族手机"
```

```
    }, {
        "iCatId": "676",
        "iSortOrsCatNameder": "三星手机"
    }
    ]
}, {
    "iCatId": "119",
    "iSortOrder": "4",
    "iSortOrsCatNameder": "家用电器",
        "submit": [{
        "iCatId": "126",
        "iSortOrsCatNameder": "电水壶"
    }, {
        "iCatId": "125",
        "iSortOrsCatNameder": "电饭煲"
    }, {
        "iCatId": "125",
        "iSortOrsCatNameder": "电磁炉"
    }, {
        "iCatId": "125",
        "iSortOrsCatNameder": "微波炉"
    }]
}]
```

在这个数据结构中，一级分类就是根节点的数组，每个一级分类下包含一个"submit"的二级分类数组，这样我们就拥有了一个完整的二级分类树。分类页展示效果如图 4-11 所示。

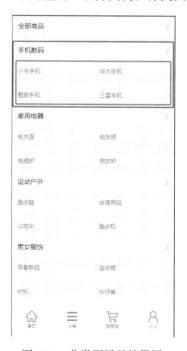

图 4-11　分类页展示效果图

有了二级分类的数据接口，我们就可以依据这个数据结构进行页面样式的撰写。注意观察我们的设计稿，这个页面包含一个双层循环，我们首先要根据第一级分类循环出一级分类，然后在一级分类的子分类中再循环出二级分类，因此需要用到两个 wx:for 语句。

```
<!--class.wxml-->
<view class="container">
    <view class="class-item">
        <navigator url="/pages/productlist/productlist?id=1" class="class-link"
            hover-class="none">
            <view class="item-tit">全部商品</view>
            <view class="arrright">></view>
        </navigator>
    </view>
    <block wx:for="{{Categories}}" wx:key="item" >
        <view  class="class-list" >
            <view id="{{item.iCatId}}" class="list-item" bindtap="tapClick">
                <view class="item-tit">{{item.iSortOrsCatNameder}}</view>
                <view class="arrright">></view>
            </view>
            <view  class="sub-class cf">
                <view id="{{submit.iCatId}}" bindtap="tapClick" class="sub-item"
                    wx:for="{{item.submit}}" wx:for-item="submit">
                    {{submit.iSortOrsCatNameder}}</view>
            </view>
        </view>
    </block>
</view>
```

你可能注意到了，这里使用了<block/>标签。它实际上并不是一个组件，仅仅是一个包装元素，不会在页面中做任何渲染，只接受控制属性。和 view 组件相比，它可以渲染一个包含多节点的结构块。

页面样式其实和之前推荐商品的部分类似，需要把子分类的块级元素进行浮动操作，并设置宽度 width: 49.5%，这样就可以实现双列。

```
/**class.wxss**/
.class-item{
    margin: 0 auto 10px;
    width: 100%;
    height: 44px;
    line-height: 44px;
    background: #fff;
    border-top: 1px solid #e5e5e5;
    border-bottom: 1px solid #e5e5e5;
    display: flex;
    flex-direction: row;
}
.class-link{
    width: 100%;
    height: 44px;
    display: flex;
    flex-direction: row;
```

```
    }
    .class-list{
        width: 100%;
        background: #fff;
    }
    .list-item{
        width: 100%;
        height: 44px;
        line-height: 44px;
        background: #fff;
        display: flex;
        flex-direction: row;
    }
    .item-tit{
        flex: 1;
        padding: 0 13px;
        font-size: 15px;
        color: #000;
    }
    .arrright {
        margin: 15px 12px 0 0;
        width: 8px;
        height: 14px;
        text-indent: -9999em;
        background-size: 100%;
    }
    .sub-class{
        width: 100%;
    }
    .sub-item{
        margin-top: 1%;
        float: left;
        width: 49.5%;
        height: 50px;
        line-height: 50px;
        background: #f3f3f3;
        font-size: 13px;
        color: #7c7c7c;
        text-indent: 13px;
    }
    .sub-item:nth-child(odd){
        margin-right: 1%;
    }
    .sub-item:nth-child(1), .sub-item:nth-child(2){
        margin-top: 0;
    }
```

js部分很简单，只需要对绑定的部分事件进行跳转操作即可。

```
var app = getApp()
Page({
    data: {
        Categories: [{
            "iCatId": "101",
```

```
        "iSortOrder": "1",
        "iSortOrsCatNameder": "手机数码",
        "submit": [{
            "iCatId": "121",
            "iSortOrsCatNameder": "小米手机"
        }, {
            "iCatId": "122",
            "iSortOrsCatNameder": "华为手机"
        }, {
            "iCatId": "208",
            "iSortOrsCatNameder": "魅族手机"
        }, {
            "iCatId": "676",
            "iSortOrsCatNameder": "三星手机"
        }
        ]
    }, {
        "iCatId": "119",
        "iSortOrder": "4",
        "iSortOrsCatNameder": "家用电器",
        "submit": [{
            "iCatId": "126",
            "iSortOrsCatNameder": "电水壶"
        }, {
            "iCatId": "125",
            "iSortOrsCatNameder": "电饭煲"
        }, {
            "iCatId": "125",
            "iSortOrsCatNameder": "电磁炉"
        }, {
            "iCatId": "125",
            "iSortOrsCatNameder": "微波炉"
        }]
    },{
        "iCatId": "119",
        "iSortOrder": "4",
        "iSortOrsCatNameder": "运动户外",
        "submit": [{
            "iCatId": "126",
            "iSortOrsCatNameder": "跑步鞋"
        }, {
            "iCatId": "125",
            "iSortOrsCatNameder": "体育用品"
        }, {
            "iCatId": "125",
            "iSortOrsCatNameder": "山地车"
        }, {
            "iCatId": "125",
            "iSortOrsCatNameder": "跑步机"
        }]
    }, {
        "iCatId": "119",
        "iSortOrder": "4",
        "iSortOrsCatNameder": "男女服饰",
```

```
            "submit": [{
                "iCatId": "126",
                "iSortOrsCatNameder": "早春新品"
            }, {
                "iCatId": "125",
                "iSortOrsCatNameder": "连衣裙"
            }, {
                "iCatId": "125",
                "iSortOrsCatNameder": "衬衫"
            }, {
                "iCatId": "125",
                "iSortOrsCatNameder": "牛仔裤"
            }, {
                "iCatId": "125",
                "iSortOrsCatNameder": "卫衣"
            }, {
                "iCatId": "125",
                "iSortOrsCatNameder": "针织衫"
            }]
        },]
    },
    // 按钮点击事件
    tapClick(e) {
        var p = e.currentTarget.id
        console.log('/pages/productlist/productlist?id=' + p);
        wx.navigateTo({url: '/pages/productlist/productlist?id=' + p})
    },
})
```

4.5.2　列表页的设计与实现

在分类页点击对应的分类或者点击"全部商品"后，就会跳转到商品列表页。商品列表页是所有电商网站都不可或缺的，用于帮助用户快速筛选、查看服务商提供的所有商品信息。一般来说，商品列表页需要提供页面分页加载、排序筛选、商品搜索等功能。

列表页可以分为 3 个部分：商品的搜索栏、中间的筛选条和商品列表。DOM 结构如下所示。

```
<!--productlist.wxml-->
<view class="container">
    <!-- 商品的搜索栏 -->
    <view class="navbar">
        <view class="searchbar">
            <navigator url="/pages/class/class" open-type="switchTab"
                class="searchico bar-class" hover-class="none"></navigator>
            <view class="searchbox">
                <view class="iptbox">
                    <view class="iptwrap">
                        <input type="text" bindinput="bindKeyInput" class="comipt"
                            placeholder="搜索商品"/>
                    </view>
                </view>
```

```
            <view class="search-del">x</view>
        </view>
    </view>
    <!-- 中间的筛选条 -->
    <view class="babytab">
        <view id="1" class="babytabbox  {{subMenu==1?'curtabbox':''}}"
            bindtap="subMenuClick">
            <text>销量</text>
        </view>
        <view id="2" class="babytabbox  {{subMenu==2?'curtabbox':''}}"
            bindtap="subMenuClick">
            <text>新品</text>
        </view>
        <view id="3" class="babytabbox  {{subMenu==3?'curtabbox':''}}"
            bindtap="subMenuClick">
            <text>价格</text>
            <view class="comico ico-arr  {{(allIsSort==2)?'ico-atop':
                ((allIsSort==1)?'ico-adown':'')}}"></view>
        </view>
    </view>
</view>
<!-- 商品列表 -->
<view class="listbox">
    <scroll-view  bindscrolltolower="bindAllGoodsDownLoad"
        style="height:{{scrollHeight}}px;"  scroll-y="true">
        <block wx:for="{{allGoodsList}}" wx:key="item" >
            <view class="djbox">
            <view  class="comico djmark">热卖</view>
                <view id="{{item.iMallId}}" class="dj-link"
                    bindtap="allGoodsListClick" >
                    <view class="djimgbox">
                        <image class="djimg" mode="widthFix"
                        src="{{item.sProfileImg}}"></image>
                    </view>
                    <text class="djname">{{item.sMallName}}</text>
                    <view class="pricebox">
                        <text class="djpri">￥{{item.iPriceReal}}元</text>
                        <text class="djoldpri">￥{{item.iOriPrice}}元</text>
                    </view>
                </view>
                <view id="{{item.iMallId}}" class="comico btn-cart" bindtap=
                    "allBindCartTap">购物车</view>
            </view>
        </block>
        <view class="bottom-tips {{allGoodsEnd?'':'hide'}}">已到底部</view>
        <view class="querybox {{allcount==0?'hide':''}}">
            <view class="querypic"></view>
            <view class="querytips">未查到商品或商品已下架</view>
            <navigator open-type="switchTab" url="/pages/class/class"
                class="btn-query" hover-class="none">返回首页</navigator>
        </view>
    </scroll-view>
</view>
</view>
```

样式方面就不过多介绍了，具体可以参考源代码实现。

最后是页面的逻辑部分，我们会着重介绍如何实现无限加载的功能。

无限加载是移动设备流行后逐渐被大众认知的一种列表加载交互。当我们在手机端浏览京东或者淘宝时，页面滑动到底部会提示"页面加载中……"，然后稍等一会，原先没有的数据会自动加载到列表下方。如果列表数据足够多，用户每次滑到底部都会有数据加载的动画，因此业界将这种加载交互称为"无限加载"。

那么为什么需要使用无限加载呢？因为内容提供商拥有大量数据，可是大部分用户并没有查看所有数据的需求，一次性将所有数据加载出来显然是不明智的，大量不可见的元素会出现在页面的 DOM 中，这不仅会影响服务提供商后台的性能，还会在某些低端机型上造成卡顿。因此无限加载这个功能对于电商、资讯等内容提供商来说不可或缺。

首先需要封装根据页码 page 参数获取商品数据的函数 goods.getProductList(page)，其具体实现可以参考源码，你可以用云函数或自己的后台接口，甚至可以先模拟一个数据。

这里将使用之前封装好的 goods.getProductList(page) 函数，在 onload 时传入 page=1 参数，获取第一页的数据。在函数 resolve 后判断返回的内容，如果返回的 list 为空，说明列表已经加载完毕，需要使用 setData 告诉小程序 allGoodsEnd=true；如果不为空，需要将列表的数据赋值给页面变量 allGoodsList，注意这里要用 append() 方法写入，避免覆盖之前的页面数据。

由此，我们封装了 getAllGoodsList() 函数。当页面滑动到底部时，只需要判断是否有 allGoodsEnd，如果没有，则将 page 自加一。由此，我们封装了 bindAllGoodsDownLoad() 方法供页面组件调用。示例代码如下：

```
var app = getApp()
Page({
    data: {
        allGoodsList: [],
        scrollTop: 0,
        scrollHeight: 600,
        allGoodsPage: 1,
        allGoodsEnd: false,
        allOrderBy: "iSoldNum",
        allSort: "desc",
        allIsSort: 0,
        cat_tag_type: 'all',
        cat_tag_id: 1,
        opt_type: 'goods_list',
        subMenu: 1,
        allcount: 0,
        keyword: ""
    },
    onLoad: function (option) {
```

```
            this.getAllGoodsList(this, 1);
        },
    getAllGoodsList(that, page) {
        goods.getProductList(page).then(function (data) {
            if (data.list.length === 0) {
                if (page == 1) {
                    that.data.allGoodsList = [];//allcount
                    that.setData({
                        allcount: 1,
                        allGoodsList: [],
                    });
                }
                that.setData({
                    allGoodsPage: page,
                    allGoodsEnd: true
                });
            } else {
                if (page == 1) {
                    that.data.allGoodsList = [];
                }
                var goodsList = that.data.allGoodsList;
                for (var i = 0; i < data.list.length; i++) {
                    goodsList.push(data.list[i]);
                }
                that.setData({
                    allGoodsList: goodsList,
                    allGoodsPage: page,
                    allGoodsEnd: false
                });
            }
        });
    },
    bindAllGoodsDownLoad() {
        if (!this.data.allGoodsEnd) {
            this.data.allGoodsPage++;
            this.getAllGoodsList(this, this.data.allGoodsPage);
            console.log(this.data.allGoodsPage);
        } else {
            console.log("end");
        }
    },
})
```

有了 getAllGoodsList()方法后，在页面到达底部时要如何触发这个方法呢？小程序很贴心地提供了 scroll-view 组件。scroll-view 是一个可滚动视图区域。使用竖向滚动时，需要通过 WXSS 设置给 scroll-view 一个固定高度。组件属性的长度单位默认为 px，自 2.4.0 版本起支持传入单位（rpx/px）。它支持的配置参数如表 4-4 所示。

表 4-4　scroll-view 的属性配置项

属　　性	类　　型	默认值	必填	说　　明	最低版本
scroll-x	boolean	false	否	允许横向滚动	1.0.0
scroll-y	boolean	false	否	允许纵向滚动	1.0.0
upper-threshold	number/string	50	否	距顶部/左边多远时，触发 scrolltoupper 事件	1.0.0
lower-threshold	number/string	50	否	距底部/右边多远时，触发 scrolltolower 事件	1.0.0
scroll-top	number/string		否	设置竖向滚动条位置	1.0.0
scroll-left	number/string		否	设置横向滚动条位置	1.0.0
scroll-into-view	string		否	值应为某子元素 id（id 不能以数字开头）。设置哪个方向可滚动，则在哪个方向滚动到该元素	1.0.0
scroll-with-animation	boolean	false	否	在设置滚动条位置时使用动画过渡	1.0.0
enable-back-to-top	boolean	false	否	iOS 点击顶部状态栏、Android 双击标题栏时，滚动条返回顶部，只支持竖向	1.0.0
enable-flex	boolean	false	否	启用 flexbox 布局。开启后，当前节点声明了 display: flex 就会成为 flex container，并作用于其孩子节点	2.7.3
scroll-anchoring	boolean	false	否	开启 scroll anchoring 特性，即控制滚动位置不随内容变化而抖动，仅在 iOS 下生效，Android 下可参考 CSS overflow-anchor 属性	2.8.2
bindscrolltoupper	eventhandle		否	滚动到顶部/左边时触发	1.0.0
bindscrolltolower	eventhandle		否	滚动到底部/右边时触发	1.0.0
bindscroll	eventhandle		否	滚动时触发，eventdetail = {scrollLeft, scrollTop, scrollHeight, scrollWidth, deltaX, deltaY}	1.0.0

因此，商品列表页的书写就完成了，代码片段如下所示：

```
<scroll-view  bindscrolltolower="bindAllGoodsDownLoad"
style="height:{{scrollHeight}}px;"  scroll-y="true">
    <block wx:for="{{allGoodsList}}" wx:key="item" >
        <view class="djbox">
        <view  class="comico djmark">热卖</view>
        <view id="{{item.iMallId}}" class="dj-link"  bindtap="allGoodsListClick" >
            <view class="djimgbox">
                <image class="djimg" mode="widthFix"
                src="{{item.sProfileImg}}"></image>
            </view>
```

```
            <text class="djname">{{item.sMallName}}</text>
            <view class="pricebox">
                <text class="djpri">¥{{item.iPriceReal}}元</text>
                <text class="djoldpri">¥{{item.iOriPrice}}元</text>
            </view>
            </view>
            <view id="{{item.iMallId}}" class="comico btn-cart"
                bindtap="allBindCartTap">购物车</view>
        </view>
    </block>
    <view class="bottom-tips {{allGoodsEnd?'':'hide'}}">已到底部</view>
    <view class="querybox {{allcount==0?'hide':''}}">
        <view class="querypic"></view>
        <view class="querytips">未查到商品或商品已下架</view>
        <navigator open-type="switchTab" url="/pages/class/class" class="btn-query"
            hover-class="none">返回首页</navigator>
    </view>
</scroll-view>
```

其中将 `bindscrolltolower` 属性绑定为之前写好的 `bindAllGoodsDownLoad` 即可。

有些页面可能还需要实现下拉刷新功能，实现过程与此类似。但是需要注意的是：若要使用下拉刷新，请使用页面的滚动，而不是 `scroll-view`，这样也能通过点击顶部状态栏回到页面顶部。在滚动 `scroll-view` 时会阻止页面回弹，所以在 `scroll-view` 中滚动无法触发 `onPullDownRefresh`。

4.6 购物车页的制作

本节将详细介绍购物车页功能的实现。细心的同学可能在之前的页面中发现了，商品的各个区块内都有一个购物车的图标，但是在之前的代码逻辑中并没有实现这个功能，这一节我们就来实现这个功能。

4.6.1 购物车页的设计与实现

首先看一下购物车页的设计效果，如图 4-12 所示。我们的需求是可以在这里修改商品数量、选中或反选商品、展示商品的价格，并且最后的合计部分要求根据展示的商品价格和数量正确计算出总计的价格。

图 4-12 购物车页效果图

```
<!--cart.wxml-->
<view class="container">

    <view wx:if="{{isEmpty}}" class="combox">
        <view class="com-cart"></view>
        <view class="com-tips">购物车好空呀，快去选购吧~</view>
        <navigator open-type="switchTab" url="/pages/index/index" class=
            "btn btn-tips">去逛逛</navigator>
    </view>

<view wx:if="{{!isEmpty}}" class="cartlist">
    <block wx:for="{{goodsList}}" wx:for-item="goods" wx:for-index="j" wx:key=
        "{{goods.buyGoodsId}}">
        <!--第一个产品-->
        <view class="goodsbox">
            <view class="goods">
            <view class="radiobox">
            <view wx:if="{{!goods.selected}}" class="box-radio" bindtap=
                "checkGoods" data-id="{{goods.buyGoodsId}}"></view>
            <view wx:if="{{goods.selected}}" class="box-radio box-checked"
                bindtap="uncheckGoods" data-id="{{goods.buyGoodsId}}"></view>
            <!--选中添加 box-checked-->
            </view>
```

```
        <view class="imgbox">
        <view class="good-link">
        <!--点击可跳走-->
        <image
            class="djimg"
            mode="scaleToFill"
            src="{{goods.sPicLink}}"
            width="85" height="85"></image>
        </view>
        </view>
        <view class="goodinfo">
            <view class="goodname">{{goods.sNameDesc}}</view>
        <view class="sizebox">
            <view class="i-arrdon hide"></view>
        </view>
        <view class="goodpri">
            <view class="good-price">¥
            <text class="price-red">{{goods.iPriceReal * goods.buyNum}}</text>
        </view>
        <view class="good-num">
        <view class="num-action" bindtap="downNum" data-id="{{goods.buyGoodsId}}">
            <view class="numico ico-minus"></view>
        </view>
            <view class="num-cur">{{goods.buyNum}}</view>
        <view class="num-action" bindtap="upNum" data-id="{{goods.buyGoodsId}}">
            <view class="numico ico-plus"></view>
        </view>
        </view>
        </view>
        </view>
        </view>
        </view>
    </view>
    </block>
</view>
<!-- 按钮区 -->
<view wx:if="{{!isEmpty}}" class="cart-btnbox">
    <!-- 去结算 -->
    <view wx:if="{{!editing}}" class="balance">
        <view class="totalpri">
        <view class="prinum">合计:
            <text class="red">¥<text class="ft18">{{totalPrice}}</text></text>
        </view>
        <view class="pritip">不含运费</view>
        </view>
        <view class="cart-btn btn-balance" bindtap="pay">去结算</view>
    </view>
    <!-- 删除 -->
    <view wx:if="{{editing}}" class="balance">
        <!-- 点击编辑时显示删掉 hide -->
        <view class="del-check">
            <view wx:if="{{!checkall}}" class="i-radio" bindtap="checkAll"></view>
            <!--选中添加 del-checked-->
            <view wx:if="{{checkall}}" class="i-radio del-checked" bindtap=
                "uncheckAll"></view>
```

```
                <!--选中添加 del-checked-->
                <text>全选</text>
            </view>
            <view class="cart-btn btn-del" bindtap="del">删除</view>
            </view>
        </view>
    </view>
</view>
```

在页面逻辑部分，我们主要关注价格如何根据选择动态变化。如果购物车数据列表的变动来源可控，你可以在所有变动的地方手动触发刷新计算的方法。这要求我们必须了解所有可能会导致价格变化的操作。从页面来看，只有当用户修改了商品的数量或者选择或反选商品时，价格才有可能发生变化，因此首先写出计算商品价格的函数 `refreshTotalPrice()`。

```
/**
 * 刷新已选中商品的总价
 */
refreshTotalPrice() {
    this.setData({
    totalPrice: this.getSelectedGoods().totalPrice
    })
},
/**
 * 获取已选中商品的相关信息
 * @returns {{totalPrice: number, ids: Array, list: Array}},
 * 返回对象，包括总价、id 数组和商品数组 3 个字段
 */
getSelectedGoods() {
    let data = {
        totalPrice: 0,
        goodsList: []
    };

    data.goodsList = this.data.goodsList;

    data.goodsList = data.goodsList.filter((item) => {
        if (item.selected) {
            return true;
        }
        return false;
    });

    data.goodsList.forEach((item) => {
        data.totalPrice += (item.buyNum * item.iPriceReal);
    });

    return data;
}
```

之后当页面刷新、选择商品、反选商品、修改商品数量时，手动调用这个函数即可完成这个需求。

```
onShow() {
    this.getGoodsList();
    this.refreshTotalPrice();
```

```
    },
    /**
     * 统一实现选中和取消选中
     * @param e
     * @param checked
     */
    selectGoods(e, checked) {
        let d = this.getDs(e);
        console.log(d);
        let goodsList = this.data.goodsList;

        goodsList.find(function(v, i, a) {
            if (v.buyGoodsId === d.id) {
                v.selected = checked;
                return true;
            }
        });

        this.setData({
            goodsList: this.data.goodsList
        })

        this.refreshTotalPrice();
    },

    /**
     * 统一实现购买数量调整
     * @param e 事件对象，获取商品 id
     * @param step 加 1 则为 1，减 1 则为 -1
     * @returns {*}
     */
    changeNum(e, step) {
        let d = this.getDs(e);
        let goodsList = this.data.goodsList;
        let idx;

        // 从商品数组里找到对应的商品
        goodsList.find(function (v, i, a) {
            if (v.buyGoodsId === d.id) {
                if (step < 0 && v.buyNum > 0 || step > 0 && v.buyNum + step <= v.stock)
{
                    v.buyNum += step;
                }
                return true;
            }
        });

        this.setData({
            goodsList: this.data.goodsList
        }, () => {
            this.refreshTotalPrice();
        });
    },
```

如果变量的改变来源特别多，安全起见，推荐你使用监听者的方式实现这个需求。虽然前者实现较为简单，性能相对较好，监听者的实现稍微复杂，但是更加安全，代码也更优雅。

4.6.2 购物车弹窗页的设计与实现

购物车弹窗在我们整个项目中应用广泛，凡是出现加入购物车按钮的地方，它都会出现，效果如图 4-13 所示。

图 4-13 购物车弹窗效果图

弹窗中包含了商品的基本信息，弹窗的可操作区域包括商品的数量、加入购物车和立即购买按钮。如果这段逻辑在每个页面都实现一遍，不仅不利于后期维护，还可能导致不可预知的问题。

小程序提供了一种叫作自定义组件的功能。上一章介绍了组件和模板的基础知识，这两种功能实质上是类似的。通常，对于一些简单的、需要展示在页面中的内容，并且在项目中需要多次使用该内容块，为了提高复用性，可以考虑使用模板。而如果你的自定义事件相对复杂，就可以考虑使用组件来替代。组件可以自定义事件，并且有自己的生命周期。当然这并不是说模板不可以自定义事件。组件从小程序基础库版本 1.6.3 开始支持，所有自定义组件的相关特性都需要基础库版本至少为 1.6.3。

两种方案都可以实现我们今天的需求。考虑到模板更为简洁且兼容性稍好，同时为了展示如何在模板中自定义事件，下面就写一个在各个页面可以直接使用或引用的自定义模板——购物车弹窗。

首先在根目录创建一个 templates 目录，存放所有的自定义组件或模板，然后在 templates 目录下建立 cart 文件夹，并在 cart 文件夹下新建 cart.wxml、cart.js 和 cart.wxss 文件。最后根据设计稿需求创建购物车弹窗的页面 DOM，代码如下所示。

```
<!-- 购物车弹窗 -->
<template name="cart">
<view class="cart-dialog slideInUp {{shoppingCart.display}}"><!-- 显示添加
cart-show-->
    <view class="dialog-bg"></view>
    <view class="dialog-cont">
        <view class="dialog-close" bindtap="hideShoppingCart">
            <view class="pop-close">x</view>
        </view>
        <view class="dialog-picbox">
            <view class="dialog-cartdj">
                <image class="dialog-cartimg" src="{{shoppingCart.goods.sPicLink}}"
                    width="100" height="100" alt="实物图"></image>
            </view>
            <view class="dialog-cartinfo">
                <view class="dialog-cartpri">¥<text class="dialog-cartprinum">
                    {{shoppingCart.goods.iPriceReal}}</text></view>
                <view class="dialog-cartstock">库存: {{shoppingCart.goods.stock}}
                    </view>

            </view>
        </view>
        <scroll-view scroll-y="true" class="dialog-scrollbox" bindscrolltoupper=
            "upper" bindscrolltolower="lower" bindscroll="scroll" scroll-into-view=
            "{{toView}}" scroll-top="{{scrollTop}}">
            <view class="dialog-scrollwrap">
                <view class="dialog-djnum cf">
                    <span class="fl dialog-num">数量</span>
                    <view class="fr">
                        <view class="fl dialog-action" bindtap="downNumInShopping
                            Cart"><view class="dialog-numico ico-minus"></view>
                            </view>
                        <view class="fl dialog-goodnum">{{shoppingCart.buyNum}}</view>
                        <view class="fl dialog-action" bindtap="upNumInShoppingCart">
                            <view class="dialog-numico ico-plus"></view></view>
                    </view>
                </view>
            </view>
        </scroll-view>
        <view class="dialog-btnbox">
            <view wx:if="{{shoppingCart.mode == 1}}" href="javascript:;"
                class="dialog-btn-sure" bindtap="addShoppingCart"
                data-mode="{{shoppingCart.mode}}">确定</view>
            <view wx:if="{{shoppingCart.mode == 3}}" href="javascript:;" class=
                "dialog-btn dialog-btn-joincart" bindtap="addShoppingCart"
                data-mode="3">加入购物车</view>
            <view wx:if="{{shoppingCart.mode == 3}}" href="javascript:;"
                class="dialog-btn dialog-btn-buynow" bindtap="addShoppingCart"
                data-mode="2">立即购买</view>
```

```
            </view>
        </view>
    </view>
</template>
```

在上述代码中，我们使用了 `name` 属性定义模板，作为模板的名字，然后在`<template/>`内定义代码片段。模板有自己的作用域，只能使用 `data` 传入的数据以及模板定义文件中定义的`<wxs/>`模块。最后写上必要的样式，购物车弹窗模板就创建好了。接下来我们需要考虑如何在 pages 页面中使用这个模板。

首先使用 `import` 引入模板，然后使用 `is` 属性声明需要使用的模板，最后将模板所需要的 `data` 传入即可。下面修改需要使用购物车弹窗的首页，在需要使用该弹窗的 index.wxml 中可以这样引入模板：

```
<!--index.wxml-->
<import src="../../templates/cart/cart.wxml"></import>
<template is="cart" data="{{shoppingCart}}"></template>
```

这样就成功地在这个页面引入了购物车弹窗这个模板。现在我们来思考一个问题：由于我们使用的是模板而非组件，可是购物车弹窗明显需要我们进行一些自定义事件操纵（例如加入购物车、立即购买、修改数量等），这需要怎么实现呢？

我们可以在 cart 模板目录下新建 cart.js，在代码中导出一个 `init()`方法，这个方法接收一个 page 参数。在需要加载这个弹窗模板的地方执行 `shoppingCart.init(this, id)`方法，将当前上下文的 page 传入这个 cart.js 中，之后我们在这里自定义 `methods()`方法，也就是使父级 page 拥有可以操纵这个模板的方法，以此实现父页面对模板子页面的数据操作通信。示例代码如下：

```
// 模板调用页面的 page 对象缓存
let page;

// 模板内部方法，主要是需要满足小程序的事件绑定机制
// 事件方法必须绑定在当前 page 对象上
let methods = {

/**
  * 显示添加购物车组件
  */
showShoppingCart() {
    // 略
},

/**
  * 隐藏添加购物车组件
  */
hideShoppingCart() {
    // 略
},
```

```
/**
 * 购买数量+1
 */
upNumInShoppingCart() {
    // 略
},

/**
 * 购买数量-1
 */
downNumInShoppingCart() {
    // 略
},

async makeOrder(buyGoodsId, buyNum) {
    // 略
},

async addShoppingCart(e) {
    // 略
};

module.exports = {
    async init(curPage, goodsId, mode = 3) {
        page = curPage;
        page.setData({
            shoppingCart: {
                buyNum: 1, // 设置默认值
                buyGoodsId: goodsId,
                mode
            }
        });
        Object.assign(page, methods);
        let good = await this.getGoodDetail(goodsId);
        page.setData({
            'shoppingCart.goods': good
        }, () => {
            page.showShoppingCart();
        });
    },

    async getGoodDetail(goodsId) {
        // 略
    }
}
```

这样我们就实现了一个可以在各个页面复用的购物车弹窗模板。通过这个模板，我们可以轻松地实现商品加入购物车等功能。

学会了如何使用模板，就可以如法炮制，其他可能会在多个页面使用到的页面块都可以用类似的方法实现，例如公用的 toast 提示等。由于本书篇幅有限，这里就不继续展开讲模板的用法了，如有兴趣可以参考本书提供的示例项目代码。

4.7　个人中心页的制作

个人中心页主要承载了个人的一些基础信息，例如订单、头像等，效果如图 4-14 所示。

图 4-14　个人中心页面效果图

讲解这个页面的目的是介绍头像的获取方法。如果在网上搜索如何获取用户的资料，我们可能会看到各种各样相互矛盾的文档，这是因为微信官方非常重视使用者的个人隐私，对获取用户头像、昵称等信息的接口、使用方法做过很多次调整。

最开始大家使用 `wx.getUserInfo()` 接口直接弹出授权框的开发方式，之后为了优化用户体验，小程序官方发布公告称，从 2018 年 4 月 30 日开始，小程序与小游戏的体验版和开发版调用 `wx.getUserInfo()` 接口将无法弹出授权询问框，默认调用失败。在之后的版本中，由于很多开发者在打开小程序时就通过组件方式唤起 `getUserInfo()` 弹窗，用户如果点击"拒绝"，将无法使用小程序，这种做法打断了用户正常使用小程序的流程，同时也不利于小程序获取新用户。因此，在 2021 年 4 月 28 日之后，新增了 `getUserProfile()` 接口（自基础库 2.10.4 版本开始支持）用于获取用户头像、昵称、性别及地区信息，同时原来的 `getUserInfo()` 调整为只能获取加密后的 openID 与 unionID 数据。

现在获取用户头像主要使用以下两种方法。

❑ 使用 button 组件，并将 `open-type` 指定为 `getUserProfile` 类型，获取用户基本信息。

❑ 使用 open-data 展示用户基本信息。

第一种方法用于当用户需要执行某个操作时，提醒用户这个操作需要获取用户头像才能继续操作。wx.getUserProfile()不能在 onShow 或者 onLoad 里调用，而要在 catchtap 或者 button 中调用，只有当用户主动点击某个按钮时，我们才可以触发获取授权的事件。这可以避免小程序开发者一打开小程序就直接滥用 wx.getUserProfile()接口弹出授权框。

第二种方法是最常用的，就是直接给大家一个展示微信开放数据的方法，这样开发者不需要获得用户授权就可以在页面展示用户的基本信息。因为数据在微信官方，开发者拿不到，因此数据是安全的，不需要授权。

第二种方法十分简单，这里不再赘述，下面着重介绍第一种方法。

为了充分展示 button 的 open-type 的能力，以下示例将展示授权和登录两个操作。首先我们在用户刚进入个人中心时展示一个登录按钮，如图 4-15 所示。

图 4-15　登录按钮示例效果图

接下来，授权按钮用于获得用户的公开基本信息，如图 4-16 所示。

图 4-16　授权按钮示例效果图

之后如果需要获取用户的手机号数据，可以再进行一次，如图 4-17 所示。

图 4-17　手机号获取示例效果图

单击按钮后出现授权提醒，如图 4-18 所示。

图 4-18　授权提醒页面

示例代码如下。你会发现刚刚说的功能只需要单纯地更换一些 open-type 的值就可以实现，之后使用对应的回调函数就可以对获得的数据进行处理展示。

```
<view class="userinfo">
    <view class="nick">{{userInfo.nickName}}</view>
    <button wx:if="{{userInfo.isLoaded && isAuthorized && !userInfo.phoneNumber}}"
class="login" open-type="getPhoneNumber" bindgetphonenumber="bindGetPhoneNumber">
    登录
    </button>
    <button
        wx:if="{{userInfo.isLoaded && !isAuthorized && !userInfo.nickName}}"
        class="authorize"
        type="primary"
        catchtap="bindGetUserInfoNew"
    >
```

```
    授权
    </button>
    <button
        wx:if="{{userInfo.nickName}}"
        class="logout"
        bindtap="bindLogout"
    >
        退出登录
    </button>
</view>
```

我们使用 button 的 catchtap 捕获到获取用户信息的方法，然后实现这个方法。

```
// 获取用户数据
bindGetUserInfoNew() {
    wx.getUserProfile({
        desc: "这里填写获取后的用途", //该属性必填，否则不弹提示框
        success: function (res) {
            console.log("获取成功: ", res);
            // 将用户数据放在临时对象中，用于后续写入数据库
            this.setUserTemp(res.userInfo);
        },
        fail: function (err) {
            console.log("获取失败: ", err);
        },
    });
},
```

在之前旧的 wx.getUserInfo()方法授权成功后，下次调用时可以直接获取授权成功返回数据，不用每次都需要用户确认。但是在新版本中，wx.getUserProfile()每次都需要用户确认允许后才能拿到用户信息。因此，我们在代码中预留了将用户个人信息数据写入数据库的接口。开发者最好在每次授权完成后都将个人信息存储到数据库中，否则用户体验会非常糟糕。关于如何将用户信息数据存储到服务器，我们会在第 14 章借助云开发的能力给大家详细介绍。

open-type 可以用于获取小程序的公共信息，除了上面展示的能力，还有很多其他能力，如表 4-5 所示。

表 4-5   open-type 配置项

值	说　明	最低版本
contact	打开客服会话,如果用户在会话中点击消息卡片后返回小程序,可以从 bindcontact 回调中获得具体信息	1.1.0
share	触发用户转发，使用前建议先阅读使用指引	1.2.0
getPhoneNumber	获取用户手机号，可以从 bindgetphonenumber 回调中获取用户信息	1.2.0
getUserInfo	获取用户信息，可以从 bindgetuserinfo 回调中获取用户信息	1.3.0
launchApp	打开 App，可以通过 app-parameter 属性设定向 App 传输的参数具体说明	1.9.5
openSetting	打开授权设置页	2.0.7
feedback	打开"意见反馈"页面，用户可提交反馈内容并上传日志，开发者可以登录小程序管理后台，进入左侧菜单"客服反馈"页面获取到反馈内容	2.1.0

4.8 商品详情页

本节将介绍商品详情页的开发。详情页包含顶部主图轮播、商品信息栏、商品分栏、商家信息、底部 tab 栏几个部分，效果如图 4-19 所示。

图 4-19 商品详情页效果图

4.8.1 主图轮播的设计与实现

和之前使用轮播的部分内容类似，这里可以使用封装好的 swiper 组件来展示轮播内容。swiper 实际上是一个滑块视图容器。

```
<!-- detail.wxml -->
<!-- 轮播栏 -->
    <swiper class="adbox" indicator-dots="{{indicatorDots}}" style="width:
        {{imagewidth}}px; height: {{imageheight}}px;" autoplay="{{autoplay}}"
        interval="{{interval}}" duration="{{duration}}">
        <block wx:for="{{imgSlides}}">
            <swiper-item>
            <image style="width: {{imagewidth}}px; height: {{imageheight}}px;"
                src="{{item}}" class="slide-image" mode="aspectFit" bindload=
                "imageLoad" />
            </swiper-item>
        </block>
    </swiper>
```

　　这些内容和之前介绍的轮播部分并无二致，下面着重介绍轮播中最常见的图片 image 组件。该组件的配置项如表 4-6 所示。

表 4-6　image 组件配置项

属　　　性	类　　型	默　认　值	必填	说　　　明	最低版本
src	string		否	图片资源地址	1.0.0
mode	string	scaleToFill	否	图片裁剪、缩放的模式	1.0.0
lazy-load	boolean	false	否	图片懒加载，在即将进入一定范围（上下三屏）时才开始加载	1.5.0
show-menu-by-longpress	boolean	false	否	开启长按图片显示识别小程序码菜单	2.7.0
binderror	eventhandle		否	当错误发生时触发，event. detail = {errMsg}	1.0.0
bindload	eventhandle		否	当图片载入完毕时触发，event. detail = {height, width}	1.0.0

　　可以看到，小程序官方已经帮我们原生实现了图片的懒加载、长按识别等功能。你可以不知道其中的细节，但是需要记住这些功能，以免以后需要实现这些功能时手忙脚乱。其中最有用的一个属性是 mode，因为有时候你的图片并不一定会按照你预期的大小出现在小程序对应的位置，那么这时 mode 属性就显得尤为重要了，它标志了这个图片的展现形式。它的可选值如表 4-7 所示。

表 4-7　image 组件的 mode 属性配置项

值	说　　　明
scaleToFill	缩放模式，不保持纵横比缩放图片，使图片的宽高完全拉伸至填满 image 元素
aspectFit	缩放模式，保持纵横比缩放图片，使图片的长边能完全显示出来，即完整地将图片显示出来
aspectFill	缩放模式，保持纵横比缩放图片，只保证图片的短边能完全显示出来，图片通常只在水平或垂直方向是完整的，另一个方向将会发生截取
widthFix	缩放模式，宽度不变，高度自动变化，保持原图宽高比不变
top	裁剪模式，不缩放图片，只显示图片的顶部区域
bottom	裁剪模式，不缩放图片，只显示图片的底部区域
center	裁剪模式，不缩放图片，只显示图片的中间区域
left	裁剪模式，不缩放图片，只显示图片的左边区域
right	裁剪模式，不缩放图片，只显示图片的右边区域
top left	裁剪模式，不缩放图片，只显示图片的左上边区域
top right	裁剪模式，不缩放图片，只显示图片的右上边区域
bottom left	裁剪模式，不缩放图片，只显示图片的左下边区域
bottom right	裁剪模式，不缩放图片，只显示图片的右下边区域

4.8.2　商品信息栏的设计与实现

商品信息栏展示了商品的基本属性，包含商品名称、价格、描述等信息。它的实现相对简单，只需要给出对应的结构和样式即可。

```
<!-- detail.wxml -->
<!-- 商品信息栏 -->
<view class="good-info">
    <view class="infocont">
        <view class="djname">{{good.name}}</view>
        <view wx:if="{{good.description != ''}}" class="djtips">
            {{good.description}}</view>
        <view class="djprice">
        <view class="newpri">¥
            <text class="newprinum">{{good.discount_price}}</text>
        </view>
        </view>
        <view class="oldpri" wx:if="{{good.market_price>good.discount_price}}">
            原价¥{{good.market_price}}</view>
    </view>
</view>
<!-- detail.wxss -->
/*good-info*/
.good-info{
    width: 100%;
    /*height: 124px;*/
    background: #fff;
    border-bottom: 1px solid #e5e5e5;
    border-top: 1px solid #e5e5e5;
}
.infocont{
    padding: 10px 13px 0;
    /*height: 114px;*/
}
.djname {
    font-size: 15px;
    color: #383838;
    height: 15px;
    line-height: 15px;
    width: 288px;
    overflow: hidden;
    white-space: nowrap;
    text-overflow: ellipsis;
}
.djtips {
    margin-top: 8px;
    width: 288px;
    overflow: hidden;
    height: 26px;
    line-height: 13px;
    font-size: 11px;
    color: #737373;
}
```

```css
.djprice{
    margin-top: 11px;
    width: 288px;
    overflow: hidden;
    height: 20px;
    line-height: 20px;
    color: #f7545f;
    font-size: 15px;
    display: flex;
    flex-direction: row;
}
.newprinum{
    font-size: 24px;
}
```

4.8.3　商品分栏的设计与实现

商品分栏包含两个部分：一个是商品的详细信息，一个是商品的参数信息。二者之间的切换可以用一个变量来标识当前所在的 tab：当 tab 为 0 时，分栏的商品详情标红，切换内容部分展示商品详情，另一部分隐藏；当 tab 为 1 时，分栏的参数标红，切换内容部分展示参数数据，另一部分隐藏。具体代码片段如下：

```html
<!-- detail.wxml -->
!-- 分栏 -->
<view class="lbtab">
    <view class="lbtabbox">
        <text data-gid="0" class="tabtit {{tab==0?'curtab':''}}"
            bindtap="changeTab">商品详情</text><!--选中添加 curtab -->
    </view>
    <view class="lbtabbox">
        <text data-gid="1" class="tabtit {{tab==1?'curtab':''}}"
            bindtap="changeTab">参数</text>
    </view>
</view>
<!-- 切换内容 -->
<view class="detailcont">
    <!-- 商品详情 -->
    <view class="contbox {{tab==1?'hide':''}}">
        <view class="detailimgul">
            <view class="detailimgbox">
            <image class="detailimg" src="{{good.goods_detail}}" mode="widthFix"/>
            </view>
        </view>
</view>
<!-- 参数 -->
<view class="contbox {{tab==0?'hide':''}}">
    <view class="parmcont">
        <view class="parmitem">
            <view class="parm-name">商品名称</view>
            <view class="parameter">{{good.name}}</view>
```

```
        </view>
        <view class="parmitem">
            <view class="parm-name">商品毛重</view>
            <view class="parameter">398g</view>
        </view>
        <view class="parmitem">
            <view class="parm-name">上架时间</view>
            <view class="parameter">2017-02-07</view>
        </view>
    </view>
</view>
</view>
<!-- 商家信息 -->
<view class="producer-info">
    <view class="producer">
        <view class="producer-tit">联系商家</view>
        <view class="item-tit">商家: <strong class="item-name">demo 商城自营</strong>
            </view>
        <view class="item-tit">商家介绍: <strong class="item-name">xxxxxx</strong>
            </view>
        <view class="item-tit">商家联系方式</view>
        <view class="item-tit">电话: <strong class="item-name">xxxxxx</strong>
            </view>
        <view class="item-tit">QQ: <strong class="item-name">xxxxxxx</strong>
            </view>
        <view class="item-tit">微信: <strong class="item-name">xxxxxx</strong>
            </view>
        <view class="item-tit">商家服务时间:<strong class="item-name">xxxxxx
            </strong></view>
        <view class="item-tit">在线时间: <strong class="item-name">xxxxxx</strong>
            </view>
    </view>
</view>
```

4.8.4 底部 tab 的设计与实现

底部一直固定在页面下方,熟悉 CSS 的同学应该知道,这其实是 position: fixed 的写法。在小程序中也是用 position: fixed 的方法实现这个效果的。核心代码片段如下:

```
<!-- detail.wxml -->
<!-- 底部 tab 栏 -->
<view class="menutab">
    <view class="mtabbox">
        <view class="subtabbox">
            <navigator open-type="switchTab" url="/pages/index/index" class=
                "menu-link" hover-class="none">
                <view class="menuico ico-home"></view>
                <text class="menutxt">首页</text>
            </navigator>
        </view>
        <view class="subtabbox">
            <navigator open-type="switchTab" url="/pages/cart/cart" class=
```

```
                                "menu-link" hover-class="none">
                    <view class="menuico ico-gcart"></view>
                    <text class="menutxt">购物车</text>
                </navigator>
                <!-- <view class="comico cartnum">{{cartNum}}</view> -->
            </view>
            <view class="subtabbox">
                <view class="menu-link" hover-class="none" bindtap="getQr">
                    <view class="menuico .ico-star"></view>
                    <text class="menutxt">商品码</text>
                </view>
            </view>
        </view>
        <view class="mtabbox">
            <view class="subtabbtn">
                <view class="btn-yellow btn-cart" hover-class="none" bindtap="addCart">
                    <text class="btntxt">加入购物车</text>
                </view>
            </view>
            <view class="subtabbtn">
                <view class="btn-red" hover-class="none" bindtap="buyNow">
                    <text class="btntxt">立即购买</text>
                </view>
            </view>
        </view>
    </view>
</view>
<!-- detail.wxss -->
/**detail.wxss**/
.menutab{
    position: fixed;
    bottom: 0;
    left: 0;
    z-index: 100;
    width: 100%;
    height: 49px;
    background: #fff;
    border-bottom: 1px solid #e5e5e5;
    border-top: 1px solid #e5e5e5;
    display: flex;
    flex-direction: row;
}
.mtabbox{
    flex: 1;
    display: flex;
    flex-direction: row;
}
.subtabbox{
    flex: 1;
}
.subtabbtn{
    flex: 1;
}
.menuico{
    margin: 7px auto 5px;
```

```
    width: 21.5px;
    height: 20px;
    position: relative;
}
```

4.9　订阅消息

订阅消息的前身是小程序的模板消息。模板消息也是一个基于微信的通知渠道，为开发者提供了可以高效触达用户的模板消息能力，但是模板消息接口已于 2020 年 1 月 10 日下线，所以开发者应该着重关心如何实现订阅消息。

当用户的订单状态发生变更或者商城有新品开售时，我们希望可以给用户发送消息提醒，以便实现服务的闭环并提供更佳的体验。在小程序里可以使用订阅消息的特性来实现这个功能。

小程序的订阅消息是微信官方为小程序提供的一种全新的消息能力，是小程序能力的重要组成部分。它为开发者提供了订阅消息能力，方便服务提供者可以优雅地实现服务闭环，提供更优的使用体验。实现用户触达是所有互联网应用必须面对的一个问题，善用订阅消息相当于让小程序多了一个访问渠道来源，其实用性不可小觑。

首先需要获得一个模板 ID。登录小程序管理平台后台，点击"菜单设置"→"功能"→"订阅消息"即可获取模板。如果没有合适的模板，可以申请添加新模板（如图 4-20 所示），审核通过后即可使用。

图 4-20　添加订阅消息模板

申请完成后可以在后台看到对应的模板 ID，如图 4-21 所示。

图 4-21 查看订阅消息模板

之后我们在合适的时间能触发订阅功能即可，示例代码如下：

```
if (wx.requestSubscribeMessage) {
    wx.requestSubscribeMessage({
        tmplIds: ['g2riJfBlnLV-4qas9xLRzRBv7dLzHsyVQrrq0u5aCXs'],
        success(res) {
            // 成功处理
        },
        fail(res) {
            // 失败处理
        }
    })
} else {
    // 如果希望用户在最新版本的客户端上体验你的小程序，可以这样提示
    wx.showModal({
        title: '提示',
        content: '当前微信版本过低，无法使用该功能，请升级到最新微信版本后重试。'
    })
}
```

上述代码中，由于订阅是较新的 API，因此我们增加了对这个 API 做兼容判断的逻辑。我们可以通过直接判断这个方法是否存在，来区分当前的微信版本基础库是否支持当前接口。另外需要注意，微信的订阅接口不允许直接调用，它必须在用户的行为事件内触发，也就是说，必须在用户点击某个按钮后我们才可以触发订阅事件。代码执行后的效果如图 4-22 所示。

图 4-22 订阅消息效果

订阅成功后，要完成下发，只需要服务器端在合适的时机触发 subscribeMessage.send() 方法即可，服务器端的调用方法本节就不展开阐述了。

4.10 统计埋点

对于任何产品来说，数据统计是必不可少的部分。以商城为例，我们如果希望提高商城的购买转化率，就必须知道商城在各个关键节点的相关数据信息。

小程序官方默认给大家提供了统计功能，但是很多时候产品经理需要的统计维度是个性化的，小程序自带的统计经常无法满足这些个性化需求。这里推荐大家使用小程序官方的 mta 平台进行统计。它不仅增加了分享、下拉刷新、页面触底的统计功能，而且能查看用户轨迹、停留时长等。mta 具备小程序自带的所有统计功能，算是官方统计的加强版，而且不用小程序上线就能进行统计。

对于一个常见的电商平台来说，经典的用户路径应该是：用户进入商城首页→逛专题活动位→进入商品列表页→进入商品详情页→加入购物车或立即购买→下单确认商品→支付订单→查看订单状态→确认收货→评价商品。可以看到，这是一个非常长线的商城周期。但是事实上，用户往往不会按照我们设想的路径来访问，几乎所有用户都会因为要做比较和购买心理建设，在上述环节中来回往复，甚至很多用户轨迹诡异得像是在做布朗运动。因此我们需要在商城中埋上足够的数据上报，以方便进行后续的用户行为分析。

4.11 小程序测试

任何一个完备的产品，在正式上线前都需要进行完备的测试。一个好的测试标准可以让开发人员开发和自测时能够快速找到 bug 并及时修复，减少页面表现和体验带来的问题，从而在上线发布时能有一个较好的质量保证。

功能点测试本节不再赘述，前端代码一般需要关注机型适配的兼容性和页面交互的细节。

4.11.1 机型兼容性测试点

- ❑ iOS 和 Android 的设备 CSS 宽度在 320 及以上，页面能有正常的布局表现，不同机型、不同版本、不同屏幕都要适配，注意当下流行的设备尺寸；
- ❑ 按钮点击区域要足够大，最小点击区域像素为 44×44；
- ❑ 页面时常根据屏幕宽度的变化显示更多的内容，当更宽的屏幕显示页面时，背景的延展区域要平滑，控件需要根据屏幕大小进行自适应放大缩小。不要出现"一刀切"的生硬痕迹；
- ❑ 背景图、按钮图、图标在 retina 屏幕中是否模糊；
- ❑ 页面打开加载时不会抖动；
- ❑ 若页面图片较多，图片在加载时尽量不要影响布局，并且页面有较好的阅读体验；
- ❑ 弹出层是否垂直水平居中；
- ❑ 图标是否显示完全。

4.11.2   页面交互测试点

- ❑ 检测页面标题规范；
- ❑ 检查页面链接是否为空链接，链接跳转是否正确，图片是否显示；
- ❑ 检查页面文字是否有超出现象；
- ❑ 活动中是否有错别字，如道具名称、活动规则、活动时间等；
- ❑ 各个弹层是否完整显示；
- ❑ 弹出层中上下滑动时，整体页面禁止滑动，防止时间冒泡引起页面也滑动；
- ❑ 多个页面轮播一定要反复测试，轮播或者上滑下滑页面表现等；
- ❑ 上滑或者下滑添加 loading 加载块；
- ❑ 图片未加载出来时一定要有 alt 文字提示；
- ❑ 置顶栏或者置底栏在滑动时位置未变化，始终吸附在页面头部或者底部；
- ❑ iPhone X 齐刘海是否适配；
- ❑ 小程序中的部分组件是由客户端创建的原生组件，例如 camera、canvas、input、live-player、live-pusher、map、textarea 和 video，由于原生组件在 WebView 渲染流程外，因此在使用时有很多限制，在工具上，原生组件是用 Web 组件模拟的，因此很多情况并不能很好地还原真机的表现，建议在使用原生组件时尽量在真机上进行调试；
- ❑ 页面标题、标题栏背景、底部 tab 栏、组件等是否配置。

4.12   内容审核与云函数初探

如果你的平台包含一些用户产生内容（user generated content，UGC），根据小程序官方规则，你有义务提供内容审核功能。新手和初创公司经常会在这部分吃亏。即使你的小程序幸运地在没有审核机制的前提下通过了，也随时有可能因为用户上传违法内容而被封。

为了实现内容审核的功能，我们可以使用小程序云函数提供的接口来实现。本书第三部分会详细讲述云函数的使用。虽然本节不会介绍如何使用云函数来实现内容审核功能，但是希望你能明白内容审核对于一个小程序的重要意义。一个拥有风险意识的产品才可以在未来的道路上走得更远、更踏实。

4.13   发布小程序

至此，小程序的功能开发得差不多了，如果测试没有问题，就可以准备上线了。小程序一共有 3 种版本：开发版、体验版、正式版。

- ❑ 开发版：在开发者工具上开发时用的版本，一般通过开发者工具的预览生成的二维码进入。

❑ 体验版：点击开发者工具里的"上传"后，项目会上传至后台，生成一个体验版。体验版二维码长期有效，每次更新体验版，本地会自动更新最新版本，不用重新扫描二维码。体验版仅供项目成员和体验成员使用，体验成员最多有 90 个。

❑ 正式版：在确认没问题后，可以将体验版提交审核，审核通过后就能发布正式版。首次提交审核的项目会很严格，可能会被多次打回，根据提示改好后重新提交即可。一般第一次审核会久一点，需要 2 天左右，后面每次上线的审核在 1 天左右。当然，小程序还有一个小程序评测的功能，如果性能和用户评测都是优秀，则可以加速审核，几小时内就能完成审核。

第 5 章

小程序插件实战

插件是可被添加到小程序内直接使用的功能组件。开发者可以像开发小程序一样开发一个插件，供其他小程序使用，还可以直接在小程序内使用插件，无须重复开发，即可为用户提供更丰富的服务。不难看出，插件实质上展现了一种组件化设计的思想，它提取出小程序功能组件中可以复用的部分，避免了重复造轮子，提高了开发效率，也极大地丰富了小程序的生态圈。

不过需要注意的是，只有企业、媒体、政府及其他组织主体的小程序才能开发插件，主体类型为个人的小程序不能开发插件，但可以使用插件。

小程序插件与自定义组件类似，但是需要开发者在小程序平台上提前申请，申请通过后才可以正常使用。具体的接入和开发流程可以参考小程序官方网站的接入文档进行学习，本章会着重介绍如何开发和使用一个小程序插件。

要开发或者使用一个小程序插件，首先需要确定这个插件要实现的功能。这种功能可以是对后台服务的封装（例如开发一个快递查询的小程序插件），也可以是对复杂的页面逻辑的封装（例如可以开发一个省市区的三级联动插件）。你可能已经发现，小程序插件和我们日常前端开发时的组件化思路其实是一样的，就是将一段界面样式及其对应的功能打包成一个完整、独立的整体，之后无论我们在哪里使用，它都具有相同的功能和样式，从而实现复用，这种整体化的思想就是组件化。

下面我们就以分享朋友圈功能为例，介绍如何实现一款可以生成带有小程序码海报图的插件。

5.1 插件需求分析

小程序的一大优势就是微信拥有广大的用户群，开发者可以很好地利用微信的社交关系来实现产品价值的最大化。微信团队也提供了可以分享给好友或者分享到群聊的功能，但是不会提供让用户直接分享到朋友圈的功能。张小龙在讲演中曾经解释过这一限制："一切公司都有打扰用户的动机，不能指望他们自我抑制。"

　　那么作为开发者，我们应该如何做到在既定规则下实现需求呢？现在业界主流的解决方案是根据当前页面需要分享的内容，生成一份带有小程序码的海报图，用户主动点击保存海报到本地，之后分享到朋友圈。朋友圈的好友打开海报页面之后，可以通过长按识别小程序码打开小程序，如图5-1所示。我们可以在生成小程序码的时候包含一些分享信息，这样客户端小程序通过解析小程序码携带的额外信息，就可以打开定制化页面。

图5-1　带有小程序码的海报图

5.2　创建插件项目

　　下面就来详细介绍插件项目的创建。首先，使用小程序开发者工具创建插件项目。注意，开发模式需要选择"插件"，如图5-2所示。

图 5-2　使用开发者工具创建插件项目

微信要求不可包含诱导用户分享朋友圈的内容，所以插件不要取"分享朋友圈插件"之类的名字。

创建完成后，开发者工具会自动生成小程序插件的开发脚手架。一个插件包含若干个自定义组件、页面和一组 JavaScript 接口。插件的目录内容如下：

```
posterGen
├── doc
│   ├── README.md      // 插件需要提供给别人使用，所以我们应该创建合适的文档
├── miniprogram        // 小程序页，方便调试
├── plugin
│   ├── api            // 接口插件文件夹，可以存放插件所需的接口
│   ├── components     // 插件提供的自定义组件（可以有多个）
│   ├── index.js       // 插件的 js 接口
│   └── plugin.json    // 插件配置文件
```

miniprogram 目录放置了一个示例小程序，该小程序用于调试和测试插件。plugin 用于存放我们开发的插件。显然，我们代码的核心逻辑应该写在 plugin 文件夹下。

我们要实现的功能其实包含两个较为复杂的流程：一个是如何绘制出漂亮的海报图，因为我们不可能让用户只分享一个小程序码；另一个是如何生成携带页面信息的小程序码，并且在长按识别打开的时候解析出这些页面信息。

我们的目标是实现一个 poster 组件，因此需要对工具自动生成的代码做一些微调。修改 plugin\components 文件夹下的文件，将 list 组件改为 poster 组件。示例代码如下所示：

```
// poster.js 的初始化组件结构
Component({

    behaviors: [],

    properties: {
        myProperty: { // 属性名
            type: String,
            value: ''
        },
        myProperty2: String // 简化的定义方式
    },

    data: {}, // 私有数据，可用于模板渲染

    lifetimes: {
        // 生命周期函数，可以为函数，或一个在 methods 字段中定义的方法名
        attached() { },
        moved() { },
        detached() { },
    },

    // 生命周期函数，可以为函数，或一个在 methods 字段中定义的方法名
    attached() { }, // 此处 attached 的声明会被 lifetimes 字段中的声明覆盖
    ready() { },

    pageLifetimes: {
        // 组件所在页面的生命周期函数
        show() { },
        hide() { },
        resize() { },
    },

    methods: {
        onMyButtonTap() {
            this.setData({
                // 更新属性和数据的方法与更新页面数据的方法类似
            })
        },
        // 内部方法建议以下划线开头
        _myPrivateMethod() {
            // 这里将 data.A[0].B 设为 'myPrivateData'
            this.setData({
                'A[0].B': 'myPrivateData'
            })
        },
        _propertyChange(newVal, oldVal) {

        }
    }

})
```

5.3　使用小程序插件

通过上一节，你已经实现了一个自定义小程序插件的框架。那么如何将其以插件的形式让其他小程序应用呢？我们需要配置两个地方：一个是 plugin.json，声明插件的名字；另一个是在我们需要的页面中引入插件。

首先，打开 plugin/plugin.json，修改其中的内容，声明我们创造了一个插件。这个配置文件将向第三方小程序开放一个自定义组件 poster，以及在 index.js 下导出的所有 js 接口。

```
{
    "publicComponents": {
        "poster": "components/poster/poster"
    },
    "main": "index.js"
}
```

其次，在我们需要的页面中引入插件，修改当前 miniprogram/index/index.json 文件：

```
{
    "usingComponents": {
        "poster": "plugin://poster/list"
    }
}
```

最后，在页面中调用一下我们的插件即可完成插件的引用：

```
<poster config="{{posterConfig}}" bind:success="onPosterSuccess"
    bind:fail="onPosterFail">
    <text>保存到相册</text>
</poster>
<image mode="widthFix" src="{{poster}}"></image>
```

修改 plugin\plugin.json 文件夹下的组件引用，使 poster 组件指向正确的代码目录：

```
{
    "publicComponents": {
        "poster": "components/poster/poster"
    },
    "main": "index.js"
}
```

修改 pages\index 文件夹下的组件引用，使其引用 poster 组件：

```
{
    "usingComponents": {
        "poster": "plugin://poster/list"
    }
}
```

这样，我们海报生成组件的框架就搭建完成了。

5.4   生成海报图片

如果对一个海报页面进行拆解，可以发现任意一个标准的海报页面无非是区域、文字和图片的组合。例如图 5-3 中的海报图，实际可以拆解为 3 个区域块，每个区域块内包含一些文字或者图片。

图 5-3   海报页面效果拆解

5.4.1   基本参数设置

为了使我们的插件更加通用化，我们的项目可以绑定一系列配置信息。为了方便后面的开发，应该确定我们的插件需要实现哪些功能的配置。配置项越多，插件的通用性越强，但是不可避免地会增加使用的复杂度，因而合理的拆解需要在自由度和复杂度之间进行取舍。

为了让你更快地了解插件编辑的核心思想，避免将大量时间用在描述代码的细枝末节上，我们将配置信息拆解为几个基本部分，如表 5-1 和表 5-2 所示。

表 5-1   配置信息参数说明

参　　数	类　　型	默　认　值	必　　填	说　　明
width	Number	360	否	最终生成的海报的宽度
height	Number	640	否	最终生成的海报的高度
bgColor	String	'#fff'	否	海报的背景颜色
contents	Object	[]	否	内容数组，包含区域、线条或者图片的组合

表 5-2   内容部分参数说明

参　　数	类　型	默 认 值	必　填	说　　明
type	String	image	是	模块类型，可以是 block、text、image
x	Number	0	否	距离海报左上角的横轴距离，单位是 px
y	Number	0	否	距离海报左上角的纵轴距离，单位是 px
width	Number	0	否	区域、文字、图片的宽度
height	Number	0	否	区域的高度
bgColor	String	"	否	区域的背景颜色
text	String	""	否	type 为 text 时生效，文字内容
fontSize	String	""	否	type 为 text 时生效，文字的字号
fontColor	String	""	否	type 为 text 时生效，文字的颜色
path	String	""	否	type 为 image 时生效，图片的路径，可以是本地路径，也可以是网络图片

当然，你可以根据需求随时设置更多可以配置的参数，以使插件更加灵活。

5.4.2   初始化相关参数

为了降低使用者的使用成本，我们需要初始化相关参数，给相关的参数配上默认值：

```
Component({

    properties: {
        config: {
            type: Object,
            value: {},
            observer(value) {
                if (JSON.stringify(value) != "{}") {
                    this.initData(value)
                }
            }
        },
    },

    data: {
        width: '',
        height: '',
        bgColor: '',
        contents: {},
    }, // 私有数据，可用于模板渲染

    methods: {
        initData(config) {
            let {width, height, bgColor, contents} = this.data
            width = config.width || 360
            height = config.height || 640
            bgColor = config.bgColor || "#fff"
```

```
            contents = config.contents || []
            this.setData({
                width,
                height,
                bgColor,
                contents
            })
        }
    }
})
```

5.4.3 根据配置项进行画图

下面就要正式开始绘图了。一般我们说的绘图是指用后台绘图库（例如 Golang 中的 `image/draw` 等）进行绘图，或者使用前端的 Canvas 组件绘图。两者的对比如表 5-3 所示。

表 5-3 绘图方式对比

绘图方案	优　势	缺　点
后台绘图	兼容性好，无须顾虑用户设备差异	速度慢、浪费用户流量、消耗机器资源
前端绘图	速度快、所见即所得、节省资源	兼容性差，需要大量优化

两种方式各有优缺点，不过对于我们的插件项目来说，显然前端方案更具有吸引力。Canvas 是 JavaScript 中用于绘图的基本元素，小程序也对 Canvas 进行了支持。下面介绍如何根据配置信息进行图片创作。

首先，需要画出配置中的图片背景，代码很简单：

```
let {width, height, bgColor, contents} = this.data
// 绘制背景
if (bgColor) {
    this.ctx.setFillStyle(bgColor);
    this.ctx.fillRect(0, 0, width, height);
}
```

其次，需要对不同的模块类型采取不同的绘图策略：

```
contents.forEach((item) => {
    switch(item.type) {
        case 'block':
            this._drawBlock(item)
            break;
        case 'image':
            this._drawImage(item)
            break;
        case 'text':
            this._drawText(item)
            break;
    }
})
```

最后，执行绘图操作即可：

```
this.ctx.draw()
```

这样图片就绘制出来了。现在如果想要测试一下，代码要怎么写呢？我们可以想象一下页面的开发者最终将要如何使用我们的插件。页面上首先要有一个生成按钮，当点击它的时候，就会生成这个图片，因此我们的 wxml 文件应该这样写：

```
<view bindtap='onCreate'>
    <slot/>
</view>
<canvas canvas-id='poster' style='width:{{width}}px;height:{{height}}px;'
bind:success="onSuccess" bind:fail="onFail"></canvas>
```

现在为了调试，可以暂时将 Canvas 显式地展示在页面上，但是最后要将 Canvas 隐藏，因为开发者需要的是图片的地址，这样可以方便开发者自由地使用我们生成好的图片。

现在可以适当修改一下 miniprogram 文件夹下的预览代码，这样就可以在开发者工具里模拟使用我们的插件，从而方便我们评判当前代码的健康度。

首先修改 pages/index/index.json，打开对 poster 插件的引用：

```
{
    "usingComponents": {
        "poster": "plugin://poster/list"
    }
}
```

我们的预期是页面上有一个"保存到相册"的按钮，点击后可以生成我们的 Canvas，打开 pages/index/index.wxml，将代码修改成如下所示：

```
<poster config="{{posterConfig}}">
    <text>保存到相册</text>
</poster>
```

这样我们的插件就引用成功了。接下来按照我们约定的配置来设置图片的样式（事实上，因为之前有 Init 代码的默认参数，所以其实已经可以生效了），打开 pages/index/index.js：

```
Page({
    data: {
        posterConfig:{
            width: 360,
            height: 640,
            bgColor: "#ccc",
            contents:[{
                'type':'block',
                'x':10,
                'y':10,
                'width':340,
                'height':100,
                'bgColor':"#ff1505",
            },{
```

```
            'type':'text',
            'x':10,
            'y':120,
            'width':340,
            'height':100,
            'fontSize':"20",
            'fontColor':"#777",
            'text':"Tencent 小程序", // 测试中英文字符与空格
        },{
            'type':'image',
            'x':10,
            'y':220,
            'width':340,
            'height':100,
            'path':"https://mat1.gtimg.com/pingjs/ext2020/qqindex2018/dist/
                img/qq_logo_2x.png",
        }]
    },
    onLoad: function () {
        // 此处填写业务加载逻辑
    }
})
```

好了，打开开发者工具即可预览效果，如图5-4所示。

图 5-4 插件效果图

可以看到，背景图已经绘制成功了。由于当前并没有实现插件_drawBlock()、_drawImage()、
_drawText()这 3 个私有方法，所以这 3 项的配置并没有生效。

下面我们如法炮制，完成 3 个基本方法的实现。

_drawBlock()与绘制背景图的方法一致，实质就是画一个带有背景颜色的长方形。

```
_drawBlock(item) {
    if(item.bgColor){
        this.ctx.setFillStyle(item.bgColor);
    }
    this.ctx.fillRect(0, 0, item.width, item.height);
}
```

_drawImage()直接使用 Canvas 中自带的 drawImage()方法就行，注意各个参数的含义。

```
/**
    * 绘制图像，图像保持原始尺寸
    * @param imageResource 所要绘制的图片资源，通过 chooseImage 得到一个文件路径或者
      一个项目目录内的图片
    * @param sx            源图像的左上角在目标 Canvas 上 X 轴的位置
    * @param sy            源图像的左上角在目标 Canvas 上 Y 轴的位置
    * @param sWidth        源图像的矩形选择框的高度
    * @param sHeight       源图像的矩形选择框的高度
    * @param dx            图像的矩形选择框的左上角 X 坐标
    * @param dy            图像的矩形选择框的左上角 Y 坐标
    * @param dWidth        在目标画布上绘制图像的宽度，允许对绘制的图像进行缩放
    * @param dHeight       在目标画布上绘制图像的高度，允许对绘制的图像进行缩放
    * @version 1.9.0
    */
drawImage(
    imageResource: string,
    sx: number,
    sy: number,
    sWidth: number,
    sHeight: number,
    dx: number,
    dy: number,
    dWidth: number,
    dHeight: number
): void;
```

这里有两点需要注意。

第一，绘制的图片有两种情况：一种是本地图片，填写相对路径插件可以自动识别；另一种
是图片来自网络，无法直接用 Canvas 的 drawImage()方法画出来，需要先用小程序的
wx.downloadFile()方法下载图片，然后才可以继续绘图。

第二，Canvas 绘制图片时，图片必须是已经下载好的状态，否则直接执行 ctx.draw()方法，
图片是不生效的。

> **说明**
>
> 　　微信小程序对允许下载的域名有白名单限制，在实际使用时，你可能需要将图片的域名在小程序后台配置一下。在开发阶段，可以通过设置不校验合法域名、web-view（业务域名）、TLS 版本以及 HTTPS 证书等进行跳过。

我们对 `onCreate()` 方法进行改进，使图片可以被提前下载：

```
onCreate() {
    let {width, height, bgColor, contents} = this.data
    // 先绘制背景
    if (bgColor) {
        this.ctx.setFillStyle(bgColor);
        this.ctx.fillRect(0, 0, width, height);
    }
    // 提前加载图片
    let images = []
    contents.forEach((item) => {
        images.push(this._fetchImage(item.path))
    })
    console.log(images)
    Promise.all(images).then((paths) => {
        console.log(paths)
        contents.forEach((item, key) => {
            switch (item.type) {
                case 'block':
                    this._drawBlock(item)
                    break;
                case 'image':
                    this._drawImage(item, paths[key])
                    break;
                case 'text':
                    this._drawText(item)
                    break;
            }
        })
        this.ctx.draw()
    })

},
_fetchImage(path) {
    path || (path = "")
    return new Promise((resolve, reject) => {
        if (/^http/.test(path)) {
            console.log("download " + path)
            wx.downloadFile({
                url: path.replace(/^http:\/\//, 'https://'),//
                success: (res) => {
                    if (res.statusCode === 200) {
                        wx.getImageInfo({
```

```
                                    src: res.tempFilePath,
                                    success(res) {
                                        resolve(res);
                                    },
                                    fail(err) {
                                        reject(err)
                                    },
                                });
                        } else {
                            reject(res.errMsg);
                        }
                    },
                    fail(err) {
                        reject(err);
                    },
                });
        } else if (path) {
            wx.getImageInfo({
                src: path,
                success(res) {
                    resolve(res);
                },
                fail(err) {
                    reject(err)
                },
            });
        } else {
            resolve("");
        }
    });
},
```

这样，我们在 ctx.draw() 时就可以确保图片已经下载了，_drawImage() 代码只需要写一行就可以了：

```
_drawImage(item, imageinfo) {
    const {x = 0, y = 0, width = 10, height = 10} = item
    this.ctx.drawImage(imageinfo.path, 0, 0, imageinfo.width, imageinfo.height,
        x, y, width, height);
}
```

最后一部分是_drawText()，这个也可以直接使用 Canvas 中自带的 fillText() 方法，注意各个参数的含义。

```
/**
 * 在画布上绘制被填充的文本
 *
 * @param text  在画布上输出的文本
 * @param x  绘制文本的左上角 x 坐标位置
 * @param y  绘制文本的左上角 y 坐标位置
 * @param maxWidth 需要绘制的最大宽度，可选
 */
fillText(text: string, x: number, y: number, maxWidth?: number): void;
```

核心代码也很简单：

```
_drawText(item) {
    const {x = 0, y = 0, width = 10, fontSize = 10, fontColor = "#777", text = ""} = item
    this.ctx.setFillStyle(fontColor)
    this.ctx.font = 'normal ' + fontSize + 'px ' + 'sans-serif'
    this.ctx.fillText(text, x, y, width)
}
```

这样，一个简单的可以自定义的小程序插件就开发完成了。我们一起来看看效果吧，如图 5-5 所示。

图 5-5　插件完成效果图

我们在实际开发中使用的小程序 API 有很多可以自定义的参数，例如在实现文字方法 _drawText()时，可能需要设置文字的字体，这些可以很简单地进行扩展，本节只提供最基本 的 demo，你可以尝试继续完善这个插件。

5.4.4　生成图片文件

Canvas 只是帮助我们完成了作图，要生成可以分享的图片，还需要将 Canvas 转换为手机可 浏览的图片。

首先，将 Canvas 从页面隐藏，可以设置为 `absolute`，然后移除视线区域。

```
<view bindtap='onCreate'>
    <slot/>
</view>
<canvas canvas-id='poster' style='position:absolute;top:0;left:left:10000rpx;
    width:{{width}}px;height:{{height}}px;' bind:success="onSuccess" bind:fail=
    "onFail"></canvas>
```

思考

> 为什么不能直接使用 `display:none` 或者 `visible:hidden` 呢？

然后需要生成海报，可以使用 `wx.canvasToTempFilePath` 实现。但是我们怎么知道页面已经绘制完成了呢？这个在小程序中可以继续使用 `draw()` 方法，该方法实际是包含一个 callback 回调的。

```
/**
 * 把当前画布的内容导出生成图片，并返回文件路径
 */
function canvasToTempFilePath(options: CanvasToTempFilePathOptions): void;

/**
 * 将之前在绘图上下文中的描述（路径、变形、样式）画到 Canvas 中
 * Tip: 绘图上下文需要由 wx.createCanvasContext(canvasId) 来创建
 * @param [reserve] 非必填。本次绘制是否接着上一次绘制，若 reserve 参数为 false，则在本次调用
 *   drawCanvas 绘制之前，native 层应先清空画布再继续绘制；若 reserver 参数为 true，则保留当前
 *   画布上的内容，本次调用 drawCanvas 绘制的内容覆盖在上面，默认 false
 * @param [callback] 非必填。绘制完成后执行的回调函数
 */
draw(reserve?: boolean, callback?: () => void): void;
```

因此，我们可以对之前的 `this.ctx.draw()` 方法进行简单的扩充。

```
// 画图
// this.ctx.draw()
this.ctx.draw(false, () => {
    wx.canvasToTempFilePath({
        canvasId: 'poster',
        quality: 1,
        success: (res) => {
            this.triggerEvent('success', res.tempFilePath)
        },
        fail: (err) => {
            console.error(err)
            this.triggerEvent('fail', err)
        },
    }, this);
});
```

好的，现在来模拟一下页面的调用吧。首先给页面加上 `success` 和 `fail` 两个函数的绑定，并加上一个用于显示图片的 `image` 元素。

```
<poster config="{{posterConfig}}" bind:success="onPosterSuccess" bind:fail=
    "onPosterFail">
    <text>保存到相册</text>
</poster>
<image mode="widthFix" src="{{poster}}"></image>
```

然后在 JavaScript 中对两个绑定的函数进行实现，这样一个简单的小程序插件就完成了！

```
Page({
    // ...
    data: {
    onPosterSuccess: function (e) {
        console.log(e)
        this.setData({
            poster: e.detail
        })
    },
    onPosterFail: function (e) {
        console.log(e)
    }
})
```

5.5　生成携带信息的小程序码

在上一节中，我们完成了小程序插件的开发，但是对于大部分实际使用我们插件的朋友来说，如果生成的小程序码可以直接跳转到我们希望的小程序页面，效果无疑是最好的。那么如何生成携带指定信息的小程序码呢？

微信为我们提供了 3 个不同的 RESTful API 接口，用于生成带参数的小程序码或者二维码。

❑ 方案一是使用 `wxacode.get()` 方法获取小程序二维码，这种方法可接受较长的 `path` 参数，但是生成的个数受限，适用于需要的码数量较少的业务场景。

❑ 方案二是使用 `wxacode.getUnlimited()` 方法获取小程序二维码，这种方法可接受较短的页面参数，生成个数却不受限制，适用于需要的码数量极多的业务场景。

❑ 方案三是使用 `wxacode.createQRCode()` 方法生成二维码，与方案一类似，可接受较短的 `path` 参数，生成个数受限，适用于需要使用少量二维码进行推广的业务场景。

建议你根据自己的具体需求选择要使用的生成方案。对于需要生成大量二维码的使用场景，推荐使用方案二来实现。方案二可接受较短的页面参数，但是生成个数却不受限制，下面看一下如何使用这个接口。

首先，小程序码不是随意就可以生成的，因为它的生成依赖于小程序对应的 `APP_SECRET`。这个参数不适合直接在前端暴露，因此我们不应该在前端直接调用小程序码的生成接口。你可能会好奇，如果我不在乎我的 APP_SECRET 是否暴露，是不是就可以在小程序前端发起请求呢？其实也是不行的，因为小程序的服务端接口统一部署在 api.weixin.qq.com 域名下，而普通开发者无法获取这个域名的文件部署权限，因此无法在小程序的域名配置里配置这个域名，必须借助后台服务来实现。

推荐你直接使用微信小程序封装好的云函数进行实现，当然你也可以任意选用自己熟悉的语言实现这个功能。考虑到云函数在某些场景下的使用限制，下面以 Node.js 为例，介绍如何使用小程序的服务端函数。

要进行小程序服务端函数的操作，首先要获取 access_token。access_token 作为获取小程序全局唯一后台接口调用凭据，调用小程序服务端绝大多数接口时都需要用到它。access_token 的存储至少要保留 512 个字符空间，其有效期目前为 2 小时。另外最关键的是，如果重复调用获取，上次获取的 access_token 将会失效。

获取 token 的方法十分简单，只需要 GET 获取接口并附上对应的参数即可。这个接口共接受 3 个参数：第一个是 grant_type 参数，开发者固定填写 client_credential 即可。剩余两个参数分别是 appid 和 secret，用户需要将自己小程序的凭证贴进去，并拼接 url 为 appid=APPID&secret=APPSECRET 即可。

示例代码如下：

```
let fs = require('fs');
let request = require('request');
let wx_conf = require('conf/wx.config.js');// 在这里存放你的appId和appSecret，建议将
token放在统一的配置文件中维护，而不是用到一次写一次
let query = {
    grant_type: 'client_credential',
    appid: wx_conf.appId,
    secret: wx_conf.appSecret
}
let token_url = 'https://api.weixin.qq.com/cgi-bin/token?grant_type=' +
    AccessToken.grant_type + '&appid=' + AccessToken.appid + '&secret=' +
    AccessToken.secret;
let getAccessToken = function () {
return new Promise((resolve, reject) => {
    request({
        method: 'GET',
        url: token_url
    }, function (err, res, body) {
        if (res) {
            resolve(JSON.parse(body));
        } else {
            console.error(err);
            reject(err);
        }
    })
});
}
```

在示例代码中,我们将小程序的 appId 与 appSecret 存放在了本地配置文件中,在实际开发时,你可以存放在任何合适的地方,但是不建议将这些凭证数据直接硬编码到代码的各个地方。

示例代码展示了如何获取一个 access_token,但是由于上文提到的 access_token 的设计原理,一个小程序在某个时间只会有一个 token,且有效期为 2 小时,因此需要将获取到的 access_token 进行缓存。场景的存储方案可以采用 MySQL 这种关系型数据库,也可以用 Redis 针对固定 key 值进行存储。简单起见,这里就采用本地文件存储该数据。但是需要注意,虽然文件存储方案简单,但是无法应用在分布式场景下,因此在实际场景下,如果你的服务端代码是分布式部署的,就不可以使用该方案。

我们将获得到的 token 数据存储在固定路径/data/app/token.json 下,在每次获取 token 前先解析本地文件,如果发现 token 过期,则继续之前获取 token 的流程,否则直接取当前缓存的 token 返回给接口。修改后的代码如下所示:

```
let fs = require('fs');
let request = require('request');
let wx_conf = require('conf/wx.config.js');// 在这里存放你的 appId 和 appSecret,建议将
token 放在统一的配置文件中维护,而不是用到一次写一次

let query = {
    grant_type: 'client_credential',
    appid: wx_conf.appId,
    secret: wx_conf.appSecret
}
let token_url = 'https://api.weixin.qq.com/cgi-bin/token?grant_type=' + AccessToken.
    grant_type + '&appid=' + AccessToken.appid + '&secret=' + AccessToken.secret;

let getAccessToken = function () {
    return new Promise((resolve, reject) => {
        fs.readFile('/data/app/token.json', function (err, data) {
            console.log(data.toString());
            let token = JSON.parse(data.toString());
            if (token['expires_in']) {
                if (Date.now() < token['expires_in']) {
                    resolve(token)
                }
            }
            request({
                method: 'GET',
                url: token_url
            }, function (err, res, body) {
                if (res) {
                    let token = JSON.parse(body);
                    token['expires_in'] = Date.now() + token['expires_in'] - 60
                    // 防止时间不同步,提前一分钟关闭缓存
                    fs.writeFile('/data/app/token.json', token, 'utf8', function (err) {
                        resolve(token);
                    })
                } else {
                    console.error(err);
                    reject(err);
```

```
                        }
                    })
                })
        });
}
```

这里有两个需要注意的地方。

□ 在存储 token 时，直接存储过期时间，而不是接口原来返回的 token 有效期，这样可以方便下次获取时直接比较时间戳的有效期；

□ 在存储过期时间时，将 token 有效期减少一分钟，以防止服务器时间不同步。由此可以获得一个完备的获取 access_token 的方案。之后直接请求获得小程序码的地址即可，伪代码如下所示：

```
let getWxaCode = function (data) {
    let token = getAccessToken();
    request({
        method: 'POST',
        url: 'https://api.weixin.qq.com/wxa/getwxacodeunlimit?access_token=' +
            token.access_token,
        body: {}// 请求参数
    });
}
```

在实际应用时，可能需要使用类似 createReadStream 的方法，将请求结果中的二进制流直接输出到浏览器中，因为不同语言、不同框架实现效果不同，本书不再赘述。

5.6 完善插件使用文档

小程序插件在提供给第三方使用时，第三方小程序并不能看到我们的插件代码。因此，还需要上传、维护一份插件使用文档。这份文档将展示在小程序插件商店的插件详情页，供其他开发者在浏览插件和使用插件时进行阅读和参考。开发者应该在插件文档中对插件提供的自定义组件、页面、接口等进行必要的描述和解释，方便第三方小程序正确使用插件。

插件开发文档必须放置在插件项目根目录中的 doc 目录下，目录结构如下：

```
doc
├── README.md   // 插件文档，应为 Markdown 格式
└── picture.jpg // 其他资源文件，仅支持图片
```

README.md 就是我们的插件文档，必须使用 Markdown 语法编写。另外，文档中引用的图片资源不能是网络图片，必须是放在这个目录下的图片。文档中引用的链接只能是微信开发者社区、微信公众平台和 GitHub。

编辑 README.md 之后，可以使用开发者工具打开 README.md，并在编辑器的右下角预览插件文档和单独上传插件文档。发布上传文档后，文档不会立刻发布。此时可以使用账号和密码登录管理后台，在小程序插件→基本设置中预览、发布插件文档。

5.7 发布小程序插件

插件可以像普通的小程序一样进行预览和上传，但插件本身是没有体验版这一概念的。插件可以同时有多个线上版本，由使用插件的小程序决定具体使用的版本号。手机预览和提审插件时，会使用一个特殊的小程序来套用项目中 miniprogram 文件夹下的小程序，从而预览插件。

在开发者工具上传代码后，开发者可以在小程序管理后台的开发管理中管理插件版本。

插件提交发布与普通小程序提交后一样，需要微信小程序团队审核通过后才可正式发布。提交审核时，插件开发者需要填写插件服务类目、标签及功能描述等。

5.8 管理插件申请

第三方小程序要使用插件，需要获得插件开发者的同意。第三方小程序开发者可以在自己的小程序管理后台的插件管理中，根据 AppID 查找需要的插件，并申请使用。插件开发者可在小程序管理后台的插件申请管理中处理插件的接入申请。插件开发者需要在 24 小时内选择通过或拒绝申请方使用插件。

第 6 章

小程序的迁移

目前有很多大公司在做小程序,光腾讯就有微信小程序、QQ 小程序和 QQ 浏览器小程序 3 款,另外还有与微信小程序类似的企业微信小程序,小程序已然成为所有超级 App 的标配。据不完全统计,市面上推出小程序功能的 App 有微信、企业微信、QQ、QQ 浏览器、支付宝、淘宝、高德、百度、百度贴吧、百度地图、今日头条、抖音、招商银行等,并且还在不断增加。

对于我们已经写好的微信小程序,我们当然希望可以通过简单的配置和修改,完成大部分的迁移工作。其实大部分小程序已经做了对微信小程序代码的兼容或者提供了相应的代码迁移工具。其他的小程序虽然官方没有提供与微信小程序的代码迁移工具,但是也有很多第三方的代码迁移工具。

本章就来详细介绍微信小程序的迁移。

6.1　从微信小程序到其他小程序

在小程序的迁移方面,我们收集研究了当前市面上比较流行的几款小程序。经过比较发现,QQ 小程序、QQ 浏览器小程序因为是腾讯出品的小程序平台,是最容易迁移的;百度小程序官方为开发者提供了代码迁移工具,也可以完成大部分小程序代码的"翻译"与"搬家",因此迁移难度一般;支付宝与字节跳动小程序虽然语法上与微信小程序有相似之处,但是官方并没有提供代码迁移工具,开发者需要自行寻找第三方可信的代码迁移工具才能完成迁移,因此迁移难度最高。几家小程序的迁移难度对比如表 6-1 所示。

表 6-1　微信小程序迁移难度对比

小　程　序	迁移难度
微信小程序	—
QQ 小程序	易
QQ 浏览器小程序	易
支付宝小程序	稍难
百度小程序	一般
字节跳动小程序	稍难

6.2 微信小程序转 QQ 小程序

QQ 作为腾讯的王牌产品之一，QQ 小程序为小程序开发者提供了连接年轻人的一种全新的方案。本节将详细介绍微信小程序向 QQ 小程序的迁移。

6.2.1 申请 QQ 小程序账号

首先，在 QQ 小程序开发者平台申请开发者账号。打开 QQ 小程序首页，单击右上角的"立即注册"按钮。注册流程中需要完成下列事项。

- ❑ 填写基础信息：账号、密码、管理员 QQ、主体信息（目前仅支持个人、企业的自助注册）。
- ❑ 验证激活账号：激活注册邮箱、确认管理端 QQ。

目前为了简化认证流程，在 QQ 实名认证的个人开发者可以通过使用管理员手机 QQ 扫描二维码来进行认证，不再需要提供手持身份证的照片进行审核。所以如果你的微信小程序包含一些高级特性，建议你在完成 QQ 小程序账号注册后，主动提交主体认证，这样可以获得更多高级接口的使用能力。

QQ 小程序申请页如图 6-1 所示。

图 6-1　QQ 小程序申请页

6.2.2　创建你的 QQ 小程序

完成账号注册后，从 QQ 小程序开发者平台首页的登录入口登录，单击"生成 AppID"，补全信息，如图 6-2 所示。

小程序发布流程				
名称	说明		状态	操作
开发者资质状态	企业和个人先通过资质认证才能发布小程序		✔ 审核通过	查看详情
AppID	填写基本信息生成AppID (请先完成此步)		未完成	生成AppID
小程序信息	补充小程序信息		未完成	填写信息
权限管理	添加开发者，进行代码上传，在 **权限管理** 页面可以添加管理员		未完成	前往设置
开发工具	下载开发者工具进行代码和开发上传；在 开发者工具说明 页面可以下载小程序开发工具		未完成	前往下载
配置服务器	在 开发设置 页面查看AppID，配置服务器域名		未完成	前往配置
版本发布	先提交代码，然后提交审核，审核通过后可发布		未完成	前往发布

图 6-2　QQ 小程序信息补全

你需要完善以下信息，才能完成 QQ 小程序的注册。

- ❑ 小程序名称：账号名称长度为 4~30 个字符，一个中文字等于两个字符，建议控制在 10 个字符（5 个汉字）以内。
- ❑ 图标：小程序头像要求唯一；头像不允许涉及政治敏感与色情。
- ❑ 描述：介绍内容长度应为 4~120 个字符，需确认不含国家相关法律法规禁止的内容。

6.2.3　编码开发 QQ 小程序

为了帮助 QQ 小程序、公众号开发者简单和高效地进行编码工作，QQ 官方团队提供了集成调试、编码能力的开发工具，可以从 QQ 小程序的官网下载使用。

下载完成后，可以看到与微信小程序类似的初始页面，如图 6-3 所示。完成基本的信息录入，即可开始 QQ 小程序开发了。

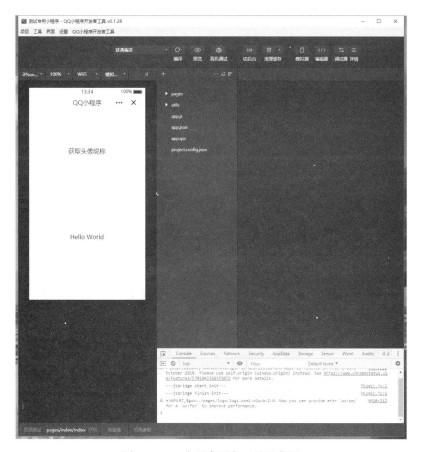

图 6-3　QQ 小程序开发工具示意图

6.2.4　复用微信小程序的代码

虽然 QQ 小程序官方没有说明，但是你的微信小程序代码理论上可以直接复用到 QQ 小程序中，只需要把你微信小程序的代码完全复制到 QQ 小程序的项目目录下进行覆盖，即可完成代码的复用。因此，完全可以与微信小程序使用同一份代码完成开发。

但是完全复用同一份代码也有会问题，如果遇到微信支持但是 QQ 不支持的情况，或者 QQ 支持但是微信小程序不支持的情况，要怎么处理呢？因为微信小程序和 QQ 小程序的 appid 不同，所以要通过 getSystemInfo() 方法获取 AppPlatform 的值，QQ 值为 qq，而微信为空值。因此，可以将属性值作为变量存储到全局 globalData 中，作为后续区分是否为 QQ 小程序的依据。

另外，还需要全局搜索关键词"微信"，并完成代码兼容的判断。例如，你原来的代码中可能会提到"你的微信版本过低""微信公众号"之类的话术，如果在 QQ 小程序中继续这样展示，可能会给用户造成困惑。

图 6-4 是我们在实战章节制作的微信小程序转换为 QQ 小程序的效果图。QQ 小程序的源代码可以在 GitHub 本书主页下载。

图 6-4   QQ 小程序效果示意图

6.2.5   微信小程序与 QQ 小程序的语法差异

QQ 小程序是所有小程序中最容易迁移的，毕竟是腾讯自家的产品，兼容性也是最好的。QQ 小程序与微信小程序相比，样式和脚本语言除了文件后缀名不一样，语法和使用方式都是一样的，这一点非常方便，二者的语法差异如表 6-2 所示。

表 6-2   微信小程序与 QQ 小程序的语法差异对比

不 同 项	微 信	QQ
模板文件后缀名	wxml	qml
样式文件后缀名	wxss	qss
脚本语言	wxs	qs
循环语法	wx:for、wx:key、wx:for-index、wx:for-item	qq:for、qq:key、qq:for-index、qq:for-item
判断语法	wx:if、wx:else、wx:elif、wx:hidden	qq:if、qq:else、qq:elif、qq:hidden

虽然有语法差异（文件后缀名类型不同），但是 QQ 小程序能够兼容微信小程序的文件类型，因此你可以直接使用你开发好的微信小程序代码。

但是需要注意的是，虽然 QQ 小程序兼容微信小程序的语法代码，但是微信小程序并不兼容 QQ 小程序的语法代码。因此，如果你同时开发微信小程序和 QQ 小程序，建议你优先使用微信小程序的语法。

6.2.6 微信小程序与 QQ 小程序的功能差异

QQ 小程序和微信小程序相比，还是有一些功能差异，在遇到以下情况时，需要进行特殊处理。

(1) 文件后缀名类型不同，但是 QQ 小程序能够兼容微信小程序的文件类型。

(2) QQ 小程序 getSystemInfo API 中返回 `AppPlatform` 参数，值为 qq，也是我们目前判断是否是 QQ 小程序的依据。

(3) QQ 小程序暂时还不支持 live-pusher（实时音视频录制组件）、map（地图组件）、functional-page-navigator、official-account 等原生组件。

(4) QQ 小程序支持分享到 QQ 联系人和 QQ 空间，需要注意你的分享部分逻辑。

(5) button 组件，当 `open-type` 为 `launchApp` 时，可调起某个手机应用（甚至可以下载）。这个能力对于大部分小程序开发团队来说非常重要，在小程序中能拉起客户端，有效提升小程序到客户端的转化率。

(6) QQ 小程序不支持插件，如果使用了插件，要评估实现插件功能的成本。

(7) 排查并修改与微信小程序不一样的地方，比如场景值，某些小程序针对特定场景值做了一些处理，此时就要对比两个平台下的特定场景值是否一样。再如，如果基础库版本不一样，设置小程序最低基础库的时候就要关注。

(8) QQ 小程序支持的服务端 API 包括 code2Session、getPaidUnionId、getAccessToken、sendTemplateMessage，除了请求链接不一样，API 的逻辑、参数和返回数据字段都一样。

此外，还需要注意，QQ 小程序支持的支付方式是 QQ 钱包和腾讯计费，所以支付相关的服务端 API 不一样，发起支付的前端 API requestPayment 的参数也不一样。

6.3 微信小程序转 QQ 浏览器小程序

与 QQ 小程序相比，QQ 浏览器小程序要低调很多。QQ 浏览器小程序团队没有过多的对外宣传。QQ 浏览器内置小程序引擎，兼容适配了微信小程序的 API，开发者只需做一些适配工作，就可将微信小程序移植到 QQ 浏览器上运行，开发者甚至无须先在微信上上架小程序，就可以在

QQ 浏览器平台上架。QQ 浏览器小程序作为腾讯旗下另一个小程序提供方，为我们提供了小程序复用的另一种官方方案。

6.3.1　申请 QQ 浏览器小程序账号

QQ 浏览器小程序的账号申请进一步复用了微信小程序的方案，你甚至都不需要在一个专门的页面进行申请，只需要使用你的管理员微信扫描图 6-5 中的二维码（https://softimtt.myapp.com/browser/weapp/debugger/html/debug_entry.html）即可。

图 6-5　QQ 浏览器小程序申请二维码

页面可能会提示"调试内核版本过旧"，请按照提示长按识别页面中的二维码下载安装最新版调试内核，安装完成后再重新扫描上方二维码进入。调试页面如图 6-6 所示。

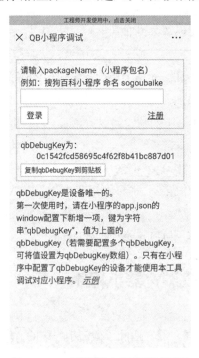

图 6-6　QQ 浏览器小程序调试页面

单击"注册"按钮进行注册。之后按照页面要求填写信息并注册，如图6-7所示。你需要完善以下三方面的信息。

❑ packageName是小程序的唯一标识，一旦注册成功，packageName会在后台与qbDebugKey绑定，注册后只有当前设备可以使用这个 packageName 进行登录，如果需要给这个packageName绑定其他开发设备，可以在登录后进行添加。

❑ 开发者昵称qbDebugKey是别名，方便开发者管理开发设备。

❑ 小程序的正式名称、图标和简介是用户可见的，注册完成后暂时不提供修改方法，请谨慎填写。

图 6-7　填写注册信息

之后在登录页面输入对应小程序packageName并单击"登录"按钮完成登录。

6.3.2　调试 QQ 浏览器小程序

登录成功后，会进入开发者管理后台页面，如图6-8所示。

图 6-8   开发者管理后台页面

通过单击上方的"添加其他开发者"可添加其他开发设备，需要输入待添加设备的 qbDebugKey 和昵称，添加成功后，新设备就可以使用该 packageName 进行登录了。登录页面的下方有对 qbDebugKey 的说明，其他开发者按照说明进行操作即可。

页面下方有调试工具的使用说明，每次调试都请按照使用说明完成全部步骤。如果手机中未安装 QQ 浏览器或安装的版本非正确的调试版本，在单击"启动 QB 打开小程序时"时，会提示请先下载调试版 QQ 浏览器，按照提示再次单击按钮即可开始下载安装，安装完成后再次返回该页面单击启动按钮，即可拉起 QQ 浏览器启动要调试的小程序。

在调试完小程序确认无问题之后，就可以提交体验版本。操作方法是：单击右上角的"…"菜单，单击"上传体验"按钮，输入版本号后单击"上传体验"按钮（如图 6-9 所示）。上传成功后可通过复制 url，到其他设备的 QQ 浏览器中体验刚上传的小程序，也可以直接在微信或浏览器中扫描下方生成的二维码来达到相同的效果。

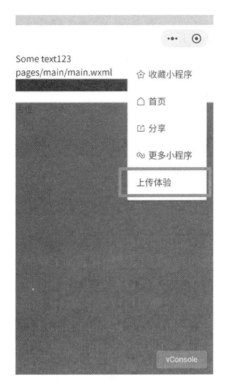

图 6-9 上传提交体验版

在上传了小程序包后，可在开发者管理后台页面单击右上方"包状态管理"查询和提审小程序包。为了区分不同版本的包，在每次上传时都要注意填写不同的版本号。

6.3.3 微信小程序与 QQ 浏览器小程序的功能差异

QQ 浏览器目前不提供 PC 端开发编译工具，开发者仍可使用微信提供的微信 Web 开发者工具进行小程序的开发。与所有兼容微信小程序方案的小程序情况一样，登录和支付等相关的功能很难做到完全一致。

如果开发者需要针对 QQ 浏览器编写特殊逻辑，可以通过确认 wx.getSystemInfo()或 wx.getSystemInfoSync()方法返回的 Object 中是否有 isQB 的 key 来判断是否为 QQ 浏览器环境。

```
if (wx.getSystemInfoSync().isQB) {
    // QQ 浏览器环境
} else {
    // 非 QQ 浏览器环境
}
```

在 Web-View 组件中，可以通过 window.QBJSCore 是否存在来判断是否为 QQ 浏览器环境。

```
if (window.QBJSCore) {         // Web-View 加载的页面
    // QQ 浏览器环境
} else {
    // 非 QQ 浏览器环境
}
```

6.4   微信小程序转百度小程序

百度小程序的开发与微信小程序类似，百度官方也提供了很多集成调试、编码能力的开发工具，使用起来比较方便。本节就来具体介绍百度小程序的开发以及如何从微信小程序转向百度小程序。

6.4.1   申请百度小程序账号

打开百度小程序注册地址并登录。目前支持使用百度账号（百家号、熊掌 ID 等）及百度商业账号（百度推广、百青藤、百度电商等）登录。注意，百度小程序当前支持的主体类型包括媒体、企业、政府、其他组织，也就是说，百度智能小程序暂不支持个人主体类型开发者入驻。主体类型一旦选择后将无法更改。百度小程序账号申请如图 6-10 所示。

图 6-10   申请百度小程序账号

提交成功后，只需要耐心等待审核通过，即可开始百度小程序的开发之旅。当前每个账号有5次提交审核机会，如5次审核均未通过，将不能再次提交。

6.4.2 创建你的百度小程序

主体认证审核通过后，你可先操作"创建智能小程序"。开发者需要填写智能小程序的名称、简介，上传头像并选择服务范围。如果选择为特殊行业，还需根据界面提示提交相应资质材料。若填写的智能小程序名称涉及品牌或名称侵权，还需提交相关资料进行审核。之后就可以前往平台首页的设置，获取百度小程序的 AppID、App Key 和 App Secret 了，如图 6-11 所示。

图 6-11　创建你的百度小程序

6.4.3 编码开发百度小程序

为了帮助百度小程序开发者简单和高效地进行编码工作，和其他各家小程序类似，百度小程序的官方团队也为开发者提供了集成调试、编码能力的开发工具。你可以在百度小程序的官网找到下载地址。

下载完成后会看到与微信小程序类似的初始页面，如图 6-12 所示。完成基本的信息录入，即可开始百度小程序的开发。

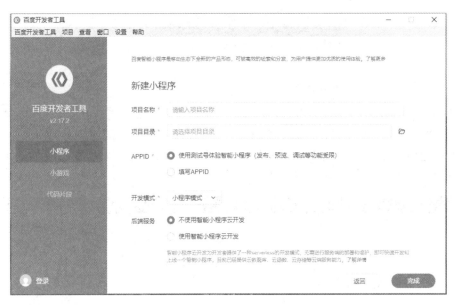

图 6-12　编码开发百度小程序

6.4.4　复用微信小程序的代码

百度小程序官方直接提供了代码转换的工具，不过藏得比较隐蔽，开发者只有成功登录百度账号，才会展示转换工具的入口。打开百度开发者工具，在菜单栏选择"工具"→"转换"。如果找不到，可以选择"项目"查看所有项目，在随后的面板中可以看到"搬家"按钮，如图 6-13 所示。

图 6-13　复用微信小程序的代码

　　和其他任何转换的代码一样，转换工具只会做一些基础语法的映射，对于百度智能小程序尚未支持的 API，搬家工具是没办法帮你实现的。还有就是如登录、支付流程上的差异，转换工具也很难抹平。好在百度的转换工具提供了转换日志，打开目标小程序的文件夹，可以看到一个命名为 log 的文件夹，里面包含 error.json、info.json、warning.json 这 3 个文件。

　　error.json 包含了转换工具没法转换过来的 API，需要开发者重新实现。info.json 是搬家工具转换操作的 log，用于检查转换过程是否存在异常。warning.json 则是搬家工具根据经验判断出的可能会引起报错的地方，需要开发者人工逐个验证。例如，我们可以尝试转换一下实战中的商城代码，转换工具会提示 `wx.requestPayment` 存在 diff 的函数，百度小程序中需使用 `requestPolymerPayment` 替代。日志如下：

```
[
    {
        "type": "show tips",
        "file": "tencent-mall/pages/order/order.js",
        "row": 106,
        "column": 4,
        "before": "wx.requestPayment",
        "after": "swan.requestPayment",
        "message": "wx.requestPayment --- 存在 diff 的函数，百度小程序中需使用
            requestPolymerPayment 替代 blob/master/docs/Payment.md"
    }
]
```

6.4.5　微信小程序与百度小程序的语法差异

　　与微信小程序相比，在百度小程序的开发环境中，工程文件分为 swan、css、js、json 这 4 个类型。swan 与微信小程序的 wxml 或普通网页开发中的 HTML 文件类似，同样是 XML 语法。js 文件中，API 由 wx. 替换为 swan.。另外在百度小程序的 swan 文件中，wx: 都被替换为了 s-。具体的差异如表 6-3 所示。

表 6-3　微信小程序与百度小程序的语法差异

不　同　项	微　　信	百　　度
模板文件后缀名	wxml	swan
样式文件后缀名	wxss	css
脚本语言	wxs	js
循环语法	wx:for、wx:for-index、wx:for-item	s-for、s-for-index、s-for-item
判断语法	wx:if、wx:else、wx:elif	s-if、s-else、s-elif

　　在循环语法中，百度的 s-for 不支持跟 s-if 放在同一条语句里，而在微信里是可以的。不过，在百度小程序中，我们可以通过包裹一个 block 变相实现 s-for 的这个功能。

6.5   使用统一开发框架

其实，除了将代码从微信官方的 MINA 框架转换为其他品牌的小程序外，我们还可以使用各种统一开发框架来完成代码编写。通过第三方的统一开发框架，理论上可以实现一份代码、多端运行的情况，例如京东出品的 Taro 框架。因与本章主题无关，此处不再赘述，有兴趣的读者可以自行了解。

第二部分

小程序原理分析与避坑指南

作者：王贝珊

第 7 章

小程序设计原理

现在很多人一心追求"速成"，所以一些培训班和快速入门课程特别火。我们也常常讨论，是不是工具能用就行，不需要深入学习太多。但是作为一名有追求的程序员，怎么可以不知道原理呢？

例如，前端开发人员小明写了个小程序，但运行起来特别卡，产品经理小方撸起袖子要跟他干架。

小方：你这个小程序体验也太糟了！首页打开要 8 秒？！

小明：不对啊，我用手机打开才 3 秒。

小方：你用的什么手机?

小明：iPhone X。

小方：……

小明：这个体验慢是小程序的问题，我们也没办法，而且你们也没提过性能相关的指标啊。

小方：这不是你们开发应该考虑的事情吗？

小明：体验这个问题很难定位，还要考虑不同手机之间的兼容，不是那么容易做的。

小方：那这个体验也太差了，我们的产品还没上线就会被砍掉的啊！

小明：我们尽量给定位一下看看……

（虽然是这么答应了，但是小明依然不知道如何下手。打算使用太极精髓，和小方多绕几个回合先。）

如果小明知道小程序的一些设计原理，或者他看过我们这本书，他就知道大概是哪些地方容易引起性能问题了。到底是写代码的方式不对，还是小程序原本就有性能瓶颈，只需要看完这几章内容，小明就可以轻松定位并解决问题了。

小程序的主要开发语言是 JavaScript，所以小程序的开发通常会与普通的网页开发做对比。两者有很大的相似性，对于前端开发者而言，从网页开发迁移到小程序开发的成本不是特别高，但是二者还是有些许区别的。网页开发者可以使用各种浏览器暴露出来的 DOM API，而小程序则缺少相关的 DOM API 和 BOM API。这样的设计，其实是从安全和管控等方向来考虑的。

那么，本章我们就来学习小程序的设计原理。

7.1 一切始于双线程

相比于传统的 Web 开发，小程序的特殊性在于双线程设计，这是一个基于安全和管控考虑的方案。小程序中很多与 Web 不一致的地方都是由于双线程，例如一些需要注意的性能问题、交互体验问题等，都可以归因到双线程设计上。

那么，小程序为什么要使用双线程设计呢？这就要从小程序的技术选型开始说起了。

7.1.1 小程序的技术选型

目前，主流的 App 主要有 3 种：Native App、Web App 和 Hybrid App。它们对应了 3 种渲染模式：Native（纯客户端原生技术渲染）、WebView（纯 Web 技术渲染）和 WebView+原生组件（Hybrid 技术）。一般来说，Native 和 WebView 的区别如表 7-1 所示。

表 7-1 Native 和 WebView 的区别

对 比 项	Native	WebView
开发门槛	高	低
体验	好	白屏、交互反馈差
版本更新	需审核，迭代慢	在线更新+动态加载
管控性	平台可管控，不合规内容可下架	内容难管控

而小程序最终选择的是 WebView+原生组件，也就是 Hybrid 方式。显然，这种方式结合了 Native 和 WebView 的一些优势，让开发者既可以享受 WebView 页面的低门槛和在线更新，又可以使用部分流畅的 Native 原生组件，同时通过代码包上传、审核、发布的方式来对内容进行管控。

1. 良好的体验选择

相信大多数人经历过这样的糟糕体验——白屏。打开页面之后，一直处于白屏状态（如图 7-1 所示），顶部的进度条似乎又有点假，等了半天什么也出不来。关掉再重新打开，依然没有任何反应，到底是这个网站挂了，还是自己的网络出问题了呢？

除了白屏，影响 Web 体验的还有缺少交互反馈，这主要表现在两个方面：页面切换生硬和点击有迟滞感。这些糟糕的体验常常出现在低版本或者配置较低的机型上，终端配置越低，对内存、网速和代码包的大小就会越敏感，一不小心就会出现白屏、无响应、卡顿等问题，用户体验很差，尤其是在抢优惠、抢红包等事关用户利益的使用场景下。

一些有经验的 Web 开发者会使用一些 SPA（单页应用）方案和框架，模拟客户端原生的页面切换过渡，同时使用缓存、CSS 反馈交互、页面直出、同构渲染等技术来改善用户体验。但并不是所有的开发者都有精力和能力去做这么多优化，只有拥有足够资源的团队才有时间和精力去细致地定位和优化用户体验。同时，优化用户体验也是平台责任的一部分，如果平台既能为开发者提供简单高效的开发体验，又能为用户提供最基本的体验和安全保障，岂不是皆大欢喜？

在体验方面，Native App 的体验确实比 Web App 好太多。对一个 App 而言，加载快、渲染快是非常重要的。尤其是对于用户停留时间较长的 App 而言，用户体验问题至关重要。如果全民普及的微信在切换页面的时候，经常白屏或者数据加载很久才出来，那估计它早就被取代了。

图 7-1　白屏

2. 结合 Web 的优势

Web 开发者大多知道原生渲染的体验优势，不少前端开发者选择使用 React Native、Weex 以及如今热门的 Flutter，尝试使用直接生成原生应用的方式来进行开发。但是小程序并不能使用原生开发，因为它的运行依赖一个宿主——微信客户端。微信客户端有自己的代码，也有代码包编译和版本发布。显然，开发者的代码是无法与微信官方的代码包一起发布的，所以使用 Native 的方式来开发小程序几乎是不可行的。

Web 开发最大的优势在于开发门槛低、效率高、支持在线更新。小程序使用 WebView 可最大化前端开发的优势，动态下载代码包加载的方式也允许开发者进行在线版本更新和 bug 修复。我们可以参考 Web App 的模式，把资源包放在云端，然后下载到本地，动态加载后就可以渲染出界面了，开发者还可以随时对线上资源进行动态更新。同时，小程序框架提供了完整的基础库，通过微信客户端内置基础库、原生组件结合、提前准备一个页面用于热加载等方式，可以减少加载时间，提升小程序启动的体验。

虽然使用 Web 的方式开发有不少好处，但如果单纯地使用 Web 技术来渲染小程序，在一些有复杂交互的页面上可能会出现一些性能问题。例如，把 JavaScript 脚本放在页面顶部会导致明显的延迟、空白页面、用户无法浏览内容也无法和页面进行交互等问题。这是因为在 Web 技术中，UI 渲染与 JavaScript 的脚本在一个单线程中执行，脚本会阻塞其他资源的下载，一些逻辑任务会抢占 UI 渲染的资源，因此会出现上述体验问题。

另外，Web 安全永远是业务开发的首要关注点，对于 XSS 这种常见的 Web 安全注意事项，我们来看看小程序是怎么做的。

7.1.2 JavaScript 沙箱环境

Web 技术是非常开放灵活的，开发者可以利用 JavaScript 脚本随意地操作 DOM，但系统的灵活性是把双刃剑，灵活的 JavaScript 操作会带来以下问题。

❏ 开发者可以随意地跳转网页，改变界面上的任意内容。开发者可以利用 JavaScript 脚本随意地跳转网页，或是通过操作 DOM 改变界面上的任意内容。但恶意攻击者也能利用这种便利往页面注入任何内容，例如发起带有特殊目的的请求（造成 CSRF），利用一些漏洞往页面注入脚本操作 DOM（XSS），利用外跳 url 的 a 标签、动态注入的 img 标签的 src 属性、操作界面的 API、动态运行脚本的 API 等，危害用户和网站的安全。

❏ 开发者可以获取任何页面内容，包括用户敏感数据。小程序提供了一些可以展示敏感数据的组件，例如 open-data 组件能展示用户昵称、头像、性别、地理位置等信息（无须用户授权）。如果开发者可以操作 DOM，那么就意味着他们可以绕开系统的保护，随意获取用户的敏感信息，这是非常危险又不可控的。

❏ 常见的前端漏洞。前端常见的安全漏洞有 XSS 和 CSRF：XSS 是通过注入 JavaScript 脚本的方式来达到特定目的，而 CSRF 则是利用了 Cookie。而在小程序中，XSS 在双线程的设计中就被过滤了，CSRF 则通过 token 的方式被规避了，我们稍后会进一步阐述。

如果使用过滤的方式，将一些危险的 API 和危险的 HTML 标签、属性等放置到一个黑名单列表中，当代码运行的时候将其过滤掉，则可以限制开发者在小程序中进行不安全的操作。但是 JavaScript 灵活性很高，随着浏览器内核的更新，使用黑名单的方式很容易遗漏。鉴于微信客户端的用户量，这可能会导致很大的安全漏洞。那么在这种情况下，我们可以采取什么方案呢？

不管在什么情况下，加载远程网站上的代码并在本地执行时，安全是需要考虑的关键问题。而在解决这种安全和环境稳定的问题时，我们通常会采取相似的解决方案：沙箱。在较为完整的开发流程中，我们在发布前会将代码放置在隔离的环境中进行测试和回归，这个环境通常被称为预发布环境或沙箱环境。

小程序也一样，我们可以通过与沙箱环境相似的方法彻底解决随意跳转、改变页面内容、获取敏感数据等问题。例如提供一个纯 JavaScript 的解释执行的沙箱环境，其中没有浏览器相关的接口，所以不用担心操作 DOM、跳转等问题，实际上小程序就是这么做的。这有点类似于 Node.js，我们都知道，Node.js 是一个基于 Chrome V8 引擎的 JavaScript 运行环境。对小程序而言，它在 iOS 下是用内置的 JavaScriptCore 框架，在 Android 下是用 JSCore 环境（旧版由腾讯 X5 内核提供，新版由 V8 引擎提供），具体对比如表 7-2 所示。

表 7-2　小程序的运行环境

运行环境	逻 辑 层	渲 染 层
iOS	内置的 JavaScriptCore	WKWebView
Android	旧版 X5 JSCore，新版 V8 JavaScript 引擎	chromium 定制内核
小程序开发者工具	NWJS	Chrome WebView

微信客户端系统有 JavaScript 的解释引擎，可以使用一个单独的 JavaScript 线程作为沙箱环境来运行小程序的业务代码。界面渲染相关的任务就丢到 WebView 线程里，然后通过逻辑层代码去控制渲染的逻辑。把开发者的逻辑代码放到单独的线程去运行，不在 WebView 线程里，所以这个环境里没有 WebView 的任何接口，开发者自然就没法直接操作 DOM 了，也就没法动态更改界面或者抓取页面数据了，如图 7-2 所示。

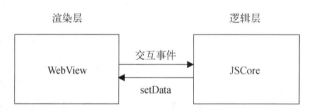

图 7-2　渲染层和逻辑层隔离

XSS 的攻击方式是恶意的 Web 用户将代码植入到供其他用户使用的页面中，常被用来进行大型的网络钓鱼，危害极大。而小程序中不支持动态载入脚本，每个 WXML 元素在编译时就会过滤掉不支持的危险属性，只通过 setData 的方式传递数据，这样在底层就筛选掉了可能存在的危害，XSS 漏洞自然无缝可钻。

7.1.3　双线程的小程序

讲到这里，估计你对小程序的设计有了大概的认知，其中最关键的便是双线程的设计。那么双线程是什么呢？

我们先来看一下小程序的底层实现。在小程序中，页面渲染和业务逻辑是隔离的。在具体实现中，我们将渲染页面的称为渲染层，将执行业务逻辑的称为逻辑层，如图 7-3 所示。渲染层使用 WebView 进行界面渲染，使用客户端的解释引擎创建的 JavaScript 单线程来执行 JavaScript 脚本。为什么要这么设计呢？这是为了解决管控和安全问题，双线程的方式可以阻止开发者使用一些浏览器提供的诸如跳转页面、操作 DOM、动态执行脚本的开放性接口。

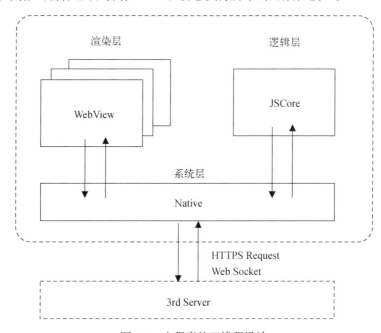

图 7-3　小程序的双线程设计

我们知道，网页开发的渲染线程和脚本线程是互斥的，这也是为什么长时间的脚本运行可能会导致页面失去响应。而在小程序中，二者是分开的，分别运行在不同的线程中。这样设计的好处是逻辑层的代码执行不会阻塞渲染层的渲染逻辑，页面会更加流畅。

我们可以使用客户端系统的 JavaScript 引擎，包括 iOS 下的 JavaScriptCore 框架和 Android 下的 JSCore 环境，通过提供一个沙箱环境运行开发者的 JavaScript 代码来解决。这个沙箱环境只提供纯 JavaScript 的解释执行环境，没有任何浏览器相关的接口。

这样我们就得到了小程序的双线程模型，接下来我们就逐个进行说明。

1. 逻辑层

小程序运行的是开发者编写的业务代码，这些代码最终会打包成一份 JavaScript 文件。在小程序启动的时候，会从后台下载代码运行；在小程序被销毁的时候，则停止运行。这种行为是不是很熟悉，就像浏览器中的 Service Worker 一样（Service Worker 同样不能访问 DOM）？因此，小程序的逻辑层也被称为 App Service。

我们创建一个单独的线程去执行 JavaScript，在这个环境下执行的都是有关小程序业务逻辑的代码。一个小程序只有一个逻辑层线程，所以即使我们切换了页面，在同一个页面中的非 data 变量也会保存在内存中。这是什么意思呢？我们来看一个例子。

我们在 A 页面定义了两个变量，一个是非 data 变量，一个是 data 变量，代码如下所示：

```
let notDataVariable = 'notDataVariable' // 这是一个非 data 变量

Page({
    data: {
        dataVariable: 'dataVariable' // 这是一个 data 变量
    },
    reLaunchToTest2(){
        wx.reLaunch({ url: '/test2/test2'})
    },
    onLoad() {
        console.log('---------onLoad----------')
        console.log('notDataVariable is: ', notDataVariable)
        console.log('dataVariable is: ', this.data.dataVariable)
        notDataVariable = 'notDataVariable change!'
        this.setData({
            dataVariable: 'dataVariable change!'
        })
        notDataVariable = 'notDataVariable change!'
    },
    onUnload: function () {
        console.log('---------onUnload----------')
        console.log('notDataVariable is: ', notDataVariable)
        console.log('dataVariable is: ', this.data.dataVariable)
    }
})
```

如果我们切换出其他页面，再切换回来，会发生什么事情呢？我们知道，wx.reLaunch 会关闭所有页面，打开应用内的某个页面。而在小程序里，一个页面对应一个 WebView 线程，这容易让人误以为如果关闭页面后重新加载，整个 JS 文件会被重新加载，但我们看看控制台的输出，如图 7-4 所示。

```
---------onLoad----------                                          test.js:11
notDataVariable is:  notDataVariable                               test.js:12
dataVariable is:  dataVariable                                     test.js:13
---------onUnload----------                                        test.js:21
notDataVariable is:  notDataVariable change!                       test.js:22
dataVariable is:  dataVariable change!                             test.js:23
---------onLoad----------                                          test.js:11
notDataVariable is:  notDataVariable change!                       test.js:12
dataVariable is:  dataVariable                                     test.js:13
```

图 7-4   控制台的输出

我们发现，在非 data 里定义的变量并不会在页面销毁时跟着销毁，而是一直存在内存中，直到整个小程序被关闭。请注意，右上角的关闭按钮只是指小程序切换到了后台，并不会真正关闭小程序。只有用户在快捷入口手动删除小程序，或是缓存被清理之后，才会重新加载环境。而在 data 中定义的变量则会随着每次页面的注销而销毁，当然自定义组件 Component 也不例外。这是很多开发者容易踩的坑，为什么这个页面已经被关闭了，组件已经被销毁了，但这些变量状态对不上呢？这时你就可以检查一下，是否正确地把变量定义到正确的地方了。

每个界面都是一个单独的 WebView 线程，但是每个小程序只有一个逻辑线程，这是你在开发小程序的时候必须牢记的。公用的 JavaScript 线程会有一些容易踩到的坑，但是公用线程是否意味着不同页面的页面全局变量会相互影响呢？并不会，小程序逻辑层提供模块化能力，每个页面有独立的作用域。也就是说，我们在 JS 文件中声明的一些变量和函数，在其他文件中是无法获取的。当然，不同文件中的一些变量和函数也不会相互影响。

2. 渲染层

如果你认真观察小程序官方的说明图，你就会发现，渲染层其实包括了多个 WebView。小程序的各个界面被管理在一个页面栈中，界面渲染相关的任务全都在 WebView 线程里执行，通过逻辑层代码去控制渲染哪些界面。一个小程序中存在多个界面，所以渲染层中存在多个 WebView 线程。

如果你了解过 WebKit 内核，你会发现有点似曾相识。WebKit 内核中包括了 WebCore 和 JSCore，这个和小程序的 WebView 与 JSCore 有点相似。不同的地方在于：在 WebKit 里，WebCore 和 JSCore 执行在一个线程中，并会相互阻塞；而小程序中双线程的设计则会避免 JS 的执行阻塞页面渲染。

但是，这又会引起下一个疑问：不在一个线程，要怎么通信呢？

7.2 Virtual DOM 与双线程通信

说起 Virtual DOM，大家都会想到如今很火的前端框架，小程序也不意外地使用了相关的设计。前面说到小程序中逻辑层和渲染层不在一个线程，要想拼成一个页面或者组件，可以通过数据传递的方式。当然，我们需要将组件或者页面结构用数据的方式来表达，其中 Virtual DOM 起了比较关键的作用。

7.2.1 认识 Virtual DOM

Virtual DOM 相信大家都已有所了解，用 JS 对象模拟 DOM 树，就得到一棵 Virtual DOM 树，我们称之为虚拟 DOM 树，也就是大家常说的 Virtual DOM。

为什么要用到 Virtual DOM 呢？不知道大家有没有仔细研究过 DOM 节点对象，一个真正的 DOM 元素非常庞大，拥有很多属性值。而其中有些属性对于计算过程来说是不需要的，所以第一步就是简化 DOM 对象。首先用一个 JavaScript 对象结构表示 DOM 树的结构，然后用这个树构建一个真正的 DOM 树，再使用一个简化后的 JS 对象来表示 DOM 树，这样当我们比较新旧两棵虚拟 DOM 树时，就可以大大降低比较差异的计算量。

在小程序里，一次数据的更新包括以下步骤。

(1) 在渲染层里，把 WXML 转化成对应的用于描述虚拟 DOM 树的 JS 对象。

(2) 在逻辑层发生数据变更的时候，通过宿主环境提供的 `setData` 方法把变更从逻辑层传递到 Native，再转发到渲染层。

(3) 在渲染层里，经过对比前后差异，把差异应用在原来的 Virtual DOM 树上，更新界面。

小程序里的 Virtual DOM 如图 7-5 所示。

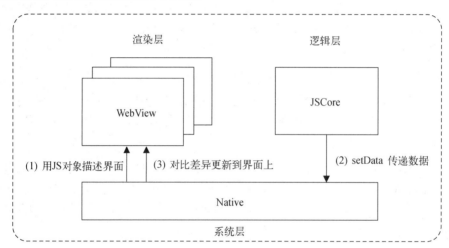

图 7-5　小程序的 Virtual DOM

7.2.2　双线程通信方式

如果把开发者的 JS 逻辑代码放到单独的线程去运行，就会存在一个问题：在 WebView 线程里，开发者没法操作 DOM，那要怎么实现动态更改界面呢？其实仔细观察 Virtual DOM 的过程，你就可以找到答案。

目前，小程序的渲染层使用 WebView 进行渲染，逻辑层运行在独立的 JSCore 上。在小程序的底层设计中，这两个模块是独立的，无法进行直接的通信，也无法进行数据共享。而业务代码在逻辑层执行，又需要将数据同步到渲染层。如果逻辑层和渲染层是隔离的，通信是如何进行的呢？在小程序中，不管是逻辑层还是渲染层，都使用微信客户端 Native 进行直接通信，同时用于与其他模块或者外部进行中转通信。

既然渲染层与逻辑层之间的通信需要通过客户端进行中转，那渲染层和客户端、逻辑层和客户端之间又是通过怎样的方式进行通信呢？总的来说，可以通过在渲染层、逻辑层的全局对象中注入一个原生的方法用于通信，封装成 WeiXinJSBridge 这样一个兼容层（有点像 H5 的 JS API

能力）。当然，开发者不需要理解 Android 和 iOS 的差异，底层框架会对原生的能力进行统一的封装（统一入参、做些参数校验、兼容各平台或版本问题等）。

回到渲染层与逻辑层之间的通信，由于局限于数据的通信，模板的渲染就需要依赖 Virtual DOM 的思路来解决。这意味着我们可以通过简单的数据通信来实现 DOM 的更新。那么，转发的数据和信息又是什么样子的呢？

在小程序中，双线程通信时会将需要传输的数据转换为字符串形式。以逻辑层为例，逻辑层可以使用 setData API 将数据同步到渲染层。下面是 setData 调用的过程。

(1) 当开发者调用 setData API 的时候，底层会使用 JSON.stringify 处理一遍数据。一些不可序列化的数据将会被移除。

(2) 之后，逻辑层会将数据发送给渲染层，还会同步更新页面中的 data 数据，这样开发者可以在调用 setData 之后，从 this.data 中获取到变更后的最新数据。

(3) 显然，数据的传输需要通过 Native 进行中转，因此并不能实时地到达渲染层，所以 setData 函数将数据从逻辑层发送到渲染层就是异步的。如果我们需要知道界面渲染完毕，可以在调用 setData 的时候通过传入 callback 回调进行监听。

由此可知，用户传输的数据最终以转换为字符串的形式传递，所以 setDate 仅支持可序列化的数据。除此之外，根据官方文档，单次设置的数据不能超过 1024 KB（执行 JSON.stringify 后的大小），所以我们应尽量避免将过大的数据设置到 setData 中。

前面介绍的内容是不是有点抽象？没关系，接下来我们会更深入地一步步分解这个过程。

7.2.3　DOM 转换成数据

前面我们讲了怎么将 DOM 节点抽象成 Virtual DOM，但我们使用了 Virtual DOM，怎样才能通过线程通信完成整个渲染和更新的过程呢？

1. 代码转换成 JS 对象

我们知道，DOM 结构树也是抽象语法树（AST）的一种。这是什么意思呢？其实浏览器在渲染页面中有一个很重要的工作，就是解析 HTML DOM 语法并生成最终的页面。模板引擎中常用的操作就是将模板语法解析生成 HTML DOM，再交给浏览器进行渲染。

这是一个怎样的过程呢？下面我们来看看如何通过一个开发者的<div>代码片段，生成一个真正的浏览器页面 DOM 元素。我们可以选择一个特别简单的代码片段：

```
<div>
    <a>123</a>
    <p>456<span>789</span></p>
</div>
```

它在浏览器中渲染时，其实是如图 7-6 所示的样子。

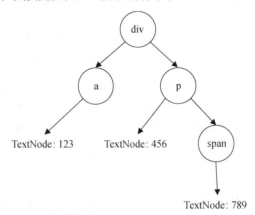

图 7-6　浏览器中的 DOM 树

当我们使用模板引擎解析这段代码时，经过语法分析（捕获特定语法，例如匹配元素名/属性名）和语义分析（该元素/属性是否存在）后，可以得到如下的一个 JS 对象（也可称为 AST）：

```
thisDiv = {
    dom: {
        type: 'dom', ele: 'div', nodeIndex: 0, children: [
            {type: 'dom', ele: 'a', nodeIndex: 1, children: [
                {type: 'text', value: '123'}
            ]},
            {type: 'dom', ele: 'p', nodeIndex: 2, children: [
                {type: 'dom', ele: 'span', nodeIndex: 3, children: [{type: 'text',
                    value: '456'}]},
                {type: 'text', value: '789'}
            ]},
        ]
    }
}
```

这个对象维护着我们需要的一些信息，例如某个 HTML 元素里需要绑定哪些变量（变量更新的时候需要更新该节点内容），以怎样的方式拼接（是否有逻辑指令，如 wx:if、wx:for 等），哪些节点绑定了怎样的事件监听事件（是否匹配一些常用的事件能力支持），所以这里 AST 能做的事情是很多的。

我们最终会根据 AST 对象生成真实的页面片段和逻辑，实现过程其实是将很多特殊标识（例如元素 ID、属性标记等）打到该元素上，同时配合一些 JavaScript 的元素选择方式、事件监听方式等，将这个元素动态化（支持内容更新、节点更新），实现最终的页面效果，当然这个过程发生在渲染层而不是逻辑层。

原本就是一个<div>，经过各种过程最后得到一个 JS 对象。在这个过程中我们可以悄悄实现如下功能。

(1) 排除无效的 DOM 元素，在构建过程中可进行报错。例如我在小程序里插入了一个<WoW>的元素，但它既不是内置组件，也不是自定义组件，这时就可以检测出异常。这个过程也可以用来过滤危险属性，从而避免 XSS 漏洞。

(2) 在使用自定义组件的时候，可自动匹配，走自定义组件的渲染逻辑。

(3) 可方便地实现数据绑定、事件绑定等功能。前端领域通常称之为指令，类似于 Vue 的 v-if，小程序里也有 wx:if 等各种内置指令，语法分析时就可以识别出来，对其增加想要的控制逻辑即可。

(4) 生成一个 Virtual DOM，为 Virtual DOM Diff 过程做好铺垫。

以上是常见的模板引擎都支持的功能。Vue、React、Angular 等前端框架都有自己的模板引擎，小程序也不例外。小程序不仅拥有专属的特殊语法，还会进行一些适合自身场景的逻辑处理。

2. DOM 元素创建

现在我们拿到这样一个 JS 对象，就可以通过它创建真正的 DOM 元素了。根据一个对象生成一个页面，其实是配置化的思想，实现过程也不复杂。示例如下：

```
// 获取 DOM 字符串，这里简单拼接成字符串
function getDOMString(domObj){
    // 无效对象返回''
    if(!domObj) return '';
    const {type, children = [], nodeIndex, ele, value} = domObj;
    if(type == 'dom'){
        // 若有子对象，递归返回生成的字符串拼接
        const childString = '';
        children.forEach(x => {
            childString += getDOMString(x);
        });
        // DOM 对象，拼接生成对象字符串
        return `<${ele} data-node-index="${nodeIndex}">${childString}</${ele}>`;
    }else if(type == 'text'){
        // 若为 textNode，则返回 text 的值
        return value;
    }
}
```

这段代码实现了 getDOMString() 方法，可以根据节点信息生成对应的 HTML string。这里我们只是随意选择了一种实现方式，根据节点生成 DOM 也有其他方式，例如使用 createElement、appendChild、textContent，等等。

上面只是普通的 DOM 元素转换成 JS 对象表示的过程，但通常除了 DOM 元素解析，还会有更多的数据绑定、属性、事件方法等需要解析。那么接下来在模板片段被解析成一个 JS 对象的基础上，我们再来添加数据绑定。

3. 数据绑定更新

这里我们选的例子是双大括号的数据绑定 {{ data }} 的语法。

```
<div>{{ data }}</div>
```

同样地，上面这个简单的数据，我们通过分析可以获得以下对象：

```
thisDiv = {
    dom: {
        type: 'dom', ele: 'div', nodeIndex: 0, children: [
            {type: 'text', value: '123'}
        ]
    },
    binding: [
        {type: 'dom', nodeIndex: 0, valueName: 'data'}
    ]
}
```

发现有什么不一样了吗？这里生成的 JS 对象多了一个 `binding`，这个 `binding` 和接下来要完成的数据绑定有关。我们在生成一个 DOM 的时候添加了对 `data` 的监听，数据更新时我们会匹配对应的 `nodeIndex`，并根据 `nodeIndex` 找到相应的 DOM 节点来更新值：

```
// 假设这是一个生成 DOM 的过程，包括数据绑定和更新
function generateDOM(astObject){
    const {dom, binding = []} = astObject;
    // 生成 DOM，这里假装当前节点是 baseDom
    baseDom.innerHTML = getDOMString(dom);
    // 数据绑定的功能，通过事件监听来进行更新
    baseDom.addEventListener('data:change', (name, value) => {
        // 寻找匹配的数据绑定
        const obj = binding.find(x => x.valueName == name);
        if(obj){
            // 若找到值绑定的对应节点，则更新其值
            // 这里其实还有优化空间，例如每次获取到节点之后保存下来
            baseDom.find(`[data-node-index="${obj.nodeIndex}"]`).innerHTML = value;
        }
    });
}
// 以上代码只用作帮助理解，跟实际的实现会有出入哦
```

在创建 DOM 元素的时候，我们给节点增加了事件监听，即可监听数据变更，根据绑定的数值获取对应节点，并进行局部更新。在日常开发中，业务代码中的情况会复杂得多，除了插入内容，还包括内容更新、删除元素节点等。目前来说，前端模板渲染一般分为以下两种方式。

- ❑ 字符串模板方式：使用拼接的方式生成 DOM 字符串，直接通过 `innderHTML()` 插入页面。
- ❑ 节点模板方式：使用 `createElement()`、`appendChild()`、`textContent()` 等方法动态地插入 DOM 节点。

在使用字符串模板的时候，我们将 `nodeIndex` 绑定在元素属性上，主要用于在数据更新时追寻节点进行内容更新。在使用节点模板的时候，我们可在创建节点时将该节点保存下来，直接用于数据更新。

不过，在小程序中，开发者写的 WXML 并不会使用保存和维护节点映射关系的方式，因为创建一个绑定映射需要一定的开销，如果这样的绑定多了，光创建映射的开销也不小了。所以，

在 WXML 和自定义组件中都是仅使用 Virtual DOM 来进行更新的。Virtual DOM 是怎么进行更新的呢，这就要说一下 DOM Diff 的过程了。

4. 数据更新差异对比

数据更新差异对比这个过程其实可以结合 Virtual DOM 一起做。在这个过程中，Virtual DOM 解决了常见的局部数据更新的问题，例如数组中值位置的调换和部分更新。下面我们看一下它的计算过程。

(1) 用 JS 对象模拟 DOM 树。这个过程前面已经详细介绍过了。

(2) 比较两棵虚拟 DOM 树的差异。当状态变更的时候，重新构造一棵新的对象树，然后比较新的树和旧的树，记录两棵树的差异。通常需要记录的差异包括：需要替换的原来的节点，移动、删除、新增子节点，修改节点的属性，文本节点的文本内容改变。经过差异对比之后，我们会获得一组差异记录，接下来需要使用它。

这里我们对比两棵 DOM 树，如图 7-7 所示，得到的差异有：p 元素插入了一个 span 元素子节点，然后原先的文本节点挪到了 span 元素子节点下面。

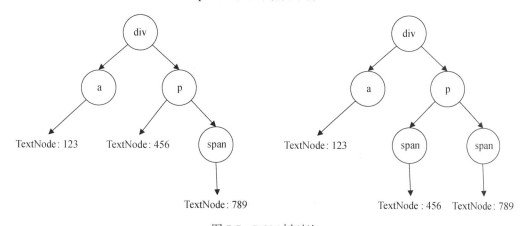

图 7-7　DOM 树对比

(3) 把差异应用到真正的 DOM 树上。差异记录要应用到真正的 DOM 树上，例如节点的替换、移动、删除以及文本内容的改变等。

在渲染层中，宿主环境会把 WXML 转化成对应的 JS 对象（也就是虚拟 DOM 树）。在逻辑层发生数据变更的时候，我们需要通过宿主环境提供的 `setData()` 方法把数据从逻辑层传递到渲染层，再对比前后差异，把差异应用在原来的 DOM 树上，就可以渲染出正确的 UI 界面。

7.3　渲染层渲染

基于 Virtual DOM，我们知道在这样的设计里，需要一个框架来支撑和维护整个页面的节点树相关的信息，包括节点的属性、事件绑定等。在小程序里，Exparser 框架承担了这个角色。我们会在 7.5.1 节对 Exparser 框架进行更详细的介绍，下面先来看看 Shadow DOM 模型。

7.3.1   Shadow DOM 模型

简单来说，Shadow DOM 就是我们在写代码时写的自定义组件、内置组件、原生组件等组件的封装。近年来，Shadow DOM 在前端开发中越来越常见，它为 Web 组件中的 DOM 和 CSS 提供了封装，使它们和主文档的 DOM 保持分离。简而言之，Shadow DOM 模型是一个 HTML 的新规范，允许开发者封装 HTML 组件。

虽然开发者不会直接接触到 Shadow DOM，但在小程序中，不管是内置组件还是自定义组件的实现，都需要与 Shadow DOM 模型结合起来理解。在 Shadow DOM 模型中，还包括了 Shadow Root、Shadow Tree 等概念，我们接下来分别看一下。

现在我们定义了一个自定义组件<my-component>，你在开发者工具中可以见到，如图 7-8 所示。

图 7-8   Shadow DOM 组件

#shadow-root 称为影子根，DOM 子树的根节点和文档的主要 DOM 树分开渲染。可以看到它在<my-component>里。换句话说，#shadow-root 寄生在<my-component>上。#shadow-root 可以嵌套，形成节点树，即称为影子树（Shadow Tree），如图 7-9 所示。

图 7-9   Shadow DOM 嵌套

既然组件是基于 Shadow DOM 的，那么组件的嵌套关系其实就是 Shadow DOM 的嵌套，也可称为 Shadow Tree 的拼接。Shadow Tree 拼接是怎么做的呢？我们先来写两个自定义组件：

```
<!--my-div 自定义组件-->
<span class="my-div">
    <slot />
</span>
```

```
<!--my-span 自定义组件-->
<span class="my-span">
    <slot />
</span>
```

然后把它们拼接起来：

```
<my-div>
    <my-span />
</my-div>
```

最终结果如图 7-10 所示。

```
▼<my-div is="component/my-div/my-div">
  ▼#shadow-root
    <span class="my-div"></span>
  ▼<my-span is="component/my-span/my-span">
    ▼#shadow-root
      <span class="my-span"></span>
  </my-span>
</my-div>
```

图 7-10　Shadow Tree 拼接

这就是 Shadow Tree 的拼接，它用于将页面中所有的组件拼接成一个完整的树，最终得到的这棵页面节点树被称为 Composed Tree。同样地，我们也可以将一个完整的页面进行拆分，一个页面可以分成多个组件和 Shadow Tree。

我们知道，Virtual DOM 机制会将节点解析成一个对象，然后渲染层根据这个 JS 对象生成具体的 DOM 元素。在 Shadow Tree 拼接的过程中，还需要进行以下处理。

(1) DOM 节点的关系（嵌套的处理）管理：parentNode/childNodes。在小程序里，因为有自定义组件维护着<slot>，所以还需要 slotParent/slotChildren 这种关系。节点关系的维护会影响到整个 DOM 树的最终呈现效果。

(2) DOM 节点的创建和管理：appendChild、insertBefore、removeChild、replaceChild 等。

(3) 通常创建后的 DOM 节点会保存一个映射，在更新的时候取到映射，然后进行处理，包括替换节点，改变内容 innerHTML，移动、删除、新增节点，修改节点属性 setAttribute 等。我们可以给每种操作设置一个 Action，然后通信传输的时候，把具体的 Action 和更新的数据一块传过去。

从图 7-10 中我们可以看到，在 Shadow Tree 拼接的过程中，有些节点并不会最终生成 DOM 节点，例如<slot>。那么在小程序里，自定义组件和页面渲染的整个过程是怎样的呢？

7.3.2　渲染层渲染流程

我们知道，小程序分为逻辑层和渲染层双线程，在逻辑层里是没法拿到真正的 DOM 节点，也没法随便动态变更页面的。前面也讲了，在这种情况下，我们只能通过系统层转发到渲染层来更新模板。考虑到跨线程通信数据要尽量少，应该把整个 Virtual DOM 信息维护在渲染层，然后进行数据更新、节点更新和页面渲染。

但是自定义组件的存在使情况变得复杂了。对于开发者来说，逻辑层需要知道组件创建、销毁等生命周期和状态，如果我们依然将 Virtual DOM 信息维护在渲染层中，那么每个自定义组件的所有状态和生命周期的变更都需要通过系统层转发通知到逻辑层，通信就会过于频繁和密集。这时，我们可以在逻辑层也维护一份 Virtual DOM 信息。所以，在双线程下，两个线程都需要保存一份节点信息。

这份节点信息是怎么来的呢？我们可以在创建组件的时候，通过事件通知的方式，分别在逻辑层和渲染层创建一份节点信息。而渲染层里的组件是有层级关系的，为了维护好父子嵌套等节点关系，我们在逻辑层也需要维护一棵 Shadow Tree。下面我们来看看渲染层的渲染流程。

1. 页面渲染流程

因为页面 WXML 的渲染只需要传递 `setData` 的数据，然后在渲染层进行渲染、差异比较和更新，所以页面渲染流程如下。

(1) 新建页面在渲染层进行：渲染层 WXML 生成一个 Virtual DOM 的 JS 对象，拼接 Shadow Tree，注入初始数据进行渲染。

(2) 逻辑层调用 `setData`，更新数据到渲染层：逻辑层开始执行逻辑，调用 `setData` 之后，会把 `setData` 的数据通过 Native 传递到渲染层。

(3) 渲染层页面更新：渲染层对需要更新的数据进行 Diff，得到差异，然后把差异应用到真实的 DOM 中，从而更新页面。

以上就是页面的渲染流程，自定义组件的渲染是否可以用同样的流程呢？

2. 自定义组件渲染流程

小程序是双线程架构，理想情况下，自定义组件的渲染也应该在渲染层完成，这样可以减少通信数据。但是，由于自定义组件中需要使用 `this` 获取组件实例（properties 中也有 observer），对于每个组件的生命周期事件，渲染层都需要通知逻辑层，那么线程通信将会过于频繁。我们换个思路，如果 Virtual DOM 和创建组件过程在逻辑层进行，就需要把完整的 HTML 提供给渲染层，此时通信内容则过于庞大。两种创建方式的对比如表 7-3 所示。

表 7-3　自定义组件的创建方式对比

创建方式	同步方式	优　　点	缺　　点
在渲染层创建	组件创建（或其他关键事件），通知逻辑层	减少通信数据大小	有很多双向通信和线程间等待
在逻辑层创建	传递创建后的 Shadow Tree	减少通信次数	Shadow Tree 数据量很大

前面也提到了，解决办法就是两边都维护 Virtual DOM 信息，传递差异内容来进行管理，流程如图 7-11 所示。

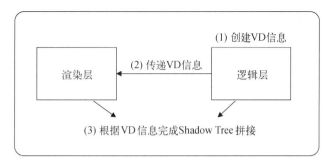

图 7-11 自定义组件创建

更新渲染流程如下。

(1) 逻辑层新建组件，并通知渲染层：在逻辑层，首先 WXML 和 JS 需要生成一个 JS 对象，然后 JS 的节点部分生成 Virtual DOM 信息，最后通过底层通信通知到渲染层。渲染层拿到 Virtual DOM 节点信息后，创建 Shadow DOM，拼接 Shadow Tree，注入初始数据渲染。

(2) 逻辑层调用 setData，更新数据到渲染层：逻辑层执行逻辑，调用 setData 之后，会在逻辑层进行 DOM Diff，然后将 Diff 结果传到渲染层（注意，此处与页面的渲染流程不一致）。

(3) 渲染层组件更新：渲染层拿到 Diff 信息，更新 Virtual DOM 节点信息，同时更新页面。

现在我们已经知道，在自定义组件渲染过程中，不管是逻辑层还是渲染层，都维护了一份 Virtual DOM 信息，那么要怎么让它们保持一致呢？

7.3.3　同步队列

要让两边的 Shadow Tree 保持一致，可以使用同步队列来传递信息，这样就不会漏掉了。

这个同步队列包含什么信息呢？其实它更像是一个同步的消息队列，每个消息都会告诉你要做什么，并给你一些需要的材料，所以同步队列的传输内容应该是有序的事件流，同时事件上会附有数据（新状态、新数据等）。

例如，我们定义了创建页面的事件叫 CREATE_INITIAL_PAGE，更新数据 setData 的事件叫 SETDATA_UPDATE。这时，如果我们创建了一个页面，在页面加载完成后每秒自动计数加一：

```
Page({
    data: {
        count: 0,
    },
    onLoad(){
        setInterval(() => {
            this.setData({count: this.data.count + 1})
        }, 1000)
    }
})
```

我们可能会得到一个表 7-4 所示的事件流。

表 7-4 创建页面事件流

顺　　序	事　件　名	事件数据
0	CREATE_INITIAL_PAGE	{page_id: 0, data: {count: 0}}
1（1秒后）	SETDATA_UPDATE	{page_id: 0, data: {count: 1}}
2（2秒后）	SETDATA_UPDATE	{page_id: 0, data: {count: 2}}
3（3秒后）	SETDATA_UPDATE	{page_id: 0, data: {count: 3}}

每次变动，我们就往同步队列里加东西。不过这样会有个问题，我们知道 setData 在实际项目里使用比较频繁，例如，Component 的 observer 里再次进行了 setData：

```
Component({
    properties: {
        count: {
            value: 0,
            type: Number,
            observer: function (newVal, oldVal) {
                // 我要同时更新
                this.setData({ doubleCount: newVal * 2 })
            }
        }
    },
    data: {
        doubleCount: 0
    }
})
```

如果每次 setData 都立刻进行线程通信，就会导致一大堆的 setDate 被调用，通信效率会很低。所以，其实可以把一次操作里的所有 setData 都整合到一次通信里，通过排序保证顺序就好啦，如表 7-5 所示。

表 7-5 setData 事件流整合

顺　　序	事　件　名	事件数据
0	CREATE_INITIAL_PAGE	[{page_id: 0, data: {count: 0}}]
1	CREATE_INITIAL_COMPONENT	[{component_id: 0, data: {doubleCount: 0}, parent_node: {page_id: 0, node_index: 0}}]
2（1秒后）	SETDATA_UPDATE	[{page_id: 0, data: {count: 1}}, {component_id: 0, data: {doubleCount: 2}}]
3（2秒后）	SETDATA_UPDATE	[{page_id: 0, data: {count: 2}}, {component_id: 0, data: {doubleCount: 4}}]
4（3秒后）	SETDATA_UPDATE	[{page_id: 0, data: {count: 3}}, {component_id: 0, data: {doubleCount: 6}}]

现在或许你就能理解官方为什么会对 `setData` 有如下要求了。

(1) 避免频繁地调用 `setData`。

(2) 避免每次调用 `setData` 都传递大量新数据。这两项要求被落实到了体验评分（参见 9.3.2节）和小程序评测（参见 10.5.2 节）中，作为主要的体验考核点。

所以，在写代码的时候，每次调用 `setData`，底层基础库都会进行一系列计算，然后把数据通过同步队列进行跨进程通信。去掉不必要设置的数据、减少 `setData` 的数据量也有助于提升当前节点树与新节点树比较的性能。这是很重要的小程序写码习惯，不然可能会遇到这样的事情：产品经理拿一台低配版的 Android 手机，运行小程序并录屏，然后向你投诉说小程序太卡啦。

除了上述自定义组件通信之外，小程序在首屏页面渲染的时候，逻辑层与渲染层会同时进行一些初始化工作。但是我们知道，渲染层绑定的数据是需要逻辑层通过 `setData` 传输过来的，因此异步的 `setData` 会使各部分的运行时序变得复杂，逻辑层与渲染层需要有一定的机制保证时序正确，这也是通过上述的事件流来保证的。

7.4 原生组件的出现

前面讲到，小程序最终的呈现形式是 WebView+原生组件。为什么要使用原生组件呢，原生组件在整个设计过程中充当了怎样的角色，又会带来什么问题呢？

7.4.1 频繁交互的性能

我们知道，逻辑层和渲染层的每一次通信都要经过系统层。这意味着什么呢？我们来看用户的一次交互，当用户点击某个按钮时，开发者的逻辑层要进行一些逻辑处理，通过 `setData` 引起界面变化。这个过程需要 4 次通信，如图 7-12 所示。

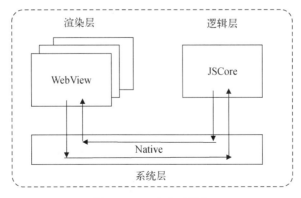

图 7-12　一次交互操作

(1) 渲染层→Native（点击事件）。

(2) Native→逻辑层（点击事件）。

(3) 逻辑层→Native（`setData`）。

(4) Native→渲染层（`setData`）。

如果换成用户在一个输入框中输入内容，一次输入同样需要经过 4 次传输：输入事件（渲染层→Native、Native→逻辑层）、`setData` 到输入框（逻辑层→Native、Native→渲染层）。如果用户输入了 20 个字，那么线程通信次数高达 80 次。在一些强交互的场景中，这样的操作流程会导致出现卡顿。

7.4.2　引入原生组件

为了应对这种强交互的场景，小程序引入了原生组件。小程序是 Hybrid 应用，除了 Web 组件的渲染体系，还有由客户端原生参与组件（原生组件）的渲染。原生组件可以直接与逻辑层通信，如图 7-13 所示。

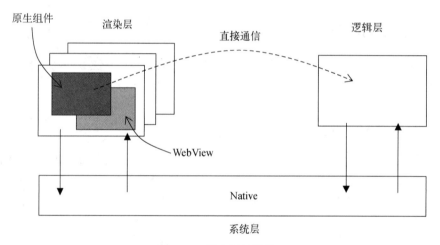

图 7-13　原生组件通信

可以看到，引入原生组件之后，组件和逻辑层的通信绕过了 `setData`，也避开了数据通信和重渲染流程，渲染性能好了很多。逻辑层直接与原生组件进行通信，就可以节省交互过程的中转通信次数，同时减少 WebView 的计算和渲染工作。对于地图<map>、画布<canvas>等交互频繁和复杂的组件，使用原生组件，体验会好更多。

除此之外，原生组件还扩展了 Web 的能力，比如输入框组件（input、textarea 等）有更好的控制键盘的能力。如果你仔细研究，就可以发现小程序的输入框在聚焦的时候是原生组件，在失焦的时候则是普通的 Web 输入框，因此样式会有一些不一致的地方。

根据小程序开发者指南的描述，当开发者使用了原生组件后，渲染过程包括以下 3 个步骤。

(1) 首先，渲染层会根据逻辑层传入的数据创建该组件。

(2) 然后，该组件会被插入页面，同时根据样式和属性设计，WebView 会渲染布局，可以得到组件的位置和宽高。

(3) 最后，我们将计算得到的数据告诉客户端，客户端就可以将原生组件渲染到具体的位置上。

接下来，组件有任何变更，同样可以通过以上步骤来更新原生组件。简单来说，这就相当于我们使用 WebView 生成一个 DOM，然后计算布局信息给客户端进行渲染。但是这种方式会有一个问题，如果你也在 WebView 中插入过原生组件就会发现，原生组件的层级比所有其他 WebView 的组件要高，我们无法正确处理页面的层级关系。

因此，小程序专门提供了 `<cover-view>` 和 `<cover-image>` 组件，它们可以覆盖在部分原生组件上。这两个组件也是原生组件，可以用来兼容一部分原生组件导致的层级关系。例如对于一个表单页面，当你需要在输入框上面盖一层自定义的弹窗时，你就可以用 `<cover-view>` 或者 `<cover-image>` 组件来实现。

另外需要注意的是，部分 CSS 样式无法应用于原生组件。很多奇奇怪怪的样式问题都跟原生组件有关。例如，对原生组件设置 CSS 动画的效果常常不如预期、无法定义原生组件为 `position:fixed` 等。

7.4.3 同层渲染

小程序原生组件由于实现原因，是脱离在 WebView 渲染流程之外的，由客户端进行创建和渲染，位于一个更高的层级。也就是说，不管给其他组件设置多大的 `z-index` 值，原生组件依然会盖在 WebView 中其他的普通组件之上。除此之外，后插入的原生组件可以覆盖之前的原生组件。如果你的页面里使用了多个原生组件，那么你就没有办法判断哪个原生组件先渲染完毕并插入，所以这些原生组件谁盖在谁上面是无法确定的。

这些原生组件的限制常常让开发者摸不着头脑，为了方便开发者更好地使用原生组件进行开发，小程序对原生组件引入了同层渲染模式。通过同层渲染，小程序原生组件会就可以挂载到 WebView 节点上，与其他内置组件处于相同的层级。这样开发者可以更好地控制原生组件的样式。

1. 同层渲染实现

同层渲染是怎么实现的呢？下面我们分别看看两个平台的实现方案。

● **iOS 同层渲染**

小程序在 iOS 下是使用 WKWebView 进行渲染的。WKWebView 为了让 iOS 上的 WebView 滚动有更流畅的体验，页面中的滚动实际上是由真正的原生滚动组件（WKChildScrollView）承载的。iOS 的同层渲染正是利用了这一点，WKChildScrollView 虽然也是原生组件，但 WebKit 内核已经处理了它与其他 DOM 节点之间的层级关系。

因此，小程序通过将原生组件插入 WKChildScrollView 的方式，直接使用 WXSS 控制层级，从而解决了遮挡的问题。

- **Android 同层渲染**

Android 端是基于 chromium 内核开发的扩展，对比 iOS 端的实现，渲染要更加彻底。

小程序在 Android 端使用 chromium 作为 WebView 渲染层。chromium 支持 WebPlugin 机制（浏览器内核的一个插件机制），主要用来解析和描述 embed 标签。Android 端将原生组件的画面绘制到 embed 标签生成的 RenderLayer 所绑定的 SurfaceTexture 上，从而实现同层渲染。

不过，使用同层渲染依然有一些需要注意的地方。

(1) 原生组件的同层渲染能力可能会失效，失败后会触发 bindrendererror 事件，可根据该事件进行降级。

(2) 因为同层渲染是将原生组件渲染到某个 WebView 组件上，所以有些对组件本身进行裁剪的样式不会生效，例如 border-radius 属性。

(3) 原生组件不支持事件冒泡，但同层渲染之后的原生组件会进行事件冒泡，我们同样可以使用 catch 来阻止。

2. 支持同层渲染的组件

利用同层渲染这样的黑科技，我们可直接使用非原生组件（如 view、image）结合 z-index 对原生组件进行覆盖。这样，同层渲染就使得原生组件的层级和非原生组件一样可控。我们在开发中最麻烦的原生组件的样式调试就舒服很多了，拜拜 cover-view，拜拜 cover-image。此外，同层渲染的原生组件同样可以放置在 scroll-view、swiper 或 movable-view 容器中。

目前，video、map、canvas 2d、live-player 和 live-pusher 组件已支持同层渲染，但是使用过程中需要注意版本兼容，具体每个组件的版本可以参考官方文档，而其他原生组件（textarea、camera、webgl 及 input）也在逐步支持同层渲染。

7.5　小程序的基础库

目前我们介绍了小程序的运行环境分成渲染层和逻辑层，也介绍了其中重要的功能，如 Shadow DOM 模型、Virtual DOM 机制、页面渲染和底层通信。开发者在渲染层可以用各种内置组件组建界面，在逻辑层可以用各类 API 处理逻辑，这里的数据绑定、通信系统、组件系统、API 等，其实都是由小程序基础库进行包装提供的。

7.5.1　基础库组成

小程序的基础库是使用 JavaScript 编写的，它可以同时被注入渲染层和逻辑层运行。同时，小程序的一些补充能力（自定义组件和插件等）也有相应的基础代码，当然也需要添加到基础库里。所以，小程序的基础库主要包括以下 4 部分，如图 7-14 所示。

(1) 提供 Virtual DOM 渲染机制相关基础代码，解决双线程的渲染问题。

(2) 提供封装后的内置组件。

(3) 提供逻辑层的 API。

(4) 提供其他补充能力的基础代码。

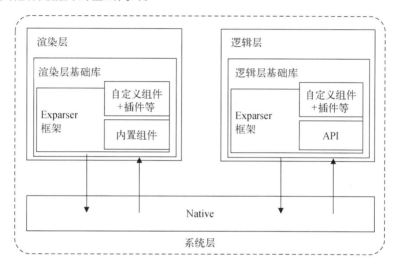

图 7-14　小程序基础库组成

1. Exparser 框架

前面我们讲到了组件与 Shadow DOM 模型，而 Exparser 框架则是小程序中管理组件的框架。简单来说，Exparser 框架就是一个简化版的 Shadow DOM。前面我们讲到的 Shadow Tree 拼接、多个组件如何拼装成一个完整的页面、页面中又绑定了哪些事件、需要如何处理……这些工作都是通过 Exparser 框架实现的。

因为这些组件的管理是最基础的功能，所以 Exparser 框架会被提前内置在基础库中。当然，有了管理组件的框架，我们还需要将一些内置的组件放置在基础库中。

2. 内置组件

内置组件其实相当于官方提供的组件，包括了像 view、text 等视图容器类组件，input、textarea 等表单类组件，以及导航类、媒体类、开发组件等几十种组件，提供了满足开发者使用的基础功能。

一般来说，提前内置在小程序中的除了有满足基本需要的组件，还有一些是开发者不好实现的，例如原生组件里封装了客户端渲染的能力、开放类组件提供了一些开放数据。开发者可以使用内置组件快速搭建一个界面，当然也可以使用自定义组件的能力来自行扩展组件。

3. API

小程序提供了功能较完整的 API，涉及的类型包括网络、媒体、文件、数据缓存、位置、设备、界面、界面节点信息等，除此之外还有一些特殊的开放接口。这些 API 大多数是异步的，其中有一部分异步的接口也提供了同步调用方式的 API，在调用的时候请记得使用 try catch，如下所示：

```
wx.getSystemInfo({
    success (res) {
        console.log(res)
  }
})

// 等于下面的方式，同步方式需要 try catch
try {
    const res = wx.getSystemInfoSync()
    console.log(res)
} catch (e) {
  // ……
}
```

除了使用同步调用的 API 以外，我们在 8.2.1 节中还介绍了如何进行 API Promise 化。

4. 自定义组件

除了内置组件，小程序还提供了自定义组件的能力，开发者可以自行扩展更多的组件，以实现代码复用。例如封装自定义导航组件、左滑组件，或者业务相关的可抽象通用的组件等。

自定义组件在运行的时候同样受到 Exparser 框架的管理。首先小程序启动会调用 Component 构造器，开发者设置的 properties、data、methods 这些字段会记录在 Exparser 的组件注册表中，其他组件在引用这个组件的时候会获取这些信息。

在初始化页面的时候，页面会有一个根组件实例，然后根据开发者使用的内置组件或自定义组件情况、递归地创建这些组件。接下来 Exparser 框架会通过组件树拼接的方式，最终拼接成一个页面。因此，Page 构造器的大体运行流程和自定义组件相似，只是参数形式不一样。

5. 插件

很多应用会提供插件，这提供了便捷、灵活的扩展方式，可以让更多的开发者参与共建。在小程序中，同样提供了插件机制。小程序中的插件常常是一些 JavaScript 库、自定义组件或页面的封装，这样的插件不能独立运行，必须嵌入小程序中才能使用。

插件的使用场景也很广泛，比如封装一些实现上有技术难度的组件，像支持连续扫码的购物车插件；或者提供一些第三方系统集成的能力，例如需要对接各种商户提供代金券，通过插件内置的接口请求到自己的系统，而商户只需要引入就可以让用户进行领券。

插件的运行环境也是一个沙箱环境，它和小程序的运行环境是隔离的，所以插件和小程序之间的数据也是隔离的，插件无法获取小程序中的一些信息，同样小程序也无法获取插件的数据，除非开发者主动传递。由于权限和环境隔离，插件有独立的 API、域名和接口权限，但同时也有部分 API 功能的使用会受到限制。

插件的开发过程和开发小程序比较相似。在本地测试完成后，就可以上传和发布。其他小程序开发者只需要申请权限就可以使用该插件。小程序平台会托管插件代码，当其他小程序使用该插件时，在调试过程中，插件代码可以下载到开发者工具中运行。当这个小程序上传代码时，插件的代码也会被一起打包，因此会对整体的代码包大小有影响。

开发者在选用插件时需要知道，插件开发者可通过后台进行最低可用版本的设置。一旦设置这个选项，从设置的时刻开始，新发版的小程序就不能再使用旧版本的插件。同时，在 30 天后，线上所有低版本的插件都会报错。当然，在设置这个选项后，插件调用方在这 30 天内会多次收到提醒，包括微信、开发者工具、站内信等。

现在我们知道了小程序基础库的组成，但小程序的启动过程是怎样的？代码包是什么时候下载的？基础库是怎样载入的？小程序的版本更新又是怎样的呢？接下来我们就详细介绍基础库的各种机制。

7.5.2　小程序的启动

小程序在启动过程中，我们需要准备好小程序的运行环境。这些启动准备可以显著减少小程序的启动时间。

1. 小程序启动过程

我们来看一下小程序的启动过程。

(1) 准备页面的过程，包括逻辑层和渲染层分别进行初始化以及公共库的注入。逻辑层和渲染层是并行进行的，并不会相互依赖和阻塞。这个过程称为页面预渲染。

(2) 当用户打开小程序后，小程序开始下载业务代码，同时会在本地创建基础 UI（内置组件）。准备完成后，就会开始注入业务代码，启动运行业务逻辑（如图 7-15 所示）。

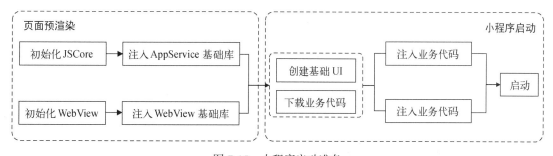

图 7-15　小程序启动准备

(3) 在小程序启动时，微信会为小程序展示一个固定的启动界面，界面内包含小程序的图标、名称和加载提示图标。此时，微信会在背后完成几项工作：下载小程序代码包、加载小程序代码包、初始化小程序首页。整个过程如图 7-16 所示，这比 H5 的用户体验更加友好。

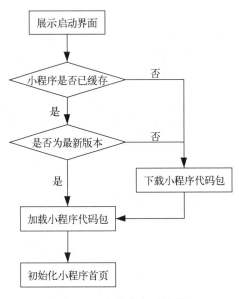

图 7-16   小程序启动过程

2. 页面层级准备

为了提升用户体验，减少小程序的加载耗时，在打开小程序前，其实微信已经提前准备好了一个 WebView 层。当这个预备的 WebView 层被使用之后，一个新的 WebView 层同样地会被提前准备好。这样当开发者跳转到新页面时，就可以快速渲染页面了。

这个过程其实和我们的页面预加载或是数据预获取等逻辑比较相似。例如我们在小程序中需要跳转一个新的页面，这个页面包括一些需要从后台请求的数据。那么，我们可以提前将这些数据请求下来，然后在打开新页面时就可以快速渲染了。WebView 的层级准备也是这样，它会提前准备好一个 WebView，包括启动 WebView、初始化基础库等。

当小程序运行业务代码时，就可以根据业务代码中的 WXML 结构和 WXSS 样式快速生成页面结构和样式，同时逻辑层一些异步请求的数据也可以在获取之后传递到渲染层，进行快速地渲染。因此，页面渲染时间跟代码的 WXML 结构量、setData 传递的数据大小相关，减少不必要的节点信息和数据传输的大小，都可以提升页面渲染的质量。

3. 冷启动和热启动

小程序的启动分为冷启动和热启动。

当用户通过右上角的胶囊关闭小程序（或者 iOS 下通过 Home 键切出微信），此时小程序只是切换到了后台，并没有真正地关闭。这时小程序的内存还在，当用户再次点进小程序时，就触发了热启动，恢复到上次的状态。所以我们能看到，热启动并没有真正地销毁小程序线程。

而如果是小程序切换到后台的时间过久（超过 5 分钟）、主动删除了该小程序、用户杀掉了微信进程、小程序占用资源过高被微信回收资源等情况，当用户再次打开小程序时就会触发冷启动。这种情况下小程序会被重新加载，如图 7-16 所示。

或者你会感到好奇，在什么情况下小程序会被回收资源呢？一般来说，小程序运行时如果内存占用过高，就会触发内存告警，如果内存告警次数过于频繁，就可能会被微信销毁。为了监控这样的情况，我们的小程序可以使用 wx.onMemoryWarning 监听内存告警事件，在告警时清理缓存和内存：

```
wx.onMemoryWarning(() => {
    console.log('onMemoryWarningReceive')
})
```

4. 热启动跳转

小程序官方文档中根据场景值将场景分为 A 类和 B 类，A 类为打开首页，B 类为打开某个指定页面（除了 A 类就是 B 类）。A 类场景包括了几个具体的场景值，这些在官方文档中有详细的描述，大家可以去查看一下。

小程序在热启动时，会根据场景值以及上一次页面的打开方式来进行页面的跳转。跳转方式包括停留在当前页面、wx.reLaunch 到首页、wx.reLaunch 到指定页面等，更加具体的跳转可以查阅官方文档。

5. 冷启动跳转

而小程序在被销毁之后，进行冷启动时，同样需要根据场景类型进行跳转，包括打开首页或是跳转到指定的页面。如果是打开首页，我们可以通过配置来实现想要的效果。在页面对应的 json 文件中或全局配置 app.json 的 window 段中，指定 restartStrategy 配置项可以改变这个行为，示例代码如下：

```
{
    // restartStrategy 可选值：
    // 1. homePage（默认值）：如果从这个页面退出小程序，下次将从首页冷启动
    // 2. homePageAndLatestPage：如果从这个页面退出小程序，下次冷启动后立刻加载这个页面，
    //         页面的参数保持不变（不可用于 tab 页）
    "restartStrategy": "homePage"
}
```

所以，我们可以通过设置 restartStrategy 为 homePage，使小程序从某个页面退出后，下次满足某种条件的冷启动可以回到这个页面。除此之外，我们可以通过设置 restartStrategy 为 homePageAndLatestPage，同时配合使用 onSaveExitState 来恢复一些页面的数据。

函数 onSaveExitState 会在小程序可能被销毁前调用，当然也可能被调用多次。所以如果有些数据状态需要保留，可以在 onSaveExitState 函数中保存：

```
Page({
    onSaveExitState: function() {
        const { myData } = this.data;
        // 需要保存的数据，这里我们从 data 中获取，当然也可以是任意其他数据
        const exitState = { myData: myData };
        // onSaveExitState 返回值可以包含两项
        // 1. data: 需要保存的数据，只能是 JSON 兼容的数据
        // 2. expireTimeStamp: 超时时刻。在这个时刻后，保存的数据保证一定被丢弃，默认为 1 天后过期
        return {
            data: exitState,
            expireTimeStamp: Date.now() + 24 * 60 * 60 * 1000 // 超时时刻
        };
    }
})
```

在下次重新启动小程序之后，我们可以通过 exitState 获得这些已保存的数据：

```
Page({
    onLoad() {
    // 尝试获得上一次退出前 onSaveExitState 保存的数据
    const prevExitState = this.exitState;
    if (prevExitState !== undefined) {
            // 如果是根据 restartStrategy 配置进行的冷启动，就可以获取到
            // restartStrategy 需要为 homePageAndLatestPage
            // 我们可以将其设置为回我们的 data 中
            this.setData({
                myData: prevExitState.myData
            });
        }
    }
});
```

当然，如果是微信被系统杀掉进程的情况，下一次即使满足了以上冷启动条件，依然是无法恢复数据的哦。

7.5.3　基础库的载入

前端开发在开发 Web App 的时候，经常会引入很多的开源库，例如 jQuery、zepto 等。由于我们的代码几乎都是强依赖这些代码库的，所以我们需要保证在业务代码运行的时候，这些库已经被加载好了。同样地，小程序业务代码的执行也依赖小程序底层框架的准备完成，这也意味着只有基础库已经加载完毕，我们的代码才能正常运行。

所以，基础库会被提前内置在客户端中，而业务代码则是在用户打开小程序的时候进行下载的。因为小程序中包括了双线程，所以基础库也包括了渲染层基础库和逻辑层基础库。

小程序的代码并不会与客户端一起发版，那么基础库的代码呢？了解过客户端发版的开发者应该知道，客户端的开发和发版周期相比 Web 要长很多，如果基础库跟随着客户端发版，出现了 bug 就要等下一个版本才能发布（很可能要等一个月以上），这样也是无法接受的，所以基础库并不跟随着客户端一起发版。但是因为基础库涉及一些原生的能力，很多时候也依赖客户端的

能力发布，所以一般会在客户端发布之后，基础库再进行版本发布，这样可以将客户端和基础库的功能拆分开，更容易定位问题。

7.5.4 代码包下载

通常来说，我们的代码会打包到一个代码包中，当用户打开的时候进行下载。小程序在冷启动的时候，如果本地缓存有旧的代码包，就会优先使用缓存中的代码，同时异步下载最新的代码包，新下载的代码包会在下一次冷启动的时候使用。如果本地没有缓存，则直接下载最新的代码包来运行，当然这个过程的耗时会长一些。

代码包下载（或是本地获取）完成后，小程序会根据启动路径来启动和创建对应的页面。页面创建和运行期间会涉及许多数据通信和页面渲染，我们在 7.3.2 节已有详细介绍。

分包加载

如果我们的代码包太大，本地又没有缓存，冷启动的耗时就会很长。这时我们可以使用小程序的分包功能，只需要在 app.json 中进行配置即可，示例代码如下：

```
// 使用分包时需要注意代码和资源文件目录的划分
// 启动时需要访问的页面及其依赖的资源文件应放在主包中
{
    // 主包
    "pages":[
        "pages/index",
        "pages/logs"
    ],
    // 子包
    "subPackages": [
        {
            // 子包 A
            "root": "packageA",
            "pages": [
                "pages/cat",
                "pages/dog"
            ]
        }, {
            // 子包 B
            "root": "packageB",
            "pages": [
                "pages/apple",
                "pages/banana"
            ]
        }
    ]
}
```

在这种情况下，我们将小程序划分成主包和不同的子包，在构建时打包成不同的分包。目前，整个小程序所有分包的大小不能超过 12 MB，单个分包或主包的大小不能超过 2 MB。使用分包之后，小程序启动时默认只会下载主包，而当用户进入某个分包的页面中时，才会下载对应的分包。

所以，我们可以把首页或是主流程相关的资源放在主包中，小程序在启动时只需要先将主包下载完成，就可以立刻启动。这样就可以显著降低小程序代码包的下载时间。

7.5.5　代码包加载

代码包下载完成后，小程序就可以开始加载我们的业务代码了。小程序在启动时，会为小程序准备好通用的运行环境。小程序代码包加载的过程如下。

(1) 在逻辑层中，app.js、首页所在的 JavaScript 文件以及首页中依赖的 JavaScript 文件都会被自动执行一次。

(2) 在渲染层中，所有页面和页面中使用到的组件会在基础库中进行注册。

小程序的入口文件是 app.js，如果 app.js 中依赖了其他文件，则按顺序进行加载。之后小程序会根据开发者在 app.json 中定义的 pages 顺序来执行对应的文件。如果一个页面被多次创建，小程序会去基础库中获取这个页面注册的信息，重新生成页面实例。而这个页面的 JavaScript 文件只会执行一次，因此，即使这个页面被销毁再重新加载，页面中如果修改过全局变量的值，修改后的值依然会被保留。

7.5.6　小程序强制版本更新

小程序冷启动时将异步下载新版本代码包，而热启动时不会加载新版本，这时候要怎么办呢？我们可以使用 UpdateManager 对象，获取和更新小程序的最新代码。如果你的小程序上了新功能，你觉得这个功能特别棒，必须要让每个用户都使用上，或者你有一个必现且直接影响用户体验的 bug，你就可以控制用户必须更新到最新的小程序代码。示例代码如下：

```
const updateManager = wx.getUpdateManager(); // 获取 UpdateManager 对象，用来管理更新

// 监听向微信后台请求检查更新结果事件
// 微信在小程序冷启动时自动检查更新，无须开发者主动触发
updateManager.onCheckForUpdate(function(res) {
    // 请求完新版本信息的回调
    console.log(res.hasUpdate);
});

// 监听小程序有版本更新事件
// 客户端主动触发下载（无须开发者触发），下载成功后回调
updateManager.onUpdateReady(function() {
    wx.showModal({
        title: "更新提示",
        content: "新版本已经准备好，是否重启应用？",
        success(res) {
            if (res.confirm) {
                // 新的版本已经下载，调用 applyUpdate 强制小程序重启并使用新版本
                updateManager.applyUpdate();
            }
```

```
        }
    });
});

// 监听小程序更新失败事件
// 小程序有新版本，客户端主动触发下载（无须开发者触发），下载失败（可能是网络原因等）后回调
updateManager.onUpdateFailed(() => {
    // 新版本下载失败
});
```

7.5.7　基础库的更新

小程序的基础库虽然依赖微信客户端的能力，但并不会完全跟随微信客户端一起发版。我们知道，基础库是提前内置在客户端中的，那么每一个客户端发布时，内置的基础库版本是哪个呢？这时，客户端中内置的是上一个稳定版的基础库。

一般来说，等微信客户端发布稳定后，小程序就会开始针对新版本的客户端来灰度新版本的基础库。我们的版本发布相似，基础库在灰度过程中会仔细监控各类异常现象、开发者和用户的反馈，如果存在重大 bug，那此次推送就会被回退。

目前，最新版本的开发者工具已经支持显示灰度中的基础库以及基础库支持的客户端版本。同时提供推送按钮，将选定版本的基础库下发到客户端，推送结果可以在开发版小程序的调试面板中查看。通过该方式，开发者可以测试自己的小程序在新的基础库版本中是否运作完好。需要注意的是，该功能只能推送到登录开发者工具的微信号的手机上，会影响手机上所有的小程序。

本章详细介绍了小程序底层的设计原理和运行机制，它会帮助你突破一些架构瓶颈，在你进行技术选型的时候，让你能更精确地分析，作出更合理的选择。

如果有人问你，为什么要选择开发小程序而不是 H5？现在，你掌握了这些原理和机制，你知道双线程设计避免了 XSS 攻击，同时 JS 加载不会阻塞页面渲染，登录机制避免了 CSRF。你知道小程序会把一系列基础能力提前封装到微信客户端，并在打开小程序前就已经做了页面预渲染，加载完一个页面会提前准备下一个页面的预渲染。你知道原生组件的出现提供了更好的体验和性能，知道小程序提供了更多的 API 来访问底层能力。小程序框架本身所具有的快速加载和快速渲染能力，加之配套的云能力、运维能力和数据汇总能力，使得开发者不需要去处理琐碎的工作，可以把精力放在具体的业务逻辑的开发上。

如果有人问你，小程序有什么不足？现在，你熟悉了小程序的一些管控和限制，你知道小程序每次发布都需要审核，知道你们的业务不仅仅局限于微信客户端，还需要使用微信支付以外的支付方式。你知道小程序原生组件的一些限制，知道代码包大小的限制，知道跳转其他 App 或是小程序的限制。

第 8 章

小程序开发避坑指南

上一章详细介绍了小程序的设计原理，简单提到了双线程带来的一些局限性，本章会结合小程序原理和实际开发中经常遇到的一些问题，介绍一些开发过程中的注意事项，帮助大家避开一些容易踩到的坑。此外，还会介绍小程序提供的一些特别好用的能力，例如自定义组件、WXS、扩展能力等。

小程序开发中比较常见的坑，除了兼容性、登录机制、跳转等，就是最容易遇到的与性能相关的难题，尤其是 setData，我们先来看看吧。

8.1　疯狂的 setData

小程序的性能问题分为好几类，而用户体验上的卡顿、渲染慢等问题基本上都与 setData 相关，那么使用 setData 有什么注意事项呢？为什么使用不当会导致性能问题呢？我们下面就来探究一下。

8.1.1　setData 开发与渲染过程

第 7 章详细介绍了小程序的渲染机制，它结合了双线程设计、Virtual DOM、线程通信等一系列机制。而在开发过程中，结合小程序的渲染机制，我们使用 setData 的过程可以理解为以下 4 步。

(1) 首先，通过模板数据绑定和 Virtual DOM 机制，小程序为开发者提供了带有数据绑定语法的 WXML，用来在渲染层描述界面的结构。我们通常会这么绑定数据：

```
<view> {{ message }} </view>
<view wx:if="{{condition}}"> </view>
<checkbox checked="{{false}}"></checkbox>
```

注意，WXML 是不支持计算逻辑的，例如对于 .indexOf() 是不支持的，所以很多时候你需要在逻辑层做这些类型的处理，比较不方便。如果你想支持类似 Vue 中的 Filter 能力，可以尝试使用 WXS，通过引入 WXS 模块来做一些特殊的数据处理（详情请参考 8.6 节和官方文档中的 WXS 说明）。

(2) 然后，小程序在逻辑层提供了设置页面数据的 API——setData。setData 用于将数据从逻辑层发送到渲染层（异步），同时改变对应的 this.data 的值（同步）。

```
this.setData({
    key: value
})
```

同步改变 this.data 的值意味着在接下来的逻辑里，可以直接从 this.data 获取最新的状态值，这对于一些长流程的逻辑来说很方便。但如果非常频繁地调用 setData，WebView 中的 JS 线程会一直编译执行渲染，无法及时将用户操作事件传递到逻辑层，逻辑层亦无法及时将操作处理结果传递到渲染层，就会造成卡顿现象。

(3) 接着，逻辑层需要更改界面时，只要把修改后的 **data** 通过 setData 传到渲染层即可。

如果 setData 的数据量太大，就会增加逻辑层的处理时间，同时数据传输到渲染层之后也需要进行处理，甚至会占用渲染层的线程，所以要尽量减少 setData 的数据量。与渲染层无关的数据不应该放到 setData 中，可以直接修改 this.data，也可以手动进行 Diff，再把更新的部分放到 setData 里，示例如下：

```
// 对于对象或数组字段，可以直接修改其子字段，这样做通常比修改整个对象或数组更好
this.setData({
    'array[0].text': 'changed data',
    'object.text': 'changed data'
})
```

(4) 最后，渲染层会根据前面提到的渲染机制重新生成 Virtual DOM 树，并更新到对应的 DOM 树上，引起界面变化。

从整个过程中可以看到，逻辑层负责产生、处理数据，逻辑层通过 setData 传递数据到渲染层。需要注意的是，直接修改 this.data 而不调用 this.setData 不仅无法改变页面状态，还会造成数据不一致。

8.1.2 setData 的错误操作

setData 是开发者使用最多的一个接口，但由于线程通信的设计，它也是最容易引发性能问题的接口。如果我们想要检查 setData 的使用情况，可以使用开发者工具里的体验评分功能（9.3.2 节会详细讲述）。

官方文档针对性能优化提出了以下 3 点建议：

(1) 避免频繁地使用 setData；

(2) 避免每次 setData 都传递大量新数据；

(3) 在后台页面进行 setData。

几乎每个开发者都会用到 setData，如果在复杂的页面中写了很多的 setData，当 setData

的调用频率达到毫秒级时，页面就会出现严重的延迟，甚至会卡顿或假死。Android 用户在滑动时会感觉到明显卡顿，操作反馈延迟严重，甚至被客户端终止。第 7 章讲过，微信在小程序触发频繁的内存告警时，会主动销毁小程序，如图 8-1 所示。

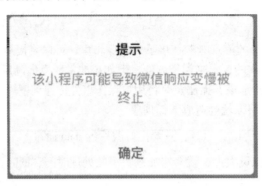

图 8-1　iOS 下小程序内存告警导致终止

严重的时候，甚至会导致微信直接闪退。如果想要监控这种情况，可以使用 wx.onMemoryWarning 监听内存不足警告事件。当然，写死循环的方式也能让小程序快速崩溃，这里对这种开发者强行写出来的异常不做讨论。从图 8-2 可以看到，setData 使用不当的时候，是可以被检测出来并给出具体指示的。

图 8-2　开发者工具的体验评分

8.2 兼容和 canIUse

小程序在不断进化，由于要增加一些新能力，不可避免地会出现一些废弃旧 API、引入新 API 的情况。而开发者在使用一些 API 的时候，需要注意这些功能对应的基础库要求，同时在开发过程中要做好兼容性处理。

8.2.1 异步 API Promise 化

小程序的很多 API 都是异步的，在使用的时候嵌套会非常严重。例如以下示例中的这种逻辑：在简单的确认后，发起请求从后台拉取数据，失败时需要弹窗提示，用户可选择重试。

```
wx.showModal({
    title: "提示",
    content: "是否要继续？",
    success(res) {
        if (res.confirm) {
            wx.request({
                url: "https://test.com/get",
                success() {},
                fail() {
                    wx.showModal({
                        title: "请求失败",
                        content: "是否要重试？",
                        success(res) {
                            if (res.confirm) {
                                wx.request({
                                    url: "https://test.com/get",
                                    success() {},
                                    fail() {}
                                });
                            }
                        }
                    });
                }
            });
        }
    }
});
```

当然，这里的代码也很有问题，例如请求应该单独封装一个函数，用回调的方式来处理。但是即便是这样，也依然会有这种可怕的回调金字塔。解决方式当然是使用 Promise 了，我们可以将这些 API 都包装一层 Promise，方便使用。

(1) 提供一个封装异步 API 的方法，返回一个 Promise，有 `success` 和 `fail` 的则自动进行状态扭转。

```
// 封装判断是否函数并执行函数
function excuteFunction(fun, ...args){
    if (fun && typeof fun === "function") {
```

```
            fun(...args);
        }
    }
    // 封装异步 API
    const wxPromisify = fn => {
        // 判断是否函数类型
        if (typeof fn !== 'function') return fn
        return function(obj = {}) {
            return new Promise((resolve, reject) => {
                fn({
                    ...obj, // 其余的先不管
                    success: (...args) => {
                        excuteFunction(obj.success, ...args);
                        excuteFunction(obj.complete, ...args);
                        resolve(...args);
                    },
                    fail: (...errArgs) => {
                        excuteFunction(obj.fail, ...errArgs);
                        excuteFunction(obj.complete, ...errArgs);
                        reject(...errArgs);
                    }
                });
            });
        };
    };
```

通过这种方式，我们允许在返回 Promise 的时候，该 API 的 success 和 fail 如果存在，也会执行。但在有些情况下，我们并不希望 success 和 fail 被执行，那么就可以更简单地实现，示例如下：

```
    // 封装异步 API
    const wxPromisify = fn => {
        // 判断是否为函数类型
        if (typeof fn !== 'function') return fn
        return function(obj = {}) {
            return new Promise((resolve, reject) => {
                fn({
                    ...obj, // 其余的先不管
                    success: resolve,
                    fail: reject
                });
            });
        };
    };
```

通过这种方式，我们就可以很方便地针对某个 API 进行 Promise 化了。

(2) 如果希望一下子处理完所有的 API，可以将 wx 的 API 全部包装，提供一个全新的接口合集 wxAPI：

```
    // 重组 wxAPI, 返回 Promise
    const wxAPI = (() => {
        let wxAPIList = {};
```

```
        Object.keys(wx).forEach(key => {
            const fn = wx[key];
            // 列出所有支持 Promise 化的 API, 这里只举例列出 3 种
            const asyncMethods = ['request', 'checkSession', 'login'];
            if (typeof fn === 'function' && asyncMethods.indexOf(key) >= 0) {
                // 如果支持 Promise 化, 则进行 Promise 化
                wxAPIList[key] = wxPromisify(fn)
            } else {
                // 如果不支持, 则原样返回
                wxAPIList[key] = fn
            }
        })
        return wxAPIList;
})();
export default wxAPI;
```

用 Promise 封装了 API 之后, 之前用于示例多重嵌套问题的代码就可以这么写了:

```
wxAPI.showModal({
    title: "提示",
    content: "是否要继续? "
}).then(res => {
    if (res.confirm) {
        wxAPI.request({
            url: "https://test.com/get"
        }).catch(() => {
            wxAPI.showModal({
                title: "请求失败",
                content: "是否要重试? "
            }).then(res => {
                if (res.confirm) {
                    wxAPI.request({
                        url: "https://test.com/get"
                    });
                }
            });
        });
    }
});
```

然后我们就可以使用 `async/await` 来写同步逻辑了, 你可以自己尝试一下。另外, 官方提供了小程序 API Promise 化的解决方案, 详情可以参考 8.7.2 节的内容。

8.2.2 canIUse 兼容

小程序和 Web 并不一样, 小程序的功能在不断地更新, 一些 API 或组件也会发生变更, 例如停止、新增或者调整, 所以在使用这些新能力的时候需要做兼容。例如自定义业务数据监控上报接口 `wx.reportMonitor` 从基础库 2.0.1 开始支持, `<button>`组件中的 `bindopensetting` 属性从基础库 2.0.7 开始支持。这种情况下, 我们就需要做向下兼容。

1. 版本比较

版本比较大概是最常见的一种兼容方式，我们经常在自己的业务代码中做这样的处理（从某个版本之后可以支持新能力）。开发者可以在小程序中通过调用 `wx.getSystemInfo()` 或者 `wx.getSystemInfoSync()` 获取当前小程序运行的基础库的版本号。通过版本号比较的方式，我们可以这样运行低版本兼容逻辑：

```
try{
    const version = wx.getSystemInfoSync().SDKVersion
    // 不要直接使用字符串比较的方法进行版本号比较，可以写个方法将字符串分开再一个个进行比较
}catch(e){}
```

2. API 存在判断

这是在开发浏览器兼容功能时更常见的做法。例如，我们经常在浏览器中加的事件监听兼容代码如下：

```
// 判断浏览器是否支持该方法，如果支持就调用，否则就换其他方法
if (element.addEventListener) {
    // 火狐谷歌 IE9+支持 addEventListener
    element.addEventListener(eventName, callback);
} else if (element.attachEvent) {
    // IE6、IE7、IE8 支持 attachEvent
    element.attachEvent("on" + eventName, callback);
} else {
    // 如果 addEventListener 和 attachEvent 都不存在，就自己实现吧
}
```

在小程序中，也可以使用 `if(wx.reportMonitor)` 判断是否存在自定义业务数据监控上报接口。但是这种方式只适合 API，不适合组件和属性的判断。那么组件和属性的判断要怎么处理呢？小程序提供了 `wx.canIUse` 这种 API 来辅助判断。

3. `wx.canIUse`

`wx.canIUse` 可用来判断是否可以在该基础库版本下直接使用，可判断的内容包括以下两类。

API 相关：`${API}.${method}.${param}.${options}`。

```
wx.canIUse('showModal'); // 判断是否支持 wx.showModal
wx.canIUse('showModal.success.cancel'); // 判断是否支持 wx.showModal 中 success 的 cancel
返回值（表示点击取消）
wx.canIUse('getSystemInfo'); // 判断是否支持 wx.getSystemInfo
wx.canIUse('showToast.object.image'); // 判断是否支持 wx.showToast 中传参 image
wx.canIUse('showModal'); // 判断是否支持 wx.showModal
```

组件相关：`${component}.${attribute}.${option}`。

```
wx.canIUse('button.open-type'); // 判断 button 组件是否支持 open-type 属性
wx.canIUse('button.open-type.feedback'); // 判断 button 组件 open-type 属性是否支持
feedback，可打开意见反馈页面
wx.canIUse('functional-page-navigator'); // 判断是否支持插件功能页
wx.canIUse('live-player'); // 判断是否支持实时音视频播放
```

当然，你在使用 `wx.canIUse` 判断兼容性的时候，也要记得做 API 存在判断，看看 `wx.canIUse` 这个 API 是否存在，不然就会收到如图 8-3 所示的报错告警。

客户端版本	小程序版本	版本错误次数	总错误次数 ⑦	次数占比	错误内容
6.5.3	0.43	9	9	100.00%	TypeError: wx.canIUse is not a function. (In 'wx.canIUse("getLogManager")')
6.5.3	0.43	5	5	100.00%	TypeError: undefined is not a function (evaluating 'wx.canIUse("getLogManager")')
6.5.3	0.43	9	9	100.00%	TypeError: wx.canIUse is not a function. (In 'wx.canIUse("getLogManager")')

图 8-3 未兼容 `wx.canIUse` 的报错

4. 设置最低基础库版本

如果你的小程序使用了一些致命兼容性功能，例如小程序的关键能力是实时视频，使用了 `live-player` 或者 `live-pusher`，那么基础库版本就需要在 1.7.0 以上。在这种情况下，你可以通过强制用户升级微信版本才能使用小程序，更多详情可以查看 10.1.4 节。

8.3 烦琐的会话请求

在小程序中，基于管控的考虑，需要通过官方提供的方式来获取用户信息。那么整个流程是怎样的呢？小程序是怎么保证登录机制安全的呢？下面一起来看一下。

8.3.1 小程序登录时序

小程序可以通过微信官方提供的登录能力方便地获取微信提供的用户身份标识，快速建立小程序内的用户体系。一切都要从一张小程序登录时序图（见图 8-4）说起。

通常情况下，小程序都会有业务身份。要将微信账号和业务身份关联起来，一般需要以下 4 个步骤。

(1) 小程序调用 `wx.login()` 获取临时登录凭证 code。

(2) 小程序将 code 传到开发者自己的服务器。

(3) 开发者服务器以 appid、appsecret 和 code 换取用户唯一标识 openid 和会话密钥 session_key。session_key 可用于请求微信服务器其他接口来获取其他信息。

(4) 开发者服务器可绑定微信用户身份和业务用户身份，根据用户标识来生成自定义登录态，用于后续业务逻辑中前后端交互时识别用户身份。

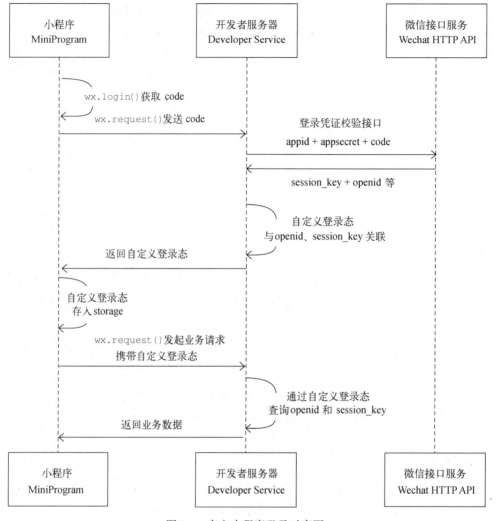

图 8-4   官方小程序登录时序图

如果你使用云开发的话，通过云函数可以直接拿到 uin 这些信息。

8.3.2   安全的登录机制

前端开发者一般都清楚跨站请求攻击（CSRF）安全漏洞。CSRF 利用了 Web 中用户身份验证的一个漏洞：简单的身份验证只能保证请求发自某个用户的浏览器，却不能保证请求是用户自愿发出的。罪魁祸首通常是浏览器的 cookie 登录态。

CSRF 比较常见和有效的防御手段是使用 token，小程序也是这么做的。从登录时序可以知道，在小程序中调用 wx.login() 能拿到一个 code 作为用户登录凭证（有效期 5 分钟）。在开发者服务器后台，开发者可使用 code 换取 openid 和 session_key 等信息（code 只能使用一次）。

如果小程序把某些重要的接口直接默认暴露在某个页面中，例如在某个页面中会默认清空用户的数据，如果被有心的人利用，传播分享这个页面，就会导致用户在点开的时候直接清空自己的数据。

1. 可靠的 code

小程序用户状态的获取依赖从 `wx.login()` 中拿到的 code。有了这个 code，开发者就能通过微信服务器端获取用户信息。那么如果坏人拿到了这个 code，是否意味着他就可以窃取用户的信息呢？

并不是的，小程序团队对这个过程采取了一些保护措施。

首先，code 本身有随机数和时间戳等随机信息生成，坏人无法通过直接遍历来获取更多用户的 code。这也是我们业务开发中常用的一个技巧，如果有些比较敏感的信息是直接通过 `getInfo?id=1`、`getInfo?id=2` 这样的方式获取的，就意味着坏人可以通过一定的规律来遍历获取所有的信息，所以我们通常通过加入随机串、时间戳等方式来生成，从而保护这些信息。

其次，一个 code 的有效期只有 5 分钟，坏人如果通过强行遍历的方式来取得一个用户的 code，这个 code 在 5 分钟之后就会失效。当然，在这种情况下，我们也可以通过频繁的请求定位到坏人的 IP 地址，从而可以直接拒绝来自这些 IP 地址的请求。所以，即使坏人拿到用户的 code，也不意味着可以直接拿这个 code 去获取用户的一些信息，此时 appsecret 就派上用场了。

2. 需要保护的 appsecret

获取用户信息需要几个步骤，首先在小程序端调用 `wx.login()` 获取到 code，然后将这个 code 给开发者的服务器，再将开发者服务器 code 以及小程序的 appid 和 appsecret 传到微信服务器，就可以获取用户相关信息了。

所以，即使坏人能获取到 code，他还需要小程序的 appsecret，才能从微信服务器拿到用户信息（appid 为公开信息）。appsecret 可以从管理后台获取，这是微信鉴别开发者的重要信息，所以需要好好保护。如果 appsecret 泄露，可以通过管理平台进行重置。

3. 会话密钥 session_key

开发者拿着 code、appid 和 appsecret 去微信服务器端获取用户信息时，还会得到一个 session_key。session_key 和我们日常开发中的 cookie 或者 session 相似，用来对用户数据进行加密签名。有了它，我们就不用每次调用 `wx.login()` 时都去微信服务器端重新获取用户信息了，减少了一部分资源消耗。

session_key 也会过期，但它的过期时间会随着用户使用频率变高而变长，开发者可以使用 `wx.checkSession()` 接口校验 session_key 是否已经过期，如果过期可以重新进行 `wx.login`，从而获取有效的 session_key。我们通常会将这个过程封装成通用的函数，这样就不需要每个请求都做这么复杂的判断和处理了，在 8.3.3 节中，我们也是这么做的。

4. openid 和 unionid

openid 是用来标记小程序用户的 id，不同的小程序或者不同的用户，其 id 也不同。所以在进行问题定位的时候，可以使用 openid 来标识某个用户，进行全链路的流程分析。

既然每个用户在不同的小程序中 openid 是不一样的，那如何判断某个用户在另外一个小程序中的身份信息呢？为此，小程序提供了 unionid，用来区分不同小程序中的同一个用户。如果一个开发者拥有多个小程序，而这些小程序在同一个微信开放平台账号下，就可以使用 unionid 来标识用户了。

8.3.3　常用请求函数封装

既然小程序的登录机制有些复杂，我们可以将请求逻辑封装到一个函数中，该函数可实现：

(1) 维护用户的登录状态；

(2) 未登录或过期状态下，接口自动静默续期；

(3) 多接口并发情况下，锁定登录状态；

(4) 请求失败后重试逻辑；

(5) 接口数据缓存能力。

1. 常用请求时序

由于需要缓存用户登录态、检测 session 是否过期、过期情况下需要自动默认续期，我们可以这么考虑一个请求的时序（如图 8-5 所示）。

(1) 是否使用 `wx.checkSession()` 校验登录状态，若 session_key 未过期，会在本生命周期一直有效（因此一次 App 生命周期校验一次即可）。

(2) 若未登录或已过期，则使用 `wx.login()` 进行登录，使用 code 换取 session_key，并缓存到本地。

(3) 若已登录，则正常发起 `wx.request()` 请求。

(4) 判断 `wx.request()` 请求返回后，若返回登录态过期则重新进行登录，若返回其他失败则进行重试。

(5) 若请求成功，则根据配置判断是否需要将数据缓存。

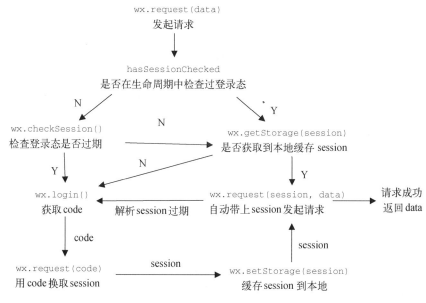

图 8-5 常用请求时序

2. 登录态检查的 login

在某些情况下，有多个地方会同时触发登录逻辑（例如多个接口同时拉取、登录态过期的情况），这时可以简单地使用 Promise 来解决。

(1) 使用 Promise 单例解决多个并发的 login 请求。

(2) 方法返回 Promise，登录态过期时静默续期后重新发起。

(3) 根据图 8-5 中的逻辑处理登录态检查：wx.checkSession()检查是否过期→判断是否有本地 session 缓存→缓存中有 session，正常继续→缓存中无 session，重新拉起登录（wx.login() + wx.request()）。

(4) 使用 session 记录业务侧的登录态。

```
// 后台吐回的 session 参数 key
export const SESSION_KEY = "session";

const login = (() => {
    let promiseInstance;
    let hasSessionChecked = false; // 是否在生命周期中检查过登录态
    return () => {
        if (promiseInstance) {
            // 由于有多个请求同时超时，会发起多个 login 请求，所以这里 login 只返回一个 Promise 单例
            return promiseInstance;
        }
        promiseInstance = new Promise((resolve, reject) => {
            // 异常时，reject 并解锁 promiseInstance
```

```
            const rejectAndEnd = e => {
                reject(e);
                promiseInstance = undefined;
            };
            // 成功时, resolve 并解锁 promiseInstance
            const resolveAndEnd = res => {
                resolve(res);
                promiseInstance = undefined;
            };
            // 1. 检查是否过期
            if(!hasSessionChecked){
                wxAPI.checkSession().then(res => {
                    // session_key 未过期，并且在本生命周期一直有效
                    hasSessionChecked = true;
                }).catch(e => {
                    // session_key 已经失效，需要重新执行登录流程
                    wx.removeStorageSync(SESSION_KEY)
                })
            }
            // 2. 尝试获取本地缓存 session
            let session;
            // 从缓存获取 session
            session = wx.getStorageSync(SESSION_KEY);
            if (session) {
                // 3. 缓存中有 session, 正常继续
                resolveAndEnd();
            } else {
            // 4. 缓存中无 session, 重新拉起登录
            wxAPI
                .login()
                .then(res => {
                // 拿到 res.code, 发起登录请求
                    return request({
                        url: API.login,
                        data: { code: res.code }
                    }).then(data => {
                        // 请求成功, 将 session 缓存下来
                        wx.setStorageSync(SESSION_KEY, data[SESSION_KEY]);
                        resolveAndEnd();
                    });
                })
                .catch(rejectAndEnd);
            }
        });
        return promiseInstance;
    };
})();
export default login;
```

3. 静默续期的接口请求

至此，我们可以封装一个简单的接口，从而在登录态过期时自动续期。

(1) 在请求前，使用上面的 login 来解决 session_key 有效性问题。

(2) 请求接口，若返回特定登录态失效错误码（此处假设为 LOGIN_FAIL_CODE），则在登录态静默续期后再次发起请求。

(3) 使用 tryLoginCount 来标识登录重试次数，使用 TRY_LOGIN_LIMIT 来标识重试次数上限，避免进入死循环。

```
import { login, SESSION_KEY } from "./login";

const LOGIN_FAIL_CODES = [10000]; // 会话过期错误码，需要重新登录
const TRY_LOGIN_LIMIT = 3; // 登录态重试次数

export function request(obj = {}) {
    return new Promise((resolve, reject) => {
        login()
            .then(() => {
                // login 过后，可以从缓存中取出 session
                let session = wx.getStorageSync(SESSION_KEY);
                let tryLoginCount = obj.tryLoginCount || 0;
                // 如果需要通过 data 把登录态 session 带上
                const dataWithSession = { ...obj.data, [SESSION_KEY]: session };
                wxAPI
                    .request({
                        ...obj,
                        data: dataWithSession
                    })
                    .then(res => {
                        if (res.statusCode === 200) {
                            const data = res.data;
                            // 登录态失效特定错误码判断，且重试次数未达到上限
                            if (
                                LOGIN_FAIL_CODES.indexOf(data.return_code) > -1 &&
                                tryLoginCount < TRY_LOGIN_LIMIT
                            ) {
                                // 此时需要重置 session
                                wx.removeStorageSync(SESSION_KEY);
                                // 然后再重试，此时会重新拉起登录
                                obj.tryLoginCount = ++tryLoginCount;
                                request(obj)
                                    .then(resolve)
                                    .catch(reject);
                            } else {
                                resolve(res);
                            }
                        } else {
                            reject(res);
                        }
                    });
            })
            .catch(reject);
    });
}
```

4. 使用 async/await 开发

上面的代码虽然逻辑没问题，但嵌套太多了，维护和阅读的时候会相对困难。我们将 API 进行 Promise 化之后，一个特别好用的地方就是可以使用 async/await 进行开发了。例如 login 的逻辑可以调整成：

```
// 后台吐回的 session 参数 key
export const SESSION_KEY = "session";
let hasSessionChecked = false; // 是否在生命周期中检查过登录态
let session; // session

// asyncLogin 逻辑的实现，不被单例保护，不能被直接调用
async function asyncLogin() {
    // 1. 检查是否过期
    if (!hasSessionChecked) {
        try {
            await wxAPI.checkSession();
            // session_key 未过期，并且在本生命周期一直有效
            hasSessionChecked = true;
        } catch (error) {
            // session_key 已经失效，需要重新执行登录流程
            wx.removeStorageSync(SESSION_KEY);
        }
    }
    // 2. 尝试获取到本地缓存 session
    // 从缓存中获取 session
    session = wx.getStorageSync(SESSION_KEY);
    // 3. 缓存中有 session，正常继续
    if (!session) {
        // 4. 缓存中无 session，重新拉起登录
        const res = await wxAPI.login();
        const data = await wxAPI.request({
            url: API.login,
            data: { code: res.code }
        });
        try {
            // 请求成功，将 session 缓存下来
            wx.setStorageSync(SESSION_KEY, data[SESSION_KEY]);
        } catch (error) {
            throw error;
        }
    }
}

// 为一个 async 函数添加单例保护功能
export function singleInstancePromise(asyncFunc) {
    let promiseInstance = undefined;
    return function(...args) {
        if (promiseInstance) {
            return promiseInstance;
        }
        promiseInstance = asyncFunc
            .bind(this)(...args)
```

```
                .then(resp => {
                    promiseInstance = undefined;
                    return Promise.resolve(resp);
                })
                .catch(e => {
                    promiseInstance = undefined;
                    return Promise.reject(e);
                });
        return promiseInstance;
    };
}
// 对 asyncLogin 进行单例化
export const login = singleInstancePromise(asyncLogin);
export default login;
```

以上代码将单例化的功能单独抽离成了一个函数实现，这样以后就可以用在别的地方了。调整了 login 之后，我们也可以将 request 进行调整：

```
import { login, SESSION_KEY } from "./login";

const LOGIN_FAIL_CODES = [10000]; // 会话过期错误码，需要重新登录
const TRY_LOGIN_LIMIT = 3; // 登录态重试次数

export async function request(obj = {}) {
    await login();
    // login 过后，可以从缓存中取出 session
    let session = wx.getStorageSync(SESSION_KEY);
    let tryLoginCount = obj.tryLoginCount || 0;
    // 如果需要通过 data 把登录态 session 带上
    const dataWithSession = { ...obj.data, [SESSION_KEY]: session };
    const res = await wxAPI.request({
        ...obj,
        data: dataWithSession
    });
    if (res.statusCode === 200) {
        const data = res.data;
        // 登录态失效特定错误码判断，且重试次数未达到上限
        if (
            LOGIN_FAIL_CODES.indexOf(data.return_code) > -1 &&
            tryLoginCount < TRY_LOGIN_LIMIT
        ) {
            // 此时需要重置 session
            wx.removeStorageSync(SESSION_KEY);
            // 然后再重试，此时会重新拉起登录
            obj.tryLoginCount = ++tryLoginCount;
            return request(obj);
        } else {
            return Promise.resolve(res);
        }
    } else {
        return Promise.reject(res);
    }
}
```

使用 async/await 后，我们的代码变得更加简洁了。对于 async/await，你最开始使用时可能会有些困惑，在理解了下面几点内容之后，多实践很快就可以掌握了。

(1) async 函数返回一个 Promise 对象。

(2) async 函数内部 return 语句返回的值，会成为 then 方法回调函数的参数。

(3) async 函数内部抛出错误，会导致返回的 Promise 对象变为 reject 状态。

注意，如果需要用到请求接口，要先在管理后台配置域名，不管是 HTTPS 请求、文件上传下载，还是 WebSocket 通信，都需要提前配置，否则在正式环境中会请求失败。当然，这些域名需要是有效域名，不支持 localhost，也不支持端口号配置，同时需要通过 ICP 备案才可用。在开发或使用过程中，如果遇到请求失败的情况，除了排除服务器端是否有异常情况，还需要检查域名有效性、请求是否被 302、是否超时等各种情况。

8.3.4　小程序缓存机制

缓存是前端开发中常用的方式，我们可以利用本地缓存将一些服务器端的数据保存到本地，在特定的场景下，可以提高小程序获取数据的速度，从而提高页面的渲染速度，减少用户的等待时间。

wx.setStorage 与 localStorage 一样，可以将数据存储在本地缓存指定的 key 中。如果这个 key 对应的内容不为空，就会进行覆盖。关于小程序缓存，需要注意缓存大小、缓存隔离和缓存时间。

首先是缓存大小，单个 key 存储的最大数据长度是 1 MB。而一个微信用户在同一个小程序中最多可以存储 10 MB 的数据，如果超过这个限制，在使用 wx.setStorage 的时候就会执行失败，触发 fail 回调。

其次是缓存隔离，跟存储在数据库的数据一样，不同用户只能拿到自己的数据，因此在微信中，即使同一个手机上分别登录过好几个用户，但每个用户都无法读取其他用户的数据。除此之外，即使是同一个用户，在不同的小程序中存储的数据也是隔离的。

关于本地数据的缓存时间，前面说过，在一定情况下小程序会被销毁，而在用户主动删除、客户端空间不够或者小程序总的容量超过客户端的某个比例时，小程序的缓存会被清理（容量不足时，会从最不常用的小程序删起）。

8.4　超能自定义组件

自定义组件在小程序中是一个特殊的存在。小程序里基于安全的考虑很多，而动态能力是小程序暂不开放的一个能力，所有的页面内容都需要提前写好，不允许动态获取加载。而自定义组件通过将组件转换成数据，再通过数据传输到渲染层生成页面内容的方式，给开发者提供了很大的灵活性（kbone 的出现很大程度上依赖了自定义组件的能力）。

8.4.1 Page 的超集：Component

上一章讲了小程序的渲染机制以及小程序的基础库组成。小程序在启动时，使用了自定义组件页面中的 Component 构造器，把该组件的 `properties`、`data`、`methods` 等设置写入 Exparser 的组件注册表中，其他页面或组件在需要使用这个组件时，就可以从注册表中获取这些初始化信息。

页面和自定义组件的注册和渲染流程大体上一致，小程序分别提供了 Page 和 Component 两个接口。事实上，小程序的页面也可以视为自定义组件，Page 和 Component 除了参数形式不一样、生命周期有差异，整体上是相似的。

事实上，小程序里每个页面都有一个与之对应的组件，官方称为"页面根组件"，也就是说，页面其实也是使用自定义组件来表示的。Component 是 Page 的超集，因此可以使用 Component 构造器构造页面。

1. 使用 Component 构造页面

使用 Component 开发一个页面，与开发普通的自定义组件相比，二者在字段和属性上差不多，有以下内容需要进行特殊处理。

(1) 页面的 json 文件中需要包含 `usingComponents` 属性，这样才可以使用 Component 来开发页面。

(2) 页面 Page 中的一些生命周期方法（如 `onLoad()`、`onShow()` 等以"on"开头的方法），在 Component 中要写在 `methods` 属性中才能生效。

(3) 在使用 Page 的时候，可以在 `onLoad()` 中获取页面中的一些参数。在 Component 中需要将 `onLoad()` 写在 `methods` 里。除此之外，还要通过 `this.data` 拿到对应的页面参数，例如 `this.data.paramA` 代表页面参数 `paramA` 的值。

也就是说，下面的页面：

```
Page({
    data: {
        logs: []
    },
    onLoad(query) {
        // 如访问页面/pages/index/index?paramA=123&paramB=xyz，如果声明有属性
            (properties)paramA 或 paramB，则它们会被赋值为 123 或 xyz
        query.paramA // 页面参数 paramA 的值
        query.paramA // 页面参数 paramB 的值
    }
});
```

可以这么写：

```
{
    "usingComponents": {}
}
Component({
    // 组件的属性可用于接收页面的参数
    properties: {
        paramA: Number,
        paramB: String,
    },
    data: {
        logs: []
    },
    methods: {
        onLoad() {
            // 如访问页面/pages/index/index?paramA=123&paramB=xyz，如果声明有属性
                (properties)paramA 或 paramB，则它们会被赋值为 123 或 xyz
            this.data.paramA // 页面参数 paramA 的值
            this.data.paramB // 页面参数 paramB 的值
        }
    }
});
```

2. Component 使用限制

注意，自定义组件在渲染流程中，会在逻辑层多维护一份 Virtual DOM 信息。如果在页面中使用了很多自定义组件，想必这里的开销也不少，所以自定义组件是不能滥用的。

那么它适合用于哪些情况呢？例如在某个数据的 `setData` 十分频繁的时候，就可以使用 Component 来包装一层。因为在自定义组件中，Virtual DOM 的 Diff 过程是在逻辑层执行的，这样就可以只传输需要的数据信息，减少渲染层的逻辑处理，从而提升性能。

下面以一个“粗制滥造”的计时器为例：

```
<view>
    <view>{{times}}</view>
    <!--其他内容-->
</view>

Page({
    data: {
        times: 0, // 计数器
    },
    onLoad() {
        setInterval(() => {
            this.setData({
                times: this.data.times + 1
            });
        }, 1000);
    }
});
```

在这种情况下，每次更新都需要把 `times` 这个变量数据带到渲染层，然后与渲染层的数据进行 Diff，当这个页面数据很多、页面逻辑很多、还有其他 `setData` 等情况时，性能就会下降，这时就可以放在 Component 中：

```
<view>{{times}}</view>

Component({
    data: {
        times: 0 // 计数器
    },
    attached() {
        setInterval(() => {
            this.setData({
                times: this.data.times + 1
            });
        }, 1000);
    }
});
```

此时，Page 的逻辑只有：

```
<view>
    <times>
    <!--其他内容-->
</view>
```

这也是一个性能优化的过程。只有理解了性能瓶颈和渲染原理，才能有针对性地进行性能优化。在小程序中，你需要从双线程、通信和渲染机制开始掌握，才能更好地解决性能问题。

8.4.2　组件化你的应用

虽然说 Component 是 Page 的超集，在小程序里可以说一切皆组件，但是我们在做一个应用的时候，还是会经常性地区分页面的逻辑和某些可复用的功能组件逻辑。在小程序里，开发者可以使用 Component 将这样的交互模块抽象成界面组件。

自定义组件局部更新时的性能，相比页面的局部更新要小很多，在必要时可以利用这个特点进行性能优化，例如把 Page 都写成 Component 之类的，上一节介绍了做法。

1. 组件的封装

一般一个称职的组件具有以下形式。

❏ 组件内维护自身的数据和状态（ `data` ）；
❏ 组件内维护自身的事件（ `methods` ）；
❏ 通过初始化事件（生命周期如 `attached` ）初始化组件状态，激活组件；
❏ 通过对外提供配置项（传入数据 `properties` ），可控制展示及具体功能；
❏ 通过对外提供事件（ `triggerEvent` ），可获取组件更新状态。

例如，我们可以封装一个卡片组件，使它在 iOS 下支持左滑操作，在 Android 下支持长按操作，同时还可以点击跳转等。这个组件如下所示：

```
<block wx:if="{{isAndroid}}">
    <!-- Android 长按部分 -->
    <view bindlongpress="handleLongPress" data-e-longpress-so="this">
        <view>
            <slot></slot>
        </view>
        <!-- Android 下长按会弹出菜单 -->
        <block wx:if="{{isShowMenu}}">
            <view class="alert-menus">
                <view bindtap="handleClickMenu" wx:for="{{menuList}}" wx:for-item="x"
                    wx:for-index="i" data-index="{{i}}">
                    <view>{{x.text}}</view>
                </view>
            </view>
        </block>
    </view>
</block>
<block wx:else>
    <!-- iOS 左滑部分 -->
    <view class="touch-item {{item.isShowMenu ? 'touch-move-active' : ''}}"
bindtouchmove="handleTouchMove"
        bindtouchend="handleTouchEnd" bindtouchstart="handleTouchStart">
        <view>
            <slot></slot>
        </view>
        <!-- iOS 下长按会左滑出菜单 -->
        <view class="swipe-menus">
            <view bindtap="handleClickMenu" wx:for="{{menuList}}" wx:for-item="x"
                wx:for-index="i" data-index="{{i}}">
                <view>{{x.text}}</view>
            </view>
        </view>
    </view>
</block>
```

我们的卡片组件逻辑层封装了自身的状态、事件、生命周期，以及从父组件获取的属性数据。篇幅所限，这里就不详细介绍怎么实现左滑和长按了，网上有很多 demo 代码可以参考。下面来看看简化的代码：

```
Component({
    properties: {
        menuList: { type: Array, value: [] } // 菜单列表
    },
    data: {
        isAndroid: true, // 默认为 Android
    },
    ready() {
        try{
            // 处理是否为 Android 手机
            const systemInfo = wx.getSystemInfoSync();
```

```
        this.setData({
            isAndroid: systemInfo.platform === 'android'
        });
    }catch(e){}
    },
    methods: {
        handleLongPress(){}, // Android 长按
        handleTouchStart(){}, // iOS 滑动开始
        handleTouchMove(){}, // iOS 滑动
        handleTouchEnd(){}, // iOS 滑动结束
        handleClickMenu(event){ // 选择菜单
            const { index } = event.currentTarget.dataset || {};
            // 单击菜单之后，触发事件，并传出选中的菜单
            this.triggerEvent("operatemenu", {
                index,
                item: this.data.menuList[index]
            });
        },
    },
});
```

最终如下所示：

```
<card menuList="{{menuList}}" bindclick="clickAndNavigate" bindoperate="operateMenu">
    <view>卡片内容<view>
</card>
```

这里隐藏了 iOS 和 Android 的逻辑，对外来说只需要关注触发了操作事件要怎么做。通过组件化，我们可以更高效地管理代码，更有逻辑地了解自己的应用。通过组件的封装，我们能将所有只与组件相关的逻辑都用黑盒装起来，使用者只需要知道怎么使用就可以了。

2. 将应用树状化

前端开发人员应该对树状结构比较了解，因为 DOM Tree 就是很典型的树状结构，如图 8-6 所示。

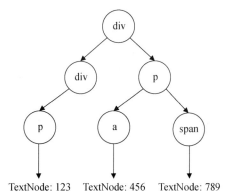

图 8-6　DOM Tree

其实我们的应用也可以这么管理。树状管理是最简单的方式，一个应用可以抽象成一层层的组件和页面。图 8-7 所示是一个组件应用的树状图。

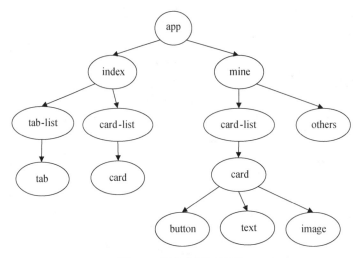

图 8-7　组件应用树状图

我们在管理应用时，可能面临状态管理的一些问题。但是如果以上面的一个树状结构来组织的话，其实可以用共享对象、注入单例、上下级传递等方式来管理。状态管理有很多学问，简单来说，一个组件的所有数据、状态和行为的组合，才是这个组件的最终呈现状态。

8.4.3　behaviors 的强力扩展

自定义组件有很多优点：性能比 Page 更优，是 Page 的超集，通过组件化的封装和复用能简化应用管理。此外，它还有一些很厉害的能力，例如 behaviors 能力（类似于我们常用的 mixins 或 traits）。

1. behaviors 介绍

在小程序中，我们可以给自定义组件使用 behaviors，每个 behavior 都可以使用自定义组件的属性、数据、生命周期等一些能力来实现某些功能。如果需要在多个组件中使用一些通用的扩展能力，就可以使用 behaviors 来实现。

每个自定义组件都可以同时使用多个 behaviors，那么多个 behaviors 之间以及自定义组件的一些属性和方法是什么关系？在自定义组件加载过程中，后面引入的 behavior 可以覆盖前面定义的一些属性方法，而如果这些属性方法和自定义组件重复，则会被组件覆盖。在覆盖的过程中，如果覆盖的数据是一个对象，则会进行对象合并，其他情况则会直接相互覆盖。

简单来说，我们能通过 behaviors 重构 Component 的能力。如果我们能 "混入" Component，那么很多能力都能实现。通过 behaviors 的方式，每个组件都可以按需引入需要的 behavior。例如，我们需要在各个生命周期进行数据上报：

```
module.exports = Behavior({
  created: function() {
      wx.reportAnalytics("created", {}); // {}还有其他数据用作分析
  },
  attached: function() {
      wx.reportAnalytics("attached", {}); // {}还有其他数据用作分析
  },
  ready: function() {
      wx.reportAnalytics("ready", {}); // {}还有其他数据用作分析
  },
  moved: function() {
      wx.reportAnalytics("moved", {}); // {}还有其他数据用作分析
  },
  detached: function() {
      wx.reportAnalytics("detached", {}); // {}还有其他数据用作分析
  }
});
```

官方文档介绍了如何实现 computed 的 behavior，我也写了份 watch 的 behavior 实现，大家可以去 GitHub 上搜索 "watch-behavior" 查看，大概的逻辑如下。

(1) 在组件初始化时，将对应的 watch 路径加进观察队列 observers。

(2) 在 properties 和 data 属性变更时触发更新。其中，properties 可根据 observers 触发更新，data 可根据 setData 触发更新。

(3) 更新时，先对比变更路径，然后根据路径是否匹配（即 observers 是否存在对应观察者），来确定是否需要通知相应的观察者。

(4) 确定存在变更路径，则对比新数据与旧数据是否一致，一致则拦截不做通知。

(5) watch 可能存在循环触发更新，因此对一次更新的最大通知次数做限制（这里限制 5 次）。

其实，我们封装一层 MyComponent 也能达到一定的效果，这么做对于基础库的版本要求会更低，但是不利于复用和多次扩展。

2. 全局状态管理——globalDataBehavior

behaviors 的用处还有很多，例如我们希望全局共享一些数据状态，如果只是通过一个文件进行维护，就无法在状态更新时及时同步到页面（需要调用 setData），这时写一个全局的 globalData 就很方便了。

(1) 全局数据维护在一个全局对象中，同时我们可以通过缓存提供一个支持维护在缓存中的全局对象。

(2) 页面 onLoad 的时候需要注入全局数据，并绑定在页面的 data 中。

(3) 往页面中注入一个 setGlobalData 的方法，在页面中可以通过调用这个 API 来更新全局数据。

(4) 当页面跳转、切走之后，又重新回到这个页面的时候（onShow），需要检查全局数据有没有更新，如有更新，就调用这个页面的 setData 来更新绑定到这个页面中的全局数据。

那么，怎么检测全局数据有没有变更呢？可以通过一个计数器来计算。

```
// globalDataStore 用来全局记录 globalData，用于跨页面同步 globalData
export let globalDataStore = {};
// 获取本地的 gloabalData 缓存
try {
    const gloabalData = wx.getStorageSync("gloabalData");
    // 有缓存的时候加上
    if (gloabalData) {
        globalDataStore = { ...gloabalData };
    }
} catch (error) {
    console.error("gloabalData getStorageSync error", "e =", error);
}

// globalCount 用于全局记录 setGlobalData 的调用次数，在 B 页面回到 A 页面的时候，
// 通过检查页面 __setGlobalDataCount 和 globalCount 是否一致判断在 B 页面是否有 setGlobalData，
// 以此来同步 globalData
let globalCount = 0;

export default Behavior({
    data: {
        globalData: Object.assign({}, globalDataStore)
    },
    lifetimes: {
        attached() {
            // 页面 onLoad 的时候同步一下 globalCount
            this.__setGlobalDataCount = globalCount;
            // 同步 globalDataStore 的内容
            this.setData({
                globalData: Object.assign(
                    {},
                    this.data.globalData || {},
                    globalDataStore
                )
            });
        }
    },
    pageLifetimes: {
        show() {
            // 在 B 页面回到 A 页面的时候，通过检查页面 __setGlobalDataCount 和 globalCount
            // 是否一致来判断在 B 页面是否有 setGlobalData
            if (this.__setGlobalDataCount != globalCount) {
            // 同步 globalData
                this.__setGlobalDataCount = globalCount;
                this.setGlobalData(Object.assign({}, globalDataStore));
            }
        }
    },
    methods: {
```

```
    // setGlobalData 实现,
    // 主要内容为将 globalDataStore 的内容设置进页面 data 的 globalData 属性中
    setGlobalData(obj: any) {
        globalCount = globalCount + 1;
        this.__setGlobalDataCount = this.__setGlobalDataCount + 1;
        obj = obj || {};
        let outObj = Object.keys(obj).reduce((sum, key) => {
            let _key = "globalData." + key;
            sum[_key] = obj[key];
            return sum;
        }, {});
        this.setData(outObj, () => {
            globalDataStore = this.data.globalData;
        });
    },
    // setGlobalDataAndStorage 实现, 先调用 setGlobalData, 然后存到 storage 里
    setGlobalDataAndStorage(obj: any) {
        this.setGlobalData(obj);
        try {
            let gloabalData = wx.getStorageSync("gloabalData");
            // 有缓存的时候加上
            if (gloabalData) {
                gloabalData = { ...gloabalData, ...obj };
            } else {
                gloabalData = { ...obj };
            }
            wx.setStorageSync("gloabalData", gloabalData);
        } catch (e) {
    console.error("gloabalData setStorageSync error", "e =", e);
        }
    }
    }
});
```

这样，我们在初始化 Component 的时候直接引入就可以使用了：

```
Component({
    // 在 behaviors 中引入 globalDataBehavior
    behaviors: [globalDataBehavior],
    // 其他选项
    methods: {
        test() {
            // 使用 this.setGlobalData 可以更新全局的数据状态
            this.setGlobalData({ test: "hello world" });
            // 使用 this.setGlobalDataAndStorage 可以更新全局的数据状态, 并写入缓存
            // 下次 globalDataBehavior 会默认从缓存中获取
            this.setGlobalDataAndStorage({ test: "hello world" });
        }
    }
});
```

在引入了 globalDataBehavior 之后，我们的 WXML 就可以直接使用了：

```
<view>{{ globalData.test }}</view>
```

8.5　小程序跳转

小程序中的跳转有很多种方式，包括小程序内跳转、内嵌 Web-View 组件、跳转其他小程序等。其中，页面栈的限制常常是我们在设计小程序跳转的时候需要考虑的问题。

8.5.1　小程序内跳转

一个小程序有很多个页面，每个页面承载不同的功能，页面之间可以互相跳转。我们知道，小程序分为渲染层和逻辑层，渲染层中包含了多个 WebView，每个 WebView 对应到小程序里就是一个页面 Page，每个页面都独立运行在一个页面层级上，如图 8-8 所示。

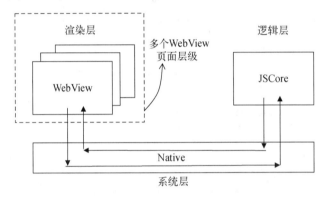

图 8-8　渲染层包含多个 WebView

前面说过，在小程序启动前，客户端已经准备了一个页面层级。虽然小程序启动时只有一个页面层级，但小程序中有各种各样的页面，这些页面会在跳转时通过新增、销毁、重新初始化页面层级等方式来完整表现小程序功能。而在小程序中，除了普通页面的页面层级，还有 tabBar。tabBar 类似客户端 App 底部的 tab 切换，可以在 app.json 中进行设置，效果如图 8-9 所示。tabBar 中的页面只有一个页面层级，并且和非 tabBar 页面不在一个页面栈中管理。

图 8-9　小程序 tabBar 组件

在小程序中进行页面调整有个需要注意的逻辑：小程序页面被关闭 unload 之后，如果有原本在执行的逻辑，会继续执行完毕。另外，虽然每个页面都有一个渲染页面的 WebView 线程，但运行脚本的逻辑层线程是共享的。因此，虽然页面调整有切换页面层级，但我们的业务代码执行的上下文依然在同一个线程中。

如果这时有重定向、跳转等逻辑，在跳转之后的逻辑依然会继续执行；如果还有其他跳转逻辑，可能会导致页面连续跳转，严重时，跳转参数丢失会导致白屏。例如，在页面 A 中的逻辑如下：

```
wx.navigateTo({url: '/pages/pageB'});
// 中间有一大堆其他逻辑
wx.navigateTo({url: '/pages/pageC'});
```

这时小程序从页面 A 跳转到页面 B，后面的逻辑会继续执行，因此页面 B 会跳转到页面 C。在这种情况下，由于触发跳转的逻辑并不在页面 B 中，我们在定位问题的时候就会比较困难。如果用户在未执行到调整逻辑前回到了上一个页面（手动点击左上角返回），还会出现回到上一个页面之后，由于原页面的跳转逻辑继续执行，而导致进行的二次跳转。即使在日志很全的情况下，定位这样的问题也经常会让你一脸茫然，为什么会突然从页面 B 跳到页面 C 呢？明明页面 B 都已经 unload 了呀？

为了防止用户自行返回等操作，可以添加当前页面的条件判断是否要执行，页面栈可以通过 getCurrentPages() 拿到，例如可以通过如下方法进行处理：

```
// 处理是否有当前路由
function matchOriginPath(originPageUrl) {
    let currentPages = getCurrentPages();
    const currentPage = currentPages[currentPages.length - 1].route;
    // 判断是否设置了特定页面才进行跳转
    // 如果设置了，判断当前页面是否是特定页面，是才跳转
    // 用于判断当前页面是否已经被跳转走（用户手动关闭等）
    const isMatch = !originPageUrl || (originPageUrl &&
        currentPage.indexOf(originPageUrl) > -1);
    // 如果设置了，当页面路径不匹配时，则进行报错提示
    if (!isMatch) {
        console.error(
            "matchOriginPath do not match",
            `currentPage: ${currentPage}, originPageUrl: ${originPageUrl}`
        );
    }
    return isMatch;
}

// 这样就可以自己实现跳转逻辑
export function navigateTo(destPageParams, originPageUrl) {
    // 不符合源页面条件则不跳转
    if (originPageUrl && !matchOriginPath(originPageUrl)) {
        console.log("navigateTo", "originPageUrl != currentPage, return");
        return;
    }
    // promisify 在前面有介绍，用于将 API Promise 化
    wx.navigateTo(destPageParams);
}
```

于是，在我们的页面中，就可以用如下方式来进行跳转了：

```
navigateTo({url: '/pages/pageB'}, '/pages/pageA');
// 后面的逻辑在页面跳转之后不会再生效
navigateTo({url: '/pages/pageC'}, '/pages/pageA');
```

8.5.2 页面栈管理

一个小程序拥有多个页面，使用 wx.navigateTo() 可以推入一个新的页面。在小程序官方示例小程序里，首页使用两次 wx.navigateTo() 后，页面层级会有三层，如图 8-10 所示。

图 8-10 两次 wx.navigateTo 后的页面层级

我们把这样的一个页面层级称为页面栈。在小程序中，页面路由是由基础库管理的，页面与页面之间的一些交互和跳转由一个统一的页面栈进行维护。我们每次使用 wx.navigateTo()，就会推入一个新的页面。而小程序中有 10 个页面层级的限制，如果超过了 10 个，就没法再打开新的页面了。在这种情况下，小程序会表现出无响应的状态，如果我们实在无法避免要超过 10 个的限制，可以自行调整实现一个跳转逻辑，在该页面栈到达 10 个的时候，使用 wx.redirect 来代替 wx.navigate，或者是在更糟糕的情况下，使用 wx.relaunch 把页面栈清空。

说明

　　从微信 7.0.7 版本起，当用户打开的小程序最底层页面是非首页时，默认展示"返回首页"按钮，开发者可在页面 onShow 中调用 hideHomeButton 进行隐藏。

　　除了性能的考虑之外，层次过于深的产品其实未必设计合理，10 层已能满足大多数场景，而又能在一定程度上保持小程序设计的质量。如果产品经理说你要想办法突破小程序的限制，你可以让他好好想想为什么需要这么多的层级，这样是否真的合理。

　　对于小程序页面栈的管理，我们除了要维护页面的跳转关系，注意 10 个页面的限制，还要在渲染一个新页面之前就做好一些准备。第 7 章也讲过，在小程序启动前或一个页面被渲染之后，要准备一个新的页面层级来减少下一个页面的渲染耗时，这些都是页面栈需要处理的事情。

8.5.3　页面跳转传参

　　小程序提供的跳转相关 API，需要以在 url 后面添加参数的方式来传参（参数与路径之间使用"?"分隔，参数键与参数值用"="相连，不同参数用"&"分隔）。但有些时候我们不仅仅需要携带简单的字符串或者数字，可能还需要携带一个较大的对象数据。那么在这种情况下，利用小程序页面切换依然在同一个 JsCore 上下文，可以通过共享对象的方式来传递。

1. 随机 ID 生成

　　共享对象需要在公共库中存储一个当前跳转的传参内容，如果多个页面同时跳转，则可能会导致公共对象相互覆盖，从而无法正常地获取对应的数据，导致页面加载异常。为了避免出现这种情况，我们可以通过一个随机 ID 的方式来标记，随机 ID 通过时间戳加随机串的方式，来防止碰撞：

```
export function getRandomId() {
    // 时间戳 (9 位) + 随机串 (10 位)
    return (Date.now()).toString(32) + Math.random().toString(32).substring(2);
}
```

2. 跳转方式处理

跳转的时候，我们可以根据传参方式的不同，来进行不同的判断处理。

(1) 如果是 url 传参，则拼接参数到 url 后面。

(2) 如果是共享对象传参，则将数据保存到共享的对象中，同时生成随机 ID，并将该 ID 添加到 url 后面。

```
let globalPageParams = undefined; // 全局页面跳转参数
let globalPageParamsId: any = undefined; // 全局页面跳转参数 Id, 用于标识某一次跳转的数据

// 跳转时参数处理
function mangeUrl(url, options) {
    const { urlParams, pageParams } = options;

    // url 参数处理
    if (urlParams) {
        url = addUrlParams(url, urlParams);
    }

    // 页面参数处理
    if (pageParams) {
        globalPageParams = objectCopy(pageParams);
        // 获取随机 ID
        globalPageParamsId = getRandomId();
        // 将随机 ID 带入 url 参数中，可用来获取全局参数
        url = addUrlParams(url, { randomid: globalPageParamsId });
    } else {
        globalPageParams = undefined;
        globalPageParamsId = undefined;
    }
    return url;
}

/**
 * 给 URL 添加参数
 * @param {string} url 需要处理的 url
 * @param {object} params 需要添加的参数对象
 */
export function addUrlParams(url = "", params) {
    url += url.indexOf("?") >= 0 ? "&" : "?";
    url += Object.keys(params)
        .map(key => {
            return `${key}=${params[key]}`;
        })
        .join("&");
    return url;
}
```

结合前面提供的跳转源页面的判断，我们跳转的一些方法可以像下面这样处理（只提供了 wx.navigateTo() 方法，其他跳转方法类似）：

```
/**
 * 跳转到页面
 * @param {object} url 要跳转的页面地址
 * @param {object} options 要携带的参数信息
 * @param {object} originPageUrl 原始页面地址，用于判断来源是否符合
 */
```

```
export function navigateTo(url, options = {}, originPageUrl) {
    url = mangeUrl(url, options);

    // 不符合源页面条件则不跳转
    if (!matchOriginPath(originPageUrl!)) {
        logger.RUN("navigateTo", "originPageUrl != currentPage, return");
        return Promise.resolve();
    }
    wx.navigateTo({ url });
}
```

3. 结合 Component 自动取参

前面介绍过如何使用 Component 来代替 Page 开发页面，使用 Component 有两个好处。

(1) 可以通过 behaviors 来扩展组件的通用能力。

(2) 可以直接通过定义 properties 来获取页面参数。

配合跳转传参，我们可以省略很多逻辑。例如我们有一个结果页面，页面展示直接从 url 中取值：

```
Component({
    // 其他配置省略
    properties: {
        type: String, // 结果类型，成功-success，失败-warn
        title: String, // 主要文案
        info: String // 辅助文案
    }
});
```

这里需要注意，如果使用 **Page** 中 onLoad() 方法的 query 方式获取参数，需要自己进行 decodeURIComponent 才能使用，而使用组件的 properties 则不需要，可以直接使用。

如果这样进行跳转：

```
navigateTo("/pages/result/result", {
    // 直接带入参数，result 组件可通过 properties 直接拿到
    urlParams: {
        type: "success",
        title: "操作成功",
        info: "成功就是这么简单"
    }
});
```

则可以直接在模板中显示：

```
<view class="page">
    <view class="{{type}}">
        <view class="title">{{title}}</view>
        <view class="desc">{{info}}</view>
    </view>
</view>
```

如果是通过页面传参的方式，则需要通过随机 ID 来获取对应的参数：

```
// 通过随机 ID 获取对应的参数
export function getPageParams(randomId) {
    if (globalPageParamsId === randomId) {
        return globalPageParams || {};
    }
    return {};
}
```

在组件中可以通过 `properties` 来获取随机 ID，然后获取对应参数：

```
Component({
    // 其他配置省略
    properties: {
        randomid: String,   // 随机 ID
    },
    methods: {
        onLoad() {
            // 获取参数
            const params = getPageParams(this.data.randomid);
            // 处理参数
        }
    }
});
```

这样，我们就可以自由地选择合适的方式来完成页面的传参。这里只介绍了关键逻辑，完整的项目可以参考 GitHub 本书主页的 wxapp-typescript-demo 项目。

8.5.4　Web-View 管理 H5

小程序提供的生态资源吸引了很多产品。作为一个十亿量级的客户端，微信给小程序提供了聊天列表下拉入口、搜索入口等流量，的确很吸引开发者。而很多 H5 应用如果重新开发小程序应用，除了不菲的开发成本，维护两套代码也是极大的成本。

小程序里提供了 Web-View 组件，可以理解为加载网页的容器。很多人也悄悄打起了小程序里嵌入 H5 的主意，其实也未必不可。H5 的开发成本较低，在线更新迭代快，这些优点时时刻刻吸引着开发者，尤其是在小程序写了 bug 想要快速修复却卡在发布审核中的时候。

Web-View 中可以通过 src 指向网页的链接。网页链接除了我们想要嵌进去的网页（需在小程序管理后台配置业务域名），还可以打开关联的公众号的文章。在使用 Web-View 内嵌 H5 应用的时候，需要注意有一些限制，例如每个页面只能有一个 Web-View 组件，没法再使用别的组件覆盖在 Web-View 上。

除此之外，Web-View 和小程序是无法进行直接通信的。Web-View 向小程序直接通信只能通过 `postMessage`，而使用 `postMessage` 只会在特定时机（小程序后退、组件销毁、分享）触发并收到消息。而小程序向 Web-View 直接通信，可通过改变 src 中 hash 的方式进行。

小程序嵌套 H5 应用能解决一些开发资源不足的情况。但是在应用比较复杂的情况下，一不小心就踩到了上面列的坑，有时填坑消耗的资源甚至比重写一个小程序还要多，有没有更好的方式呢？

小程序提供了自定义组件，并且支持递归引用。如果脑洞足够大的话，我们可以将 H5 中的div、span、ul 等 DOM 节点转成自定义组件，逻辑层里的每个 DOM 节点都会对应一个渲染层中的自定义组件实例。节点更新了，我们找到对应的自定义组件实例进行更新即可（其实 kbone 也是这么做的）。

当然，哪种做法的坑更多，这个比较难说。所以有时候我们为了躲避一时的困难，而给自己留下了一大堆技术债务，在某种程度上或许会得不偿失。所以每次的方案设计，都请务必做好前期调研，充分考虑各种情况后再进行。

8.5.5 跳转其他小程序

有时候，出于一些原因需要跳转小程序，例如小程序之间有关联内容，或者小程序体积太大、内容太多，需要拆分子小程序，等等。在小程序里，有两种方式可以跳转到其他小程序。

1. 使用 wx.navigateToMiniProgram 跳转

wx.navigateToMiniProgram 用于打开另一个小程序。这是一个曾经计划废除的 API，可以使用 navigator 组件兼容（设置 target 为 miniProgram），但是后来策略调整为，只需要用户曾经点击小程序页面任意位置，就可以使用跳转了。

```
wx.navigateToMiniProgram({
    appId: '', // 要跳转的小程序 appid
    path: 'page/index/index?id=123', // 要跳转的页面地址
    extraData: {}, // 需要传递的数据
    envVersion: 'develop', // 跳转小程序版本，可以选择 develop、trial、release
    success(res) {
        // 打开成功
    }
})
```

该 API 虽然没有被废除，但新增了一些使用限制，例如需要用户曾经点击过页面的其他位置才可以触发跳转，而且跳转的时候会出现弹窗，需要用户确认才会跳转。除此以外，虽然小程序的跳转已经不再需要进行公众号关联确认，但最多只能跳转 10 个小程序，同时开发者需要提前在 app.json 中的 navigateToMiniProgramAppIdList 中配置好需要跳转的小程序 appid，才可以正常跳转。

2. 使用 wx.navigateBackMiniProgram 跳转

使用 wx.navigateToMiniProgram 跳转到其他小程序之后，其他小程序可以使用wx.navigateBackMiniProgram 回到上一个小程序。当然，这个返回的 API 只有在当前小程序被其他小程序打开的时候，才可以调用成功。

我们可以通过小程序打开的场景值来进行判断，1037 表示小程序打开小程序，1038 表示从另一个小程序返回。开发者可以在 `App.onLaunch`、`App.onShow` 或 `wx.getLaunchOptionsSync` 中获取上述场景值。

```
try {
    const launchOptions = wx.getLaunchOptionsSync()
    // 先判断场景值是否正确
    if(launchOptions.scene === 1038){
        wx.navigateBackMiniProgram({
            extraData: {}, // 需要传递的数据
            success(res) {
            // 打开成功
            }
        })
    }
} catch (error) {}
```

3. 使用 navigator 组件跳转

`navigator` 组件本要取代 `wx.navigateToMiniProgram`，确保用户自己点击确认才允许跳转。不过后来大概因为开发者反馈不方便使用，又取消了取代计划。`navigator` 跳转小程序需要更高的基础库版本来进行。

```
<navigator target="miniProgram" open-type="navigate"
    app-id="" path="" extra-data="" version="release">
    打开其他小程序
</navigator>
```

使用该方式进行跳转，同样存在使用 `wx.navigateToMiniProgram` 跳转限制中的一些问题。除此之外，`extraData` 是需要传递给目标小程序的数据，目标小程序可在 `App.onLaunch`、`App.onShow` 或 `wx.getLaunchOptionsSync` 中获取这份数据。

以前小程序之间的跳转是需要关联公众号的，现在不再需要了，小程序可以跳转至任意其他小程序，无须任何关联或绑定，当然最多只能跳转 10 个小程序。这保证了内容在控制范围内，同时，小程序的生态也会更加繁荣。

小程序平台还提供了日志、客服、运维、数据等能力，后面的章节会讲到，这里就不多讲了。如今，小程序已经发展成为一个生态，努力为开发者提供更完备的环境。这股把事情做好的认真劲儿，是我们每个程序员都需要拥有的。

8.6　高性能的 WXS

根据官方文档的描述，WXS（WeiXin Script）是小程序的一套脚本语言，可以结合 WXML 来使用。WXS 在小程序设计之初就已经支持了，所以我们在使用的时候不必在意基础库的版本。当然，如果想要使用 WXS 的事件响应，基础库版本需要在 2.4.4 以上。

WXS 解决了开发者面临的很多问题，例如无法在 WXML 中使用函数调用、简单的计算和处理等，还有频繁数据交互的一些性能问题，都可以通过 WXS 来进行解决。本节就来介绍 WXS 的使用。

8.6.1　WXS 语法

第 7 章说过，小程序作为一个平台，需要有基本的安全机制保障。WXS 语法和 Javascript 基本上相似，但由于我们需要在渲染层执行这些脚本，就不得不考虑安全性的问题。逻辑层采用了独立的线程来运行，但 WXS 是和渲染层一起执行的，小程序通过白名单的方式提供给 WXS 使用，所以 WXS 中会有很多限制，可以说是一个精简后的 JavaScript。

因此，WXS 的语法与 JavaScript 有不少不一致的地方。同时，WXS 中使用高级语法，可能会因为系统不支持而导致兼容性问题。而且，WXS 中的一些高级语法不像 JavaScript 中那样可以通过工具进行编译兼容（详见第 9 章），所以在使用的时候需要注意，即使像 ES6 中简单的对象属性简洁表示，也可能导致逻辑异常甚至白屏。

```
var val = "hello world";
var fun = function(d) {
    return "hello world too";
}
// 需要写完整
module.exports = {
    val:  val,
    fun: fun
};
// 如果是以下的方式写，会在一些机型里报错噢
module.exports = {
    val,
    fun
};
```

同样地，由于 WXS 最终运行的环境是在渲染层，所以在 WXS 中无法获取到逻辑层的一些数据和方法。那么，既然 WXS 直接运行在渲染层中，其运行效率是否会更高呢？根据官方描述，在 iOS 上 WXS 比 JavaScript 代码快 2~20 倍，而在 Android 上基本没什么差异。例如，要实现左滑的功能，如果要频繁地进行逻辑层和渲染层的通信和计算，当左滑列表过长的时候，在 iOS 上就会有不顺畅的情况，对于这种情况，使用 WXS 会有明显的改善。

8.6.2　数据处理

之前我吐槽过小程序的 WXML 不支持函数调用、简单的计算和数据处理等，但是有了 WXS，这些问题就都解决了。如果你之前没写过小程序，那你肯定会痛恨小程序里没有 filter、computed，很多数据处理只能写在逻辑里，导致代码比较杂。一个优雅的代码设计应该有一个清晰的抽象状态机，状态的表现形式能在展示层处理当然是最好的，当然，WXS 也是一个解决方案。

例如，我们要做个千分位的数字处理，流程大致如下。

(1) 使用 JavaScript 写出这个函数方法。

(2) 查看 WXS 语法文档，检查需要调整的地方，例如这里用到了正则，则需要使用 getRegExp() 函数生成 regexp 对象。

(3) 在 WXML 中添加 WXS 代码，然后在需要的地方使用。

WXS 可以通过<wxs>标签，或者通过 .wxs 文件来使用。不管是哪种方式，都会有一个独立的作用域。独立的作用域意味着不会相互影响和干扰，但如果希望引入其他的 WXS 模块要怎么办呢？WXS 模块中内置了一个 module 对象，可以通过 module.exports 将一些内部的方法或者数据暴露出去。

1. wxml 中写 WXS

WXS 代码可以编写在 wxml 文件中的<wxs>标签内：

```
<!--page.wxml-->
<wxs module="m1">
    // 定义千分位的 WXS 函数
    var thousandth = function(str) {
        var tStr = str;
        // 生成 regexp 对象需要使用 getRegExp 函数
        var regex1 = getRegExp('^(-?\d+?)((?:\d{3})+)(?=\.\d+$|$)');
        var regex2 = getRegExp('\d{3}', 'g');
        // typeof 支持判断 number 类型
        if (typeof str === 'number') {
            tStr = str.toString().replace(regex1, function(all, pre, groupOf3Digital) {
                return pre + groupOf3Digital.replace(regex2, ',$&')
            });
        }
        return tStr;
    }
    module.exports = {
        thousandth: thousandth
    };
</wxs>
<!-- 调用 WXS 里面的 thousandth 函数，参数为 page.js 里面的 array -->
<view>number1: {{m1.thousandth(number1)}}</view>
<view>number2: {{m1.thousandth(number2)}}</view>
<view>string1: {{m1.thousandth(string1)}}</view>
```

page.js 里则是很简单地定义了几个变量，页面效果如图 8-11 所示。

```
// page.js
Page({
    data: {
        number1: 111111111111111,
        number2: 34,
        string1: '1234322'
    }
})
```

●●●●● WeChat 令　　　　　14:25　　　　　100% ▇

WeChat　　　　　　●●● ◉

number1: 111,111,111,111,111
number2: 34
string1: 1234322

图 8-11　使用 WXS 进行数据处理

2. WXS 模块

WXS 代码也可以编写在以 .wxs 为后缀名的文件内，这样就可以在多个页面复用。

```
// commom.wxs
// 定义千分位的 WXS 函数
var thousandth = function (str) {
    var tStr = str;
    // 生成 regexp 对象需要使用 getRegExp 函数
    var regex1 = getRegExp('^(-?\d+?)((?:\d{3})+)(?=\.\d+$|$)');
    var regex2 = getRegExp('\d{3}', 'g');
    // typeof 支持判断 number 类型
    if (typeof str === 'number') {
        tStr = str.toString().replace(regex1, function (all, pre, groupOf3Digital) {
            return pre + groupOf3Digital.replace(regex2, ',$&')
        });
    }
    return tStr;
}
module.exports = {
    thousandth: thousandth
};
<wxs module="m1" src="./common.wxs"></wxs>
<view>number1: {{m1.thousandth(number1)}}</view>
<view>number2: {{m1.thousandth(number2)}}</view>
<view>string1: {{m1.thousandth(string1)}}</view>
```

另外，在 .wxs 模块中可以使用 require() 函数引用其他 wxs 文件模块，但即使我们在多个页面中进行多次引用，最终使用的都是同一个单例模块。

8.6.3　强大的 WXS 响应事件

前面在 7.4 节讲原生组件的出现时，曾讲过频繁交互会造成用户卡顿。而在 iOS 下会有很多手势的交互，例如左滑菜单、滑动返回等，以 touchmove 事件为例，如果我们使用 setData 实现，则会遇到同样的问题：

❑ 渲染层→Native→逻辑层（touchmove 事件）；

❏ 逻辑层→Native→渲染层（`setData` 更新页面状态）。

一次 `touchmove` 事件的响应需要经过两次逻辑层和渲染层的通信，中间还经过了客户端 Native，通信的耗时比较大。而 `setData` 渲染也会阻塞其他脚本执行，导致用户交互的动画过程会有延迟。

由于 WXS 运行在渲染层中，因此可以使用它来减少双线程间的通信。小程序也的确是这么做的，通过提供响应事件的方式，以及提供 `callMethod` 调用逻辑层中的方法，使用 `instance` 来获取组件和页面实例，从而获取一些数据进行计算。下面来看最简单的使用方式：

```
<!--wxml 绑定 WXS 事件-->
<wxs module="wxs" src="./test.wxs"></wxs>
<!--change:prop（属性前面带 change:前缀）是在 prop 属性被设置的时候触发 wxs.propObserver 函数-->
<!--当 prop 的值被设置后，WXS 函数就会触发，而不只是值发生改变，所以在页面初始化的时候会调用一次
WxsPropObserver 的函数-->
<view change:prop="{{wxs.propObserver}}"
    bind:touchstart="{{wxs.touchStart}}"
    bind:touchmove="{{wxs.touchMove}}"
    bind:touchend="{{wxs.touchEnd}}">
</view>

// test.wxs
module.exports = {
    touchStart: function(event, ownerInstance) {
        var componentInstance = ownerInstance.selectComponent('.classSelector')
        // 返回组件的实例
        var instance = event.instance; // 触发事件的组件的 ComponentDescriptor 实例
        var touch = event.touches[0] || event.changedTouches[0];
        var action = instance.getState(); // 当有局部变量需要存储，后续使用的时候用这个方法
        componentInstance.setClass(className); // 设置 class
        componentInstance.setStyle(styleObject); // 设置样式
        ownerInstance.callMethod('touchStart', {}); // ownerInstance 是触发事件的组件
        所在组件的实例，这里调用该组件/页面在逻辑层定义的函数
    },
    touchMove: function(event, ownerInstance) {
        return false; // 不往上冒泡，相当于同时调用了 stopPropagation 和 preventDefault，
        可用来禁止页面原本的上下滑动
    },
    touchEnd: function(event, ownerInstance) {}
}
```

使用 WXS 可以实现高性能的左滑列表，同时能告别卡顿，做更多的交互操作，例如我们可以通过 `class` 和 `transform` 来实现左滑：

```
// list-events.wxs
// touchstart 处理
function startAction(e, ownerInstance) {
    // 返回组件的实例
    var instance = ownerInstance.selectComponent(".swipe-menu-wrapper-content");
    // getState 返回一个 object 对象，当有局部变量需要存储起来后续使用的时候用这个方法
    var action = ownerInstance.getState();
    action.startX = e.touches[0].clientX;
```

```
    action.startY = e.touches[0].clientY;
    action.moveDir = 0; // 滑动方向
    action.endX = action.endX || 0;
    // 移除样式，该样式用于重置 transform
    if (instance.hasClass("reset-list")) {
        action.endX = 0;
        action.domX = 0;
        instance.removeClass("reset-list");
        // 调用组件的 resetEnd 方法，该方法给组件添加 'reset-list' 样式，用于重置 transform
        ownerInstance.callMethod("resetEnd");
    }
    instance.setStyle({
        transform: "translate(" + (action.domX || 0) + "rpx, 0)",
        // 需要加上 -webkit- 前缀，不然某些机型上不支持
        "-webkit-transform": "translate(" + (action.domX || 0) + "rpx, 0)",
        transition: "none",
        "-webkit-transition": "none"
    });
}


// touchmove 处理
function moveAction(e, ownerInstance) {
    var instance = ownerInstance.selectComponent(".swipe-menu-wrapper-content");
    var action = ownerInstance.getState();
    // 获取菜单宽度，在该组件的 data 里设置
    var btnWidth = instance.getDataset().btnwidth;
    var x = e.touches[0].clientX;
    // 若没有滑动
    if (action.moveDir === 0) {
        var y = e.touches[0].clientY;
        if (Math.abs(y - action.startY) > Math.abs(x - action.startX)) {
            // 上下滑动大于左右滑动，标记为上下滑动
            action.moveDir = 2;
        } else {
            // 上下滑动小于左右滑动，标记为左右滑动
            action.moveDir = 1;
        }
    }
    // 左右滑动的时候，开始处理菜单，更新滑动距离
    if (action.moveDir === 1) {
        var diff = x - action.startX + action.endX;
        if (diff > 0) {
            diff = 0;
        } else if (diff < -btnWidth) {
            diff = -btnWidth;
        }
        instance.setStyle({
            transform: "translate(" + diff + "rpx, 0)",
            "-webkit-transform": "translate(" + diff + "rpx, 0)",
            transition: "none",
            "-webkit-transition": "none"
        });
        action.domX = diff;
```

```
        return false; // 不往上冒泡, 相当于同时调用了 stopPropagation 和 preventDefault,
    从而禁止页面上下滑动
    }
}

function endAction(e, ownerInstance) {
    var instance = ownerInstance.selectComponent(".swipe-menu-wrapper-content");
    // 返回组件的实例
    var action = ownerInstance.getState();
    var btnWidth = instance.getDataset().btnwidth;

    // domX 为此刻位置, endX 为上次位置
    var touchendX = action.domX;
    var originEndX = action.endX;
    if (touchendX >= 0) {
        touchendX = 0;
    } else if (touchendX <= -btnWidth) {
        touchendX = -btnWidth;
    } else {
        // 关闭的过程, 超过 1/5 则会关闭
        if (originEndX < 0 && touchendX - originEndX > btnWidth / 5) {
            touchendX = 0;
            // 开启的过程, 超过 1/5 会开启
        } else if (touchendX < -btnWidth / 5) {
            touchendX = -btnWidth;
        } else {
            touchendX = 0;
        }
    }
    action.domX = touchendX;
    action.endX = touchendX;
    instance.setStyle({
        transform: "translate(" + touchendX + "rpx, 0)",
        "-webkit-transform": "translate(" + touchendX + "rpx, 0)",
        transition: ".6s cubic-bezier(0.18, 0.89, 0.32, 1)",
        "-webkit-transition": ".6s cubic-bezier(0.18, 0.89, 0.32, 1)"
    });
    ownerInstance.callMethod("endAction", {
        domX: touchendX
    });
}

module.exports = {
    startAction: startAction,
    moveAction: moveAction,
    endAction: endAction
};
```

具体的使用方式这里就不详细讲解了，官方提供了扩展能力 WeUI，其中也包括左滑列表，可以到小程序开发文档中搜索 Slideview 进行了解。当然，左滑还有很多方案，但是从避免页面上下滑动和性能来看，WXS 不失为很优秀的解决方案，在实践中，即使上千条的左滑列表也依然流畅。但是 WXS 响应事件的基础库版本要求是 2.4.4，大家要注意。

虽然小程序的双线程设计不可避免地带来了一些性能问题，但是官方提供了体验评分来辅助优化，还提供了 WXS 这样的解决方案来弥补不足，也是很用心了。

8.7 小程序扩展能力

小程序团队提供了小程序的框架、开发者工具、一系列完整的文档说明，甚至具有较完善的监控、告警、真机调试等能力（更多可参考第 9 章和第 10 章），但小程序始终是一个闭环生态。由于运行环境的特殊性（运行在微信里），为了保证用户的信息安全，小程序的调试和运行环境一直没有开放，因此开发者获取到的权限和能力很有限。

同时，基于小程序的 API 也在不断地更新和调整，所以即使有些开发者开发了 mpvue、wepy、taro 等小程序开发框架，也常常会因为一些官方的调整而不能及时更新。在这种情况下，官方提供的一些能力支持（例如自动化测试 SDK 等）显得尤为重要。所以，官方也开始提供一些小程序的扩展能力，希望开发者一起使用这些能力，共建更丰富的生态。

8.7.1 kbone

虽然一套代码没法同时运行在浏览器和小程序中，但是依然有不少开发者或者团队开发了一些框架，例如 mpvue（Vue 系）、wepy（Vue 系）、taro（React 系）等，尽可能使用一套代码完成多种环境的开发，或者让 Web 开发的小伙伴尽可能复用原有的技术栈。但毕竟不是官方支持的，小程序的底层实现是封闭的，现有的 Web 代码无法直接在小程序环境里运行。同时，小程序的 API 和兼容性在不断变动，使用的开源框架要是更新不及时，甚至可能会成为技术债务。

kbone 作为一套解决方案应运而生，用于支持一个 Vue 项目同时在 Web 端和小程序端使用。第 7 章讲过，小程序的技术底层依托于 Web 技术，和 Web 端开发相似却又不同。在 Web 中，开发者可以使用浏览器提供的 DOM/BOM API 来操作渲染内容，同时编写 JavaScript 脚本来执行页面逻辑；而在小程序中，渲染和逻辑则完全分离，开发者可以编写 JavaScript 脚本，但是无法直接调用 DOM/BOM API，渲染和逻辑的交互通过数据和事件来驱动。因此 kbone 提供了适配层的方式来进行兼容，如图 8-12 所示。适配层提供基础的 DOM/BOM API，让小程序端尽量能使用 Web 端的能力。

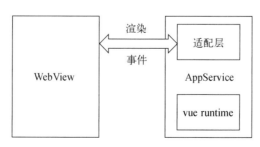

图 8-12　kbone 适配层

kbone 提供了一个将 DOM/BOM 相关 API 转换成在小程序中的实现方式，适配层在 appService 端（逻辑层）维护一套虚拟 DOM 节点，根据节点信息，通过一个通用的自定义组件，配合简单的 wx:for 和 wx:if，来生成页面相关代码。在小程序里自定义组件支持自引用（自己引用自己），通过这样的方式，Web 端框架和业务代码不需要再依赖 setData 等接口与渲染层进行通信，而是转化成与一个自定义组件的协同处理。

在 kbone 中，比较关键的是两个模块：miniprogram-render 和 miniprogram-element。

1. miniprogram-render

miniprogram-render 模块主要用来兼容 DOM/BOM API。为了更好地适配小程序端接口，此方案在原有的 DOM 接口上进行了扩展，主要包括 3 个关键对象： window 对象、document 对象和 dom 对象。

先来看看 window 对象的适配层：

```
// miniprogram-render/window.js
class Window extends EventTarget {
    constructor(pageId) {
        super();
        // 这里省略，感兴趣的读者可以自行查看源码
    }

    /**
     * 初始化内部事件
     */
    $_initInnerEvent() {
        const config = cache.getConfig();
        const runtime = config.runtime || {};
        const cookieStore = runtime.cookieStore;

        // 监听 location 的事件
        this.$_location.addEventListener("hashchange", ({ oldURL, newURL }) => {
            this.$$trigger("hashchange", {
                event: new Event({
                    name: "hashchange",
                    target: this,
                    eventPhase: Event.AT_TARGET,
                    $$extra: {
                        oldURL,
                        newURL
                    }
                }),
                currentTarget: this
            });
        });

        // 监听 history 的事件
        this.$_history.addEventListener("popstate", ({ state }) => {
            // 同上，此处省略
        });
```

```javascript
    // 监听自身的事件
    const onPageUnloadOrHide = () => {
        // 持久化 cookie
        if (cookieStore === "storage") {
            wx.setStorage({
                key: `PAGE_COOKIE_${this.$_pageName}`,
                data: this.document.$$cookieInstance.serialize()
            });
        }
    };
    this.addEventListener("wxunload", onPageUnloadOrHide);
    this.addEventListener("wxhide", onPageUnloadOrHide);
}

/**
 * 拉取设备参数
 * 拉取处理切面必要的信息
 * 省略
 */

/**
 * 暴露给小程序用的对象
 */
get $$miniprogram() {
    return this.$_miniprogram;
}

/**
 * 强制清空 setData 缓存
 */
$$forceRender() {
    tool.flushThrottleCache();
}

/**
 * 触发节点事件
 */
$$trigger(eventName, options = {}) {
    // 兼容逻辑，此处省略

    super.$$trigger(eventName, options);
}

/**
 * 获取原型
 */
$$getPrototype(descriptor) {
    if (!descriptor || typeof descriptor !== "string") return;

    descriptor = descriptor.split(".");
    const main = descriptor[0];
    const sub = descriptor[1];
```

```
        // 这里可以看到小程序中如何兼容这些不可获取的对象的原型
        if (main === "window") {
            if (WINDOW_PROTOTYPE_MAP[sub]) {
                return WINDOW_PROTOTYPE_MAP[sub];
            } else if (!sub) {
                return Window.prototype;
            }
        } else if (main === "document") {
            if (!sub) {
                return Document.prototype;
            }
        } else if (main === "element") {
            if (ELEMENT_PROTOTYPE_MAP[sub]) {
                return ELEMENT_PROTOTYPE_MAP[sub];
            } else if (!sub) {
                return Element.prototype;
            }
        } else if (main === "textNode") {
            if (!sub) {
                return TextNode.prototype;
            }
        } else if (main === "comment") {
            if (!sub) {
                return Comment.prototype;
            }
        }
    }

/**
 * 扩展 dom/bom 对象
 * 对 dom/bom 对象方法追加切面方法
 * 删除对 dom/bom 对象方法追加前置/后置处理
 * 以上方法省略
 */

/**
 * 对外属性和方法
 * 此处兼容了浏览器的 window 对象，在小程序中的实现
 */
get document() {
    return cache.getDocument(this.$_pageId) || null;
}
get location() {
    return this.$_location;
}
set location(href) {
    this.$_location.href = href;
}
get history() {
    return this.$_history;
}
get setTimeout() {
    return setTimeout.bind(null);
}
```

```
    get clearTimeout() {
        return clearTimeout.bind(null);
    }
    get setInterval() {
        return setInterval.bind(null);
    }
    get clearInterval() {
        return clearInterval.bind(null);
    }
    get HTMLElement() {
        return this.$_elementConstructor;
    }
    get Element() {
        return Element;
    }
    // 此处省略
    // 动画相关
    requestAnimationFrame(callback) {
        if (typeof callback !== "function") return;
        const now = new Date();
        const nextRafTime = Math.max(lastRafTime + 16, now);
        return setTimeout(() => {
            callback(nextRafTime);
            lastRafTime = nextRafTime;
        }, nextRafTime - now);
    }
    cancelAnimationFrame(timeId) {
        return clearTimeout(timeId);
    }
}
```

可以很清楚地看到,miniprogram-render 模块中主要是对在小程序中无法获取的对象(window 对象、document 对象、dom 对象等)通过小程序特有的方式来进行兼容。在上述代码中,window 相关 API 是通过小程序的实现方案来适配的,其实 document 也是相似的方式,通过自行维护的一棵虚拟 DOM 树,来实现获取某些节点、属性等兼容性能力。虚拟 DOM 在上一章有详细描述,你可以翻回去再重新阅读一遍,相信了解之后,你对这部分的理解会更上一层楼。

2. miniprogram-element

miniprogram-element 是一个提供小程序渲染能力给 miniprogram-render 使用的自定义组件。前面讲到,miniprogram-render 模块中兼容 DOM、document 等 API 的方式是使用的虚拟 DOM,但虚拟 DOM 如果无法最终呈现为真实的 DOM 元素,则无法实现同时兼容 Web 和小程序的目的。这时候,miniprogram-element 自定义组件就很重要了,我们可以通过该自定义组件实现最终的页面呈现。

其实 miniprogram-element 这个自定义组件的设计和配置化思想比较相似。我们在进行管理端开发时,由于组件的组成、模式比较固定,就可以通过配置生成组件的方式来组装整个页面。而在这里,配置就是我们的虚拟 DOM 数据,组件则是我们的 miniprogram-element。

下面看看这个自定义组件的 WXML 代码：

```
<!-- miniprogram-element/index.wxml -->
<import src="./template/subtree.wxml"/>
<import src="./template/subtree-cover.wxml"/>
<!-- 视图容器 -->
<cover-view
    wx:elif="{{wxCompName === 'cover-view'}}"
    id="{{id}}"
    class="{{class}}"
    style="{{style}}"
    hidden="{{hidden}}"
    scroll-top="{{scrollTop}}"
><template is="subtree-cover" data="{{childNodes: innerChildNodes}}"/></cover-view>
<view
    wx:elif="{{wxCompName === 'view'}}"
    id="{{id}}"
    class="{{class}}"
    style="{{style}}"
    hidden="{{hidden}}"
    hover-class="{{hoverClass}}"
    hover-stop-propagation="{{hoverStopPropagation}}"
    hover-start-time="{{hoverStayTime}}"
    hover-stay-time="{{hoverStayTime}}"
><template is="subtree" data="{{childNodes: innerChildNodes, inCover}}"/></view>
<!-- 基础内容 -->
<text
    wx:elif="{{wxCompName === 'text'}}"
    id="{{id}}"
    class="{{class}}"
    style="{{style}}"
    hidden="{{hidden}}"
    selectable="{{selectable}}"
    space="{{space}}"
    decode="{{decode}}"
><template is="subtree" data="{{childNodes: innerChildNodes, inCover}}"/></text>
<!-- 表单组件，此处省略一大堆属性 -->
<button
    wx:elif="{{wxCompName === 'button'}}"
    id="{{id}}"
    class="{{class}}"
    type="{{type}}"
    plain="{{plain}}"
    bindopensetting="onButtonOpenSetting"
    bindlaunchapp="onButtonLaunchApp"
><template is="subtree" data="{{childNodes: innerChildNodes, inCover}}"/></button>
<!-- 自定义组件 -->
<custom-component
    wx:elif="{{!!wxCustomCompName}}"
    name="{{wxCustomCompName}}"
    data-private-node-id="{{nodeId}}"
    data-private-page-id="{{pageId}}"
><template is="subtree" data="{{childNodes: innerChildNodes, inCover}}"/>
    </custom-component>
<!-- 子节点 -->
<template wx:else is="subtree" data="{{childNodes, inCover}}"/>
```

此处省略了小程序所支持的很多组件，在真正的源码中，每一个内置组件都被放置在这里，同时所有支持的属性也都通过配置来绑定。同时可以看到，自定义组件会通过自我调用的方式来实现整个需要的页面。下面再来看看这个自定义组件的逻辑实现：

```
Component({
    // 省略一些非关键的选项，重点看 attached
    attached() {
        const nodeId = this.dataset.privateNodeId;
        const pageId = this.dataset.privatePageId;
        const data = {};

        this.nodeId = nodeId;
        this.pageId = pageId;

        // 记录 dom
        this.domNode = cache.getNode(pageId, nodeId);

        // 为了兼容基础库的一个 bug，暂且如此实现
        if (this.domNode.tagName === "CANVAS") this.domNode._wxComponent = this;

        // 存储 document
        this.document = cache.getDocument(pageId);

        // 监听全局事件
        this.onChildNodesUpdate = tool.throttle(this.onChildNodesUpdate.bind(this));
        this.domNode.$$clearEvent("$$childNodesUpdate");
        this.domNode.addEventListener(
            "$$childNodesUpdate",
            this.onChildNodesUpdate
        );
        this.onSelfNodeUpdate = tool.throttle(this.onSelfNodeUpdate.bind(this));
        this.domNode.$$clearEvent("$$domNodeUpdate");
        this.domNode.addEventListener("$$domNodeUpdate", this.onSelfNodeUpdate);

        // 初始化
        this.init(data);

        // 初始化孩子节点
        const childNodes = _.filterNodes(this.domNode, DOM_SUB_TREE_LEVEL - 1);
        const dataChildNodes = _.dealWithLeafAndSimple(
            childNodes,
            this.onChildNodesUpdate
        );
        // 执行一次 setData
        if (Object.keys(data).length) this.setData(data);
    },
    methods: {
        // 监听子节点变化
        onChildNodesUpdate() {
            // 判断是否已被销毁
            if (!this.pageId || !this.nodeId) return;
```

```
        // 孩子节点有变化，省略
        // 触发子节点变化，省略
    },

    /**
     * 监听当前节点变化
     */
    onSelfNodeUpdate() {
        // 判断是否已被销毁
        if (!this.pageId || !this.nodeId) return;
        // 获取当前节点状态数据（此处省略），并更新
        this.setData(newData);
    },

    // 触发事件，此处省略
    callEvent(eventName, evt, extra) {},

    // 监听节点事件
    onTouchStart(evt) {
    if (this.document && this.document.$$checkEvent(evt)) {
            this.callEvent("touchstart", evt);
        }
    },
    // 其他省略
    ...initHandle
    }
});
```

3. kbone 实现

结合 miniprogram-element 模块和 miniprogram-render 模块的实现挖掘，其实 kbone 的实现就变得很清晰了。kbone 通过虚拟 DOM 结合自模拟的 `window`、`document` 等 API，最终以自定义组件的方式呈现在小程序中，来实现对 Web 端的 API 兼容。

整体实现思路是，一个 DOM 节点创建出一个自定义组件，进而让一棵 DOM 树完整地映射到一棵组件树上，组件树就可以被小程序渲染到页面上。同时，在自定义组件模板里面引用自己，然后在页面上使用这个自定义组件的话，就会出现递归创建出组件树的效果。递归的终止条件是，如果当前节点不是如文本节点这样的 DOM 节点、或者孩子节点为空。

通过以上方式，kbone 构造了一个适配器。这个适配器提供基础的 DOM/BOM API，可以理解是一棵在逻辑层运行的轻型 Virtual DOM 树。这样，可以运行在浏览器端的代码，也可以运行在小程序端了。因此，kbone 不仅支持 Vue，还可以支持大多数运行在浏览器端的框架（已支持 React、Preact、Omi）。

当然，kbone 也会存在一些问题（毕竟最终运行还是在小程序的环境中），官方也进行了相关的说明。例如小程序中不支持异步加载代码，所以也不支持异步组件。同时，iframe 标签无法进行支持，而小程序不支持属性选择所以也无法支持组件的 scoped style，等等。更多内容可以去GitHub 上查看开源代码和相关说明。

前面说到，小程序中 `setData` 的数据需要尽量地小，同时 `setData` 的频率也应该尽可能地低。除此之外，每次更新都需要做整棵 Virtual DOM 树的 diff，存在性能损耗。那么 kbone 这样的方式，是否会带来性能问题呢？又要如何避免呢？其实小程序官方也已经做了类似的处理，如图 8-13 所示。

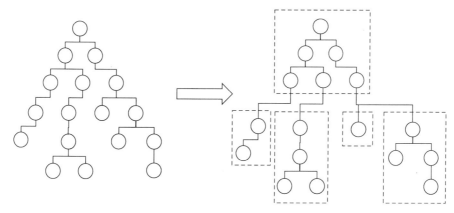

图 8-13　Virtual DOM 树划分

在小程序中，每个 kbone 自定义组件调整了原有的一个 DOM 节点对应一个自定义组件的方式，使每个自定义组件对应最多不超过三层的 DOM 节点树。通过这种方式，减少了自定义组件的数量、同时也将整棵树划分成一个个的子模块树。于是，局部自定义组件的更新只做局部 Virtual DOM 树的 diff。同时，每个自定义组件只需要更新自己和子节点数据，减少单次更新需要传输的数据量。

8.7.2　其他扩展能力

在小程序团队提供的扩展能力中，kbone 是其中的大头。除了 kbone 以外，小程序官方还提供了很多其他的扩展能力。

1. WeUI 组件库

WeUI 组件库是一套基于微信样式设计的小程序扩展组件库，目前已支持按需下载需要的组件。如果希望快速产出一款小程序，而视觉体验又能接受和微信原生体验一致，那么使用 WeUI 组件库不失为一种轻松的选择。

另外，该组件库还提供了不少常见的组件，例如图片上传 Uploader 组件、左滑删除 Slideview 组件、Form 表单组件（结合 Cell、Checkbox-group、Checkbox 组件等做表单校验）等，即使是在设计上不一致的情况下，也可以作为我们日常开发中很不错的参考。

目前来说，最新的开发者工具已经内置了 kbone 和 WeUI 扩展库，开发者只需要在 app.json 声明使用，不用引入 npm 包。同时使用的扩展库不会计入小程序代码包大小。

2. 功能组件

前面讲到，一些长列表组件很容易引起性能问题，原生组件也常常会导致最终效果不如预期。为此，官方提供了以下两个组件。

(1) recycle-view 长列表组件，对比正常长列表实现解决了小程序页面的卡顿和白屏等问题；

(2) Barrage 小程序弹幕组件，通过 view 的 transform 移动弹幕。

3. 框架扩展

小程序原生能力有很多待完善的地方，例如无法使用计算属性 computed、监听属性 watch 等，同时全局的数据状态管理也没有较一致的解决方案。官方团队通过框架扩展的方式提供了如下解决方案。

(1) miniprogram-computed：小程序自定义组件扩展 behavior，包括计算属性 computed 和监听器 watch 的实现。

(2) mobx-miniprogram 和 mobx-miniprogram-bindings：小程序的 MobX 绑定辅助库，将页面、自定义组件和 store 绑定，支持 behavior 绑定和手工绑定两种方式。

4. 工具类库

工具类库比较杂，这里仅介绍几个比较重要的。

- Typescript 支持：微信小程序 API 的 TypeScript 类型定义文件。
- API Promise 化：对微信 API 进行全局 Promise 化，与前面所说的异步 API Promise 化有异曲同工之妙。
- Three.js 小程序 WebGL 的适配版本、lottie 动画库适配小程序的版本。
- 国密算法、国际化等。

除了以上这些扩展能力以外，官方还提供了一些微信同声传译、OCR 支持等插件服务。在本书编写的过程中，官方提供的能力也在不断地更新。

纵然我们在开发小程序的过程中有很多坑要一步步地踩，但从完善的文档和不断完善的功能扩展中，我们可以看到官方一直努力把生态做好、服务好开发者的态度，这也是我们每位开发者应该有的态度。

第9章

妙用开发者工具

开发者工具在小程序开发中扮演着非常重要的角色。目前，开发者除了使用开发者工具来开发小程序，无法通过其他途径对小程序进行调试、编译、上传等操作。即使是一些持续集成的实现，也必须扫码登录开发者工具。开发者工具有非常多的功能和特性，本章就来介绍一些常用又好用的工具。

9.1 项目设置

小程序中的 JavaScript 是由 ECMAScript、小程序框架和小程序 API 来实现的。同浏览器中的 JavaScript 相比，它没有 BOM 以及 DOM 对象，所以 jQuery 和 Zepto 这种浏览器类库是无法在小程序中运行起来的。正如不同浏览器会存在兼容性问题，我们的小程序在运行过程中，有些代码在旧的手机操作系统上也会出现一些语法错误。

为了帮助开发者解决这类问题，小程序 IDE 提供了语法转码工具。通过开发者工具的项目设置，我们可以配置是否使用官方工具提供的一些构建和编译能力。例如，使用 npm 构建、ECMAScript 6+ 转 ECMAScript 5 等能力，开发者就不需要担心用户机型和兼容性等一系列问题了。

9.1.1 npm 支持

小程序的逻辑层中缺少了 DOM/BOM API 对象，所以开发者无法使用依赖这些 API 的库，如前端框架 jQuery 等。同时，逻辑层中还缺失了 npm 包管理的机制，所以开发者也无法直接 `require` 或是 `import` npm 依赖包。小程序基础库版本 2.2.1 开始支持 npm 构建，使用方式如下。

(1) 像一名普通的前端开发一样，正常地安装 npm 依赖；

(2) 点击开发者工具中的菜单栏"工具"→"构建 npm"；

(3) 使用的时候，在页面配置 json 中配置，然后在代码中引入。

```
/* 页面配置 */
{
    "usingComponents": {
        "myPackage": "packageName"
    }
}
// js 中引入 npm 包
// 使用 npm 包时，如果只引入包名，则默认寻找包名下的 index.js 文件或者 index 组件
const myPackage = require('packageName')
```

在构建之后，小程序代码中多了一个文件夹 miniprogram_npm，如图 9-1 所示。

图 9-1   miniprogram_npm

小程序的 require 与我们在正常开发中使用的 require 寻找 npm 包的过程比较一致，都是从 npm 包所在目录开始一层一层地往外找。但小程序的 npm 打包和使用 Webpack 的打包过程并不一致，小程序会直接复制整个目录文件，而 Webpack 则会分析依赖信息，然后根据依赖进行打包。

除此之外，小程序的 npm 构建还有基础库要求。有人说，我的小程序就要做低版本兼容，如果使用 npm 构建，就没法在低版本使用了。有个土办法是可以手动把 node_modules 里的依赖复制到项目中，然后按照路径引入。所以，可以搞个简单的环境构建，自动把依赖的包打包到相对路径（可以参考 GitHub 上的 wxapp-typescript-demo 项目），Gulp 和 Webpack 不就经常干这种事情嘛。

9.1.2   代码处理

开发者工具提供了一系列代码编译、打包处理、自定义预处理等能力，我们一起来看一下。

1. 代码编译

小程序开发者工具提供的代码编译能力有：ES6+转 ES5、样式补全、压缩代码等。旧版本的开发者工具只支持 ES6 转 ES5，新版本的开发者工具则支持 ES6+转 ES5，这意味着如果你在旧版本中写了 Object.values 等 ES7/ES8 或更高级的语法，在低版本手机上依然会报错。解决方案是使用最新版本的开发者工具，或者自己搭个简单的脚手架，加上 Babel 编译处理。

这些其实都是正常的前端项目开发中需要处理的事情，包括 Babel 支持 ES6/ES7/ES8、css-loader 样式前缀补齐、UglifyJs 代码压缩等，都需要自己搭建环境编译处理。而现在小程序工具会帮助处理这些事情，我们只需要勾选上就好了。但有个地方需要注意：开发者工具为了优化编译速度，会跳过对超过 500 KB 的 JavaScript 文件的处理。

图 9-2 展示了开发者工具支持的代码编译，下面我们分别介绍一下。

图 9-2 开发者工具代码编译

(1) ES6 转 ES5。默认使用 Babel 编译，支持将 ES6 语法代码转换成可以支持 iOS 基础库、Android 基础库和工具的 ES5 代码。

(2) 增强编译。增强编译使用的 Babel 配置是 preset-env，支持最新的 ECMAScript 语法（支持 `async/await` 语法、按需注入 `regeneratorRuntime`，关于 Polyfill 新增 `Array.prototype.includes`、`Object.entries`、`Object.values` 等支持）。更多的编译支持可以到官方文档中查看。

(3) 样式补全。支持自动检测和补全缺失样式，常见的包括对各种浏览器内核的支持，例如 `-webkit-`，可以保证在低版本系统上正常显示。小程序在使用了 Flex 布局并且需要兼容 iOS 8 以下系统时需要使用。但是在 WXS 中自行改变的样式不会被检测到，需要注意兼容性问题。

(4) 压缩代码。在上传代码的时候，将会压缩 JavaScript 代码，减小代码包体积。

(5) 代码保护。对文件进行扁平化处理，并替换 `require` 引用的文件名。

(6) 启用多核心编译。会充分利用 CPU 资源来提高编译的效率。

如果你在使用 `async/await` 语法，那么要注意：`async/await` 的编译注入 `regeneratorRuntime` 会将函数生成一个 Promise，但这个 Promise 并不会将 `catch` 到的错误作为异常抛出，这会导致 MP 平台的错误告警无法正常进行。而且，不管是使用开发者工具编译，还是自己使用 Babel 编译，都可能存在这种问题。最严重的后果就是在灰度发布的时候，不能正常监控到 js 报错，然后全量被用户投诉了（别问我是怎么知道的）。

在这种情况下，你可以对 Promise 进行 `hack`，然后把错误 `catch` 抛出到 `App.onError`（将这段代码写在业务代码中，可确保不会被 Promise 的 Polyfill 覆盖）：

```
// 异常抛出到 App.onError
function errorPreHandler(e) {
    const app = getApp();
    if (app.onError) {
        app.onError(e);
    }
}
(function () {
    if (!Promise) {
        console.log("Object Promise not found!");
        return;
    }
    var originalThen = Promise.prototype.then;
    var originalCatch = Promise.prototype.catch;
    Promise.prototype.then = function (...args) {
        // 将 Promise.then 中的第二个参数 reject 也作为异常处理
        if (args && args.length > 1) {
            let origianlRejectHandler = args[1];
            args[1] = function(e) {
                errorPreHandler(e);
                return origianlRejectHandler.apply(this, arguments);
            }
        }
        return originalThen.apply(this, args);
    };
    // Promise.catch 也异常处理
    Promise.prototype.catch = function (...args) {
        if (args && args.length > 0) {
            let origianlRejectHandler = args[0];
            args[0] = function (e) {
                errorPreHandler(e);
                return origianlRejectHandler.apply(this, arguments);
            }
        }
        return originalCatch.apply(this, args);
    };
})();
```

非常温馨的提示：这段代码在使用的时候要注意使用场景，千万要认真检查代码，确保考虑了所有的异常，否则 Promise 不能执行 then() 或者 catch()，你就会很惨了。我们就遇到过在部分 iOS 机器下，原生 Promise then 不触发的情况，在如今 ES6/ES7 乱飞的环境下，结果当然是整个小程序都没办法使用啦。虽然具体触发条件可能没有定位出来，但是你可以通过写段测试代码测试进行降级：

```
function environmentTest() {
    // 打印 Promise 的内容
    console.log(`is Promise defined: ${!!Promise}, ${Promise.toString()}`);

    let isPromiseResolved = false;
    // 测试一秒后 resolve
    function testPromise() {
        return new Promise(function(resolve, reject) {
```

```
        setTimeout(function() {
            resolve();
        }, 1000);
    });
}
testPromise().then(function() {
    // 成功执行 Promise then
    isPromiseResolved = true;
    console.log("promise is working");
});
setTimeout(function() {
    if (!isPromiseResolved) {
        // 未成功执行 Promise then
        console.error("promise is NOT working");
        // 降级处理你的代码
    }
}, 2000);
}
```

对于使用 Promise 的小伙伴来说，这样的 Promise 使用可能在整个项目里随处可见。如果 Promise then 执行异常的话，很可能整个项目都无法运行，在这种情况下，降级的选择就很少了。如果你的项目有 H5 版本的话，也可以考虑降级成 H5 给用户使用。

2. 自定义预处理

通过自定义预处理，我们可以设置上传代码之前的一些操作，例如跑测试、编译构建等。可以通过 project.config.json 中的 scripts 来配置，例如，在我们用工具自动生成的 TypeScript 模板里就可以看到如下命令：

```
{
    "scripts": {
        "beforeCompile": "NPM run tsc", // 编译前预处理命令
        "beforePreview": "NPM run tsc", // 预览前预处理命令
        "beforeUpload": "NPM run tsc" // 上传前预处理命令
    }
}
```

这样在代码编译、预览、上传前都会跑 tsc 命令，将 ts 文件生成 js 代码。如果你还有很多其他的规范校验、格式化处理、打包处理等操作，也都可以在这里配置。预处理命令的执行顺序是：自定义预处理命令→默认预处理命令→编译/预览/上传。

9.1.3 其他方式调用

除了在日常开发过程中的使用，开发者工具还支持通过其他方式进行调用，包括命令行调用和 HTTP 调用，这为开发者使用 CI（continuous integration，持续集成）/CD（continuous deployment，持续部署）构建打下了基础。

1. 命令行调用

开发者工具提供了命令行调用的能力，通过命令行调用可以完成登录、预览、上传、自动化测试等操作。这意味着我们可以做自动化构建的能力。当然，对于前端来说，很少有项目需要这么完整的自动化构建、测试等能力，但这不代表我们不需要这么做，很多时候只是成本和收益权衡之后的选择而已。

既然开发者工具提供了命令行调用，那么我们可以单独使用一台机器，申请一个固定的开发者账号进行登录，然后使用 CI 工具进行每日定时任务。命令行调用提供了以下能力。

(1) 启动工具。

(2) 登录。登录有两种方式：开发者可以将登录二维码转成 Base64，在过期的时候给自己发送一条消息；或者将二维码打印在命令行中，然后扫码登录。

(3) 提交预览。预览的二维码可以命令行打印也可以转成 Base64，同样可以发送给对应的开发者进行处理。

(4) 上传代码，可以填入的信息包括项目根目录、版本号以及可选的版本备注。

(5) 构建 npm。

(6) 自动化测试。

(7) 关闭当前项目窗口。

(8) 关闭开发者工具。

而常用的 CI 流程包括：提交代码、测试、构建、部署。配合命令行调用可以实现以下步骤。

(1) 服务器上每日定时任务，从 Git 上某个特定的分支拉取代码。

(2) 打开开发者工具，登录开发者账号。

(3) 本地跑项目构建（npm、run、dev 等）、npm 构建、自动化测试和单元测试（如果有的话）。

(4) 上传代码到具体的开发版（或者固定设置为体验版），触发代码的自动校验和构建。

(5) 发布前自动生成本次所有特性的 CHANGELOG，对分支打 tag 后进行发布。

> **注意**
>
> 目前上传小程序代码的唯一方式是通过小程序开发者工具打包编译后上传，工具目前只支持运行在 Windows 或者 macOS 的机器上，因此 CI 的构建机器只能是这两种。

CI 在帮助开发团队变得敏捷的同时，尽可能地通过自动化流程保证了代码质量。这样在项目较大、参与开发人员较多、迭代较快的情况下，就能减少一些人为的操作，也能减少一些错误的出现。如果能很好地结合单元测试和自动化测试，就能在一定程度上保证开发和发版的质量。如果希望在多个项目复用一套 CI 环境，可以将一个共同的微信账号添加到开发者权限里。不过，开发者工具的登录态每个月都会过期一次，所以每个月都需要手动扫码登录一次。

2. HTTP 调用

HTTP 服务在工具启动后自动开启，主要能力和命令行调用一致，差异在于 HTTP 调用依赖开发者工具处于启动状态。

9.2　环境搭建

其实已有一些小程序框架，像 mpvue 和 wepy，开发风格类似于 Vue。不过小程序开发和浏览器开发不一样，小程序官方的 API 一直不停地进化和完善。如果使用二次封装的框架，需要考虑框架能否跟上小程序 API 的更新节奏，以及二次封装带来的学习成本和定位成本。或许有一天，框架的能力优势会被小程序取代呢。所以，这里我们采取的是搭建脚手架的方式来提升开发体验。

9.2.1　Gulp 简单搭建脚手架

在简单的构建任务中，可以很棒地使用 ES6/ES7、Less、TypeScript 这些好用的语法和工具。鉴于小程序目录结构偏向多入口，所以此处挑了更容易上手的 Gulp 来做脚手架。

1. 简单的 copy 任务

对于小程序来说，除了 app.js 作为程序逻辑层入口之外，每个页面都可以作为一个 WebView 页面入口，更像是固定路径模式的多页应用。最终提交的代码结构如下：

```
├── app.js
├── app.json
├── app.wxss
├── pages
│   ├── index
│   │   ├── index.wxml
│   │   ├── index.js
│   │   ├── index.json
│   │   └── index.wxss
│   └── logs
│       ├── logs.wxml
│       └── logs.js
```

所以，在编译的过程中，很多文件需要简单地复制到目标目录（当然在复制的过程中也可以做些简单的处理）。我们定义复制和变动复制的任务如下：

```
// 待复制的文件，不包含需要编译的文件
var copyPath = [
    "src/**/!(_)*.*",
```

```
        "!src/**/*.less",
        "!src/**/*.ts",
        "!src/img/**"
];
// 复制不包含需要编译的文件和图片文件
Gulp.task("copy", () => {
    return Gulp.src(copyPath, option).pipe(Gulp.dest(dist));
});
// 复制不包含需要编译的文件和图片文件（只改动有变动的文件）
Gulp.task("copyChange", () => {
    return Gulp
        .src(copyPath, option)
        .pipe(changed(dist))
        .pipe(Gulp.dest(dist));
});
```

2. 文件编译

如果我们想要用高级语法，想要写 async/await，想要用 Less 来写样式，想要用 TypeScript 来写代码，则需要针对每种文件做编译。

这里以 TypeScript 和 Less 来举例：

```
var ts = require("Gulp-typescript");
var less = require("gulp-less");
var postcss = require("gulp-postcss");
var autoprefixer = require("autoprefixer");
var tsProject = ts.createProject("tsconfig.json");
var sourcemaps = require("Gulp-sourcemaps");
var tsPath = ["src/**/*.ts", "src/app.ts"]; // 定义 ts 文件
// 编译 ts
Gulp.task("tsCompile", function() {
    return tsProject
        .src(tsPath)
        .pipe(sourcemaps.init())
        .pipe(tsProject())
        .js.pipe(sourcemaps.write()) // 添加 sourcemap
        .pipe(Gulp.dest("dist")); // 最终输出到 dist 目录对应的位置
});
// 编译 less
gulp.task("less", () => {
    return gulp
        .src(lessPath, option)
        .pipe(
            less().on("error", function(e) {
                console.error(e.message);
                this.emit("end");
            })
        )
        .pipe(postcss([autoprefixer]))
        .pipe(
            rename(function(path) {
                path.extname = ".wxss";
            })
```

```
        )
        .pipe(gulp.dest(dist));
});
```

这里仅简单展示了如何使用 Gulp 来构建 TypeScript，下一节会详细说明 TypeScript 的好处。当然，用到 TypeScript 的话，记得把 tsconfig.json 和 tslint.json 也加上。现在 TypeScript 已经全力支持采用 Eslint 了，所以未来可能再也不用 Tslint 了，大家可以关注一下。

3. watch 任务

我们在写代码的时候，需要监听文件变动，并自动复制、编译和更新，这时就需要 watch 任务了：

```javascript
// 监听
Gulp.task("watch", () => {
    Gulp.watch(tsPath, Gulp.series("tsCompile")); // ts 编译
    var watcher = Gulp.watch(copyPath, Gulp.series("copyChange")); // 复制任务
    Gulp.watch(watchLessPath, Gulp.series("less")); // less 处理
    Gulp.watch(imgPath, Gulp.series("imgChange")); // 图片处理
    watcher.on("change", function(event) {
        // 删除的时候，更新删除任务到目标文件夹
        if (event.type === "deleted") {
            var filepath = event.path;
            var filePathFromSrc = path.relative(path.resolve("src"), filepath);
            var destFilePath = path.resolve("dist", filePathFromSrc);
            del.sync(destFilePath);
        }
    });
});
```

最终的项目目录结构如下（这也是我个人比较喜欢的一个结构）：

```
├──dist                      // 编译之后的项目文件（带 sorcemap，支持生产环境告警定位）
├──src                       // 开发目录
│   ├──app.ts                // 小程序起始文件
│   ├──app.json
│   ├──app.less
│   │
│   ├──assets                // 静态资源
│   │   ├──less              // 公共 less
│   │   ├──img               // 图片资源
│   ├──components            // 组件
│   ├──utils                 // 工具库
│   ├──config                // 配置文档
│   ├──pages                 // 小程序相关页面
│   │
├──project.config.json       // 小程序配置文件
├──Gulpfile.js               // 工具配置
├──package.json              // 项目配置
├──README.md                 // 项目说明
├──tsconfig.json             // TypeScript 配置
├──tslint.json               // 代码风格配置
```

9.2.2　优秀的 TypeScript 支持

我经常推荐别人用 TypeScript，当你接手过各种各样的项目、各式各样挑战你逻辑能力的代码之后，你就会发现接到一个 TypeScript 的项目有多幸福了（前提是这不是个 any 满天飞的 TypeScript 项目）。

1. 为什么要用 TypeScript

当你管理大一些的应用时，尤其是在需要团队配合的时候，你就会感受到 TypeScript 的好处了。如果你的项目比较小，只是写个小工具、小 demo，进行 store 状态管理、TypeScript 编译等，那就没必要勉强接入 TypeScript，除非你已经非常熟悉，没有额外的成本。离开具体场景谈架构，都是耍流氓。

下面我们一起来看看小明是怎么做的。

小明接到一个紧急任务，需要在 10 天内实现一个小程序并完成联调上线。小明快速地对功能和页面逻辑进行了工期评估，大概时间如表 9-1 所示。

表 9-1　某活动小程序开发时间评估结果

模　　块	工时预估（小时）
基础环境/框架搭建	2
登录+登录态续期+开户跳转	2
反馈建议+使用指引	1
产品数据上报	1
设置页	1.5
首页+新手引导	1.5
活动记录列表	1.5
活动记录详情	1.5
创建活动–修改逻辑	0.5
创建活动–选择	1
创建活动–引导页	0.5
创建活动–分组创建跳转	0.5
创建活动–填写素材/活动信息	1
创建活动–智能计算页	0.5
创建活动–生成活动页	1
创建活动–提交	1

小明算了一下，18 天的工作量，还不包括联调时间，怎么可能在 10 天内完成呢？只能请外援了，于是小明打算向组长申请两个外包同学的资源。之前隔壁老王说上次带外包同学做项目，让他们自由发挥，结果最后验收的时候，代码乱七八糟，根本不能用。所以小明打算先花几天时

间准备好基础的环境和框架，包括代码格式校验、自动格式化、基础组件，提供确定的代码分类说明（哪些类型的代码放置在哪里）。

带两个外包开发，另加两天与外包沟通指导、代码验收的时间，并行开发周期约7天，留下3天进行联调。时间很充裕，小明撸起袖子就开干了。虽然准备很充足，但小明依然遇到了一些问题。

2. 变量类型不明确

小明要求外包同学每天提交代码，自己也会定时验收已写好的代码。很快小明就发现了问题，除了代码风格不一致之外，还有一个会变的神奇变量。

```
flattenFields.forEach(item => {
    if (item.fields) { // 猜猜我的 item.fields 是数组还是对象
        flattenFields.push(..._.values(item.fields)); // 不用猜了，我用个 values 抹平，
        它就一定是对象了！
    }
});
```

当小明帮忙 debug 问题的时候，打断点看到一个地方，这好像是个数组（如图 9-3 所示）？

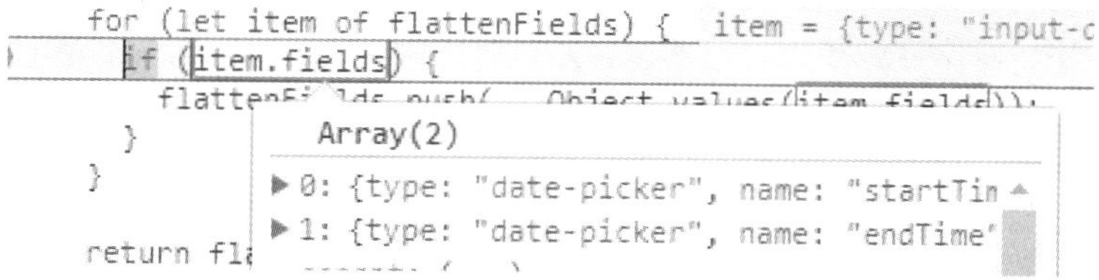

图 9-3　长得像数组的变量

然而小明擦了擦眼睛，又看了看，这怎么变成了对象（如图 9-4 所示）？

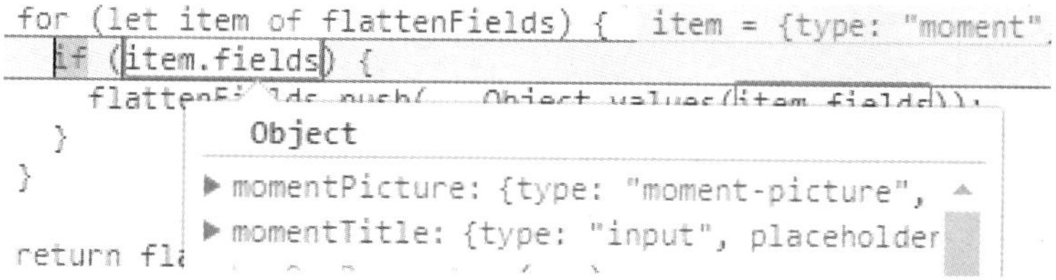

图 9-4　结果真的是"变"量

于是就有了小明和外包同学的以下对话。

小明：话说你这些到底是什么类型？从命名和上下文都看不出来，得去翻更细的代码……

外包：values 好像可以改一下试试。

小明：是数组还是对象？

　　外包：有的是数组，有的是对象。一般带复数的是数组……

　　小明：（刀.jpg）

　　小明：你这 item.fields，有时候是数组，有时候是对象，这样真的好吗？

　　小明：（刀.jpg）*2

　　其实，出现这种问题，不一定能反映开发者的能力或者技术水平。很多自学成才、非专业出身的程序员，由于没有通用计算机技术的背景，很容易自由生长。小明以前的代码风格也是这样，下划线和 "$" 符号命名的变量一抓一大把，变量类型也经常动态变化，改动的时候难受得要命，更别说把项目交接给别人了。

　　小明最初根本意识不到问题在哪里，直到被别人吐槽，才一点点纠正了不好的编码习惯，TypeScript 的出现也帮助他改正了很多不良的写法。

　　小明知道，遇到上面这种变量类型不明确的问题，其实是可以使用 TypeScript 来解决的。如果你不能保证自己的代码风格，可以多看看开源的代码，或者尝试一下 TypeScript。

3. 接口参数校验

　　好不容易交互功能都实现了，代码整体上也没有太大的问题，小明就要开始联调了。但在和后台联调的过程中，经常遇到接口参数不符合接口协议的情况。

　　小明：帮忙看看这个接口为什么返回失败了？

　　后台：你这个接口字段少了啊，这个 xxx。

　　（小明哼哧哼哧修改）

　　小明：帮忙看看这个接口为啥又报错了啊？

　　后台：你这个字段类型不对……我协议里有写的。

　　小明：喔，不好意思，我改。

　　（小明又哼哧哼哧修改）

　　小明：（泪光）帮忙看看这个接口为啥还报错？

　　后台：……你这字段名拼错了啊！！！

　　小明并不是这么不靠谱的人，他每次联调异常的时候，都会对着协议一个个检查哪里不对。但是被 bug 之神缠住的时候，小明就是看不出问题在哪里。这时小明如果用 TypeScript 来管理接口，这种问题分分钟就解决了。

```
// 例如定义了一个接口协议
interface IDemoResponse {
    date: string;
    someNumber: number;
    otherThing: any;
}
```

(1) 使用约定的变量时，会有相关提示（如图 9-5 所示）。

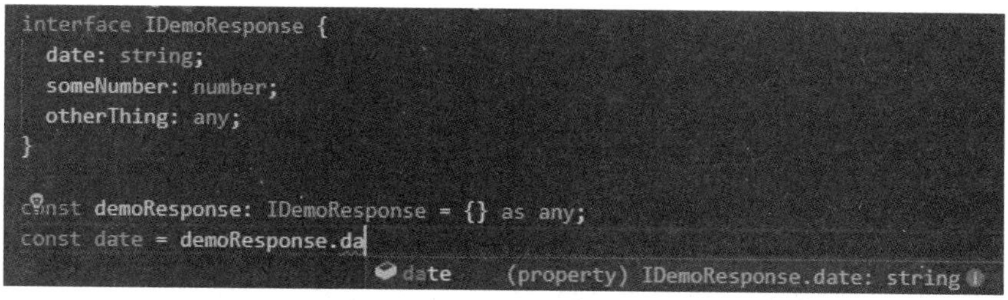

图 9-5　TypeScript 变量提示

(2) 使用约定以外的属性时，会报错提示（如图 9-6 所示）。

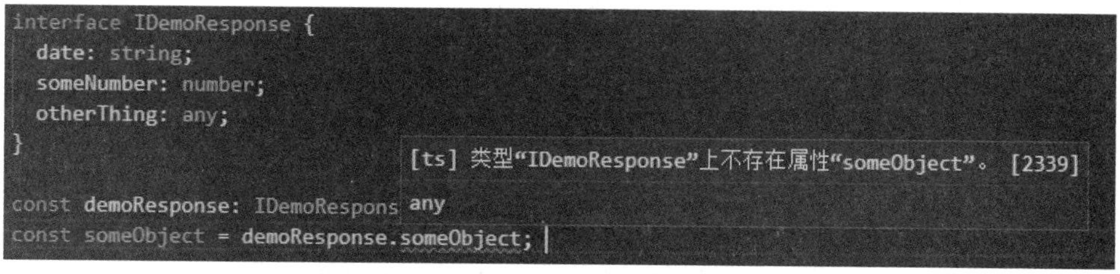

图 9-6　TypeScript 报错提示

　　甚至在编译的时候，TypeScript 也会提示错误和编译不成功，这样一来，你就可以发现很多问题，同时能避免很多隐藏问题，而不是等到上线的时候被用户投诉。原来 TypeScript 能帮助解决这么多问题，于是小明默默地将 TypeScript 列入了后续小程序开发的必备条件里，后来就很少再遇到这么折磨人的问题了。

4. 一键调整协议

　　接入 TypeScript 之后，小明发现 TypeScript 还有很多很棒的用法，例如一键调整协议。通常的开发流程是，前端和后台协议约定后就开始各自开发了。但是，在开发过程中总会遇到各种各样的问题，可能导致协议变更。字段的变更也很容易出错，一个不慎就容易改漏或改错，导致出现 bug。例如，后台要把某个接口下的 date 改成 day，而这种常见的命名是不能直接通过全局替换来处理的。

　　一般这种需求小明都是拒绝的，得看看写了多少代码、涉及多少改动，评估一下工作量。但现在，小明使用了 TypeScript 并定义了协议接口，一切都变得好办了。依然是这段代码，我们看看小明是如何力挽狂澜的：

```
interface IDemoResponse {
    date: string;
    someNumber: number;
    otherThing: any;
}

const demoResponse: IDemoResponse = {} as any;
const date = demoResponse.date;
```

首先，选中需要重命名的属性（如图 9-7 所示）。

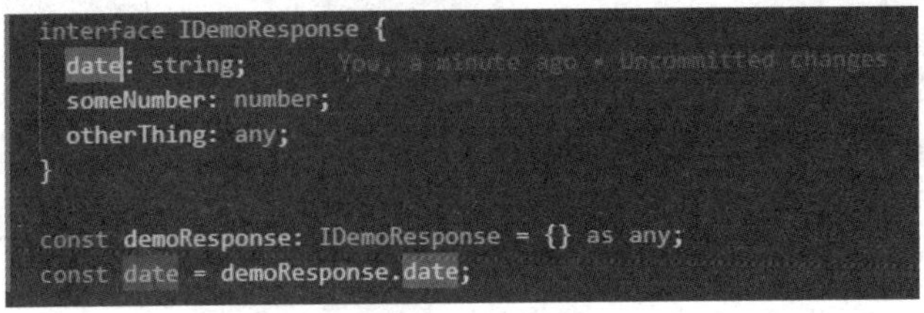

图 9-7   选中需要重命名的属性

其次，按下 F2，重新输入属性名（如图 9-8 所示）。

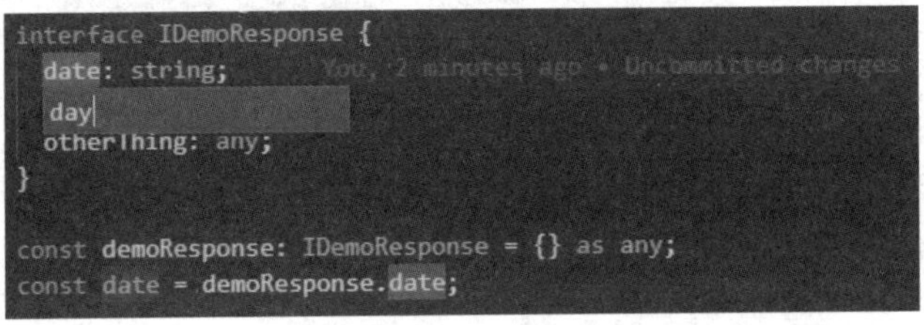

图 9-8   选中需要重命名的属性

最后，按下回车，使用到的地方都会更新（如图 9-9 所示）。

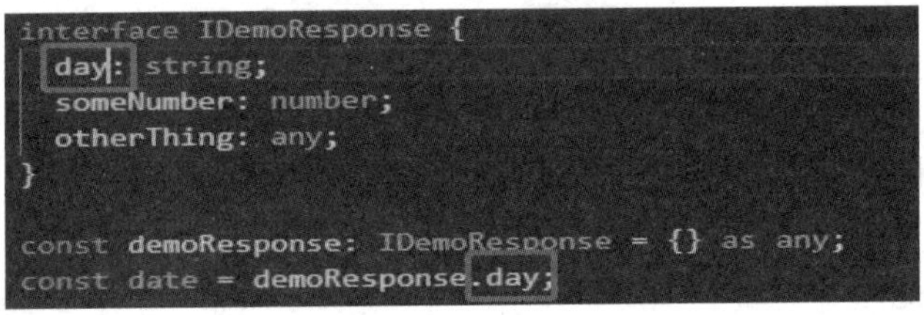

图 9-9   属性更新

其实，不管用的是不是 TypeScript，如果你在 JavaScript 中定义了某个对象名、对象属性或者函数名，也可以在 VSCode 中通过 F2 一键调整所有引用的地方。

5. 跨过 Babel 直接使用 ES6/ES7，跨过 Eslint 直接使用 Prettier

小程序开发者工具支持不少 ES6 新语法，不过在旧版开发者工具里，像 `async/await` 这种还是需要自己用 Babel 来编译的（最新版本已经支持 ES6+ 了）。现在直接用 TypeScript，连 Babel 都可以直接跳过了。

在使用过 TypeScript 之后，小明想，在小团队合作模式中，除了 TypeScript，还有没有别的超实用的工具呢？于是他发现了一个神器——Prettier。真是团队配合的好工具啊！尤其是在面对以下问题的时候。

□ 项目代码没有配 Eslint，导致每次拉下来的代码都有一大堆冲突。

□ 团队成员使用不同的编辑器，有的没有自动格式化，导致拉下来代码还是一堆冲突。

□ 用 Standard，有些规范和实际项目不符合，但是偏偏没得改。

□ 团队成员用 tab 缩进。

小明偷偷地往项目里装了个 Prettier，配合着 husky 来使用，然后所有的矛盾都不见了。不管对方的代码格式有多独特，最终在 git commit 的时候都被同化啦，而且 Prettier 的格式化不会影响到 Git 记录。当然，Prettier 也支持配合 Eslint 或者 Tslint 来约定开发风格，更多的教程大家可以在网上搜到。

6. 小程序与 TypeScript

TypeScript 得到官方的支持是非常重要的一件事。

你可能会问，小程序最终运行的是 JavaScript，直接自己编译一下就好了，为什么要等开发者工具支持 TypeScript 呢？

其实写 TypeScript 最重要的是 Typing 库。网上开源的关于小程序和 TypeScript 的工具或者脚手架一大堆，也不是不能使用，但小程序的 API 在不断地变化，依赖第三方来支持更新必定不是非常好的选择。有了官方的支持，即使小程序的 API 变了，我们也可以及时地更新。

小程序官方的 Typing 库可以从 Git 上找到，也可以在开发者工具里，新建项目时选择 TypeScript，然后我们就可以拿到官方的 Typing 库了（如图 9-10 所示）。

目前官方的 Typing 库尽管已经比较完善，但是还有一些和官方文档 API 不一致的地方，所以可以考虑自己修修补补用啦。使用了 TypeScript 和小程序 Typing 库之后，写代码不仅有友好的 API 提示，而且取值也更方便了（如图 9-11 和图 9-12 所示）。

图 9-10　开发者工具的 Typing 库

图 9-11　友好的 API 提示

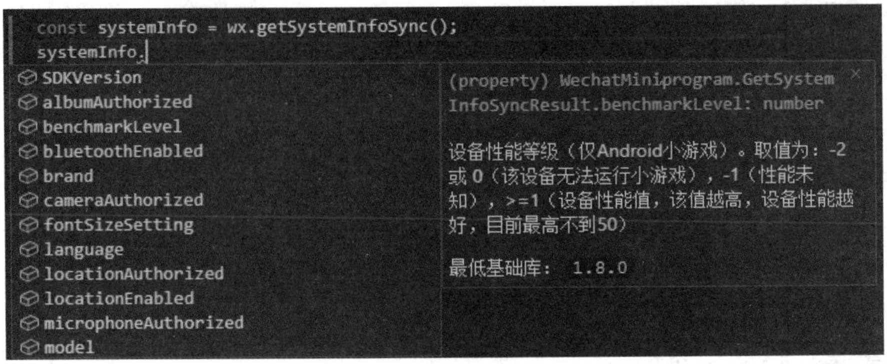

图 9-12   取值也很方便

通过点击 `getSystemInfoSync()` 跳转，我们还能看到对应的 Typing 是怎么定义的：

```
getSystemInfoSync(): GetSystemInfoSyncResult;

// 下面是 GetSystemInfoSyncResult 类型
// 还能看到具体的基础库支持版本
interface GetSystemInfoSyncResult {
    /** 客户端基础库版本
     *
     * 最低基础库: 1.1.0 */
    SDKVersion: string;
    /** 允许微信使用相册的开关 (仅 iOS 有效)
     *
     * 最低基础库: 2.6.0 */
    albumAuthorized: boolean;
    /** 设备性能等级 (仅 Android 小游戏)。取值为: -2 或 0 (该设备无法运行小游戏), -1 (性能未知),
        >=1 (设备性能值, 该值越高, 设备性能越好, 目前最高不到 50)
     *
     * 最低基础库: 1.8.0 */
    benchmarkLevel: number;
    /** 蓝牙的系统开关
     *
     * 最低基础库: 2.6.0 */
    bluetoothEnabled: boolean;
    /** 设备品牌
     *
     * 最低基础库: 1.5.0 */
    brand: string;
    /** 允许微信使用摄像头的开关
     *
     * 最低基础库: 2.6.0 */

    // 内容过长, 此处省略
}
```

是不是特别好用？我们也可以结合前面讲的 Gulp 编译，来搭建一个基本的 TypeScript+Tslint（Eslint）+Less+Prettier 的环境，大家可以去 GitHub 上搜索 wxapp-typescript-demo 的项目参考。

9.2.3　多人协作与自动化

曾经的小程序基本只用来实现一些简单的功能，如今小程序已经逐渐成为一个用户流量不少的入口，小程序的功能变得更加复杂，项目也逐渐变大，甚至开始出现了团队合作，小明也不例外。

团队合作需要默契的配合和公认的一些规范，才能很好地抵消人与人之间沟通和磨合的消耗。我们通常可以通过一些工具来进行规范的校验，当项目变大之后，需要将一些比较花费时间的流程进行脚本化和自动化。在做了各种项目、遇到了各种各样的合作伙伴之后，小明总结了一些经验，较大型的项目可以配合以下设施进行。

(1) 合适的脚手架。可以方便地管理项目和代码，例如前面讲到的使用 Gulp 进行基本的构建和打包能力。

(2) Git 分支管理。通过合适的工作流模式，将每个开发者、功能需求进行解耦，减少代码冲突。

(3) 自动生成 CHANGELOG。不管是哪种自动生成 CHANGELOG 的工具，基本上都依赖于每次提交 git commit 的信息。一般来说，需要提供自动化校验工具来进行 git commit 的规范性检查，同时结合规范来生成 CHANGELOG。

(4) 通用的工具库或组件库。对项目进行恰当地抽象，提取公共模块进行管理，方便团队间、不同页面和小程序之间的快速复用。

(5) 使用 CI/CD 等自动化工具，进行代码的自动化校验、构建、发布、通知，开发者不需要再花费时间进行操作和跟进。

另外，小明还遇到过团队中有缺乏异常兜底意识的小伙伴，每次提交代码和发布代码总会把 bug 带出去，而且还没法发现，一直到被用户投诉上门才知道。后面小明通过完善监控告警、自动化测试等能力来监控项目的质量，效果很不错。所以，如果你对代码的稳定性没有十足的把握，完善监控和测试也是一种不错的选择。

小明的故事就先告一段落，接下来我们一起来看看开发者工具悄悄开发的一些宝藏功能吧。

9.3　隐藏的宝藏功能

除了基本的编译能力之外，开发者工具其实还提供了很多特别好用的能力。由于官方文档特别完整，没有对此进行特殊宣传，这些很方便的功能常常不易被开发者发现。

9.3.1　真机调试

真机远程调试是个非常实用的功能，我们可以在开发者工具中给手机下发代码包运行，然后在手机上运行小程序的同时，在开发者工具中调试和定位问题。

我们经常会遇到这种情况：小程序开发工具没有问题，但是在真机上跑的时候却出问题了，或者某些 UI 变了。毕竟现在的手机型号那么多，就算是基础库也不能完全保证所有手机的兼容性（尤其是样式），这时候真机调试就显得特别方便了。

真机调试的流程如下。

(1) 点击开发者工具的工具栏上的"真机调试"按钮。

(2) 调试 JS 代码。支持断点、单步调试，还可在控制台调试 wx.***能力（需要选择 VM Context，如图 9-13 所示），真机上检查运行情况。例如检查当前缓存数据、设置缓存（如图 9-14 所示）、跳转调用等。

图 9-13　选择 VMContext　　　　　　　　图 9-14　设置缓存

(3) 查看和 debug 请求，可在真机调试控制台查看 NetWork，跟平时调试请求一样。

(4) 查看 UI 布局和样式，在控制台选中 WXML 片段（如图 9-15 所示），手机上可覆盖显示对应位置和信息（如图 9-16 所示）。在定位奇葩的手机兼容的时候，特别好用。

图 9-15　控制台选中 WXML 元素

图 9-16 手机上可覆盖显示对应位置和信息

另外，如果你在定位一个用户反馈的特殊问题，而你们自己又无法复现的时候，可以考虑给用户添加开发者权限，让他扫码进行真机调试，你就可以在开发者工具里看到所有的请求、报错和页面元素信息，从而远程定位问题了。

9.3.2　体验评分

体验评分是开发者工具提供的一个帮助开发者优化小程序体验的功能，通过给各个关键的体验选项进行打分，让开发者对自己小程序的体验有个较直观的认知。它会在小程序运行过程中实时检查，分析和定位可能导致体验不好的地方，并且给出一些优化建议。使用方法如下。

(1) 在调试器中打开 Audits 面板。

(2) 单击左上角的"开始"按钮，自行操作小程序界面，运行过的页面就会被"体验评分"检测到。

(3) 单击"Stop"停止分析，就会看到一份分析报告，之后便可根据分析报告进行相关优化。

另外，开发者可以在工具的右上角"详情"→"本地设置"里勾选"自动运行体验评分"选项，开启实时检查体验评分功能，但该功能依赖基础库 2.2.0 版本以上，也需要在"详情"→"本地设置"中进行配置。如图 9-17 所示，我们的小程序就分析出了很多问题，而且每一项都有具体的说明。

图 9-17　体验评分报告

体验评分能发现很多小程序的问题，例如常见的性能问题（从页面渲染、网络、JS 脚本等方面评估小程序的性能）、用户体验问题（从视觉、交互等方面评估小程序的体验）、最佳实践建议（包括要如何进行优化）等，都有简单的说明。如果你在为小程序的性能问题烦恼，想要优化但不知道从何下手，可以试一下体验评分功能，获得一些官方的建议。

9.3.3　代码+版本管理

微信团队为每个小程序提供了代码管理的服务，开发者可以将小程序的代码进行托管，方便进行代码推送、拉取、版本管理和多人协作。每个小程序在申请成功之后，都会自动创建一个以 wx_appid 为路径的项目组，开发者不需要再单独申请。

我们可以在本地代码中添加远程仓库，仓库地址可以在开发者工具中获取。同时，我们还需要进行账号的初始化设置，包括添加开发者、给开发者创建 Git 账号和密码等。之后就可以进行代码推送、拉取和同步了。具体的使用如图 9-18 所示，不过个人感觉也可以使用自己常用的 Git 工具。

图 9-18　开发者工具的 Git 功能

一般来说，开发者都有自己存放代码的仓库，如果没有的话，也可以使用官方提供的代码管理工具和仓库来进行管理。

9.3.4　小程序开发辅助

除了开发者工具，小程序还提供了一些辅助开发者更好地管理小程序的功能，例如小程序助手、vConsole 控制台、性能面板等，还对 Source Map 进行了支持，我们一起来看一下吧。

1. 小程序助手

小程序助手是官方小程序，可以用来对小程序进行管理和查看，例如版本查看、成员管理、基础数据及性能分析等，不需要再登录管理后台了。小程序助手中可以查看所有有权限的小程序项目，点击任何一个需要测试或体验的版本就可以直接打开对应的版本小程序，再也不需要二维码了。更多的功能体验，在微信搜索"小程序助手"来感受一下吧（部分如图 9-19 所示）。

2. vConsole

和 H5 一样，小程序在真机上也可以打开 vConsole，来查看移动端控制台（如图 9-20 所示），单击屏幕右上角的按钮，在打开的菜单里选择"打开调试"。此时小程序会退出，重新打开后右下角会出现一个"vConsole"按钮，单击即可打开调试面板。开发版和体验版都可以通过以上方式打开调试，正式版则没有这个选项，但是可以在体验版或开发版打开调试之后，再重新打开正式版小程序，这时就能看到 vConsole 了。

图 9-19   小程序助手

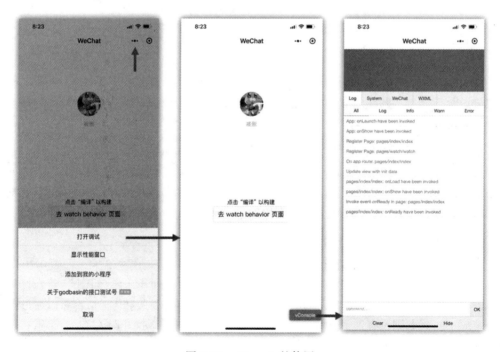

图 9-20   vConsole 的使用

vConsole 有时候会比真机调试更方便，例如我们需要定位某个问题，而产品经理或者运营人员的手机恰巧能复现，那就可以远程指导他们打开 vConsole，并截图报错相关的信息来查看。当然，更好的解决方法是让他们通过反馈带上本地日志来查看，但一些特殊的 bug 可能会带不上日志，这种情况下就可以使用 vConsole 来辅助定位。

3. Source Map 支持

在开发者工具中开启代码编译和代码压缩时，会生成 Source Map 的 map 文件，然后在小程序后台的运营中心可以利用上传的 Source Map 文件进行错误分析。

我们在使用其他编译工具时，只需要保证生成的 js 文件和.map 文件在一个目录下就可以了。开发者工具也支持 inline source map，但不管哪种使用方式，体验版和正式版中 Source Map 的文件大小都不会计算到最终的代码包大小里。那为什么开发版会计入 Source Map 的文件大小呢？这是因为在开发版小程序中，基础库需要使用.map 来正确映射错误信息到 vConsole 面板中，所以开发版代码包的大小会比体验版和正式版大。

4. 性能面板

从微信 6.5.8 版本开始，开发者可以在开发版小程序打开性能面板，方法是：进入开发版小程序，单击右上角的更多按钮，再单击"显示性能窗口"（如图 9-21 所示）。

图 9-21　性能面板的使用

该性能面板能实时展示小程序运行时的 CPU、内存、启动耗时、下载耗时、页面切换耗时等各种耗时和性能指标。开发者可根据运行时状态来定位小程序具体在哪个位置耗时多、内存消耗大，例如定位长列表滚动等问题，可作为体验优化以外更加详细的一个优化方式。

9.4　小程序自动化

传统的 Web 应用程序拥有 Selenium 这样的测试工具，而小程序由于独特的双线程设计和原生组件渲染，开发者无法脱离开发者工具，像 Web 一样写自动化测试。即使用某个框架兼容 Web 和小程序，然后通过 Web 测试来覆盖小程序的代码场景，依然会存在很多与真实运行环境脱离的问题。

例如，京东、拼多多、微保等较大型的小程序页面多达上百个，如果每次变动都无法覆盖完整甚至是主流程的测试，就要消耗大量的人工资源来确保项目的正常运行。现在，开发者工具为小程序提供了对应的方法来实现测试的自动化。虽然开发者目前只能通过写脚本的方式来进行自动化测试，但是相信在不久的将来，官方会给开发者提供更加便利的功能。

9.4.1　小程序自动化 SDK

小程序自动化 SDK 为用户提供了一套通过外部脚本操控小程序运行时的方法，从而达到小程序自动化测试的目的。

简单来说，它是一个可以让你控制小程序运行的工具，目前 SDK 主要包括以下 4 个部分。

(1) Automator：该模块提供了启动及连接开发者工具的方法。

(2) MiniProgram：该模块提供了控制小程序的方法。

(3) Page：该模块提供了控制小程序页面的方法。

(4) Element：该模块提供了控制小程序页面元素的方法。

拥有了这个 SDK，我们就仿佛拥有了超能力，可以控制小程序跳转到指定页面，获取小程序页面数据，获取小程序页面元素状态，触发小程序元素绑定事件，调用 wx 对象上的任意接口，甚至可以往 AppService 注入代码片段。此时此刻，你是不是跟我想的一样：我们通过这个 SDK，能做到的事情难道只有自动化测试这一件吗？发挥你的想象力吧！

9.4.2　测试框架结合

如果你之前使用过 Selenium WebDriver 或者 Puppeteer，就会知道 SDK 的工作原理是类似的。因为小程序的运行环境与浏览器有很多不一样的地方，所以我们可以使用小程序自动化 SDK 来控制小程序。SDK 本身不提供测试框架，可以结合其他的 Node.js 测试框架使用，例如可以结合 Jest 测试框架：

```javascript
const automator = require('miniprogram-automator')

describe('api', () => {
    let miniProgram
    let page

    beforeAll(async () => {
        // 拉起小程序
        miniProgram = await automator.launch({
            projectPath: 'path/to/miniprogram-demo'
        })
        // 打开到指定页面
        page = await miniProgram.reLaunch('/page/API/index')
        await page.waitFor(500)
    })

    afterAll(async () => {
        // 关闭小程序
        await miniProgram.close()
    })

    it('wxml', async () => {
        // 获取 page 元素
        const element = await page.$('page')
        // 判断 page 元素的标签名是否是 page
        expect(element.tagName).toBe('page')
        // 嗯, 我再点击你一下
        await element.tap()
        // 设置页面的数据
        await page.setData({
            list: []
        })
        // 检测设置数据之后, wxml 是否能正确展示
        expect(await element.wxml()).toMatchSnapshot()
    })
})
```

9.4.3　真机自动化

这套自动化 SDK 支持在开发者工具中运行, 除了能够控制开发者工具中的小程序模拟器, 还支持远程调试控制真机(目标机器上的基础库版本需要为 2.7.3 及以上), 从而达到在真机上进行自动化测试的目的。

启动真机调试可以通过 SDK(在测试脚本开头使用 miniProgram.remote 接口)启动, 也可以手动启动开发者工具的真机调试, 然后再运行测试脚本来实现真机上的测试。

```javascript
// 启动真机调试脚本示例
const automator = require('miniprogram-automator')
// 拉起小程序
const miniProgram = automator.launch({
    cliPath: 'path/to/cli',
```

```
    projectPath: 'path/to/project',
}).then(async miniProgram => {
    // 扫码登录连接真机，在真机上执行后续测试脚本
    await miniProgram.remote()
})
```

或许以后会出现这样的产业：提供各式各样的云真机平台，来进行小程序兼容性的自动化测试。

9.4.4 小程序自动化框架 Minium

基于小程序自动化 SDK，2019 年 8 月官方推出了小程序自动化框架 Minium 的公测。Minium 是小程序/小游戏自动化测试框架 MiniTest 的一部分，支持 IDE、iOS、Android 三端运行，旨在帮助开发人员和测试人员解决小程序的自动化测试难题。

官方文档中对 Minium 进行了详细介绍。

> Minium 提供了 Python 和 JavaScript 版本。使用 Minium 可以进行小程序 UI 自动化测试，但是 Minium 的功能不止是 UI 自动化，还可以用来进行函数的 mock，可以直接跳转到小程序某个页面并设置页面数据，做针对性的全面测试。这些都得益于我们开放了部分小程序 API 的能力。

Minium 主要是供测试人员使用的框架，它的便利性体现在以下 3 个方面。

❑ 抹除了平台差异，支持一套脚本，iOS、Android、模拟器三端运行；
❑ 同时支持测试 UI 和 API，可以结合 UI 和页面数据检查来验证结果；
❑ 打包测试框架，除了 SDK 之外，还集成了执行测试用例的命令行工具、丰富的测试配置以及一份包含截图、错误堆栈、脚本 log 和小程序 log 的简洁的测试报告。

而对于开发人员来说，更好的选择是使用自动化测试 SDK，自行用 JavaScript 或 TypeScript 语言来编写。

9.5　开发者工具原理设计

我们知道，小程序是跑在终端机器的微信 App 里的。那开发者工具是如何保证跑在工具中的代码不仅覆盖大部分小程序的能力，而且可以保证环境相对一致的呢？这得益于其独特的框架设计。

9.5.1 开发者工具底层框架

前面讲了小程序的框架设计原理，双线程的设计大家应该还有印象（如图 9-22 所示）。

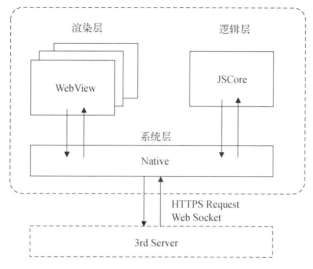

图 9-22　小程序框架

显然，小程序需要的开发环境同之前任何一种技术都不同，所以微信团队开发了全新的 IDE——微信开发者工具。该工具基于 NW.js，使用 Node.js、Chromium 和系统 API 来实现底层模块，使用 React、Redux 等前端技术框架来搭建用户交互层，实现同一套代码跨 macOS 和 Windows 平台使用（如图 9-23 所示）。

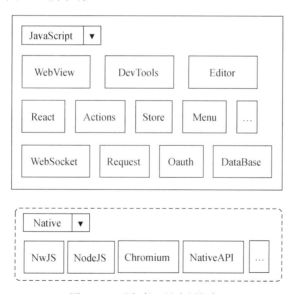

图 9-23　开发者工具底层框架

官方提供的开发者工具应尽量和真机运行的环境保持一致，所以需要在开发者工具上模拟小程序的双线程运行机制，接下来我们来看看具体是怎么做的。

9.5.2   逻辑层模拟

第 7 章讲过，小程序的逻辑层在 iOS 中是运行在 JavaScriptCore 中的，在 Android 中是运行在 X5 JSCore/V8 解析引擎中的。而在开发者工具里，我们可以使用 WebView 来模拟小程序的 JSCore 环境（如图 9-24 所示）。

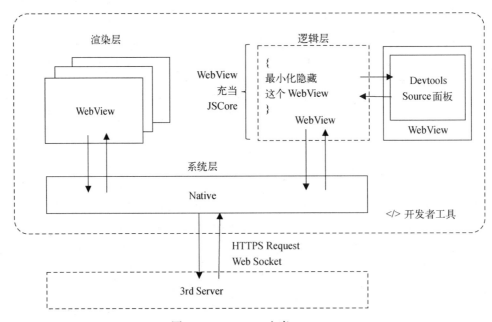

图 9-24   WebView 充当 JSCore

WebView 是一个 Chrome 的`<webview/>`标签，它是采用独立的线程运行的。因为它是一个逻辑层，而不是渲染层，所以对用户是不可见的。

同时，我们可以复用 WebView 的调试工具，使用 Chrome Devtools 的 Sources 面板来调试逻辑层的 JS 代码。需要注意的是，小程序中的逻辑层是一个纯 JavaScript 的解释执行环境，这个环境没有浏览器相关的接口，如果开发者在代码中写了相关的逻辑，虽然在工具中跑得顺畅，但在真机上很可能会报错白屏。所以，在开发者工具中还需要对 WebView 的逻辑层中不支持的对象和接口进行隔离处理，通过局部变量化，使开发者无法在小程序代码中正常使用这些对象，从而避免不必要的错误。

9.5.3   渲染层模拟

同样地，开发者工具使用 Chrome 的`<webview/>`标签来加载渲染层页面，每个页面启动一个 WebView，通过基础库维护和管理页面栈。

小程序的渲染层的运行环境是一个 WebView，而小程序构建页面使用 WXML，显然 WebView

无法直接理解 WXML 标签。那渲染层的调试工具又是怎么来的呢？Chrome Devtools 自带的 Element 面板调试的是逻辑层 WebView 的节点（HTML 节点），并不能调试当前渲染层页面的节点。所以开发者工具将默认的 Element 面板隐藏，开发了 WXML 面板插件给开发者进行调试辅助。开发者工具会在每个渲染层的 WebView 中注入界面调试的脚本代码，这些节点的调试信息最终会通过底层通信系统转发给 WXML 面板进行处理。

小程序的 WXML 生成 HTML，中间会经过 AST 转成 JavaScript 函数，在小程序运行时再根据该函数生成页面结构的 JSON，最后通过小程序组件系统，在虚拟树对比后将结果渲染到页面上。此时就会面临一个问题：WebView 最终会生成 HTML 的代码，开发者在 WXML 里看到的代码和自己写的代码会不一致。例如以下这段代码：

```
<scroll-list>
    <scroll-item></scroll-item>
    <scroll-item></scroll-item>
    <scroll-item></scroll-item>
</scroll-list>
```

可能会生成这样的 HTML：

```
<scroll-list>
    <div>
        <scroll-item><div></div></scroll-item>
        <scroll-item><div></div></scroll-item>
        <scroll-item><div></div></scroll-item>
    </div>
</scroll-list>
```

在这种情况下，开发者可能会产生一种这不是自己写的代码的错觉，十分影响调试。所以开发者工具还需要把多余的节点去除，生成一棵最小节点树（如图 9-25 所示）。

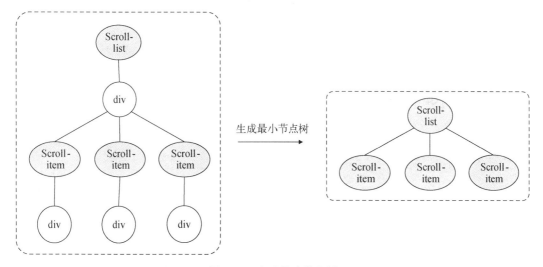

图 9-25　生成最小节点树

9.5.4   通信模拟

基于双线程设计的小程序，在逻辑层和渲染层间的通信都是要经过 Native 的，那么在开发者工具上是怎么模拟这种通信方式的呢？

开发者工具有一个消息中心底层模块，维持着一个 WebSocket 服务器，通过该 WebSocket 服务，开发者工具与逻辑层的 WebView、渲染层页面的 WebView 建立长连，同时使用 WebSocket 的 `protocol` 字段来区分 Socket 的来源。

图 9-26 模拟了小程序中的通信，具体包括以下几点。

(1) 逻辑层和渲染层分别通过各自的 WebView 与消息中心进行通信，从而模拟双线程通信。

(2) WebView 的调试信息（如 DOM 树、节点样式、节点变化、选中节点的高亮处理、界面调试命令处理等）会通过 WebSocket 经由开发者工具转发给 WXML 面板进行处理。

(3) 借助开发者工具的 BOM 对象，`wx.request` 使用 XMLHttpRequest 模拟，`wx.connectSocket` 使用 WebSocket，来做到对外三方服务的通信调试。

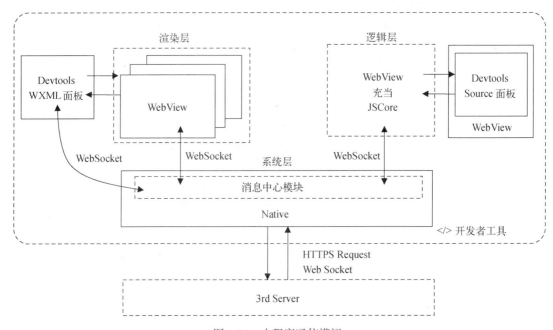

图 9-26   小程序通信模拟

9.5.5   客户端模拟

为了模拟客户端的运行环境，除了模拟逻辑层、渲染层和线程通信，还要模拟客户端中的各种 API 执行、JS 代码和 WXML 代码执行等。

1. API 模拟

前面在介绍通信模拟的时候，已经讲到了网络请求相关的 API 模拟，这里再进行较完整的说明。

(1) 网络请求相关。`wx.request` 使用 XMLHttpRequest 模拟，`wx.connectSocket` 使用 WebSocket。

(2) 文件系统相关。使用 fs 实现 `wx.saveFile`、`wx.setStorage`、`wx.chooseImage` 等。

(3) 媒体相关。`wx.startRecord` 使用 MediaRecorder，`wx.playBackgroundAudio` 使用 `<audio/>`标签，地图、音频、视频、画布等都使用 DOM 对象模拟实现。这里其实涉及很多原生组件的模拟，而原生组件的层级渲染在真机上会有本质的区别，所以应尽量在真机上多进行测试。

(4) 界面和交互相关。模拟 UI 和交互流程，来实现 `wx.navigateTo`、`wx.showToast`、`wx.openSetting`、`wx.addCard`。

(5) 转发和分享相关。同样使用模拟 UI 和交互流程，但这些场景也需要多覆盖各种真机机型和版本的测试。

(6) 支付相关。通过生成二维码支付的方式，来保证支付相关的能力在开发者工具中正常运行。

(7) 设备相关。包括蓝牙、NFC、电话等，这些暂时较难进行模拟。

2. JS 代码执行

我们在调试代码的时候会发现，虽然我们在开发的时候创建了许多 JS 文件，但最终运行在小程序逻辑层的只有 app-service.js 这一个文件。这是因为在代码上传之前，微信开发者工具会在服务器编译过程中将每个 JS 文件的内容进行处理和隔离，再按一定的顺序合并成 app-service.js，达到最终加载单个 JS 文件的效果，如图 9-27 所示。

图 9-27　合并 JS 文件

3. WXML 和 WXSS 代码执行

我们已经知道，在开发者工具中，是使用开发者工具自行扩展的 WXML 板块对渲染层进行调试的。WXML 代码之所以能够运行在 WebView 中，是因为在工具的编译过程中，所有的 WXML 代码最终会变成一个 JavaScript 函数（详情请参考 7.2.3 节）。解析 WXML 内容可以得到一个 AST 对象，再根据 AST 对象生成可执行的代码片段，在用到的时候运行即可。

除了在开发者工具中进行调试，我们还需要在手机端运行这些代码。当调试完成上传代码的时候，开发者工具会将本地的 WXML 代码文件提交到后台。后台会使用与开发者工具中相同的代码对上传代码进行编译，这样在工具中生成的代码和在后台生成的代码就能保持一致，用户打开小程序的时候，下载的就是编译完成后的代码了。

而对于 WXSS，开发者工具同样会进行编译和处理，处理过程包括分析各个 WXSS 文件的引用关系、rpx 兼容处理等，而最终处理的样式也会被添加到页面中运行。

前面提到，所有的 JS 文件最终会编译成一个单独的 app-service.js 文件。对于 WXML 文件和 WXSS 文件的处理，开发者工具也是使用相似的方式，在编译之后会生成 JavaScript 代码，使用 `script` 标签注入在一个空的 page-frame.html 文件中，这个文件会在页面渲染的时候加载。在开发者工具的 Console 面板里，输入 `document.head`，就可以查看项目初始化时加载的 JS 文件，如图 9-28 所示。

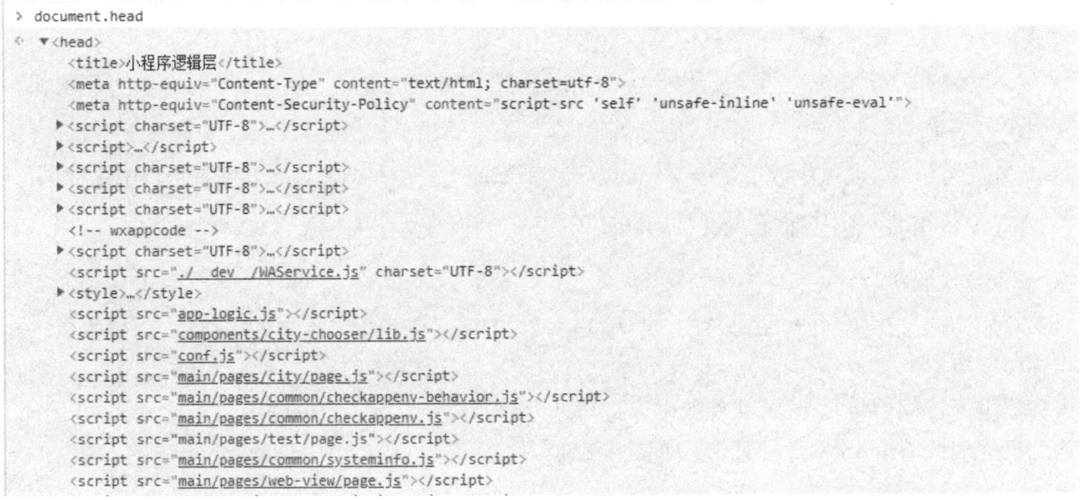

```
> document.head
< ▼<head>
      <title>小程序逻辑层</title>
      <meta http-equiv="Content-Type" content="text/html; charset=utf-8">
      <meta http-equiv="Content-Security-Policy" content="script-src 'self' 'unsafe-inline' 'unsafe-eval'">
    ▶<script charset="UTF-8">…</script>
    ▶<script>…</script>
    ▶<script charset="UTF-8">…</script>
    ▶<script charset="UTF-8">…</script>
    ▶<script charset="UTF-8">…</script>
      <!-- wxappcode -->
    ▶<script charset="UTF-8">…</script>
      <script src="./_dev_/WAService.js" charset="UTF-8"></script>
    ▶<style>…</style>
      <script src="app-logic.js"></script>
      <script src="components/city-chooser/lib.js"></script>
      <script src="conf.js"></script>
      <script src="main/pages/city/page.js"></script>
      <script src="main/pages/common/checkappenv-behavior.js"></script>
      <script src="main/pages/common/checkappenv.js"></script>
      <script src="main/pages/test/page.js"></script>
      <script src="main/pages/common/systeminfo.js"></script>
      <script src="main/pages/web-view/page.js"></script>
```

图 9-28   `document.head`

4. 小程序中执行代码

在小程序运行时，逻辑层直接加载 app-service.js，渲染层使用 WebView 加载 page-frame.html，在确定页面路径之后，通过动态注入 script 的方式调用 WXML 文件和 WXSS 文件生成的对应页面的 JS 代码，再结合逻辑层的页面数据，最终渲染出指定的页面。

开发者工具一直在努力创造接近真机的运行环境，相信未来的能力会越来越多。当你在问题定位困难的时候，可以多试试真机调试；在被投诉小程序体验糟糕的时候，可以跑一下体验评分；在其他监控、告警等能力需要支持的时候，可以看看下一章——让人省心的管理后台。

第10章

让人省心的管理后台

本章主要介绍小程序的管理后台相关能力，内容可能相对有些枯燥，但其实包含了很多的实用干货。这些能力可以帮助大家关注小程序的质量，搭建更加完善的监控告警体系。

10.1 常用设置

小程序管理后台中，有一些比较常用但是小众的设置，这里我们简单讲讲域名、关联和搜索相关的设置，其他的大家可以登录小程序管理后台自行了解。

10.1.1 域名设置

每个微信小程序都需要事先设置一个通信域名，小程序只可以跟指定的域名进行网络通信，包括 wx.request、wx.uploadFile、wx.downloadFile 和 wx.connectSocket。

服务器域名（域名必须经过 ICP 备案）需要在小程序管理后台→"开发"→"开发设置"→"服务器域名"中进行配置，配置时有以下注意事项。

(1) 域名只支持 HTTPS（wx.request、wx.uploadFile、wx.downloadFile）和 WSS（wx.connectSocket）两种协议，每个接口最多可以配置 20 个域名。

(2) IP 通信的逻辑要复杂一点，可以在官方文档查看最新情况（目前只允许跟同个局域网内的非本机 IP 通信）。

(3) 可以配置端口，但配置后只能向该端口发起请求。如果不配置端口，则请求的 URL 中不能包含任何端口。

为了避免开发者直接在小程序中调用微信服务器端的相关 API，api.weixin.qq.com 不能被配置为服务器域名。例如第 8 章中提到的用户登录信息，如果开发者不希望经过业务服务器端，而是直接在小程序端通过 wx.login 获取到 code，然后将 code、appid、appsecret 一起发送给 api.weixin.qq.com 获取相关用户信息，那么将 appsecret 直接暴露在小程序端就是很危险的操作，意味着用户信息将被暴露在公开环境中。所以，开发者应该将 appsecret 保存在后台服务中，小程序端通过请求业务后台、再请求微信服务器端的方式来获取用户数据（获取到的 appsecret 需妥善保管，项目上线后切勿进行重置操作）。

在开发者工具中，可以通过勾选不校验合法域名选项来跳过检查（如图 10-1 所示），但是在上线发布前，请记得取消勾选测试。不要在发布之后才发现接口失败、页面无法打开等问题。

图 10-1　校验合法域名选项

10.1.2　关联设置

小程序需要与公众号关联，才可用在公众号自定义菜单、模板消息、客服消息等场景中。小程序现有的关联公众号策略如下。

(1) 公众号关联小程序将默认无须小程序管理员确认，若希望小程序在被关联时保留管理员确认环节，可前往小程序管理后台→"设置"→"基本设置"→"关联公众号设置"进行开启。

(2) 公众号文章可直接使用小程序素材，无须关联小程序。

(3) 开发者可在小程序管理后台→"设置"→"关联设置"中管理已关联的公众号。

以前小程序之间的跳转需要关联公众号，现在不再需要了。小程序可以跳转至任意其他小程序，但需要在提交代码的时候在 app.json 中进行相关配置才能通过审核。同时每个小程序可跳转的其他小程序数量不得超过 10 个，小程序跳转相关的更多细节请阅读 8.5.4 节。

10.1.3　搜索设置

与搜索相关的设置主要包括隐私设置和页面收录设置，均位于小程序管理后台→"设置"→"基本设置"内。

(1) 隐私设置可设置是否允许用户通过名称搜索到小程序账号。

(2) 页面收录设置开启后，小程序页面将可能展示在微信搜索等多个公开场景中。此设置默认开启，如果小程序中存在不适合展示的用户个人信息、通信信息、商业秘密等内容，或者开发者不希望使用微信展示其小程序，建议开发者自行关闭该设置，或者对该小程序或特定的小程序页面采取设置登录态、加注拒绝被搜索到的标记等防止搜索措施。如果"隐私设置"设置了不允许被搜索，但"页面收录设置"开启了"允许被收录"，小程序页面也不会进入搜索中。

(3) 在开发代码中，小程序根目录下的 sitemap.json 文件用于配置小程序及其页面是否允许被微信索引。如果"页面收录设置"关闭了"允许被收录"，则 sitemap 设置会无效。

10.1.4 最低基础库版本设置

如果你的小程序使用了什么致命兼容性功能，你可以强制用户升级微信版本才能使用小程序。在小程序管理后台→"设置"→"基本设置"→"基础库最低版本设置"进行配置。设置的时候，我们还可以看到自己小程序过去 30 天用户基础库版本的占比情况。设置后，若用户使用的基础库版本低于设置的最低版本要求，则无法正常使用小程序，并提示更新微信版本（如图 10-2 所示）。

图 10-2　提示用户更新微信版本

在设置后经过一段时间，就能看到对应的基础库版本升级了（如图 10-3 所示）。

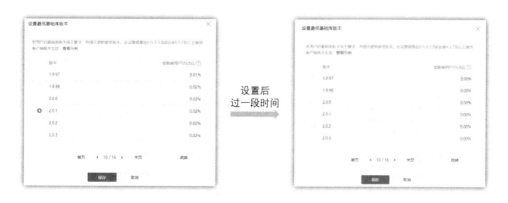

图 10-3　低版本占比清零

在使用一些高版本要求的能力时，例如 behavior 的 `definitionFilter` 支持自定义组件扩展时，要求基础库版本在 2.2.3 以上（在你使用官方的 computed-behavior 的时候也是哦）。使用 WXS 响应事件提升左滑列表的性能时，要求基础库版本在 2.4.4 以上，如果你的小程序左滑列表场景是主要场景，同时又有上千的列表需要操作，那只能做这种强制升级了。

需要注意的是，设置最低基础库版本也是有最低版本要求的，需要 iOS 6.5.8 或者 Android 6.5.7 及以上版本微信客户端支持，对应到基础库版本，大概是 1.1.x。

10.2　日志与反馈

除了常见的 badjs 告警，日志其实也是很重要的前端运维能力。而出于种种原因，在前端开发中做日志打印和上报的却不怎么常见，但是日志对于特殊场景下的问题定位特别有效。

小明以前就有过这种烦恼。一天小明的老板在使用小程序时白屏了，问小明这是怎么回事，让小明在 10 分钟内找出原因，不然奖金就别要了。小明疯狂查后台日志，却发现请求都没有走到后台接口，没法继续定位这个问题。奖金丢了，小明只能发出一声叹息。这个时候如果有前端日志，这类问题就迎刃而解了。

10.2.1　用户反馈日志上传

经过一顿查询和搜索，小明发现小程序官方提供了日志管理的功能（虽然藏得深，但小明还是机智地发现了）。这个日志管理功能的使用流程如下。

(1) 首先，在开发中打印日志，使用日志管理器实例 `LogManager`。

(2) 然后，用户在使用过程中，可以在小程序的 profile 页面（"右上角胶囊" → "关于 xxxx"）单击"投诉与反馈" → "功能异常"（旧版本还需要勾选"上传日志"），如图 10-4 所示。

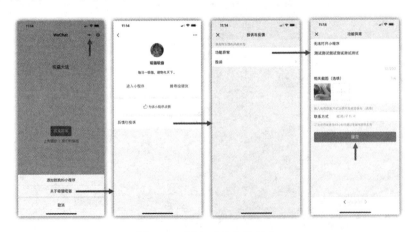

图 10-4　用户反馈上传日志

这个入口对于用户来说可能过于深入，小明挠挠头，继续翻阅资料，看看有没有别的解决办法。经过一番努力查找，小明发现在小程序中也可以通过 button 组件设置 openType 为 feedback，然后用户点击按钮就可以直接拉起意见反馈页面了。一般情况下，用户截屏除了要分享之外，也可能是小程序出 bug 了。于是，小明通过事件监听用户截屏的操作，在用户截屏的时候，弹出浮层引导用户主动利用 button 组件的能力进行反馈。

```
<view class="dialog" wx:if="{{isFeedbackShow}}">
    <view>是否遇到问题? </view>
    <button open-type="feedback">点击反馈</button>
</view>

wx.onUserCaptureScreen(() => {
    // 设置弹窗出现
    this.setData({isFeedbackShow: true})
});
```

（3）最后，在小程序管理后台→"管理"→"反馈管理"中就可以查看上传的日志（还包括了很详细的用户、机型、版本等信息），如图 10-5 所示。

图 10-5　后台查看用户反馈日志

10.2.2　LogManager

小程序的 LogManager 是一个非常实用又特别低调的能力。它的使用方式和 console 很相似，提供了 log、info、debug、warn 等日志方式。下面我们看一下它的用法。

```
// 使用 LogManager
const logger = wx.getLogManager()
// 日志内容可以有任意多个
```

```
// 每次调用的参数的总大小不超过 100KB
logger.log({str: 'hello world'}, 'basic log', 100, [1, 2, 3]) // 写 log 日志
logger.info({str: 'hello world'}, 'info log', 100, [1, 2, 3]) // 写 info 日志
logger.debug({str: 'hello world'}, 'debug log', 100, [1, 2, 3]) // 写 debug 日志
logger.warn({str: 'hello world'}, 'warn log', 100, [1, 2, 3]) // 写 warn 日志
```

打印的日志，从管理后台下载下来，如图 10-6 所示。

```
2019-12-12 14:40:40 [log] wx.getStorageSync return
2019-12-12 14:40:40 [log] wx.setStorageSync api invoke
2019-12-12 14:40:40 [log] wx.setStorageSync return
2019-12-12 14:40:40 [log] page pages/result/result onLoad have been invoked
2019-12-12 14:40:40 [log] page pages/result/result onShow have been invoked
2019-12-12 14:40:40 [log] wx.navigateTo success callback with msg navigateTo:ok
2019-12-12 14:40:40 [log] page pages/result/result onReady have been invoked
2019-12-12 14:40:41 [log] wx.getSystemInfo api invoke
2019-12-12 14:40:41 [log] wx.getSystemInfo success callback with msg getSystemInfo:ok
2019-12-12 14:40:41 [log] wx.getSystemInfo api invoke
2019-12-12 14:40:41 [log] wx.getSystemInfo success callback with msg getSystemInfo:ok
2019-12-12 14:40:42 [log] page pages/result/result onUnload have been invoked
2019-12-12 14:40:42 [log] page pages/index/index onShow have been invoked
2019-12-12 14:40:42 [log] [0.0.1] index  |  gotoFail invoke, event dataset =  {}
params =
2019-12-12 14:40:42 [log] wx.getStorageSync api invoke
2019-12-12 14:40:42 [log] wx.getStorageSync return
2019-12-12 14:40:42 [log] wx.setStorageSync api invoke
2019-12-12 14:40:42 [log] wx.setStorageSync return
2019-12-12 14:40:42 [log] wx.navigateTo api invoke
2019-12-12 14:40:42 [log] page pages/index/index onHide have been invoked
2019-12-12 14:40:42 [log] [0.0.1] result  |  onLoad invoke, params =
{"type":"warn","title":"操作出错","info":"人生也常常不如意"}
2019-12-12 14:40:42 [log] wx.getStorageSync api invoke
2019-12-12 14:40:42 [log] wx.getStorageSync return
2019-12-12 14:40:42 [log] wx.setStorageSync api invoke
2019-12-12 14:40:42 [log] wx.setStorageSync return
2019-12-12 14:40:42 [log] wx.getLaunchOptionsSync api invoke
2019-12-12 14:40:42 [log] wx.getLaunchOptionsSync return
2019-12-12 14:40:42 [log] [0.0.1] result  |  onLoad, this.data =  {"PAGE_NAME":
"result","type":"warn","title":"操作出错","info":"人生也常常不如意","isFromApp":
false,"isFromMiniProgram":false} options =  {"path":"pages/index/index","query":{},
"scene":1011,"referrerInfo":{}}
2019-12-12 14:40:42 [log] wx.getStorageSync api invoke
2019-12-12 14:40:42 [log] wx.getStorageSync return
2019-12-12 14:40:42 [log] wx.setStorageSync api invoke
2019-12-12 14:40:42 [log] wx.setStorageSync return
2019-12-12 14:40:42 [log] page pages/result/result onLoad have been invoked
2019-12-12 14:40:42 [log] page pages/result/result onShow have been invoked
2019-12-12 14:40:42 [log] wx.navigateTo success callback with msg navigateTo:ok
2019-12-12 14:40:42 [log] page pages/result/result onReady have been invoked
2019-12-12 14:40:43 [log] wx.getSystemInfo api invoke
2019-12-12 14:40:43 [log] wx.getSystemInfo success callback with msg getSystemInfo:ok
2019-12-12 14:40:43 [log] wx.getSystemInfo api invoke
2019-12-12 14:40:43 [log] wx.getSystemInfo success callback with msg getSystemInfo:ok
2019-12-12 14:40:44 [log] page pages/result/result onUnload have been invoked
```

```
2019-12-12 14:40:44 [log] page pages/index/index onShow have been invoked
2019-12-12 14:40:48 [log] page pages/index/index onHide have been invoked
2019-12-12 14:40:48 [log] App onHide have been invoked
```

事件列表   新建事件

事件ID	英文名	中文名	创建时间	发布时间	更新时间	修改者	操作
1004	one_event_for_all	统一上报	2019-03-19	2019-04-03	2019-04-12	被删	查看发布版 修改

图 10-6   打印的日志

除了使用 LogManager 打印的日志，还打印了基础库自身的日志，基础库的日志可以帮助开发者定位哪些地方出了问题。小明依赖基础库的日志定位了好几个问题。

有个用户反馈了一个白屏的问题，小明联系用户进行反馈后，从后台拿到了用户的日志。奇怪的是，某个页面明明已经执行了 unLoad（基础库打印的日志），但是后续又出现了这个页面中的一些运行日志。小明仔细查看了每个页面的日志，发现小程序页面被用户自行返回关闭之后，还有原本在执行的逻辑，而这些逻辑是会继续执行完毕的。这些逻辑中还有重定向和跳转逻辑，导致页面发生了异常的跳转，传参异常导致白屏。

小明还遇到过用户卡在加载页进不去小程序的情况，他查看了用户上传的日志，发现小程序基础库 wx.getLocation 既没有 success 也没有 fail 回调的情况（之前在 Android 手机上会偶现，现已修复）。在小明的小程序中，主流程依赖用户位置的获取，所以页面逻辑卡住了，导致进不去小程序。幸好通过日志查到了原因，针对 wx.getLocation 这个 API 做了超时的兼容，小明才解决了这个问题（这次不用丢奖金了）。

10.2.3   本地日志远程上报

通常来说，光有小程序用户反馈的日志是不够的，因为日志在旧版本下要依赖用户主动上传，而有些用户是通过其他渠道反馈的（例如小明老板的反馈），这时依然需要提取用户的日志，要怎么办呢？

思考过后，小明做了一个简单的日志库，包括以下功能。

(1) 日志输入到 LogManager。

(2) 本地缓存管理日志，在必要情况下（用户截屏、错误日志达到阈值、小程序切换后台等）进行上报，上报完成后清空本地日志。

由于要管理本地日志，小明需要将日志内容输出到本地缓存。于是，他先设置了以下配置：

```
// 错误日志阈值上报
export const LOG_CACHE_ERROR_UPLOAD_LIMIT = 5
// 本地缓存的日志条数上限
```

```
export const LOG_CACHE_COUNT_LIMIT = 100
// 本地缓存的日志单条长度上限
export const LOG_CACHE_ITEM_SIZE_LIMIT = 1000
// 缓存前缀
export const LOG_STORAGE_KEY_PREFIX = 'X-LOG-CACHE-'
```

小明先是用了最简单的方式来实现，取某个缓存的 key 专门用来存放本地日志，并提供了日志内容过长截取、日志数量过多删除旧日志、错误日志到达阈值上传并清空本地缓存等能力。

```
let errorNum = 0; // 错误日志数量
export const addCache = (type, ...args) => {
    let logRecord = {
        time: new Date().getTime(), // 时间
        type: type, // 日志类型
        content: `${args.map(a => toString(a)).join(" ")}`.substr(0,LOG_CACHE_
            ITEM_SIZE_LIMIT) // 日志内容
    };

    try {
        // 写入本地
        let logRecords = wx.getStorageSync(LOG_STORAGE_KEY_PREFIX);
        logRecords.push(logRecord);
        errorNum = logRecords.filter(x => x.type === "ERROR").length;
        // 若日志数量已超出设定值，则删除一条旧的日志
        let countOverflow = logRecords.length - LOG_CACHE_COUNT_LIMIT;
        if (countOverflow > 0) {
            logRecords.shift();
        }

        // 若错误数大于设定值，则上传日志，并清空缓存
        if (data.errorNum > data.uploadErrorNum) {
            uploadLog();
            logRecords = [];
        }
        wx.setStorageSync(LOG_STORAGE_KEY_PREFIX, logRecords);
    } catch (e) {
        // 写入失败
    }
};
```

在使用过程中，小明发现这种方式有些问题。日志的打印非常频繁，上面这样的执行逻辑意味着我们要频繁地操作缓存，而且到后面这条缓存会很大，影响小程序的性能。日志的容错率也会高一点，允许少部分的数据丢失。所以，小明又对以上代码进行了日志缓存拆分和延时操作。

但是在微信提供了实时日志之后，本地缓存、聚合、监听上报都不需要了。现在，小明可以直接上报到实时日志，然后通过小程序管理后台搜索出来。下一节我们就来看看实时日志的用法。

10.2.4 实时日志上报

小程序的 LogManager 有一个很大的痛点，就是必须依赖用户上报（低版本还需要用户主动

勾选上传日志），入口路径又过于深入。微信非常良心地给大家提供了实时日志的能力，在基础库 2.7.1 以上就可以使用，使用步骤如下。

(1) 在代码中使用 `wx.getRealtimeLogManagerAPI` 打印日志（详见 8.2.2 节的针对 API 做兼容）。

(2) 在小程序管理后台 → "开发" → "运维中心" → "实时日志" 页面可以看到开发者打印的日志（如图 10-7 所示）。

图 10-7　实时日志

实时日志是按照页面划分的，某个页面的 onShow 到 onHide 里的日志会被合并成一条进行上报，可在后台根据时间段、微信号和页面路径搜索出对应的日志内容。使用实时日志需要注意以下问题。

(1) 每个小程序账号每天限制 500 万条日志，日志会保留 7 天，建议遇到问题及时定位。

(2) 一条日志的上限是 5 KB，最多包含 200 次打印日志函数调用（info、warn、error 调用都算），所以要谨慎打印日志。一般来说，可以在比较关键的输入输出时打印远程日志，因为我们使用远程日志的场景基本上是在定位错误的时候，常常是一些用户交互和请求交互异常导致的。

(3) 一些意见反馈会携带用户信息中的 openID，有时候意见反馈出现问题无法带上用户日志，就可以根据 openID 来搜索实时日志。

除此之外，开发者还可以使用 setFilterMsg 来设置过滤的 Msg。setFilterMsg 这个接口的目的是提供某个场景的过滤能力，例如 setFilterMsg('某个 error 信息')，在 MP 上输入 "error" 可查询到该条日志。比如小明在上线过程中发现某个监控有问题，小程序突然新增了新的错误告警。小明根据告警信息内容，使用 FilterMsg 过滤了一下实时日志，然后就能看到所有相同问题的用户的具体日志了。

这也太好用了！于是小明将 setFilterMsg(error) 封装在了 console.error 中，这样就可以对错误有更好的监控了。除此之外，小明还结合实时日志和 LogManager 的能力，简单合并成了一个日志公共库：

```javascript
const VERSION = "0.0.1"; // 业务代码版本号，用户灰度过程中观察问题

const canIUseLogManage = wx.canIUse("getLogManager");
const logger = canIUseLogManage ? wx.getLogManager({level: 0}) : null;
var realtimeLogger = wx.getRealtimeLogManager ? wx.getRealtimeLogManager() : null;

/**
 * @param {string} file 所在文件名
 * @param {...any} arg 参数
 */

export function DEBUG(file, ...args) {
    console.debug(file, " | ", ...args);
    if (canIUseLogManage) {
        logger!.debug(`[${VERSION}]`, file, " | ", ...args);
    }
    realtimeLogger && realtimeLogger.info(`[${VERSION}]`, file, " | ", ...args);
}

/**
 *
 * @param {string} file 所在文件名
 * @param {...any} arg 参数
 */
export function RUN(file, ...args) {
    console.log(file, " | ", ...args);
    if (canIUseLogManage) {
        logger!.log(`[${VERSION}]`, file, " | ", ...args);
    }
    realtimeLogger && realtimeLogger.info(`[${VERSION}]`, file, " | ", ...args);
}

/**
 *
 * @param {string} file 所在文件名
 * @param {...any} arg 参数
 */
export function ERROR(file, ...args) {
    console.error(file, " | ", ...args);
    if (canIUseLogManage) {
        logger!.warn(`[${VERSION}]`, file, " | ", ...args);
    }
    if (realtimeLogger) {
        realtimeLogger.error(`[${VERSION}]`, file, " | ", ...args);
        // 判断是否支持设置模糊搜索
```

```
        // 错误的信息可记录到 FilterMsg，方便搜索定位
        if (realtimeLogger.addFilterMsg) {
            try {
                realtimeLogger.addFilterMsg(
                    `[${VERSION}] ${file} ${JSON.stringify(args)}`
                );
            } catch (e) {
                realtimeLogger.addFilterMsg(`[${VERSION}] ${file}`);
            }
        }
    }
}

// 方便将页面名字自动打印
export function getLogger(fileName: string) {
    return {
        DEBUG: function(...args) {
            DEBUG(fileName, ...args);
        },
        RUN: function(...args) {
            RUN(fileName, ...args);
        },
        ERROR: function(...args) {
            ERROR(fileName, ...args);
        }
    };
}
```

然后可以通过以下方式来使用：

```
// 在其他地方打印日志
import { getLogger } from "./log";
const PAGE_MANE = "page_name";
const logger = getLogger(PAGE_MANE);
Page({
    onLoad: function() {
        logger.LOG('Page onload')
    },
})
```

这样，小明就给日志加上了双重保险，在遇到某些用户反馈上传日志丢失的时候，或者在其他渠道反馈只有用户 uin 的时候，就可以通过实时日志来定位了。当然，运气不好的时候，还会遇到上传日志丢失、用户基础库版本不满足实时日志的情况，让人束手无策。所以小明依然坚定地向老板申请了资源，通过日志远程上报的方式补齐日志，上了三重保险。

10.2.5 自动打印日志

最近，项目组来了个新人，小明带着一块做开发。虽然项目里已经有了比较完整的日志管理库，但在 Code Review 的时候，小明发现新来的小伙伴不爱打印日志，经常是在遇到问题需要定位的时候才临时加，导致线上问题定位很被动。而小伙伴总是在被抓到漏了之后才补上，于是小

明想，有没有办法可以自动打印日志呢?

　　小明分析了一般需要打印日志的位置，发现每个方法在被调用的时候都需要打印一个日志。那是不是可以结合 Component 的 behaviors（见 8.4.3 节），封装一个自动打印日志的能力呢?于是，小明写了这么一个 autolog-behavior:

```
// autolog-behavior.js
import * as Log from "../utils/log";
/**
 * 本 behavior 会在小程序 methods 中每个方法调用前添加一个 Log 说明
 * 需要在 Component 的 data 属性中添加 PAGE_NAME，用于描述当前页面
 */

export default Behavior({
    definitionFilter(defFields) {
        // 获取定义的方法
        Object.keys(defFields.methods || {}).forEach(methodName => {
            const originMethod = defFields.methods![methodName];
            // 遍历更新每个方法
            defFields.methods![methodName] = function(ev, ...args) {
                if (ev && ev.target && ev.currentTarget && ev.currentTarget.dataset) {
                    // 如果是事件类型，则只需要记录 dataset 数据
                    Log.RUN(defFields.data.PAGE_NAME, `${methodName} invoke, event
                        dataset = `, ev.currentTarget.dataset, "params = ", ...args);
                } else {
                    // 其他情况下，则记录日志
                    Log.RUN( defFields.data.PAGE_NAME, `${methodName} invoke,
                        params = `, ev, ...args);
                }
                // 触发原有的方法
                originMethod.call(this, ev, ...args);
            };
        });
    }
});
```

　　日志打印依赖的页面中定义了一个 PAGE_NAME 的 data 数据，所以在使用的时候，需要在 data 中将该变量定义好。PAGE_NAME 主要用来区分这是在哪个页面的执行逻辑，在定位问题的时候很好用:

```
import { getLogger } from "../../utils/log";
import autologBehavior from "../../behaviors/autolog-behavior";

const PAGE_NAME = "page_name";
const logger = getLogger(PAGE_NAME);

Component({
    behaviors: [autologBehavior],
    data: {
        PAGE_NAME,
        // 其他数据
    },
```

```
    methods: {
        // 定义的方法会在调用的时候自动打印日志
    }
});
```

用上这个之后，烦恼消失了，小明也睡得更香了。

10.2.6 客服

除了通过用户上传日志、图片等方式进行反馈，我们也可以使用微信提供的客服消息能力来让用户进行反馈。小程序管理后台->"功能"->"客服"模块下，可通过微信号快速绑定客服人员，绑定后的客服账号可以登录网页端客服或移动端小程序客服进行客服沟通，开发者还可以调用客服消息接口来发送客服消息，同时还可以根据用户的输入和业务自身特点来进行回复或是响应。

用户可以通过以下两种方式打开客服消息会话。

(1) 开发者在小程序内添加客服消息按钮组件（将 `button` 组件 `open-type` 的值设置为 `contact`），用户可使用小程序点击按钮拉起客服会话页面。

(2) 如果使用过小程序客服消息，所有小程序的消息内容都会显示在"小程序客服消息"的微信对话内，用户可以查看历史客服消息，并给小程序客服发消息。

客服可以解决很多"只有用户手机上才出现"的问题，在极端情况下，也可以将用户添加到开发者，然后远程提供一个真机调试的二维码让用户扫描，在开发者工具里进行问题复现，从而定位 bug。

10.3 运维与统计

小程序的发布仅仅是一个产品运营的开始。在小程序管理后台→"开发"→"运维中心"里，有错误查询、性能监控和告警设置 3 个模块。微信还提供了小程序数据分析，如关键指标统计、实时访问监控、自定义分析等，这些功能可以帮助产品经理和运营人员进行一些数据分析。在一些场景下，这些能力是很好用的，下面我们分别来看看。

10.3.1 错误监控

在错误监控模块里，开发者可以查到所有小程序运行错误的记录，包括时间、客户端版本、小程序版本、错误次数等，还有详细的错误信息（如图 10-8 所示），如果你了解 badjs，你就知道这大概是怎样的能力。

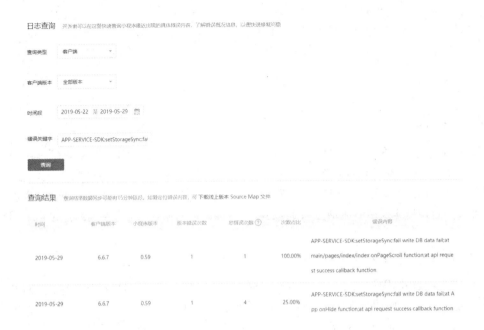

图 10-8　错误监控

我们可以配合 10.2.4 节中实时日志的 FilterMsg，来查询某个错误的相关用户日志。当然，前提是你使用了实时日志，同时使用 `setFilterMsg()` 将 `App.onError` 中的错误信息设置成关键词。

同时，这些脚本错误还可以通过加入微信告警群的方式，设置小程序发生各类脚本错误总次数阈值，超过就进行告警。每个小程序对应唯一的告警群，扫码加入后即可接收告警通知（如图 10-9 所示）。

图 10-9　小程序微信报警群

这样我们就可以在手机上随时监控小程序是否有异常，然后进行问题定位和分析解决。

10.3.2 性能监控

性能监控模块包括了默认的小程序性能统计数据、常用的 API 耗时统计（网络接口、request 接口、多媒体接口、位置/地图接口等），以及使用 wx.reportMonitor 自定义上报业务数据监控等，下面我们来分别看一下。

1. 加载性能监控

官方提供了小程序的一些加载性能统计数据（如图 10-10 所示），辅助开发者进行性能分析。

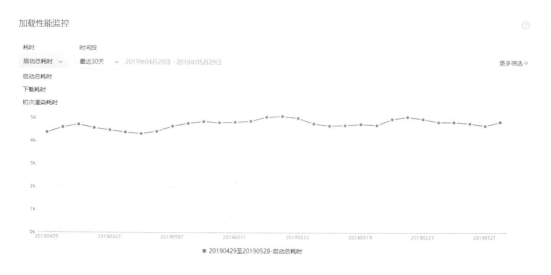

图 10-10　加载性能监控数据

由于小程序中可以用来参考的性能相关数据不多，我们在做性能优化时主要采用的是官方提供的三项耗时数据（启动总耗时、下载耗时、初次渲染耗时），如表 10-1 所示。

表 10-1　耗时描述

耗　　时	描　　述	单　　位
启动总耗时	从用户点击进入小程序开始计算，到小程序界面首次渲染完毕的耗时，包含代码包下载（非首次启动则不需下载）、代码执行、渲染等耗时	毫秒
下载耗时	用户首次启动时下载小程序代码包的耗时	毫秒
初次渲染耗时	小程序页面首次渲染时所需要的时长	毫秒

一般来说，我们在做性能优化时，可以参考以下几点（详见 10.4.4 节）。

(1) setData 过多、数据量过大导致线程通信瓶颈。影响体验评分、初次渲染耗时、启动总耗时等。

(2) 代码包过大。影响启动总耗时、下载耗时、初次渲染耗时。

(3) 图片过大。可能导致 iOS 客户端内存占用上升,从而触发系统回收小程序页面,大图片也会造成页面切换的卡顿。

(4) 长列表。在数据量大的时候,性能问题会导致微信内存耗尽,甚至出现闪退。

2. 接口数据监控

对于小程序中一些 API 的调用,官方提供了一些调用接口数据监控,包括网络请求、文件处理、数据缓存、地图调用、多媒体、设备、授权、login 等,可以在这里看到调用数据和设置监控告警(如图 10-11 所示)。

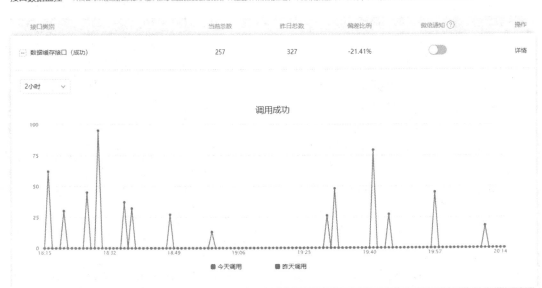

图 10-11　接口数据监控

3. 自定义监控

除了上述官方提供的数据,性能监控模块中还提供了业务自定义监控和告警的能力,使用方式如下。

(1) 在业务数据监控中新建监控事件。添加一个监控事件需要填写监控描述、选择告警类型(上下限或是算法告警)。在添加完成后会获得一个监控 ID,这个 ID 用于在小程序端上报的时候标记监控事件。一个小程序最多可以创建 128 个监控事件。

(2) 在代码中使用 `wx.reportMonitor`,可上报对应的事件。

(3) 在管理后台中可以查看上报的监控数据(如图 10-12 所示),若触发了告警则会推送告警消息(如图 10-13 所示)。

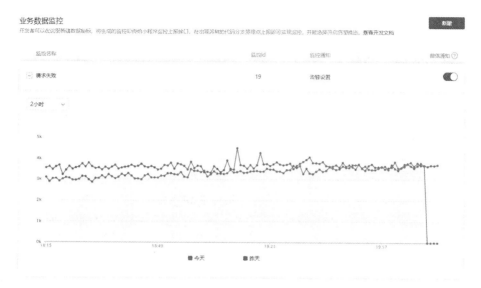

图 10-12　性能监控自定义监控数据

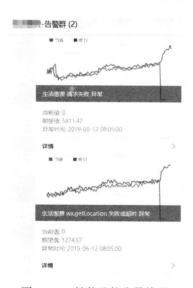

图 10-13　性能监控告警推送

目前该部分数据的准确性依然有待商榷，有时候还会误告警，如果用来作为监控方案之一，需要注意这一点。

10.3.3　常规分析

小程序提供了数据分析的能力，小程序开发者和运营人员都可以使用这些数据分析工具，帮助小程序产品迭代优化和运营。数据分析的主要功能包括每日统计的常规分析（PV、UV 等，不需要配置和开发）和满足用户个性化需求的自定义分析（需自行配置和开发）。

常规分析提供了小程序的一些默认分析数据，小程序的访问分析（包括小程序用户访问规模、来源、频次、时长、深度、留存和页面详情），以及用户画像（包括用户年龄、性别、地区、终端及机型分布）等数据。这些数据可以用于具体分析用户新增、活跃和留存情况，开发者和运营人员可以分别从管理后台和小程序数据助手查看，也可以通过接口获取。

1. 管理后台统计查看

在小程序管理后台的"统计"中可以看到微信在常规分析中提供了很多统计数据。

在大数据时代，数据可以用来做很多分析。例如，你可以通过用户访问的页面详情来分析哪些页面转化率更高，是否有交互体验设计的不合理之处。你也可以通过每次活动或推广，结合用户新增和留存情况以及是否带来了新增支付来设计更适合自身小程序的推广方式。你还可以通过分析用户画像（如年龄段、手机类型、系统版本等）来辅助定位一些问题，例如，如果你的小程序主要是老年人使用，整体的机型会比较低端，那么可以多考虑老年人比较关注的体验，例如将字号放大、减少一些要求高版本的功能、增加一些低性能的交互等。

任何数据的细微变化都反映了相应的问题，为了打磨出更好的产品，我们应该对数据有更高的敏感度。

2. 小程序数据助手

小程序数据助手是微信公众平台发布的官方小程序，供开发和运营人员查看自身小程序的运营数据。常规分析的数据也可以在移动端查看，与小程序后台常规分析是一致的（如图 10-14 所示）。

图 10-14 小程序数据助手数据

对此，官方文档中有详细的说明，也有对应的图表示例。小程序数据助手数据与小程序后台常规分析一致，还支持查看所有有权限的小程序。

3. 数据分析接口获取

上面说到的这些数据除了可以在管理后台和小程序里查看，还能通过接口获取。

开发者通过数据分析接口，可以获取到小程序的各项数据指标，便于进行数据存储和整理。可以获取的相关数据包括概况、访问趋势（日/周/月趋势）、访问分布、访问留存（日/周/月留存）、访问页面、用户画像、自定义数据上报等，调用方式包括 HTTPS 调用和云调用。

下面我们通过示例进行说明。假如我们想获取用户访问小程序的概况信息，包括昨日概况、关键指标的趋势、用户最常访问的页面、实时用户访问数据等，那么就可以通过以下两种方式进行调用。

第一种方式是 HTTPS 调用，需要在服务器端调用，当然你也可以拿到 access_token，然后尽情用 postman 等方式进行调用：

```
POST https://api.weixin.qq.com/datacube/getweanalysisappiddailysummarytrend?access_
token=ACCESS_TOKEN
```

参数说明如下。

❑ access_token：接口调用凭证。

❑ begin_date：开始日期，格式为 yyyymmdd。

❑ end_date：结束日期，限定查询 1 天数据，允许设置的最大值为昨日，格式为 yyyymmdd。

第二种方式是云函数调用，本书第三部分会详细讲述云开发，这里只简单介绍云函数调用的用法。

```
const cloud = require('wx-server-sdk')
cloud.init()
exports.main = async (event, context) => {
    try {
        // 拉取一个月的概况数据
        const result = await cloud.openapi.analysis.getDailySummary({
            beginDate: '20190524',
            endDate: '20190624'
        })
        console.log(result)
        return result
    } catch (err) {
        console.log(err)
        return err
    }
}
```

这里的参数不需要传 access_token，因为云函数的执行环境就局限在小程序的环境体系中，所以很多鉴权都不再需要了，甚至免 session_key 获取开放数据等能力也已经开放了。

如果我们希望拿到这些数据，集成到自己的管理系统中进行查看，就可以通过接口的方式获取，然后进行分析，最后展示在相应的页面里。

10.3.4　自定义分析

微信提供了自定义分析的能力，供开发者根据业务场景和需要，进行更加灵活的数据上报和分析。自定义分析的能力支持多维上报，可通过任务下发的方式根据需要筛选和获取数据，对用户的行为做更加细致的分析。

简单来说，如果我们有些业务数据需要进行多维度分析统计，就可以用自定义分析来处理，大致流程如下。

(1) 在小程序管理后台→"统计"→"自定义分析"→"事件管理"中添加事件和字段信息。

管理事件有两种方式：一是根据需要分别建立多个事件，然后为每个事件添加对应的字段上报（如图 10-15 所示）；二是建立一个总的上报事件，然后增加区分事件的字段，最后把所有需要的字段都添加进去（如图 10-16 和图 10-17 所示）。

图 10-15　建立多个事件分析

事件列表

新建事件

事件ID	英文名	中文名	创建时间	发布时间	更新时间	修改者	操作
1004	one_event_for_all	统一上报	2019-03-19	2019-04-03	2019-04-12	被删	查看发布版 修改

图 10-16 统一上报事件

one_event_for_all 统一上报 请先进行事件上报配置，定义数据收集方式详细说明

事件名称 one_event_for_all 统一上报 重置为线上版本
事件状态 已发布
发布时间 2019-04-03 16:42

你可以修改事件配置并选择保存，修改内容不影响已发布版本。

配置方式 填写配置 ○ API上报
请定义字段，并通过API上报数据 详细说明

字段信息 如需定义字段，请在下表填写字段信息，填写完成后可以生成代码

字段	中文名称	类型	字段备注
page	模块名	字符串	页面
action	功能	字符串	动作
seq	序列号	整数型	序列号
timestamp	时间戳	整数型	时间戳
platform	设备	整数型	设备
app_version	版本	字符串	版本

图 10-17 统一上报事件配置

图中演示的是 API 上报方式，但其实更常用的可能是事件上报配置。事件上报可以支持指定事件、页面和元素，通过配置和设置上报数据，就能完成需要的数据上报。在某些情况下，事件上报配置的方式可能无法满足上报的要求，这时可以使用小程序 API 的方式进行上报。如果配置起来比较麻烦，也可以直接用 API 上报的方式，自己在代码中实现对应的埋点来上报数据。

(2) 在需要的地方加上上报，可以简单写个函数：

```
let systemInfo = {};
try {
    systemInfo = wx.getSystemInfoSync();
} catch (error) {}
```

```
export function reportAnalytics(analyticsData, eventName = 'one_event_for_all'){
    let data = {
        ...analyticsData,
        timestamp: Date.now(),
        platform: systemInfo.platform,
        app_version: '你的小程序版本号'
    };

    wx.reportAnalytics(eventName, data);
}
```

(3) 在程序管理后台→"统计"→"自定义分析"→"事件分析"中，可以选择需要跑数据的事件、指标和筛选条件。下发任务后会在后台跑数据，在"历史查询记录"中可以查看下发过的任务状态和结果，如图 10-18 至图 10-20 所示。

图 10-18   事件分析

图 10-19   历史查询记录

统计分析

事件	统一上报
指标	总次数　去重人数
分组	是否新用户　城市
过滤	页面等于index并且动作等于onshow
时间	2019年04月17日-2019年04月24日（按日展示）

查询结果

○ 显示默认数据　　○ 显示其他数据

数据过多时，图表默认显示部分数据，你可以通过"显示其他数据"调整显示指标。

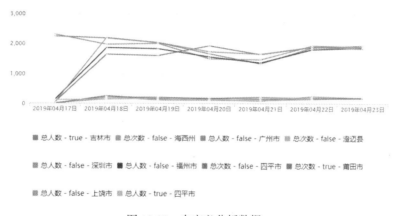

图 10-20　自定义分析数据

　　如果我们将所有事件统一到一个事件中再进行筛选，就可以避免每次添加新事件时增加配置，但是筛选会比较复杂，数据分析任务也会跑得更慢。如果我们区分事件来跑分析任务，就会比较简单，所以，可以根据业务的具体场景来选择。

　　自定义分析的能力很强大，能辅助我们在运营小程序过程中做变更决策，也省去了我们自己搭建一套数据分析平台的力气，对中小型小程序十分友好。其实自定义分析的功能远远不止上述这些，还包括漏斗分析等能力。官方文档写得很详细，这里就不再赘述了，大家可以大胆尝试一下这些能力，或许会有很多惊喜（当然，有"惊"也有"喜"）。

10.4　小程序的技术管理

　　我们做一个项目，要考虑的除了最初的项目设计、技术预研和选型，还有更重要的后期维护和迭代。如果是做一个较大型或者较完整的项目，你需要问题发现、问题定位、告警监控、数据上报和统计等一系列能力，在遇到性能瓶颈的时候，还要能找到性能优化的方向。

前面讲了很多官方管理后台提供的能力，下面我们整合到项目中使用吧。

10.4.1   告警监控

写过 Web 的小伙伴都知道，我们要监控业务是否正常，最重要的是接入 badjs。而微信官方提供的一些监控和告警能力，其实也能覆盖很多种情况。

1. 异常监控

异常监控可以帮助我们在灰度过程中发现一些自测没测出来的问题。如图 10-21 所示，我们可以知道报错页面、报错位置、报错次数、错误信息，以及出问题的代码，从而可以快速修复。

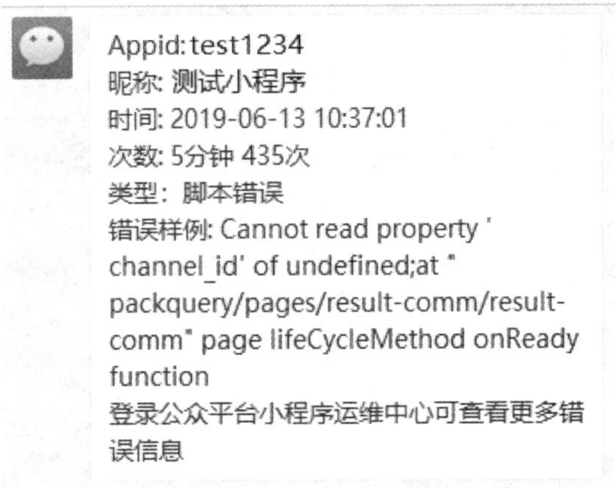

Appid: test1234
昵称: 测试小程序
时间: 2019-06-13 10:37:01
次数: 5分钟 435次
类型: 脚本错误
错误样例: Cannot read property '
channel_id' of undefined;at "
packquery/pages/result-comm/result-
comm" page lifeCycleMethod onReady
function
登录公众平台小程序运维中心可查看更多错
误信息

图 10-21   告警群错误推送

在 10.3.1 节我们已经提到了这个能力，它类似于 badjs，支持微信群告警推送，后台也支持 Source Map 定位。正常情况下都能满足监控异常的情况，但是如果你用了 async/await，异常不会抛出到 App.onError，因此不能正常监控和告警，你可以参考 9.1.2 节来兼容处理。

2. 性能监控

对于一些和业务相关的数据监控，错误监控已经不满足这种使用场景了。不过，小程序还提供了 wx.reportMonitor 方法来进行自定义监控上报（详见 10.3.2 节）。每个上报点的数据都支持两种告警方式：上下限设置告警和算法告警。

一般可以采用算法告警，也就是和前几天同时间段的数据量进行对比，如果有异常下降或者异常上升，则会推送到微信群里。而通过微信群里的告警推送，可以查看数据曲线情况（如图 10-22 所示）。

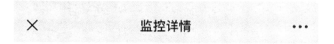

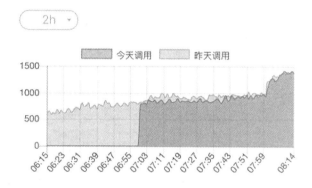

图 10-22　性能监控告警数据

通过在关键地方进行打点上报，可以监控这些关键错误、正常的访问数据是否有流量突增或是骤降的情况，从而在发布或者灰度过程中，观察业务是否正常。一般来说，较完整的灰度过程可以观察以下数据是否正常，从而判断是否继续灰度或者版本回退。

(1) 用户反馈是否有新增异常。

(2) 错误监控是否有异常推送。

(3) 性能监控是否有异常告警、曲线是否正常、曲线的变更是否在预期之内。

10.4.2　问题发现与定位

我们在开发过程中，即使再努力地进行预防和避坑，也永远无法避免现网上出现一些问题。那么我们要怎么才能及时发现问题并快速进行问题定位呢？

1. 问题发现

我们自己在开发过程中做的自测，覆盖的场景、机型、特殊情况都比较少，所以更多的问题是通过用户发现的。就像我们给开源代码提 issue 一样，用户也需要一个反馈问题的地方。

在 H5 中，我们通常需要自己搭建或者接入这样一套反馈系统。而在小程序里，用户可以通过现有的右上角反馈入口、或是开发者提供的 openType 为 feedback 的 button 组件拉起，反馈问题到管理后台（详见 10.2.1 节）。这是我们在维护小程序过程中很重要的一个问题收集渠道。除了用户反馈，错误监控和自定义上报的监控也是发现问题的重要渠道（如图 10-23 所示）。

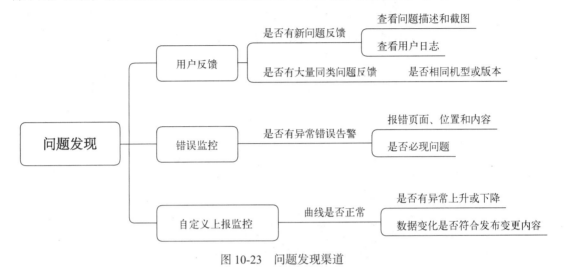

图 10-23　问题发现渠道

现在我们有了发现问题的渠道，但是为了不像小明一样丢掉奖金，我们要如何保证在拿到这些问题的时候可以进行具体的定位呢？

2. 问题定位

对于用户反馈的问题，我们在管理后台中，能获取到 openID、设备品牌、设备型号、客户端版本、基础库版本和系统类型，以及附带的上传日志，这些都是我们用来定位问题的重要信息。

(1) 拿到用户的 openID 后，我们可以在后台查出该用户有哪些接口产生了异常。

(2) 根据设备品牌、设备型号和客户端版本，我们能区分某类问题是否是某个系统下复现的，可以找对应的测试机进行测试，或者进行问题归类，想办法监控和复现。Andorid 和 iOS 中小程序的运行环境是不一样的（详见 7.1 节），某些语句的执行在特性环境下可能会出现问题。

(3) 根据基础库版本和系统，可以快速分辨问题是否是版本太新或者过旧导致的，如果找到问题发生的具体版本，就可以针对性地兼容或者降级处理。

(4) 拿到用户日志，就能直接看到用户的整个操作过程，查看是否有 js 报错，是否某个基础库 API 执行异常。但前提是，我们需要在代码中输出足够多的信息来辅助我们定位，例如在接口异常、App.onError、生命周期、函数调用等这些代码中，都可以简单地输出日志和相关信息。

有时候，由于官方的一些 bug，用户的反馈并不能带上这些信息和日志，这种情况下可以通过客服能力去联系用户，引导用户辅助定位，或者是通过用户的 uin 查找实时日志进行观察（如图 10-24 所示）。

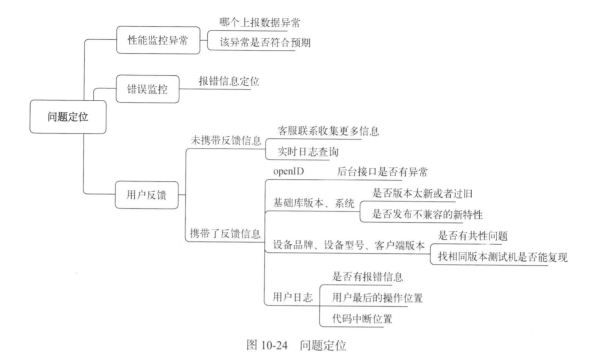

图 10-24　问题定位

除此之外，我们如果遇到了不好解决的问题，还可以到官方提供的微信开发者社区查看是否已有类似的解决方案，也可以进行提问并查看问题进展，小程序官方会在社区第一时间同步各种 bug 的解决办法。

10.4.3　数据上报

关于数据上报，在官方提供的能力里，目前只有一个 wx.reportAnalytics 用来进行自定义数据分析。自定义数据分析的用法已在 10.3.4 节详细介绍过，这里就不赘述了。

数据分析其实是运维过程中决定后期需求方向的非常重要的决策手段，一切都可以用数据来说话。例如，产品经理说这个功能点使用的人太少了，得去掉或是改用新的方案，而对开发者而言，反复变动其实是一件接受程度较低的事情。这时就可以对这个功能点进行埋点上报，具体分析转化率、使用率和用户画像，来确定是否要去掉。或是使用 A/B 测试的方案，同时各自进行埋点，来确定哪种方式更容易被用户接受。这样可以在避免一些反复改动的同时做出更合理的决策。

开发人员不应仅仅实现某个功能，还要帮助产品和运营人员提出更有参考价值的建议，辅助他们在功能迭代过程中有更好的决策、更全面的考虑，这才是作为开发的真正价值。一个产品的成功，往往靠的是团队成员的共同保证。开发人员除了提供稳定可靠、可预期的功能服务，还需要协助大家把运营、维护和迭代一起做好。

10.4.4　性能优化

我们在前面讲过一些性能优化的注意事项，这里再集中描述一下，如图 10-25 所示。

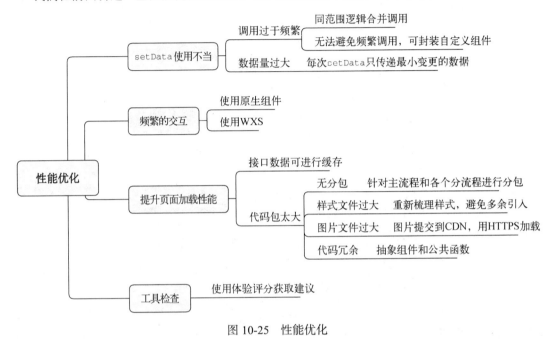

图 10-25　性能优化

下面我们分别看一下。

1. setData 优化

我们在 8.1 节详细介绍过，setData 很忌讳频繁调用和传递大量的数据，具体原理在第 7 章也讲过。

那到底多频繁、多大的数据需要进行优化呢？我们可以使用开发者工具提供的体验评分功能跑一遍小程序，看看优化事项里是否包括 setData 相关的内容。如果有，那么最终跑出的结果会很详细地告知我们哪些地方需要优化，例如哪里将未绑定在 WXML 的变量传入 setData、哪里调用 setData 过于频繁等。我们可以根据具体的指示进行优化。

2. 代码包大小优化

其实代码包大小也是一个很重要的优化点。7.5.2 节中介绍了基础库的各种机制，小程序需要下载完业务代码才能加载页面，所以必要时我们可以做以下优化。

(1) 分包加载。针对主流程和各个分流程进行分包，降低首页代码包大小，减少下载耗时。

(2) 样式文件过大。如果你在使用 Less 或者 sass 的时候，喜欢各种 import 其他的公共样式，最后生成的代码会导致每个页面都包含了一份相同的公共样式，样式的代码就会很大。这个时候，可以考虑切换成小程序 wxss 的 import 方式，能减少一些重复代码。

(3) 图片文件过大。有些"高大上"的小程序需要配合一些很精致的图片来完成展示，我们的代码包中可能包含挺多较大的图片。这种情况下，可以考虑将图片提交到 CDN，用 HTTPS 链接来获取。

通过优化代码包大小，我们可以很直观地减少小程序的下载耗时，当然也会减少首屏的加载完成时间，提升用户体验。

3. 大图片和长列表图片友好

目前图片资源的主要性能问题在于大图片和长列表图片，使用过这两种交互场景的开发者应该都遇到过各种神奇的小程序异常问题。图片资源在客户端常常占用较多的内存，因此容易触发阈值被客户端回收，甚至会导致微信被系统删掉进程。在遇到页面黑屏、白屏的时候，我们都可以往图片过大的方向思考。在严重的情况下，内存损耗过大还会导致小程序被终止甚至微信闪退。

根据官方文档，除了带来内存问题，大图片还会造成页面切换的卡顿。在官方分析过的案例中，有一部分小程序会在页面中引用大图片，在页面后退切换时会出现掉帧卡顿的情况。目前，官方建议开发者尽量减少使用大图片资源，可以通过压缩等方式来改善这部分性能。

4. 其他性能优化

其他的性能优化方式也有很多，前面也讲过一些，例如我们可以从以下方向进行优化。

(1) setData 很频繁的地方，可考虑使用自定义组件封装（参考 8.4.1 节的内容）。

(2) 频繁的交互逻辑，可以使用 WXS 进行优化（参考 8.6 节的内容）。

(3) 抽象组件和公共函数，减少冗余代码量，可减少代码包大小。

(4) 接口数据可进行缓存，尤其是更新频率低的数据，可以缓存到本地，从而快速进行页面预渲染。

其实在实际开发过程中，很多的性能优化是在遇到性能瓶颈之后才进行的。除了在设计和开发过程中注意以外，更多的是在问题发现了之后才进行定位和优化，所以前面提到的监控、日志预埋和数据上报也是很重要的。

10.5 其他能力

其实管理后台提供了特别多的能力，很多需要我们去探索和发现。除了前面讲的一些配置、数据分析、监控定位等功能，微信还提供了一些辅助发布和运营的能力，下面我们来看一下。

10.5.1   小程序加急审核

小程序的发布首先需要在开发者工具中进行代码上传，然后在管理后台提交审核，审核通过后才能发布，审核时间可能长达 7 个工作日。

2019 年 11 月 1 日，微信平台上线了加急审核流程，开发者可根据自身业务情况申请加急审核。使用加急审核后，可在 2 小时内进行审核。个人主体每年有 1 次加急机会，非个人主体每年有 3 次加急机会。

符合条件的用户在审核提交页面即可见"加急"，选择"加急"并填写"加急类型""加急说明"等情况后即可提交审核。

10.5.2   小程序灰度发布

在发布之前，我们应当做好充分的测试和检查，包括域名（业务域名、服务器域名）是否已在管理后台进行配置、后台接口和 CDN 资源是否已经发布完成、代码编译是否完整（支持 npm、ES6 转 ES5、增强编译、样式自动补全等）。在测试完成和审核通过之后，我们就可以准备发布了。

小程序提供了两种发布模式。

❑ 全量发布。选择全量发布后，所有用户访问小程序时都会使用当前最新的发布版本。需要注意，全量并不意味马上生效，后面会有说明。

❑ 分阶段发布。也称灰度发布，支持按比例、分时间段来控制用户使用最新发布版本的比例。

对于用户量较小的小程序，我们可以进行全量发布。而对于用户量较大、影响范围广的小程序来说，我们可以先进行灰度发布，灰度期间仔细观察异常告警、用户反馈和监控，如果没有异常再扩大灰度范围，如果有异常可以根据影响范围判断是否进行回退或者快速定位解决。当然，版本进行回退之后，需要重新进行审核才能再次发布。

另外，在 7.5.2 节，我们介绍了小程序的启动过程分为冷启动和热启动。如果是热启动，小程序不会加载新版本。我们即使在全量发布之后，并不意味着用户就会立即使用最新版的小程序，因为微信客户端存有旧版本的小程序包缓存。小程序在冷启动的时候会优先使用本地的代码包，同时后台进行异步拉取最新的代码包，即新版本的小程序需要等下一次冷启动才会应用。如果有需要，可以使用 UpdateManager 对象来进行强制更新。

总而言之，我们在后台发布新版本之后，无法立刻影响到所有的用户。但是在最差的情况下，微信客户端也会在新版本发布之后 24 小时之内下发新版本信息给用户。用户下次打开时会先更新最新版本。

还有个小技巧，我们可以在日志打印的时候加上本地的版本号，这样我们查看用户日志的时候，就能找到对应的代码版本，还能区分我们的 bug 有没有修复。这个技巧还是很实用的。

10.5.3 小程序评测

小程序评测能力可登录小程序管理后台→"功能"→"小程序评测"查看。小程序评测结合了运营指标、性能指标、用户指标以及服务审核综合评估得出。综合评定达标的指标为：运营指标–达标、性能指标–优秀、用户指标–优秀、服务审核–通过（如图10-26和图10-27所示）。

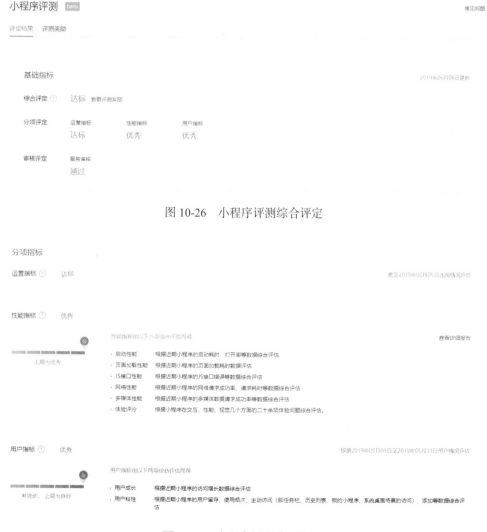

图 10-26 小程序评测综合评定

图 10-27 小程序评测分项指标

评测达标的小程序可获得2小时极速审核和内测功能体验奖励（如图10-28所示）。

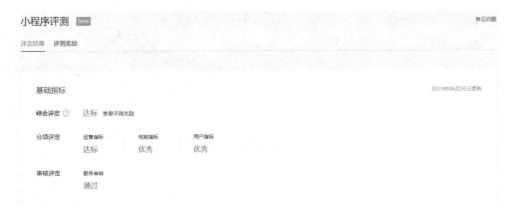

图 10-28   评测达标奖励

内测功能体验可能你不需要，但是 2 小时极速审核还是很好用的，再也不用担心每年的加急审核机会花光了。

第三部分

小程序·云开发

作者：李成熙

第 11 章

快速入门云开发

通过前两部分的学习，相信你已经能非常自如地写出一个小程序了。但是，你可能会发现，这只是一个纯静态的小程序，存储不了内容，与用户产生不了任何有益的交互。这是因为我们还缺少一个后台服务。小程序·云开发（简称云开发）是官方提供的云端能力，弱化了运维的概念，无须搭建服务器，使用平台提供的 SDK 即可快速开发。

本章会带你全面了解云开发的能力，并且会通过一个简单的案例，教你用云开发的三大基础能力开发一个简单的小程序。

11.1 云开发那些文档没说的秘密

本节会介绍云开发的能力概况、如何开通云开发资源、如何与腾讯云账号关联、如何利用控制台管理云资源以及如何处理兼容性的问题。

11.1.1 能力概览

目前云开发提供了三大核心能力：云函数、数据库和存储，如图 11-1 所示。

□ 云函数：相当于云开发的后台环境，可以执行上传的函数代码。
□ 数据库：提供增删查改能力并且兼容 MongoDB 协议的数据库。
□ 存储：可上传下载删除文件的存储服务，自带 CDN 内容分发网络进行下载加速。

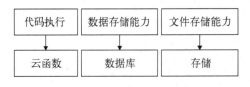

图 11-1　云开发三大核心能力

三大核心能力具有以下特色。

❑ 既可以在小程序端操作，也可以在服务器端操作，且一律提供相应的 SDK。

❑ 提供了一个最基本的控制台，能操作环境、资源和监控使用情况。

❑ 数据库和存储，在小程序端只有用户级别的权限（因此在小程序端操作的资源天然带有用户的标记，也就是所谓的"天然鉴权"），而在服务器端则有更大的管理员权限。

❑ 云函数能够免除 access_token 鉴权直接调用微信小程序开放 API，而这种免除 access_token 的调用方式，官方称之为云调用。

11.1.2 开通云开发

接下来我会一步一步地带你在小程序开发者工具中开通云开发服务。

1. 前提条件

开通云开发服务需要符合以下 3 个前提条件。

(1) 你有一个小程序。

(2) 你是该小程序的拥有者或者开发者，不能只有测试或体验权限。

(3) 云开发能力从基础库 2.2.3 开始支持。

2. 创建全新云账号的开通方式

为了降低入门的门槛，官方文档中并没有暴露小程序和腾讯云两套账号体系之间的关系。因此，大多数人默认开通云开发的方式是在微信开发者工具里单击"云开发"菜单，这时会自动创建一个全新的腾讯云账号并与小程序账号进行绑定。不过，一旦你理解了这两套账户体系的关系，你就会走进一个全新的世界，许多腾讯云的服务都可以无缝地在云开发（尤其是云开发的云函数）中用到。不过在入门阶段，暂时不用深究，遵循以下步骤就可以直接开通云开发环境了。

(1) 在微信开发者工具中单击左上角的"云开发"菜单，如图 11-2 所示。

图 11-2　云开发菜单

(2) 前往控制台，单击"开通"，填写云开发环境名称，即可开通，如图 11-3 和图 11-4 所示。

图 11-3   开通云开发

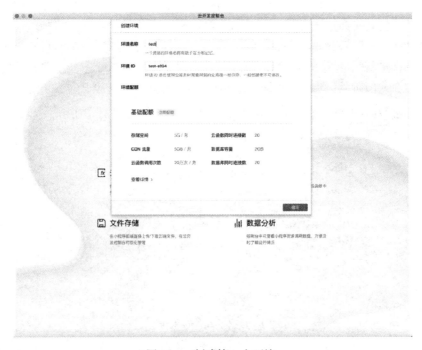

图 11-4   创建第一个环境

3. 与原有腾讯云账号绑定的开通方式

但也有一种情况，就是开发者已经有了一个腾讯云账号，希望可以将该云账号与小程序绑定，并在云账号上创建云开发。这时就可以使用以下步骤。

(1) 登录腾讯云账号，进入"账号信息"，在"登录方式"的"微信公众平台"中，单击"关联"，如图 11-5 所示。

图 11-5　关联云开发账号

(2) 进入公众平台账号授权页面，用小程序管理员的微信扫描，如图 11-6 所示。

图 11-6　微信授权

(3) 扫描后，选择你想绑定的小程序即可完成绑定，如图 11-7 所示。

图 11-7   选择微信公众平台账号

(4) 绑定成功后，进入微信开发者工具再进行云开发开通即可。

11.1.3   兼容性问题

下面我们就根据微信和企业微信两款 App 的情况，介绍云开发接口的一些兼容性问题。

虽然微信小程序的云开发能力需要基础库 2.2.3 或以上才支持，但是可以在 app.json/game.json 中增加字段 "cloud"：true，这样就可以实现全量用户的支持。另外，在云能力有更新时，基础库并不会自动更新，需要重新上传小程序前端代码，基础库才会具备新的能力。

企业微信也支持小程序，因此天然支持云开发的能力，但目前有所限制。较低版本的 Android 端企业微信（2.7.6 以下）暂时不支持，但随着时间的推移和版本覆盖率的提升，我们基本可以认定企业微信小程序也能全量支持云开发。

11.1.4   控制台

云开发开通后，我们便可通过控制台对云开发的能力有一个大致的认识。本节将介绍资源监控面板的能力概况。

1. 在小程序开发者工具中使用云开发控制台

云开发控制台主要是为了解决以下两个后台服务的管理需求。

(1) 提供资源管理的基本功能；

(2) 提供资源使用情况的监控和日志。

"运营分析"中的"资源使用"面板主要展示了各种云开发资源的配额和使用情况，如图 11-8 所示。

图 11-8 资源使用面板

"运营分析"中的"用户访问"面板主要展示了用户使用小程序的情况，如图 11-9 所示。如果用户有授权给小程序，则能拿到昵称和城市等信息，否则不会显示。最右边的"拷贝 Open ID"可以获取用户的小程序 openID。目前这个面板的作用略显鸡肋，主要是为了看一下用户的使用情况，以及拿用户的 openID 进行调试。

"运营分析"中的"监控图表"，则通过不同时间维度更为细致地展示了云开发资源的调用情况，如图 11-10 所示。

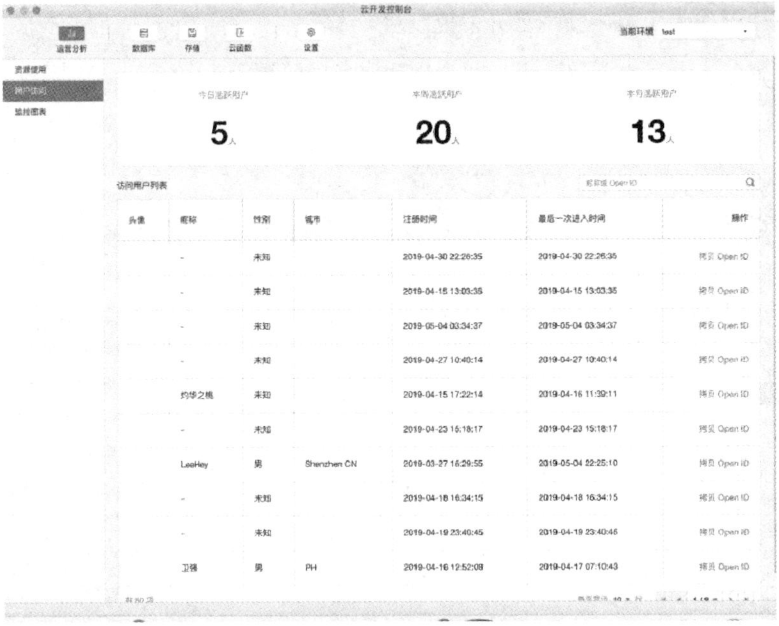

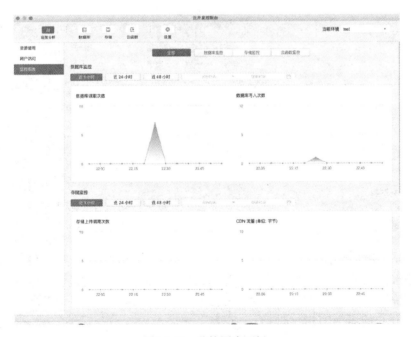

图 11-9 用户访问面板

图 11-10 监控图表面板

其他的面板主要是供用户操作云开发资源用的，我们后面介绍各个资源时再详细介绍。

2. 在腾讯云使用云开发控制台

如果你想登录之前在小程序中创建好的云开发资源的腾讯云侧的控制台，可以在腾讯云登录页中，选择"微信公众号"的登录方式，然后选择对应的小程序进行授权登录即可。登录云开发绑定的腾讯云账号控制台的详细办法，可以参考 12.3.2 节。

11.1.5 云开发资源环境

云开发有"环境"这一概念，一个环境对应一整套云开发的资源，包括数据库、存储空间、云函数等。各个环境是相互独立的，在实际使用的过程中，一般建议创建一个测试环境（test）和一个正式环境（production），方便开发、测试和生产的隔离。

在开发的时候，无论是小程序端还是后端的 SDK，都会要求填写环境 ID，不填写则会使用默认的环境（第一次创建的环境即为默认环境），但用默认环境会有不确定性，当项目频繁交接时，我们可能早已不确定哪个是第一个创建的环境了，这样就容易产生不可预见的问题，因此还是建议清晰地指定使用的环境，避免"锅"从天上来。环境 ID 的获取可以在云开发控制台的"设置"面板中进行，如图 11-11 所示。

图 11-11　云开发环境设置

要创建一个新环境，可以在控制台的"环境名称"处单击下拉菜单，然后单击"创建新环境"即可，如图 11-12 所示。

图 11-12　新建环境

拿到环境 ID 后，我们应该怎样在小程序中初始化这些环境呢？下面我们分小程序端和后端（云函数）两种情况来详细介绍。

小程序端 SDK 初始化的示例代码如下：

```
// app.js
App({
    onLaunch: function() {
        if (!wx.cloud) {
            console.error('请使用 2.2.3 或以上的基础库以使用云能力')
        } else {
            wx.cloud.init({
                env: 'test-edfr3', // 选择使用哪个环境
                traceUser: true // 设置为 true 时，在"控制台"→"运营分析"→"用户访问"
                面板中会显示用户的数据
            })
        }
```

```
        this.globalData = {}
    }
})
```

在云函数中使用 SDK 初始化的示例代码如下：

```
const cloud = require('wx-server-sdk')
cloud.init({
    env: 'test-edfr3'
})
```

在云函数中，开发者还可以操作不同环境的资源，因此你还可以这样初始化：

```
const cloud = require('wx-server-sdk')

// 云函数入口函数
exports.main = async (event = {}) => {
    cloud.init({
        env: {
            database: 'production-6xdie',
            storage: 'production-6xdie',
            functions: 'test-edfr3' // 使用测试环境的云函数操作正式环境的数据库和存储
        }
    })
}
```

聪明的你可能会发现，在小程序端初始化一次还好，但如果我有很多云函数，每个云函数都需要初始化，那么每次开发和发布的时候都要来回切换，岂不是相当麻烦？这时在云函数中使用环境变量 process.env.TCB_ENV 能帮助你减少环境切换的工作量，因为这个环境变量会记录当前云函数是运行在哪个云开发的环境中。不过，只有在小程序端通过 SDK 调用云函数时才会有这个环境变量，如果是云函数之间的相互调用，目前不可使用环境变量，但你可以将环境变量作为参数传到被调用的云函数中。

```
const cloud = require('wx-server-sdk')

// 云函数入口函数
exports.main = async (event = {}) => {
    cloud.init({
        env: process.env.TCB_ENV
    })
}
```

说明

自 wx-server-sdk 的 1.1.0 版本起，可以直接使用 cloud.DYNAMIC_CURRENT_ENV 替代 process.env.TCB_ENV。但建议使用 1.4.0 以上版本的 wx-server-sdk，因为在旧版里使用 cloud.DYNAMIC_CURRENT_ENV 会导致云调用不起作用。

11.1.6　JavaScript 的异步操作

与许多编程语言不同, JavaScript 除了同步写法之外, 还有异步的写法。本节会介绍 JavaScript 在异步操作中遇到的问题及解决方案。

1. JavaScript 异步操作在小程序中的应用

JavaScript 的异步操作在小程序中随处可见, 并且以回调的方式作为默认推荐的异步处理办法。以选择相册图片的 API 为例:

```
wx.chooseImage({
    count: 1,
    sizeType: ['original', 'compressed'],
    sourceType: ['album', 'camera'],
    success(res) {
        // tempFilePath 可以作为 img 标签的 src 属性显示图片
        const tempFilePaths = res.tempFilePaths
    }
})
```

熟悉 JavaScript 语法的开发者对回调的使用是又爱又恨。爱是因为 callback 比较好理解, 而恨是因为如果回调用得太多, 就会陷入回调地狱的诅咒。我们看下面的例子:

```
Page({
    data: {},
    onLoad(options) {
        doRequest(url1, function(res1) {
            doRequest(url2, function(res2) {
                doRequest(url3, function(res3) {
                    doRequest(url5, function(res4) {
                        doRequest(url16, function(res5) {
                            // 处理 res1 到 res6 的结果
                        })
                    })
                })
            })
        }
    }
})
```

上面的例子比较极端, 需要等待 6 个请求都完成之后再处理这些结果。比较好的处理办法是使用 Promise 的相关方法进行改造:

```
const doRequestPromise = function(url) {
    return new Promise((resolve) => {
        doRequest(url, function(res) => {
            resolve(res)
        })
    })
}

Page({
    data: {},
```

```
    onLoad(options) {
        Promise.all([
            doRequestPromise(url1),
            doRequestPromise(url2),
            doRequestPromise(url3),
            doRequestPromise(url4),
            doRequestPromise(url5),
            doRequestPromise(url6)
        ]).then((res) => {
            // 处理 res1 到 res6 的结果
        })
    }
})
```

云开发在小程序侧的 API 也同时支持回调和 Promise 两种使用方式：

```
// 回调
Page({
    onLoad(options) {
        const db = wx.cloud.database()
        db.collection('user').add({
            // data 字段表示需新增的 JSON 数据
            data: {
                name: 'Tom',
                age: 26
            },
            success(res) {
                // res 是一个对象，其中_id 字段标记表示刚创建的记录的 id
                console.log(res)
            },
            fail: console.error
        })
    }
})

// Promise
Page({
    onLoad(options) {
        const db = wx.cloud.database()
        db.collection('user')
            .add({
                // data 字段表示需新增的 JSON 数据
                data: {
                    name: 'Tom',
                    age: 26
                }
            })
            .then((res) => {
                console.log(res)
            })
            .catch((e) => {
                console.error(e)
            })
    }
})
```

不过，JavaScript 有一种叫 async/await 的写法，能让本身异步的写法变成同步，写法示例如下。async/await 实质上调用的还是 Promise，只是由于它的语法糖的作用，让它写起来与同步的逻辑一样。

```
// async/await
Page({
    async onLoad(options) {
        const db = wx.cloud.database()
        // async/await 用 try/catch 捕获错误
        try {
            let res = await db.collection('user').add({
                // data 字段表示需新增的 JSON 数据
                data: {
                    name: 'Tom',
                    age: 26
                }
            })
        } catch (e) {
            console.error(e)
        }
    }
})
```

不过，在开发小程序的时候，我们选择的编译模式往往是 ES6 转 ES5，而 async/await 是不会被识别并被编译成 ES5 代码的，这就导致在一些低端的手机上会报错。因此，我们需要引入特殊的 Polyfill 去解决这个问题。可以访问这个代码仓库 https://github.com/miniprogram-bestpractise/async_await_polyfill，将 runtime.js 文件下载下来，放到小程序根目录下的/libs/目录里。如果哪个 js 文件需要使用 async/await，就在哪个文件里引入该文件。假设小程序前端代码根目录是 client，页面代码在 client/pages 里：

```
├── client
│   ├── libs
│   │   ├── runtime.js
│   ├── pages
│   │   ├── index
│   │   │   ├── index.js
│   │   │   ├── index.json
│   │   │   ├── index.wxml
│   │   │   ├── index.wxss
```

那么 Polyfill 可以这样引用：

```
import regeneratorRuntime from '../../libs/runtime'

Page({
    async onLoad(options) {
        const db = wx.cloud.database()
        // async/await 用 try/catch 捕获错误
        try {
            let res = await db.collection('user').add({
                // data 字段表示需新增的 JSON 数据
```

```
            data: {
                name: 'Tom',
                age: 26
            }
        })
    } catch (e) {
        console.error(e)
    }
  }
})
```

2. async/await 在云函数中的实践

目前云函数的 Node.js 环境只支持 Node 8.9 版本,因此已经天然支持了 async/await 的方式,并且云函数主要支持 async/await 异步操作的语法,这意味着也可以方便地使用 Promise 语法。

比如以下添加数据的操作:

```
const cloud = require('wx-server-sdk')
cloud.init()

exports.main = async (event, context) => {
    const db = cloud.database()
    try {
        let res = await db.collection('user').add({
            // data 字段表示需新增的 JSON 数据
            data: {
                name: 'Tom',
                age: 26
            }
        })
        return res
    } catch (e) {
        console.error(e)
        return {
            code: 1,
            msg: e.message
        }
    }
}
```

如果你的逻辑里面使用的 API 或者类库只提供了回调的方式,那该怎么办呢? 其实不难,只要改成 Promise 写法就行了,比如:

```
exports.main = async (event, context) =>
    new Promise((resolve, reject) => {
        // 在 2 秒后返回结果给调用方 (小程序/其他云函数)
        setTimeout(() => {
            resolve('wait 2 seconds')
        }, 2000)
    })
```

又或者:

```
const myLib = require('pathToMyLib')
const myLibPromise = (options = {}) => {
    new Promise((resolve, reject) => {
        myLib(options, (err, data) => {
            if (err) {
                // 失败则 reject
                reject(err)
            } else {
                // 成功则 resolve
                resolve(data)
            }
        })
    })
}

exports.main = async (event, context) => {
    return myLibPromise(event)
}
```

11.2 数据库

老板最近交给小明一个艰巨的任务，希望他帮公司做一个可以发布公司最新动态的小程序，但由于经费有限，不能给小明配置服务器了（如果老板不给服务器，估计大多数人就直接辞职了）。小明这时头皮发麻。该怎么办呢？幸好他之前翻阅过小程序的文档，知道云开发功能一定程度上可以起到替代云服务器的功能，并且有一定的免费额度（除非降配，要不然免费的资源版本可以覆盖 70%以上小程序的需求），完全能应对公司的小程序，于是决定去学习一番。

小明首先遇到的一个头疼的问题就是，要如何存放公司动态的数据。公司的动态可以看作新闻、文章或者博客，这些数据并不复杂，云开发的数据库完全可以满足需求。

11.2.1 控制台管理

云开发的数据库是基于腾讯云的一款兼容 MongoDB 的 NoSQL 数据库，因此整体的概念和用法都是向 MongoDB 看齐的。所谓 NoSQL 数据库，指的是非关系型数据库，是区别于传统关系型数据库的一类数据库的统称。这种数据库不需要固定的关系模式和预先定义好的结构，可以实现快速的数据插入和扩展。

虽然它在数据结构上跟关系型数据库不一样，但许多概念还是可以进行类比的。比如 NoSQL 数据库的 Database（数据库）、Collection（集合）和 Document（文档），就类似于关系型数据库的 Database、Table 和 Record。目前，云开发每一个环境只提供一个数据库和多个集合，不过对于绝大多数项目来说是基本够用的。

1. 创建一个集合

要存放公司的动态数据，首先要创建一个集合。在云开发控制台中，选择"数据库"菜单，在左侧单击"集合名称"旁边的加号，输入名称"content"后，即可创建一个集合，如图 11-13 所示。

图 11-13　创建集合

2. 添加数据

如果想手动给刚才创建的集合添加数据，可以点选左侧的"集合名称"→"content"，然后单击中间的"添加记录"按钮，输入相应的字段和数据，即可成功添加一条记录，如图 11-14 所示。开发者可以通过云开发的控制台对数据进行增删查改，但负责更新公司动态的运营人员还需要使用具体的小程序功能。

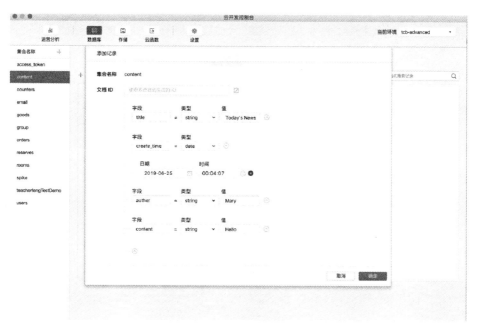

图 11-14　添加数据

3. 数据库脚本

为了方便开发者快速对数据库进行读写操作,云开发在新版的开发 IDE 里提供了数据库脚本的功能,整体语法跟数据库的 JavaScript SDK 语法一致,但这个脚本由于安全问题,并不支持所有的 JavaScript 语法,详情可以参考官方文档。那为什么说这个脚本好用呢? 在推出该功能之前,如果用户想根据一些复杂的条件查询数据,或者添加一些数据,就需要新建云函数,或者在小程序里写逻辑,然后在完成这部分任务后,再把这个逻辑删除。这样做不仅不便于代码的维护,而且消耗了云开发的资源调用次数,而使用数据库脚本则不存在上述问题。

图 11-15 和图 11-16 展示了两个例子。

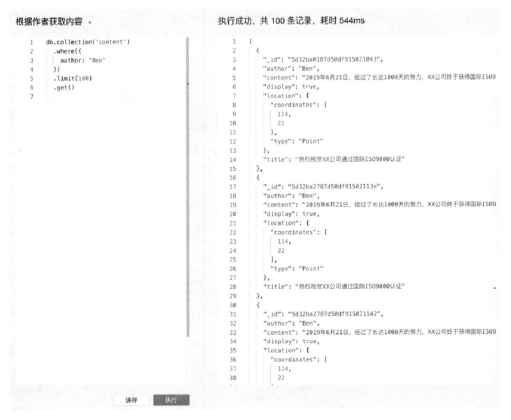

图 11-15   根据条件获取内容

图 11-16　添加内容

11.2.2　数据类型

要对数据进行操作，首先要了解数据库支持哪些数据类型。表 11-1 和表 11-2 分别简单概括了云开发数据库的常用数据类型和地理位置类型，更多数据类型请参考官方文档。

表 11-1　数据类型

数据类型	语　法	说　明
字符串	String	
数字	Number	
对象	Object	
数组	Array	
布尔值	Boolean	
地理位置点	GeoPoint	一组经纬度的表示数据

（续）

数据类型	语 法	说 明
客户端时间	Date	跟 JavaScript 一样，只能获取当前手机客户端的时间，JSON 表示： { "\$date" : "2019-07-19T10:30:00.168Z" }
服务器时间	DB.serverDate	可以获取服务器的时间，并可通过 offset 获取服务器时间的偏移， JSON 表示：{ "\$date" : "2019-07-19T10:30:00.168Z"}
空	Null	表示字段存在，但值为空

表 11-2　地理位置类型

字 段	说 明	表 示
Point	点	db.GeoPoint.Point
LineString	线段	db.GeoPoint.LineString
Polygon	多边形	db.GeoPoint.Polygon
MultiPoint	点集合	db.GeoPoint.MultiPoint
MultiLineString	线段集合	db.GeoPoint.MultiLineString
MultiPolygon	多边形集合	db.GeoPoint.MultiPolygon

这里列举一下地理位置相关的 JSON 表示：

```
// Point
{
    "type": "Point",
    "coordinates": [longitude, latitude] // 数字数组：[经度，纬度]
}

// LineString
{
    "type": "LineString",
    "coordinates": [
        [p1_lng, p1_lat],
        [p2_lng, p2_lng]
        // ... 可选更多点
    ]
}

// Polygon
{
    "type": "Polygon",
    "coordinates": [
        [ [lng, lat], [lng, lat], [lng, lat], ..., [lng, lat] ], // 外环
        [ [lng, lat], [lng, lat], [lng, lat], ..., [lng, lat] ], // 可选内环 1
        ...
        [ [lng, lat], [lng, lat], [lng, lat], ..., [lng, lat] ], // 可选内环 n
    ]
}

// MultiPoint
```

```
{
    "type": "MultiPoint",
    "coordinates": [
        [p1_lng, p1_lat],
        [p2_lng, p2_lng]
        // ... 可选更多点
    ]
}

// MultiLineString
{
    "type": "MultiLineString",
    "coordinates": [
        [ [lng, lat], [lng, lat], [lng, lat], ..., [lng, lat] ],
        [ [lng, lat], [lng, lat], [lng, lat], ..., [lng, lat] ],
        ...
        [ [lng, lat], [lng, lat], [lng, lat], ..., [lng, lat] ]
    ]
}

// MultiPolygon
{
    "type": "MultiPolygon",
    "coordinates": [
        // polygon 1
            [
                        [ [lng, lat], [lng, lat], [lng, lat], ..., [lng, lat] ],
                    [ [lng, lat], [lng, lat], [lng, lat], ..., [lng, lat] ],
                ...
            [ [lng, lat], [lng, lat], [lng, lat], ..., [lng, lat] ]
        ],
        ...
        // polygon n
        [
            [ [lng, lat], [lng, lat], [lng, lat], ..., [lng, lat] ],
            [ [lng, lat], [lng, lat], [lng, lat], ..., [lng, lat] ],
            ...
            [ [lng, lat], [lng, lat], [lng, lat], ..., [lng, lat] ]
        ],
    ]
}
```

11.2.3 增删查改

增删查改是最基本的 4 种数据库操作，本节就从这 4 种操作着手，讲解云开发如何解决数据库基本操作的问题。

1. 初始化

在正式使用内置 SDK 进行数据的增删查改之前，首先要进行初始化并获取数据库的引用。获取引用并不会发出请求，因此不用担心会为此而消耗一次调用。以下是最常见的获取数据库引用的方式。

```
const db = wx.cloud.database({
    env: 'test' // 如果使用默认环境，则可以不填。默认环境一般是首次创建的环境
})
```

获取数据库引用后，可以分别对其中的集合或记录进行操作，因此可以分别获得这两种不同层级的引用并进行进一步的操作。比如要获取名为 "content" 的集合引用，就可以这样写：

```
const contentCollection = db.collection('content')
```

如果要获取在集合 content 中且 id 为 1001 的记录的引用，可以这样写：

```
const record = contentCollection.doc('1001')
```

2. 添加数据

添加数据之前，必须先在控制台创建集合，然后才可以通过一些接口插入数据，如果在没有创建好集合的情况下直接插入数据，就会报错。例如，小明希望可以插入以下数据表示公司的动态，就可以这么写：

```
db.collection('content')
    .add({
        // data 字段表示需新增的 JSON 数据
        data: {
            // _id: '1001', // 可选自定义 _id，在此处场景下用数据库自动分配的就可以了
            author: 'Mary', // 添加动态的运营人员
            title: '热烈祝贺 XX 公司通过国际 ISO9000 认证', // 动态标题
            content: '2019 年 6 月 21 日，经过了长达 1000 天的努力，XX 公司终于获得
                        国际 ISO9000 的认证',
            create_time: db.serverDate(), // 服务器时间
            location: db.Geo.Point(114, 22) // 经度在前，纬度在后
        }
    })
    .then((res) => {
        console.log(res)
    })
```

3. 更新数据

添加了一条动态之后，小明发现还需要添加一个控制动态显示与否的功能，因为很多时候运营人员写好文章后，未必会马上发布，这个功能可以方便运营人员对文章的显示状态进行更新。

在云开发数据库更新数据，有两种不同的类型可供选择：一是局部更新一个或多个记录（doc.update），二是替换更新一个记录（doc.set）。前者是单纯地针对某个数据进行更新，而后者如果指定 ID 的记录不存在，则会创建该条记录。在小明的这个场景下，前者更为适合：

```
db.collection('content')
    .doc('1001')
    .update({
        // data 传入需要局部更新的数据
        data: {
```

```
            display: true // 显示 ID 为 1001 的公司动态
        }
    })
    .then((res) => {
        console.log(res.data)
    })
```

4. 删除数据

如果想彻底删除一条公司的动态，而不是控制它是否展示，那么可以通过下面的接口进行删除：

```
db.collection('content')
    .doc('1001')
    .remove()
    .then(console.log)
    .catch(console.error)
```

在小程序端，无论是更新还是删除数据，都需要指定某个数据的 ID，这是出于安全考虑，所以小程序侧只允许对单个数据进行操作。如果想对批量数据进行更新或删除，则需要在服务器端利用 SDK 进行操作，可用的接口包括 collection.update 和 collection.remove，详情可参考官方文档，此处就不再赘述了。

5. 查询数据

小明设计好添加、编辑、删除公司动态等一系列管理员功能之后，便需要做展示公司动态的功能，才可以将公司的动态更好地呈现给公司的顾客。一般而言，访问者进入小程序后，会看到公司动态的列表，点击其中一条，就会进入动态的详情。从这个交互出发可知，小明需要为动态列表和详情设计数据查询的操作。

动态详情的数据查询比较好办，只要知道动态的 ID，就可以用接口直接查询：

```
// 查询 ID 为 1001 的公司动态
db.collection('content')
    .doc('1000')
    .get()
    .then((res) => {
        // res.data 包含该记录的数据
        console.log(res.data)
    })
```

但拉取列表则比较棘手，需要加入分页功能。该列表需要拉取 display 字段为 true 的数据，每页显示 10 条：

```
const pageSize = 10 // 每页展示数据量
let currentPage = 1 // 当前第几页
db.collection('content')
    .where({
        display: true
    })
    .skip((currentPage - 1) * pageSize) // 跳过的数据量，通过 currentPage 控制
```

```
    .limit(pageSize) // 控制每页展示数据量
    .get()
    .then((res) => {
        console.log(res.data)
    })
```

如果数据量不大，不想做分页，想一次性将所有数据拉取下来展示，由于目前官方没有接口可以一次性拉取，因此可以通过 Promise.all 的办法并发拉取所有数据。

```
Page({
    async getList() {
        const result = await db.collection('content').count()
        const total = result.total

        const MAX = 100 // 云开发每次最多只允许拉取 100 条数据
        const times = Math.ceil(total / MAX) // 计算需要拉取的次数

        const tasks = []
        for (let i = 0; i < times; i++) {
            const promise = db
                .collection('content')
                .where({ display: true })
                .skip(i * MAX)
                .limit(MAX)
                .get()
            tasks.push(promise)
        }

        return (await Promise.all(tasks)).reduce((acc, cur) => {
            return {
                data: acc.data.concat(cur.data)
            }
        })
    }
})
```

注意，因为 skip() 方法在早期基础版本中有 bug，不能传 0，所以如果要做翻页，请将基础库设置为 2.3.0 或之后的版本。

11.2.4　指令

数据库的指令包括更新指令与查询指令，由于指令数量庞大，本节只介绍这两种指令常用的种类和使用场景。

1. 更新指令

老板要求小明做的这个小程序，终于用云开发捣鼓出来上线了。小明连续加了两天班，这天本打算准时下班。结果，还差 5 分钟下班的时候，老板突然把小明喊了过去。老板说："能不能今晚之内加个文章访问人数统计和标签功能呢？" 这时小明内心是崩溃的。他回到工位翻查了一下文档，发现指令这个好东西有望让他在一小时内把功能开发完！目前云开发支持的更新指令如表 11-3 所示，基本上覆盖了数值和数组的变化。

表 11-3　更新指令

更新指令	说　　明
set	设置字段为指定值
remove	删除字段
inc	原子自增字段值
mul	原子自乘字段值
push	如字段值为数组，往数组尾部增加指定值
pop	如字段值为数组，从数组尾部删除一个元素
shift	如字段值为数组，从数组头部删除一个元素
unshift	如字段值为数组，往数组头部增加指定值

要做访问人数统计和标签功能，可以新增一个 count 的数值和一个 tags 数组，具体示例如下：

```
const _ = db.command
db.collection('content')
    .doc('1001')
    .update({
        data: {
            // 访问人数加 1
            count: _.inc(1),
            // 添加名为 "新年致辞" 的 tag
            tags: _.push('新年致辞')
        }
    })
    .then((res) => {
        console.log(res.data)
    })
```

2. 查询指令

查询指令可以方便进行数值和数组的查询。主要的查询指令如表 11-4 所示。

表 11-4　查询指令

查询指令	说　　明
eq	等于
neq	不等于
lt	小于
lte	小于或等于
gt	大于
Gte	大于或等于

（续）

查询指令	说　明
in	字段值在给定数组中
nin	字段值不在给定数组中
and	和
or	或
geoNear	按从近到远的顺序，找出字段值在给定点的附近的记录
geoWithin	找出字段值在指定区域内的记录，无排序。指定的区域必须是多边形（Polygon）或多边形集合（MultiPolygon）
geoIntersects	找出给定的地理位置图形相交的记录

刚才小明添加了 count 和 tags 字段。如果想新加一个功能，展示访问人数大于 1000、小于等于 10000 且并标签为"新年致辞"或"外宾到访"的公司动态，可以这么写：

```
const _ = db.command
db.collection('content')
    .where({
        count: _.gt(1000).and(_.lte(10000)),
        tags: _.in(['新年致辞', '外宾到访'])
    })
    .get()
    .then((res) => {
        console.log(res.data)
    })
```

如果标签同时有"新年致辞"和"外宾到访"，则要改写成这样：

```
const _ = db.command
db.collection('content')
    .where({
        count: _.gt(1000).and(_.lte(10000)),
        tags: ['新年致辞', '外宾到访']
    })
    .get()
    .then((res) => {
        console.log(res.data)
    })
```

如果要求标签第一个必须是"新年致辞"，可以改成这样：

```
const _ = db.command
db.collection('content')
    .where({
        count: _.gt(1000).and(_.lte(10000)),
        'tags.0': '新年致辞' // 也可以只写 tags
    })
    .get()
    .then((res) => {
        console.log(res.data)
    })
```

通过上面这个例子, 你很自然会想到, 如果这个字段是一个层次很深的对象怎么办? 其实也很容易理解, 比如这个字段是 `company.news.tags`, 那么直接以字符串表示就好了:

```
const _ = db.command
db.collection('content')
    .where({
        count: _.gt(1000).and(_.lte(10000)),
        'company.news.tags': '新年致辞' // 也可以只写 tags
    })
    .get()
    .then((res) => {
        console.log(res.data)
    })
```

11.2.5　聚合搜索

与指令相似, 聚合搜索也有大量的接口, 本节也仅从常见的接口着手进行介绍。

1. 聚合搜索的优势

小程序上线运行了一段时间, 一切安然无恙。某天, 老板希望小明做一个功能, 统计一下每位作者的文章产出数量, 用作派发年终奖的参考数据。小明打开云开发控制台一看, 发现文章的数据有 1000 多页, 这意味着文章有上万篇。小明回到工位, 想到的第一个思路是遍历所有的文章数据, 然后按照 `author` 字段做归类, 但这个办法有非常明显的两个缺点。

- 性能差。由于每次拉取数据上限是 20, 因此要发送超过 50 次的请求才可以把所有数据拿齐, 这必然拖慢整个计算的速度。
- 消耗大。由于每次统计都要消耗超过 50 次请求, 而云开发是按照调用次数计费的, 因此这样的操作显然很不合算。

而云开发数据库提供的聚合搜索能力, 则能完美解决这两个缺点。

```
const db = wx.cloud.database()
const $ = db.command.aggregate
let res = await db
    .collection('content')
    .aggregate()
    .group({
        // 按 author 字段分组
        _id: '$author',
        // 统计发文章的总数
        count: $.sum(1)
    })
    .end()
// 返回数据的示例
{_id: "Ben", count: 16849}
{_id: "Mary", count: 20170}
{_id: null, count: 138}
```

2. 聚合搜索的管道概念

聚合搜索的每一次数据处理都类似一条管道，每个管道包含多个 stage，而每个 stage 里都有 operator 辅助进行计算。图 11-17 是引自 MongoDB 官方的示意图，可以看到，在每一次的聚合 aggregate 中，先在不同的 stage 里做一次数据处理，再将结果传到下一个 stage，一直到数据遇到 end() 方法为止。

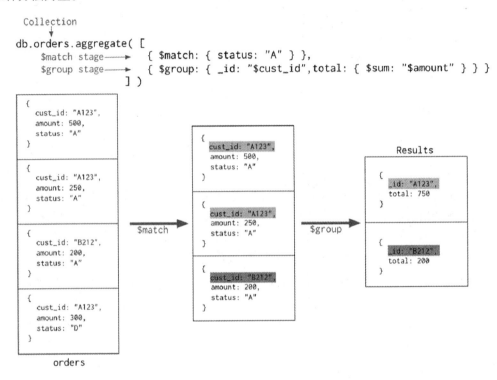

图 11-17　聚合搜索的管道示意图

3. 聚合搜索的 stage 与 operator

对于聚合搜索而言，stage 用于将数据分隔成不同的处理阶段，而 operator 则是在不同的 stage 中帮助计算数据。由于 operator 与 stage 的数量非常多，我们仅在表 11-5 和表 11-6 中列出了较为常用的几种。

表 11-5　聚合搜索 stage

stage	说　　明
count	计算输入记录数，输出一个记录，其中指定字段的值为记录数
group	将输入记录按给定表达式分组，输出时每个记录代表一个分组，每个记录的_id 是区分
limit	限制输出到下一阶段的记录数

（续）

stage	说　明
Match	根据条件过滤文档，并且把符合条件的文档传递给下一个流水线阶段
project	把指定的字段传递给下一个流水线，指定的字段可以是某个已经存在的字段，也可以是计算出来的新字段
skip	指定一个正整数，跳过对应数量的文档，输出剩下的文档
sort	sort 根据指定的字段，对输入的文档进行排序
sortByCount	根据传入的表达式，将传入的集合进行分组（group），然后计算不同组的数量，并且将这些组按照数量进行排序，返回排序后的结果
unwind	使用指定的数组字段中的每个元素，对文档进行拆分。拆分后，文档会从一个变为一个或多个，分别对应数组中的每个元素

表 11-6　聚合搜索 operator

operator	说　明
abs	返回一个数字的绝对值
add	将数字相加或将数字加在日期上。如果数组中的其中一个值是日期，那么其他值将被视为毫秒数加在该日期上
and	给定多个表达式，and 仅在所有表达式都返回 true 时返回 true，否则返回 false
avg	返回一组集合中，指定字段对应数据的平均值
ceil	聚合操作符。向上取整，返回大于或等于给定数字的最小整数
cmp	给定两个值，返回其比较值
concat	连接字符串，返回拼接后的字符串
concatArrays	聚合操作符，将多个数组拼接成一个数组
divide	传入被除数和除数，求商
eq	匹配两个值，如果相等则返回 true，否则返回 false
filter	根据给定条件返回满足条件的数组的子集
first	返回指定字段在一组集合的第一条记录对应的值。仅当这组集合是按照某种定义排序（sort）后，此操作才有意义
floor	向下取整，返回大于或等于给定数字的最小整数
gt	匹配两个值，如果前者大于后者则返回 true，否则返回 false
gte	匹配两个值，如果前者大于或等于后者则返回 true，否则返回 false
lt	匹配两个值，如果前者小于后者则返回 true，否则返回 false
lte	匹配两个值，如果前者小于或等于后者则返回 true，否则返回 false
map	类似 JavaScript Array 上的 map 方法，将给定数组的每个元素按给定转换方法转换后得出新的数组
mod	取模运算，取数字取模后的值
multiply	取传入的数字参数相乘的结果
neq	匹配两个值，如果不相等则返回 true，否则返回 false

（续）

operator	说　明
Not	给定一个表达式，如果表达式返回 true，则 not 返回 false，否则返回 true
or	给定多个表达式，如果任意一个表达式返回 true，则 or 返回 true，否则返回 false
reduce	类似 JavaScript 的 reduce() 方法，应用一个表达式于数组各个元素然后归一成一个元素
size	返回数组长度
Sum	计算并且返回一组字段所有数值的总和

4. 聚合搜索的使用场景

下面我们通过一些使用场景来具体介绍聚合搜索的用法。

假设集合 items 里有以下数据：

```
{
    "_id": "1",
    "name": "Apple",
    "price": 10,
    "category": "fruit",
    "tags": [
        "food",
        "fruit"
    ],
    "suppliers": [
        "1"
    ]
}
{
    "_id": "2",
    "name": "Pear",
    "price": 50,
    "category": "fruit",
    "tags": [
        "food",
        "fruit"
    ],
    "suppliers": [
        "1",
        "2",
        "3"
    ]
}
{
    "_id": "3",
    "name": "Pen",
    "price": 20,
    "category": "stationery",
    "tags": [
        "tool",
```

```
            "stationery"
        ],
        "suppliers": [
            "2"
        ]
}
{
        "_id": "4",
        "name": "Pencil",
        "price": 80,
        "category": "stationery",
        "tags": [
            "tool",
            "stationery"
        ],
        "suppliers": [
            "2",
            "3"
        ]
}
{
        "_id": "5",
        "name": "Chicken",
        "price": 200,
        "category": "meat",
        "tags": [
            "food",
            "meat"
        ],
        "suppliers": [
            "3"
        ]
}
{
        "_id": "6",
        "name": "Pork",
        "price": 300,
        "category": "meat",
        "tags": [
            "food",
            "meat"
        ],
        "suppliers": [
            "2"
        ]
}
{
        "_id": "7",
        "name": "Beef",
        "price": 300,
        "category": "meat",
        "tags": [
            "food",
```

```
            "meat"
        ],
        "suppliers": [
            "3"
        ]
    }
    {
        "_id": "8",
        "name": "Carrot",
        "price": 40,
        "category": "vegatable",
        "tags": [
            "food",
            "vegatable"
        ],
        "suppliers": [
            "2",
            "3"
        ]
    }
    {
        "_id": "9",
        "name": "Cabbage",
        "price": 35,
        "category": "vegatable",
        "tags": [
            "food",
            "vegatable"
        ],
        "suppliers": [
            "1"
        ]
    }
```

假设集合 suppliers 里有以下数据：

```
{
    "sid": "1",
    "supplier": "Mary",
    "history": 10,
    "stock": {
        "1": 10,
        "2": 15,
        "9": 20
    }
}
{
    "sid": "2",
    "supplier": "Ben",
    "history": 5,
    "stock": {
        "2": 30,
        "3": 10,
```

```
        "4": 5,
        "6": 15,
        "8": 10
    }
}
{
    "sid": "3",
    "supplier": "Tom",
    "history": 20,
    "stock": {
        "2": 10,
        "4": 5,
        "5": 5,
        "7": 15,
        "8": 5
    }
}
```

场景 1　将数据中的 tags 进行拆分，拆分后只展示 name、price 和 tags 这 3 个字段，并挑选符合条件的前 3 个数据。

```
// 代码片段
async getTags() {
    const db = wx.cloud.database()
    const $ = db.command.aggregate

    let res = await db.collection('items').aggregate()
        .unwind('$tags')
        .project({
            _id: 0,
            name: 1,
            tags: 1,
            price: 1
        })
        .limit(3)
        .end()
}

// 结果
[
    { "name": "Apple", "price": 10, "tags": "food" },
    { "name": "Apple", "price": 10, "tags": "fruit" },
    { "name": "Pear", "price": 50, "tags": "food" }
]
```

场景 2　根据 category 进行组合，输出不同 category 的价格总和和平均数，并且按照平均数由小到大排列。

```
// 代码片段
async getCategory() {
    const db = wx.cloud.database()
    const $ = db.command.aggregate
```

```
    let res = await db.collection('items').aggregate()
        .group({
            _id: '$category',
            sum: $.sum('$price'),
            average: $.avg('$price')
        })
        .sort({
            average: 1
        })
        .end()
},
// 结果
[
    {"_id":"fruit","sum":60,"average":30},
    {"_id":"vegatable","sum":75,"average":37.5},
    {"_id":"stationery","sum":100,"average":50},
    {"_id":"meat","sum":800,"average":266.6666666666667}
]
```

场景 3　筛选出 `tags` 中含有 `fruit` 的数据。

```
// 代码片段
async filterTags() {
    const db = wx.cloud.database()
    const $ = db.command.aggregate

    let res = await db.collection('items').aggregate()
        .match({
            tags: $.in(['fruit', '$tags'])
        })
        .end()

    console.log(res)
},
// 结果
[
    {
        "_id": "1",
        "name": "Apple",
        "price": 10,
        "category": "fruit",
        "tags": ["food", "fruit"],
        "suppliers": ["1"]
    },
    {
        "_id": "2",
        "name": "Pear",
        "price": 50,
        "category": "fruit",
        "tags": ["food", "fruit"],
        "suppliers": ["1", "2", "3"]
    }
]
```

场景 4 两个集合联合查询。

MySQL 中有一个很好用的能力：join，也就是可以联合查询的能力。在云开发数据库中，可以借助 lookup 来实现，并且有两种实现形式：一种是相等匹配，另一种是自定义匹配。相等匹配就是直接将两个集合中值相等的两个字段关联起来。以上面定义好的 items 和 suppliers 集合为例，我们希望给 items 里买卖的货物找到对应的供应商，就可以这样写（切记联合查询目前只能在云函数里生效）：

```
const db = cloud.database()
const _ = db.command
const $ = db.command.aggregate

let res1 = await db
    .collection('items') // items 是我们的主集合
    .aggregate()
    .lookup({
        from: 'suppliers', // suppliers 是我们要联合查询的集合
        localField: 'suppliers', // 主集合 items 中的 suppliers 字段, 记录了 suppliers
        里的 sid, 可以是数值或其他类型的数值, 一样可以照常判断等值
        foreignField: 'sid', // suppliers 中的 sid 字段, 需要与 items 集合中的 suppliers
        字段做等值比较, 如果 suppliers 是数值, 则做数值包含的判断
        as: 'suppliers' // 成功联合集合查询后输出的数组字段名称
    })
    .end()
// 节选部分结果
[
    {
        "_id": "1",
        "name": "Apple",
        "price": 10,
        "category": "fruit",
        "tags": ["food", "fruit"],
        "suppliers": [
            {
                "_id": "qjWCGksr5JFbP11EuA8uWnzjVkxxxx",
                "sid": "1",
                "supplier": "Mary",
                "history": 10,
                "stock": {
                    "1": 10,
                    "2": 15,
                    "9": 20
                }
            }
        ]
    },
    {
        "_id": "2",
        "name": "Pear",
        "price": 50,
        "category": "fruit",
        "tags": ["food", "fruit"],
```

```
    "suppliers": [
        {
            "_id": "qjWCGksr5JFbP11EuA8uWnzjVkHQxxxx",
            "sid": "1",
            "supplier": "Mary",
            "history": 10,
            "stock": {
                "1": 10,
                "2": 15,
                "9": 20
            }
        },
        {
            "_id": "nxmZVmRdQzcLkQGECmpoo6ped40pdSUbxxxx",
            "sid": "2",
            "supplier": "Ben",
            "history": 5,
            "stock": {
                "2": 30,
                "3": 10,
                "4": 5,
                "6": 15,
                "8": 10
            }
        },
        {
            "_id": "4CFjwbg1cExrrdckKv0NMY7VI1V516xxxx",
            "sid": "3",
            "supplier": "Tom",
            "history": 20,
            "stock": {
                "2": 10,
                "4": 5,
                "5": 5,
                "7": 15,
                "8": 5
            }
        }
    ]
    }
]
```

如果你熟悉 MySQL 的语法，可以类比成以下的 SQL 语法（因为有可能你不会这样设计数据存储）：

```
SELECT *, suppliers
FROM items
WHERE  suppliers IN (SELECT *
FROM suppliers
WHERE FIND_IN_SET(sid, items.suppliers)) // 假设 suppliers 数据存放在 SET 里
```

如果我们还想在这些供应商里筛选出历史等于大于 10 年的，相等匹配就不够用了，就需要用到自定义匹配。代码和解释如下：

```
const db = cloud.database()
const _ = db.command
const $ = db.command.aggregate

let res2 = await db
    .collection('items') // items 是我们的主集合
    .aggregate()
    .lookup({
        from: 'suppliers', // suppliers 是我们要联合查询的集合
        let: {
            // 要在 pipeline 里做比较
            sid: '$sid',
            suppliers: '$suppliers',
            history: '$history'
        },
        pipeline: $.pipeline()
            .match(
                _.expr(
                    $.and([
                        // 先找出 id 相同的 suppliers, 跟上面的相等匹配效果一致
                        $.in(['$sid', '$$suppliers']),
                        $.gte(['$history', 10]) // 再筛选出历史大于等于 10 年的
                    ])
                )
            )
            .project({
                // 自定义展示哪些 suppliers 集合的字段
                name: '$supplier', // 将 supplier 字段改成 name 来显示
                history: 1,
                sid: 1
            })
            .done(),
        as: 'suppliers'
    })
    .end()
// 节选部分结果
[
    {
        "_id": "1",
        "name": "Apple",
        "price": 10,
        "category": "fruit",
        "tags": ["food", "fruit"],
        "suppliers": [
            {
                "_id": "qjWCGksr5JFbP11EuA8uWnzjVkHQaxxxxx",
                "sid": "1",
                "history": 10,
                "name": "Mary"
            }
        ]
    }
    {
```

```
    "_id": "2",
    "name": "Pear",
    "price": 50,
    "category": "fruit",
    "tags": [
        "food",
        "fruit"
    ],
    "suppliers": [
        {
            "_id": "qjWCGksr5JFbP11EuA8uWnzjVkHQai0xxxx",
            "sid": "1",
            "history": 10,
            "name": "Mary"
        },
        {
            "_id": "4CFjwbg1cExrrdckKv0NMY7VI1V516Clxxxx",
            "sid": "3",
            "history": 20,
            "name": "Tom"
        }
    ]
    }
]
```

上面的写法可以类比成以下的 SQL 语法：

```
SELECT *, suppliers
FROM items
WHERE  suppliers IN (SELECT _id, sid, history, supplier as name
FROM suppliers
WHERE FIND_IN_SET(sid, items.suppliers) AND history >= 10) // 假设 suppliers 数据
                                                           // 存放在 SET 里
```

11.2.6   权限管理

在云开发控制台的数据库面板中，开发者可以找到"权限管理"进行手动调整，如图 11-18 所示。目前有 5 种权限选择，前 4 种是简单权限设置，最后一种是安全粒度更细的高级数据库安全规则。灰色的描述文字里介绍了这 5 种权限主要的应用场景。但这些并非是绝对的，比如相册，如果要做私密相册，那么自然是选择"仅创建者可读写"，而如果相册是公开的，那么可选"所有用户可读，仅创建者可写"。目前这种权限模式还比较粗放，更为成熟的数据库会对具体的数据库、基于表、字段等有更加严格的管控。那云开发如何判断这个数据的创建者是谁呢？一般来说，如果数据中带有_openid，那么就会以这个字段来判断创建者；如果没有这个字段，则表明这个数据是管理员创建的。

图 11-18　数据库权限管理

首先我们来介绍一下前 4 种简单的权限规则，表 11-7 所示是不同的权限模式在小程序端和管理端的表现。这里的管理端是指云函数或者服务器端。

表 11-7　数据库权限管理

模　　式	小程序端 读自己创建的数据	小程序端 写自己创建的数据	小程序端 读他人创建的数据	小程序端 写他人创建的数据	管理端 读写任意数据
仅创建者可写，所有人可读	√	√	√	×	√
仅创建者可读写	√	√	×	×	√
仅管理端可写，所有人可读	√	×	√	×	√
仅管理端可读写：该数据只有管理端可读写	×	×	×	×	√

为了更好地解释权限是如何体现的，我们假设有这么一组订单数据：

```
{
    "_id": "xxx",
    "_openid": "abc",
    "content": "order an egg"
}
```

该组订单数据带有_openid 字段，说明该订单是由某个用户创建的。如果数据库的权限设置成"仅创建者可读写"，那么只有创建该订单的用户可以在小程序端用接口访问，或者在云函数里通过数据库接口调取数据。

又比如，有一组电商的商品数据，并没有_openid 字段，如果需要让所有的用户都能看到这些商品，只需要将权限设置成"仅创建者可写，所有人可读"，那么，所有用户都可以在小程序端通过数据库接口读取到这些商品的信息，但如果要修改，则只能在云函数中通过 wx-server-sdk 来进行。

如果我们想实现更为复杂、粒度更细致的权限控制，必须借助数据库安全规则。从包含关系来看，数据库的安全规则能力完全包含上面介绍的简单配置的安全策略。下面列出文档里用安全规则给 4 种简单权限策略的表示，有利于更直观地理解安全规则的概念和用法。

所有用户可读，仅创建者可写，可以表示为：

```
{
    "read": true,
    "write": "doc._openid == auth.openid"
}
```

仅创建者可读写，可表示为：

```
{
    "read": "doc._openid == auth.openid",
    "write": "doc._openid == auth.openid"
}
```

所有用户可读，可表示为：

```
{
    "read": true,
    "write": false
}
```

所有用户不可读写，可表示为：

```
{
    "read": false,
    "write": false
}
```

从上面的表示方法来看，安全规则主要是控制读取的布尔值，尤其是通过文档的_openid 和用户的 openid 值的比较进行控制。但安全规则的能力远非如此。除了读（read）和写（write），写还可以细分为增（create）、删（delete）、改（update）。全局的变量主要包括 doc 和 auth，分别表示数据记录和用户登录信息。另外开发者还可以通过运算符和全局函数 get()，做更加复杂的权限条件比较。

下面以一个图书价格的例子进行说明。示例代码如下，表示只允许价格大于 100 的图书被读取。

```
{
    "read": "doc.price > 100"
}
```

以下代码中，由于第一段价格大于 100，因此只有第一段是符合安全规则的。

```
const res = await db.collection('books').where({
    price: _.gt(100)
}).get()

const res = await db.collection('books').where({
    price: _.gt(50)
}).get()
```

在这套安全规则下，云开发要求开发者要显式地传入 openid，假设我们有以下安全规则：

```
{
    "read": "doc.author == auth.openid"
}
```

在进行查询时，要显式传入{openid}，这样在请求过程中，云开发服务会自动帮我们获取该请求用户的 openid，而省掉通过其他途径获取的麻烦。

```
db.collection('books').where({
    author: '{openid}'
}).get()
```

升级与兼容

数据库安全规则极具灵活性，能帮忙我们解决许多安全问题。得益于该安全规则，数据库的一些批量操作（比如集合的多个数据更新与删除）都已全数开放给小程序侧使用，不再只限于云函数。但是，一旦我们将数据库的权限设置成这种自定义的数据库安全规则，就需要注意以下两个问题。

第一，所有的 doc 操作都要改为 where 操作。

之前我们根据文档的 id 查询数据，会用以下写法：

```
db.collection('books').doc('12345').get()
```

而在使用了自定义安全规则后，必须一律改成 where：

```
db.collection('books').where({
    _id: '12345',
    _openid: '{openid}',
}).get()
```

另外，如果你已经有线上运行的外发版本，建议不要直接将数据库的权限切换，否则如果你线上的代码使用了 doc 的写法，可能会面临线上问题。

第二，所有的权限都需要显式地传入{openid}。

简单的权限策略，openid 都是自己带上的；而自定义的权限策略，必须传入'${openid}'给_openid 或者其他你想存放用户 id 信息的字段，才能够获取用户的 openid。

11.2.7 导入和导出

数据的导入和导出是小程序数据来源的基础，本节会通过案例介绍导入和导出的流程和注意事项。

1. 导入

小明公司的小程序做好之后，老板觉得内容空空的，于是让小明看看能否把公司以前的历史新闻也导入进去，好让小程序上线的时候看起来内容很充实。云开发提供了数据导入的功能。目前支持的文件格式有 JSON 和 CSV 两种。以下分别是通过两种文件格式导入新闻的示例。

JSON 格式示例如下：

```
{
    "author": "Mary",
    "title": "热烈祝贺 XX 公司通过国际 ISO9000 认证",
    "content": "2019 年 6 月 21 日，经过了长达 1000 天的努力，XX 公司终于获得了国际 ISO9000 的认证",
    "create_time": {"$date":  "2019-06-21T17:30:00.882Z"},
}

{
    "author": "Lucy",
    "title": "公司任命 James 为公司的首席财务官",
    "content": "公司董事局决定，任命 James Poon 为公司的首席财务官，主管公司的投资者关系、
        公司财务、融资等方面的业务",
    "create_time": {"$date":  "2019-06-21T17:30:00.882Z"},
}
```

JSON 文件的格式有以下注意事项。

❑ JSON 文件的格式遵循 JSON Lines 规范，每个记录用\n 分隔，而非逗号；
❑ JSON 的键名要符合数据库的规范，如 a.b，a.b.c.d 都是符合规范的，而像.a,a.b.和 a..b 都是不合规的；
❑ 键名不得重复。

CSV 格式示例如下：

```
author,title,content,create_time
"Mary","热烈祝贺 XX 公司通过国际 ISO9000 认证","2019 年 6 月 21 日，经过了长达 1000 天的努力，XX 公司终于获得了国际 ISO9000 的认证","{"$date":  "2019-06-21T17:30:00.882Z"}"
"Lucy","公司任命 James 为公司的首席财务官","公司董事局决定，任命 James Poon 为公司的首席财务官，主管公司的投资者关系、公司财务、融资等方面的业务","{"$date":  "2019-06-21T17:30:00.882Z"}"
```

注意第一行是键名，其他行则作用键值。

导入时的其他注意事项如下。

❑ 时间格式必须为 ISODate 格式，例如"date": { "\$date" : "2019-07-19T10:30:00.168Z" };
❑ 地理位置在 JSON 中格式形如"location":{"type":"Point","coordinates":[114.0,22.0]}，而在 CSV 中形如"{""type"":""Point"",""coordinates"":[114.0,22.0]}";
❑ 目前提供了 Insert 和 Upsert 两种冲突处理模式（如图 11-19 所示），前者总是会插入一条新记录，因此要求导入的文件中_id 不能重复，后者会判断是否有该记录，有则更新，无则插入。

图 11-19　导入数据

2. 导出

目前云开发支持将数据导出为 JSON 和 CSV 两种格式，如果导出 CSV，要指定导出的字段，但 _id 字段无论是否选择都会默认导出，如图 11-20 所示。

图 11-20　导出数据

11.2.8　索引

索引能够提升读取数据的性能。一般来说，我们会为所有需要成为查询条件的字段建立索引。能够覆盖的查询条件越多，数据库读取数据的性能就越好，用户的体验就越佳。

1. 单字段索引

单字段索引，顾名思义就是只有一个键名作为索引。一般默认会将 _id 作为每个 collection 的单字段索引，如果要对嵌套字段进行索引，可以用"点式索引"。所谓的"点式索引"，就是如图 11-21 所示的那样，有点类似 JavaScript 对象引用，例如 abc.def.ghi。

图 11-21　点式索引

让我们来试一下索引的效果，假设导入了 3000 多条新闻数据，然后查找 display 为 true 的新闻，查询语句如下：

```
let start = Date.now() // 起始时间
let res = await db
    .collection('content')
    .where({ display: true })
    .limit(20) // 小程序端最多查询 20 条数据
    .get()
console.log(res)
let end = Date.now() // 结束时间
console.log(end - start) // 查询总耗时
```

设置索引前查询耗时有时候高达 670ms，如图 11-22 所示。

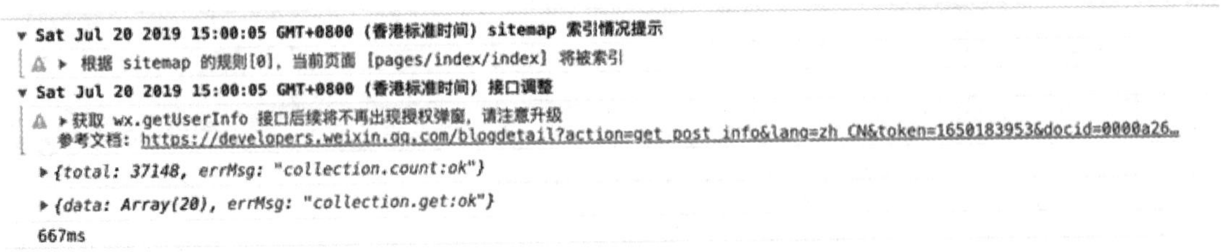

图 11-22　设置索引前查询耗时

下面我们尝试给 display 做一个单索引，看看查询的性能，如图 11-23 所示。

图 11-23 设置索引

设置索引后查询，耗时如图 11-24 所示。可以看到，添加索引会让查询时间更少。不过，由于从小程序端经过的网络层较多，有时也会出现耗时较长的情况。如果使用云函数（11.4 节会介绍）进行数据查询，由于是腾讯云的内网查询，从云函数里打印耗时日志，添加索引后的查询耗时会少于添加索引前。

图 11-24 设置索引后查询耗时

2. 组合字段索引

组合字段索引，意味着该索引的字段多于一个。组合索引主要有两个规则：一个是字段顺序决定能否命中，另一个是字段排序也会决定索引能否命中。用语言描述比较难以理解，可参考表 11-8 列出的索引命中规则。基本规则就是，组合字段索引要让查询中组合排序的升降序和组合索引中的方向保持全部相同或全部相反。

表 11-8 索引命中规则

索引字段	查询条件	是否命中
A（升序）	where({A: 'xxx'})	是
A（升序）	where({B: 'xxx'})	否
A（升序）	where({A: 'xxx'}).orderBy('A', 'asc')	是
A（升序）	where({A: 'xxx'}).orderBy('A', 'desc')	是
A（升序）B（降序）	where({A: 'xxx'})	是

（续）

索引字段	查询条件	是否命中
A（升序）B（降序）	where({A: 'xxx', B: 'xxx'})	是
A（升序）B（降序）	where({A: 'xxx'}).orderBy('A', 'asc')	是
A（升序）B（降序）	where({A: 'xxx'}).orderBy('A', 'desc')	是
A（升序）B（降序）	where({A: 'xxx', B: 'xxx'}).orderBy('A', 'asc').orderBy('B', 'asc')	否
A（升序）B（降序）	where({A: 'xxx', B: 'xxx'}).orderBy('A', 'asc').orderBy('B', 'desc')	是
A（升序）B（降序）	where({A: 'xxx', B: 'xxx'}).orderBy('A', 'desc').orderBy('B', 'asc')	是
A（升序）B（降序）	where({A: 'xxx', B: 'xxx'}).orderBy('A', 'desc').orderBy('B', 'desc')	否
A（升序）B（升序）	where({A: 'xxx', B: 'xxx'}).orderBy('A', 'asc').orderBy('B', 'asc')	是
A（升序）B（升序）	where({A: 'xxx', B: 'xxx'}).orderBy('A', 'asc').orderBy('B', 'desc')	否
A（升序）B（升序）	where({A: 'xxx', B: 'xxx'}).orderBy('A', 'desc').orderBy('B', 'asc')	否
A（升序）B（升序）	where({A: 'xxx', B: 'xxx'}).orderBy('A', 'desc').orderBy('B', 'desc')	是

目前，云开发中的组合索引只支持前缀索引的命中方式，仍未支持非前缀匹配索引键，相信不久以后官方会支持的。

3. 索引的唯一性限制

如果将索引设置唯一的特性，则意味着该索引的字段没有重复的字段，且没有多于一个空或者不存在值的记录。从该特性看，_id 索引是天然具有唯一性特征的索引。

11.2.9　实时数据推送

为了优化用户看新闻的体验，小明的老板决定学习微博。当用户使用小程序看公司新闻的时候，如果恰巧到了每天公司文章推送的时间，那么文章发布后，会自动出现在用户的新闻列表里。

小明听到这个需求，心里是惆怅的，这个实在太难实现了。传统的方法是用长轮询的办法，定时轮询云开发的数据库，看看有没有新增的新闻。如果轮询时间定得长，就会更新得不及时；定得短，又会极大地消耗数据库读写次数。想用较新的办法 WebSocket，目前云开发又不支持，即使支持，架构上也不好处理。怎么办才好呢？

小明仔细翻阅文档，发现自基础库版 2.8.1 起，云开发开始支持实时数据推送的能力，只要云开发数据发生了任何变动，都会通知到小程序前端。

首先，新闻列表会根据更新的时间，先拉取最近更新的数据。该代码片段的 getLatestList() 方法如下所示：

```
async getLatestList() {
    const db = wx.cloud.database()

    let res = await db.collection('content')
```

```
        .where({ display: true })
        .orderBy('create_time', 'desc')
        .limit(20)
        .get()

    console.log(res.data);

    this.setData({
        news: res.data
    })

}
```

如果要监听最新数据的更新，需要用到数据库的 watch() 方法，云开发会将所有的数据变更都推送到该方法的回调中，例如下面的 watchListUpdate() 方法。如果添加新增的数据，则要检测 item.dataType 值是否为 add，并且要检测内容展示的变量 display 是否为 true，如果是 true 则将数据塞入新闻列表里。

```
watchListUpdate() {
    const db = wx.cloud.database()
    const watcher = db.collection('content').watch({
        onChange: (snapshot) => {
            console.log('snapshot', snapshot)

            let newContent = this.data.news
            snapshot.docChanges.forEach((item) => {
                if (item.dataType === 'add' && item.doc.display) {
                    newContent.push(item.doc)
                }
            })
            this.setData({
                news: newContent
            })
        },
        onError: (err) => {
            console.error('the watch closed because of error', err)
        }
    })
},
```

但有的新闻添加后不会马上对外展示，后续在指定时间内再将 display 属性设置成 true 再进行展示，那我们就要多加一个判断条件，表示新闻数据发生改变，且字段 display 被设为 true。

```
// 添加新数据，且 display 为 true
if (item.dataType === 'add' && item.doc.display) {
    newContent.push(item.doc)
}
// 更新数据，且 display 被设置为 true
else if (item.dataType === 'update' && item.updatedFields.display) {
    newContent.push(item.doc)
}
```

实时数据推送需要理解的概念比较少，能够非常简单地实现一些事件驱动的数据更新，只需要理解监听事件 DataType 的含义即可（具体的事件类型和出参值可参考官方文档）。它不仅可以对整个集合进行监听，还可以对单独的某条数据进行监听，只需要用上 doc 方法即可。比如只想监听 _id 值为 123 的数据变动，可以用以下代码：

```
const db = wx.cloud.database()
const watcher = db.collection('news').doc('123').watch({
    onChange: (snapshot) => {
        console.log('snapshot', snapshot)
    },
    onError: (err) => {
        console.error('the watch closed because of error', err)
    }
})
```

不过，需要注意的是，尽管实时推送数据返回的数据不受拉取数据在小程序前端 20 条的限制，但对于数据监听总量是有限制的，只允许监听 5000 条数据，如果超过该限制就会报错。

11.2.10   数据库事务

数据库的事务是另一个重要的特性。事务具有原子性、一致性、隔离性、持久性等特性，可以保证数据库数据在大并发的时候，能够避免数据写操作的错误或者重复。由于云开发的数据库是基于类 MongoDB 协议的，因此我们可以稍微了解一下 MongoDB 的事务，以更好地理解云开发事务的用法来源。

下面是一个 MongoDB 的事务代码示例，使用比较简单，就是将事务放在事务的开始与结束语句里。如果整个事务能顺利执行完，则事务就会被真正更改；否则，如果遇到问题报错，则事务会被中止并撤回事务做过的数据更新。

另外值得一提的是 startSession() 这个方法，它用于给 MongoDB 的事务操作提供一个共享的上下文。在比较旧的 MongoDB 版本里，数据库只能管理单个操作的上下文，服务器里的多个请求对数据库的操作也是在这个上下文中完成的。而 startSession() 的引入可以让多个请求共享一个上下文，让多个请求产生关联，因此数据库便能在此基础上拥有支持事务的能力。

```
// MongoDB 事务代码示例

const { MongoClient } = require('mongodb');
const uri = 'xxx'; //  MongoDB uri
const client = await MongoClient.connect(uri, { useNewUrlParser: true, replicaSet:
'rs' });

// 初始化银行账户及录入账户余额
async function initAccount() {
    await db.collection('Account').insertMany([
        { name: 'A', balance: 10 },
        { name: 'B', balance: 20 }
    ]);
```

```
}

async function transfer(from, to, amount) {
    // 开始进入事务
    const session = client.startSession();
    session.startTransaction();
    try {
        const opts = { session, returnOriginal: false };
        const A = await db.collection('Account')
            .findOneAndUpdate({ name: from }, { $inc: { balance: -amount } }, opts)
            .then(res => res.value);

        if (A.balance < 0) {
            // 如果 A 账户的余额为负，则更新失败并中止事务
            // session.abortTransaction()会重置 findOneAndUpdate()的更新
            throw new Error('Insufficient funds: ' + (A.balance + amount));
        }

        const B = await db.collection('Account')
            .findOneAndUpdate({ name: to }, { $inc: { balance: amount } }, opts)
            .then(res => res.value);

        await session.commitTransaction();
        session.endSession();
        return { from: A, to: B };
    } catch (error) {
        // 如果有任何错误，就会中止事务和撤销任何数据的更新
        await session.abortTransaction();
        session.endSession();
        throw error;
    }
}

async function init() {
    await transfer('A', 'B', 5);  // 转账成功
    try {
        // 失败，由于 A 的账户余额减 10 会为负数
        await transfer('A', 'B', 10);
    } catch (error) {
        error.message; // "Insufficient funds: 5"
    }
}

init().then((res) = {})
```

2020 年初，云开发开始支持事务的能力，但仅限于在云函数中使用，wx-server-sdk 的最低版本要求是 1.7.0。一些简单的使用场景，比如访客数量的增减（Command.inc）、简单数组数据的插入（Command.addToSet），可以使用云开发提供的简单原子操作（在文档里会提示哪些数据库操作天然具有原子性）。但对于一些更为复杂的场景，比如银行账户的转账、直播房间观众的进出，简单的原子操作就无法实现了，必须借助数据库事务的能力。

下面以直播房间的观众进出功能为例，介绍一下云开发的事务如何实现该能力。直播房间会接受用户进入以及退出，进入时将用户的 openid 塞入观众的数组，退出则将数据清除出数组。这类场景如果不使用事务，在用户并发请求的时候，在读取观众数据并写入数据的过程中，后进入的请求有很大机会将几十毫秒前写入的数据覆盖掉，这样就会导致数据丢失。

云开发的事务有两种写法，一种是在 Database.runTransaction() 方法的回调函数中进行，另一种是 Database.startTransaction() 搭配 Transaction.commit() 方法将事务提交。下面的代码示例使用了前者。

```
const cloud = require('wx-server-sdk')
cloud.init({
    env: cloud.DYNAMIC_CURRENT_ENV
})
const db = cloud.database({
    // 该参数从 wx-server-sdk 1.7.0 开始支持，默认为 true,
    // 指定 false 后可使 doc.get 在找不到记录时不抛出异常
    throwOnNotFound: false,
})

exports.main = async (event, context) => {
    const roomID = event.roomID; // 房间 ID
    const eventType = event.eventType; // 进入或退出房间

    const wxContext = cloud.getWXContext()
    const {
        OPENID
    } = wxContext;

    try {

        const result = await db.runTransaction(async transaction => {
            let rooms = await transaction.collection('rooms').doc(roomID).get()

            if (rooms.data) {
                let room = rooms.data;
                let audience = room.audience;

                // 进入房间，写入观众
                if (eventType === 'enter' && !audience.includes(OPENID)) {
                    audience = audience.concat(OPENID);
                }

                // 退出房间，删除观众
                if (eventType === 'leave' && audience.includes(OPENID)) {
                    let index = audience.indexOf(OPENID);
                    audience.splice(index, 1);
                }

                await transaction.collection('rooms').doc(roomID).update({
                    data: {
                        audience
```

```
                }
            })
        }
        else {
        // 如有报错，回滚事务
            await transaction.rollback('No room is found.');
        }

    });

    }
    catch (e) {
        console.dir(e);
        return {
            code: 1,
            msg: e.message,
        }
    }

    return {
        code: 0,
        msg: 'success'
    };
}
```

不过，目前云开发的事务存在局限性，比如只能在云函数中使用，并且只能对单记录而非多记录操作，这是因为云开发的事务目前是快照隔离，并非串行化隔离，因此无法避免数据的写偏，所以要限制只能写单个记录。

11.3 存储

过了一段时间，老板又提了个问题："小明，就这么刷纯文字的文章内容，会不会太枯燥了一点呢？能不能加一些封面图片，让整个展示更生动呢？"小明胸有成竹地说："没问题，借助云开发的存储服务可以非常快速地实现这个功能。"

11.3.1 控制台管理

跟其他的云开发能力类似，存储服务也有自己的控制台管理菜单，小明可以很轻松地通过控制台进行文件的上传、查看和删除。

1. 上传文件

想要上传一个文件，只需要在云开发控制台中选择"存储"菜单，单击左侧的"上传文件"按钮，选择本地需要上传的文件，即可马上将文件上传到云开发的存储空间（如图 11-25 所示）。目前仅支持单个文件的上传，不支持多个文件。另外，如果想将文件放在一个目录中，也可以单击"新建文件夹"创建一个目录（如图 11-26 所示）。单击就可以在该目录中上传和删除文件。

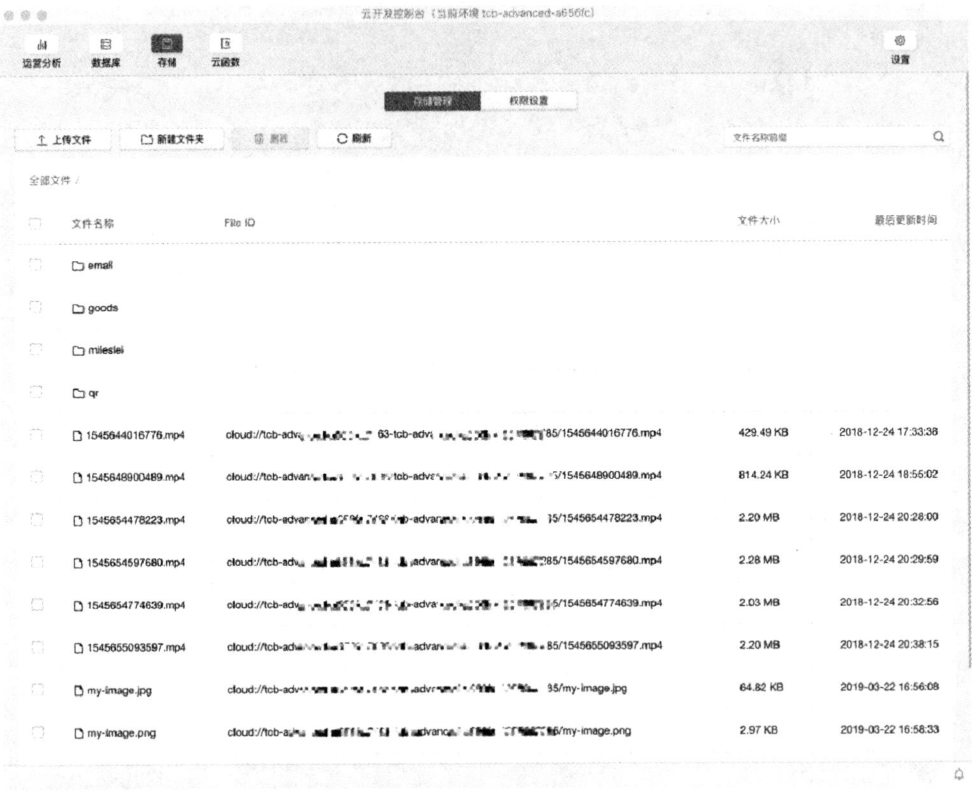

图 11-25　存储控制台

图 11-26　新建文件夹

2. 查看文件详情

如果想知道该文件的详情，比如是哪位用户上传的、文件更新时间、文件的访问地址等，可以单击文件名称，右侧会弹出文件详情浮层，如图 11-27 所示。上传者 Open ID 就是上传该文件的用户的 Open ID，但如果图片是从云函数上传的，则没有 Open ID 标识；下载地址就是文件的访问链接，而 File ID 则是该文件的唯一标识符。其中文件的链接和 File ID 都是读取文件的标识，但用处各有不同，我们会在后面详细介绍。

图 11-27 文件详情

3. 删除文件

删除文件非常简单，点选那些你想删除的文件，然后单击"删除"按钮，确认后便可删除（如图 11-28 所示）。

图 11-28 删除文件

11.3.2   API 操作文件

但对于小程序的用户来说，就不可以像小明那样直接通过控制台传图片了。小明必须在小程序侧开发一个能力，让用户操作后，通过 API 直接将图片上传到云开发存储服务中。

1. 上传文件

一般来说，上传文件会搭配 `wx.chooseTmage()` 使用，先选择好相册的图片或者当场拍照的图片，获取本机图片路径之后，再通过 `wx.cloud.uploadFile()` 上传到存储服务。不过，由于小程序 API 的限制，目前能通过云开发 API 上传到存储服务的只有图片、视频、音频等文件，而其他文件则无法上传。以下是代码示例：

```
wx.chooseImage({
    count: 1,
    sizeType: ['compressed'],
    sourceType: ['album', 'camera'], // 可从相册中选择或者当场拍照
    success: function(res) {
        const filePath = res.tempFilePaths[0]

        // 上传图片
        const cloudPath = 'my-image' + filePath.match(/\.[^.]+?$/)[0]
        wx.cloud
            .uploadFile({
                cloudPath,
                filePath
            })
            .then((res) => {
                console.log('[上传文件] 成功: ', res, res.fileID)
            })
            .catch((error) => {
                // handle error
            })
    }
})
```

2. 删除文件

该接口可批量删除文件，每次最多可以删除 50 个文件。

```
wx.cloud
    .deleteFile({
        fileList: ['xxxx'] // File ID 字符串数组，允许批量删除文件
    })
    .then((res) => {
        // handle success
        console.log(res.fileList)
    })
    .catch((error) => {
        // handle error
    })
```

3. 下载文件

该接口通过 `fileID` 入参，可以进行文件下载。如果在小程序端，该接口还会返回

DownloadTask，用于获取下载文件的进度和状态。

```
wx.cloud
    .downloadFile({
        fileID: 'a7xzcb'
    })
    .then((res) => {
        // 小程序端，会返回临时文件路径
        // console.log(res.tempFilePath)
        // 服务器端，会返回文件 buffer 内容
        // console.log(res.fileContent.toString('utf8'))
    })
    .catch((error) => {
        // handle error
    })
```

4. 获取文件临时链接

用 File ID 获取真实链接，可自定义有效期，默认 1 天且最大不超过 1 天。一次最多获取 50 个。

```
wx.cloud
    .getTempFileURL({
        fileList: [
            {
                fileID: '', // File ID
                maxAge: 60 * 60 // 这里表示 1 小时，最长不能超过 1 天
            }
        ]
    })
    .then((res) => {
        // 获取文件临时链接
        console.log(res.fileList) // 临时链接数组
    })
    .catch((error) => {
        // handle error
    })
```

5. 临时链接的应用和 File ID

临时链接的应用比较广泛，基本上所有需要读取静态资源的小程序或小游戏组件和接口都能支持。

但 File ID 只有小程序的个别组件和接口才能支持，目前支持 File ID 读取存储静态资源的组件和接口如表 11-9 和表 11-10 所示。

表 11-9　支持 File ID 读取存储静态资源的组件

组　件	属　性
image	src
video	src、poster
cover-image	src

表 11-10　支持 File ID 读取存储静态资源的接口

接　　口	参　　数
getBackgroundAudioManager	src
vicreateInnerAudioContextdeo	srcster
previewImage	urls、current

在个别权限的约束下（比如私有读写），临时链接的时效是有限的，最长 1 天，不适合存储到数据库中，供云开发 API 每次读取的时候塞给组件使用。这里更推荐使用 File ID，在任何权限下，系统都会换取到对应的静态资源链接。但目前有一个局限在于，小游戏的组件或者接口尚不支持 File ID。

11.3.3　权限管理

在云开发控制台的存储面板中，开发者可以找到"权限管理"进行手动调整。目前有 4 种权限类型可以选择，而且只是约束小程序端的请求操作，这意味着在服务器端拥有绝对的可读写权限。要注意的是，这里会根据文件信息中的"上传者 Open ID"来判断该文件的创建者。与数据库的权限管理类似，存储目前提供的也是场景化的粒度较粗的权限管理。表 11-11 列出了存储的权限类型、适用场景以及临时链接的表现。可以看出，"所有用户可读，仅创建者可写"和"所有用户可读"两种模式的"临时"链接，其实都是永久的。这种情况下，可以将链接存储为数据提供给小程序组件使用。

表 11-11　存储权限管理

模　　式	适用场景	临时链接的表现
所有用户可读，仅创建者可写	用户头像、用户公开相册等	链接为永久的
仅创建者可读写	私密相册、网盘文件等	链接为临时的
所有用户可读	文章配图、商品图片等	链接为永久的
所有用户不可读写	业务日志等	无法获取临时链接

11.4　云函数

有了数据库和存储，小明已经可以在小程序端实现许多功能了。但在小程序侧出于安全的考虑，有许多操作无法实现。比如小程序侧只能管理个人发布的文章，无法管理所有运营者发布的文章。这时就需要具有管理权限的环境或者能力来协助实现。而云函数相当于后台的环境，可以让开发者拥有管理员的权限，去操作所有的云开发资源。

11.4.1　创建及更新云函数

1. 新建云函数

如果小程序是直接通过云开发模板创建的，那么云函数的根目录已经为你设定好了。而如果是自己搭建的项目，需要先在 project.config.json 文件中新增 `cloudfunctionRoot` 字段，指定本地已存在的目录作为云函数的本地根目录：

```
{
    "cloudfunctionRoot": "./cloud/functions"
}
```

配置完成后，在微信开发者工具的目录树下右键单击云函数的根目录，选择"新建 Node.js 云函数"（如图 11-29 所示），就会自动帮你新建函数，上传至云端并在云端自动安装好依赖。这样一个简单的云函数就创建好了。比如，小明要想批量处理公司动态是否对外显示，就需要建一个云函数 `updateDisplay`。

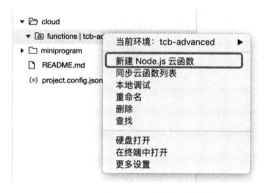

图 11-29　新建云函数

打开该函数目录里的 index.js 文件，你会看到如下的示例代码：

```
// 云函数入口文件
const cloud = require('wx-server-sdk')

cloud.init()

// 云函数入口函数
exports.main = async (event, context) => {
    const wxContext = cloud.getWXContext()

    return {
        event,
        openid: wxContext.OPENID,
        appid: wxContext.APPID,
        unionid: wxContext.UNIONID
    }
}
```

wx-server-sdk 可以在云函数中调用存储、数据库和云函数资源，它实际上是基于 tcb-admin-node 进行二次封装的 SDK，只提供 Promise 的写法，非常契合云函数提供的 `async/await` 的语法。有关 wx-server-sdk 如何调用云开发的 3 种资源，可以参考开发文档里的"服务端 API 文档"。如果想详细了解 JavaScript 的异步调用，可以阅读 12.2 节的具体内容。`main` 函数是云函数的入口，云函数主要运行的逻辑都会写在这个函数里。

2. 云函数的依赖

对于 Node.js 云函数，所有的依赖都会在 package.json 里的 `dependency` 和 `devDependency` 里声明。云开发提供了两种安装依赖的方式：第一种是在云端安装依赖，也就是不需要开发者做任何处理，在函数上传后自动在云端安装依赖（如图 11-30 所示）；第二种是需要开发者在本地用 `npm install` 命令先将依赖安装完，然后再上传并部署所有的文件。

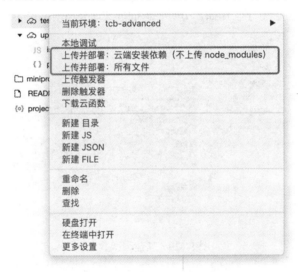

图 11-30　依赖安装

3. 同步或异步返回结果

在前面的云函数例子中，直接返回了一个对象，显然是一种同步的结果返回。而对于云函数来说，还可以通过 Promise 将异步的操作写成同步的写法。比如在云函数中，调用后延迟 5 秒才返回数据，就可以写成这样：

```
exports.main = async (event, context) => {
    return new Promise((resolve, reject) => {
        // 在 5 秒后返回结果给调用方（小程序/其他云函数）
        setTimeout(() => {
            resolve(event.a + event.b)
        }, 5000)
    })
}
```

4. 获取小程序用户信息

如果调用云函数的请求是从小程序端发起的，那么云函数的传入参数中会被注入小程序端用户的 openID。因为请求的通路会经过微信侧的后台服务，微信会帮开发者完成该请求的鉴权，并将小程序用户信息带到云函数中，用户可以通过 wx-server-sdk 的接口 getWXContext 获取，如下所示：

```
exports.main = (event, context) => {
    // 这里获取到的 OPENID APPID 和 UNIONID 是可信的
    // 注意 UNIONID 仅在满足 UNIONID 获取条件时返回，
    // 条件是小程序需要跟其他公众号绑定在同一个微信开发平台账号下才能拿到 UNIONID
    let { OPENID, APPID, UNIONID } = cloud.getWXContext()

    return {
        OPENID,
        APPID,
        UNIONID
    }
}
```

5. 更新云函数的单个文件

有时候开发者即使只是更新了一个文件的内容，也要将整个云函数上传并且重新安装依赖，这样未免效率太低了。官方推出了一个云函数上传单个文件的功能，很好地解决了这个问题。只需要右键选中某个文件，弹出菜单，就会有"云函数增量上传：更新文件"这个选项（如图 11-31 所示）。

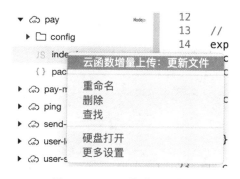

图 11-31　云函数增量更新

11.4.2　控制台管理

云开发的云函数控制台目前只能展示函数的列表、做云端测试以及做简单的云函数配置，但无法在线编辑云函数。如图 11-32 所示，在云函数列表中，有云端测试、配置和删除 3 个可操作项，"删除"表示删除云函数。

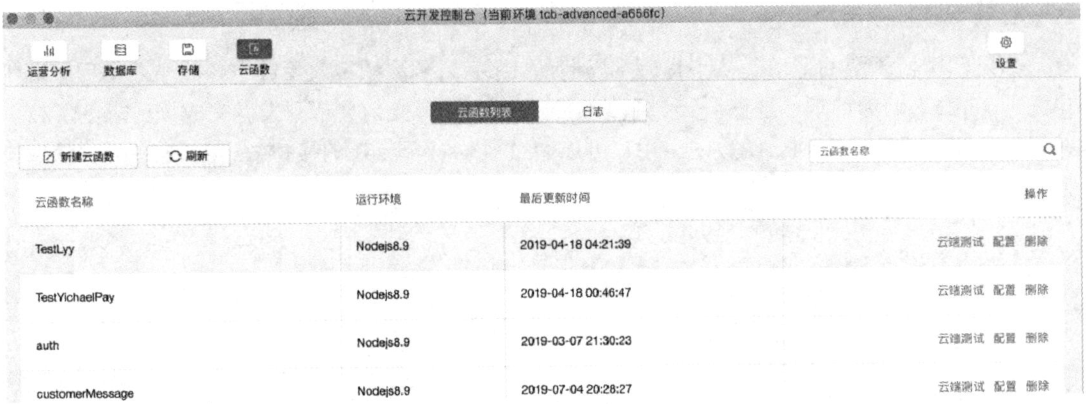

图 11-32 云函数列表

云端测试是在控制台中调试云函数的结果，如图 11-33 所示。可以在模板里加入参数（可以自己模拟小程序用户信息的参数，但控制台不会自动生成），模拟其他云函数或者非云开发环境的调用。如果要模拟小程序侧的调试，则需要进行本地调试，我们稍后会讲解。

图 11-33 云端测试

配置云函数则可以更改云函数的超时时间（最大为 20 秒，如图 11-34 所示），还可以注入环境变量。

配置云函数

函数名称	TestLyy
运行环境	Nodejs8.9
执行方式	index.main
内存配置	256 M
提交方式	微信开发者工具

云函数将从index.js中的main方法执行，请确保文件中含有简名函数main

超时时间	20　秒
环境变量	Key　　　　　Value

保字和数数字，最多64字符

取消　　确定

图 11-34　配置云函数

在云函数列表旁边有一个可切换的菜单叫"日志"（如图 11-35 所示），这里可以查询每个云函数的详细调用日志。我们可以将需要输出的信息通过 console.log 打印到日志里，方便排查问题。

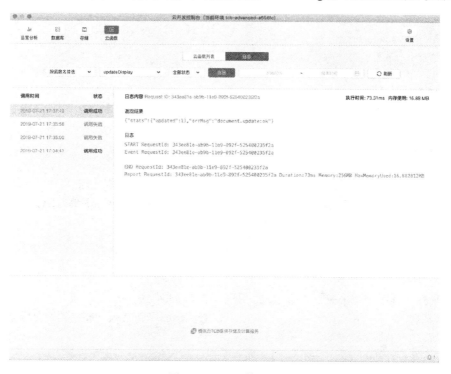

图 11-35　云函数日志

11.4.3   本地调试

　　右键单击云函数，选择"本地调试"，会弹出调试菜单，如图 11-36 所示。勾选"开启本地调试"以及"文件变更时自动重新加载"。如果未在本地安装 node_modules，那么需要先使用 npm install 命令安装。然后可以点选 Sources，选择云函数的文件 index.js，然后单击代码行数的位置，设置调试断点。那么当开发者单击右下角的"调用"按钮开始函数调用的时候，就会处于调试状态。整个调试的用法其实跟普通的 H5 页面在 Chrome 浏览器的调试非常相似。

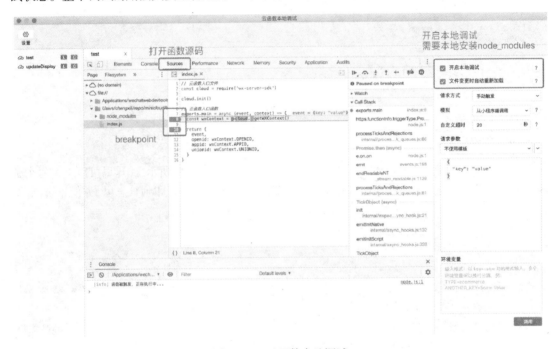

图 11-36   云函数本地调试

　　另外，本地调试主要模拟的是在小程序端发起的云函数调用请求，因此通过 getWXContext 获取到的小程序用户信息通通都可以拿到。如果想模拟云函数或者服务器端调用云函数，可以在云函数控制台面板中使用"云端测试"功能。

11.4.4   API 调用云函数

　　无论是在小程序端还是在服务器端，都可以通过如下的写法对云函数进行调用。以小明公司的小程序为例，需要调用名为 updateDisplay 的云函数，更新某篇动态是否对外展示，以下是代码示例：

```
wx.cloud
    .callFunction({
        // 要调用的云函数名称
```

```
            name: 'updateDisplay',
            // 传递给云函数的 event 参数
            data: {
                id: '' // 动态 id
            }
        })
        .then((res) => {
            // handle success
            console.log(res)
        })
        .catch((err) => {
            // handle error
        })
```

在云函数中可以调用云函数，比如需要更新某篇动态的 display 字段为 true，示例代码如下，写法跟小程序的比较一致。

```
// 云函数入口文件
const cloud = require('wx-server-sdk')

cloud.init()
const db = cloud.database()

// 云函数入口函数
exports.main = async (event, context) => {
    const { id } = event

    return await db
        .collection('content')
        .doc(id)
        .update({
            data: {
                display: true
            }
        })
}
```

11.4.5 定时触发器

小明开发的小程序给运营人员用起来了，大家都赞不绝口，觉得很好用很方便。不过，他们觉得其中有一点还可以优化：运营人员写完文章后，不能马上发布，而是要等到第二天早上 10 点到公司以后才可以发布，如果可以在每个工作日的早上 10 点将文章自动设置成发布状态，那就可以节省大家的时间。

这个需求可以通过云函数的定时触发器完美地解决。在云函数 updateDisplay 目录中新建 config.json 文件，然后添加以下内容，再上传云函数（云端安装依赖），就可以实现工作日周一至周五早上 10 点自动更新动态的发布状态。

```
{
    // triggers 字段是触发器数组，目前仅支持一个触发器，即数组只能填写一个，不可添加多个
```

```
"triggers": [
    {
        // name: 触发器的名字，规则见下方说明
        "name": "autoTrigger",
        // type: 触发器类型，目前仅支持 timer（即定时触发器）
        "type": "timer",
        // config: 触发器配置，在定时触发器下，config 格式为 cron 表达式，规则见下方说明
        "config": "0 0 10 * * MON-FRI *"
    }
]
}
```

表 11-12 至表 11-14 所示分别为 Cron 表达式的详细规则和示例。

表 11-12   Cron 表达式位置与时间单位对照表

位置	第 1 位	第 2 位	第 3 位	第 4 位	第 5 位	第 6 位	第 7 位
时间单位	秒	分	时	日	月	星期	年

表 11-13   Cron 表达式字段与取值

字段	值	通配符
秒	0~59 的整数	, - * /
分钟	0~59 的整数	, - * /
小时	0~23 的整数	, - * /
日	1~31 的整数（需要考虑月的天数）	, - * /
月	1~12 的整数或 JAN, FEB, MAR, APR, MAY, JUN, JUL, AUG, SEP, OCT, NOV, DEC	, - * /
星期	0~6 的整数或 MON, TUE, WED, THU, FRI, SAT, SUN；其中 0 指星期一，1 指星期二，以此类推	, - * /
年	1970~2099 的整数	

表 11-14   Cron 表达式通配符含义

字　段	值
,（逗号）	取用逗号隔开的字符的并集。例如，在"小时"字段中，1,2,3 表示 1 点、2 点和 3 点
-（破折号）	包含指定范围的所有值。例如，在"日"字段中，1~15 包含指定月份的 1 号到 15 号
*（星号）	表示所有值。在"时"字段中，*表示每个小时
/（正斜杠）	指定增量。在"分"字段中，输入 1/10 以指定从第一分钟开始的每隔 10 分钟重复。例如，第 11 分钟、第 21 分钟和第 31 分钟，以此类推

注意

在 Cron 表达式中，"日"和"星期"字段同时指定值时，两者为"或"的关系，即两者的条件分别生效。

下面看几个示例。

- ❏ */2 * * * * * 表示每 2 秒触发一次；
- ❏ 0 0 6 1 * * * 表示在每月的 1 日的清晨 6 点触发；
- ❏ 0 30 12 * * MON-FRI * 表示在周一到周五每天上午 12：30 触发；
- ❏ 0 0 8,10,12 * * * * 表示在每天上午 8 点，上午 10 点，中午 12 点触发；
- ❏ 0 */30 9-19 * * * * 表示在每天上午 9 点到下午 7 点内每半小时触发；
- ❏ 0 0 12 * * FRI * 表示在每个星期五中午 12 点触发。

11.4.6 云调用

云调用是云开发提供的基于云函数使用小程序开放接口的能力。这个功能有两个特点：一是只能在云函数中使用，二是该云函数必须在小程序侧发起调用，从另一个云函数发起调用无效。它覆盖的场景有 3 个：一是小程序服务器接口调用，二是小程序的开放数据获取，三是消息推送（主要指客服消息）。下面我们针对 3 个场景分别举一些例子。

1.服务器调用

小程序的服务器接口列表中罗列了所有小程序提供的服务器接口。如果接口支持云调用，则会在旁边带有云调用的标签，如图 11-37 所示。

图 11-37 云调用列表

这里我们就以 wxacode.get 为例讲述如何使用云调用。

首先，创建一个名为 wxacode 的云函数，并新建文件 config.json，填入以下内容，表示需要在云函数中获得 wxacode.get 接口使用的权限。

```
{
    "permissions": {
        "openapi": [
```

```
        "wxacode.get"
    ]
}
}
```

然后到 wxacode.get 的文档中，参阅云调用相关的内容，其接口名为 openapi.wxacode.get，那么在云函数中通过 wx-server-sdk 可以像下面这样调用：

```
const cloud = require('wx-server-sdk')

cloud.init()

exports.main = async (event, context) => {
    try {
        const result = await cloud.openapi.wxacode.get({
            path: 'pages/index/index'
        })
        return {
            errCode: result.errCode,
            errMsg: result.errMsg,
            data: {
                contentType: result.contentType,
                buffer: result.buffer
            }
        }
    } catch (err) {
        return { errCode: 1, errMsg: 'fail' }
    }
}
```

这时，小程序从调用云函数返回的数据如下：

```
{
    errMsg: "cloud.callFunction:ok"
    requestID: "b205329c-b133-11e9-8ac4-525400235f2a"
    result: {
        data: {
            contentType: "image/jpeg",
            buffer: ArrayBuffer(97565)
        }
        errCode: 0
        errMsg: "openapi.wxacode.get:ok"
    }
}
```

返回的数据里图片是 Buffer，无法直接让小程序的 image 组件识别。有两个解决办法：一个是在云函数里使用 wx.cloud.uploadFile，将 Buffer 作为文件内容上传到云开发的存储服务中，拿到 FileID 后再传到小程序侧，交给 image 组件做渲染；另一个办法是在小程序侧使用 wx.arrayBufferToBase64 将 Buffer 转成 Base64 的内容，然后在该 Base64 内容前添加 data:image/png;base64 内容，使之变成 Base64 Url，即可被 image 组件识别。

```
// 在云函数侧将 Buffer 上传到云开发存储服务中，然后获得 FileID
const cloud = require('wx-server-sdk')

cloud.init()

exports.main = async (event, context) => {
    try {
        const result = await cloud.openapi.wxacode.get({
            path: 'pages/index/index'
        })

        let qrImg = await cloud.uploadFile({
            cloudPath: 'wxacode-qr.png',
            fileContent: result.buffer
        })

        return {
            errCode: result.errCode,
            errMsg: result.errMsg,
            data: qrImg
        }
    } catch (err) {
        return { errCode: 1, errMsg: 'fail' }
    }
}

// 在小程序侧将 Buffer 转化成 Base64 URl
async getQR() {
    let res = await wx.cloud.callFunction({
        name: 'wxacode',
        data: {}
    })

    this.setData({
        qrImg: 'data:image/png;base64,' +
wx.arrayBufferToBase64(res.result.data.buffer)
    })
}
```

> **注意**
>
> 　　wx.arrayBufferToBase64 自基础库 2.4.0 开始不再维护，此处仅用于展示，可以采用其他第三方的类库。

2. 开放数据调用

　　自基础库版本 2.7.0 起，对于所有开通了云开发的小程序，任何小程序开放能力（包括获取用户信息、手机号等）的敏感数据，都可以在开放能力的接口中获得唯一对应敏感开放数据的 cloudID，然后通过云函数的云调用能力获得开放数据，不过个别敏感信息（如手机号）只有企业认证的小程序才有权限获取，这也是为了更好地保护用户的隐私。这里我们就以获取用户手机号为例，将以下按钮的类型（open-type）设置为 getPhoneNumber，回调方法是 getPhoneNumber（bindgetphonenumber）。

```
<!-- 放在 wxml 文件中，用户单击按钮授权后，会调用 getPhoneNumber 获得手机加密数据 -->
<button open-type="getPhoneNumber" bindgetphonenumber="getPhoneNumber">
    获取电话号码
</button>
```

如果用传统的办法，需要经过一番解密（小程序解密开放数据的流程可参考官方文档），才可以获得这些开放的敏感数据，而借助云调用则非常方便，代码如下：

```
// 小程序侧的云函数调用
Page({
    // some other codes

    // 获取手机加密数据的回调
    async getPhoneNumber(e) {
        let res = await wx.cloud.callFunction({
            name: 'opendata',
            data: {
                // 这个 CloudID 值到云函数端会被替换成手机数据
                phoneNumber: wx.cloud.CloudID(e.detail.cloudID)
            }
        })

        console.log(res)
    }
})
```

云函数只需要传最简单、返回调用的参数，即可获取用户手机的加密数据。

```
const cloud = require('wx-server-sdk')
cloud.init()

exports.main = async (event, context) => {
    return {
        ...event.phoneNumber // 云函数参数会被替换成用户手机的数据且已解密
    }
}
// 云函数返回数据
{
    errMsg: "cloud.callFunction:ok"
    requestID: "4463kd8a-fide-11e9-af0f-5254fdj25d0e"
    result: {
        cloudID: "49_1dkei2-6uPd_gG3dkc9ekd9xdVGjNczQjAhWjydUnBQ46Q6ZPdPeyLo"
        data:
        countryCode: "86"
        phoneNumber: "13748576857"
        purePhoneNumber: "13748576857"
        watermark: {appid: "wxcf2802adjx8a7die", timestamp: 1564326812}
    }
}
```

3. 消息推送

这里的消息推送目前只开放了客服消息的能力，详细用法将会在第 14 章的实战项目中介绍。

11.4.7 高级日志

在高级日志出现之前，云函数在每次的调用里已经展示了每次调用的日志，但这种日志有明显的缺陷：难以给日志进行分级，难以查找所有调用内特征相通的日志。

而高级日志解决了这两个问题。一方面是通过 wx-server-sdk 提供打印日志的方法，并且通过 log、info、warn、error 的不同方法进行日志分级；另一方面是通过控制面板提供搜索的能力，可以跨越不同云函数、不同次的调用去查找日志。

```
const cloud = require('wx-server-sdk')
cloud.init({
    env: cloud.DYNAMIC_CURRENT_ENV,
})
// 云函数入口函数
exports.main = async (event, context) => {
    const wxContext = cloud.getWXContext()

    const log = cloud.logger()
    // 打印日志，级别是 info
    log.info({
        error: 'error message'
    })

    return 'hello world!'
}
```

例如，如果想搜索函数名为 test1 和 test2 的函数日志，搜索条件应该是：

```
function:test2 or function:test1
```

如果想搜索函数名为 test2 且日志等级为 error 的函数日志，搜索条件应该是：

```
function:test2 and level:error
```

高级日志的查询结果如图 11-38 所示。

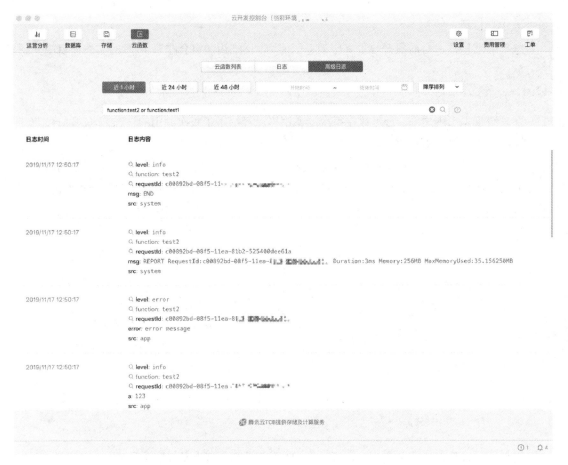

图 11-38   高级日志查询结果

从这两个例子可以看出，高级日志还可以通过不同逻辑条件的组合获取开发者想要的日志结果。详细的逻辑条件可以参考小程序·云开发文档中的高级日志。

11.4.8   注意事项

最后我们讲一下云开发的一些注意事项。

1. 临时存储空间

如果云函数在运行时需要临时读写文件，可以将文件写在/tmp目录下。这是一块大小为 512 MB 的临时磁盘空间，在云函数执行完后可能会被销毁。如果开发者需要一个永久的存储来存放文件，建议使用云开发的存储服务。如果开发者在其他目录下写文件，云函数会报错，如下所示：

```
// 写在根目录
fs.writeFileSync('/abc.txt', 'abc')

// 会报错
Error: EROFS: read-only file system, open '/abc.txt'
```

应该写在/tmp 目录下：

```
fs.writeFileSync('/tmp/abc.txt', 'abc')
```

2. 用户代码目录：`__dirname`

开发者可以通过 `__dirname` 获取云函数的代码根目录，尤其是需要读取一些随着云函数一起上传的文件时，比如密钥文件和静态资源文件。

示例如下：

```
const fs = require('fs')
// 微信支付密钥路径，__dirname 会返回路径：/var/user
const CERT_PATH = path.join(__dirname, './apiclient_cert.p12')
// 读取微信支付密钥内容
const CERT_FILE_CONTENT = fs.readFileSync(CERT_PATH)
```

3. Node.js Native 依赖

如果有 Native 的相关依赖，由于云函数是基于 CentOS 7 搭建的集群，因此务必保证在 CentOS 7 下编译后再上传，否则容易出现环境兼容问题。

4. 云函数系统时区

云函数中的时区为 UTC+0（标准时区），而并非 UTC+8（东八区）。这个会影响一些定时的任务。如果我们想将时间校正为东八区，可以进行以下操作：

```
let d = new Date() // js 时间对象
let hour = d.getHours() // 获取当前的时
let day = d.getDay() // 获取今天是星期几，0 表示周日
let hourGap = 8 // 咱们在东 8 区
hour += hourGap // 获取当前准确的时间数

// 如果时间超过 24 时，则需要给日期也加 1
if (hour > 24) {
    hour -= 24
    day += 1
}

if (day === 7) {
    day = 0
}
```

第12章

云开发原理与进阶

通过上一章的学习，相信你对云开发已经有了初步的认识，并具备了一定的实战能力。接下来本章会详细讲解云开发的增值能力、架构、原理、推荐的开发模式等，进一步提升你的云开发实战能力。

12.1 增值能力

对云开发来说，数据库、存储、云函数是三大核心能力，在这三大能力的帮助下，开发者能完成大部分的基础任务。但仍然有一些需求是未被满足的，比如常用于安全校验的短信服务、用于客服服务的音视频能力、用于扫描身份证的智能图像能力等。

但是基于云开发的三大能力，我们可以轻松地使用一些增值能力。本节将以腾讯云提供的服务能力为例，介绍如何在云开发中使用增值能力。

12.1.1 tcb-service-sdk

目前云开发对外提供的短信和智能图像两项能力，主要是通过 tcb-service-sdk。该 SDK 分别提供了服务器端和客户端的 SDK，首先使用服务器端的 SDK，借助云函数的能力在云函数中写短信和智能图像服务的调用逻辑，然后在小程序侧使用客户端的 SDK 调用该云函数，整个调用链路如图 12-1 所示。

图 12-1　调用链路

从调用链路看，无非就是复用了云函数的能力，使用云函数通过封装好的服务器端 SDK 来实现增值服务。而客户端的 SDK 底层封装的实质是 `wx.cloud.callFunction`，这里做封装主要是为了约束使用时的入参规范。相信未来增值服务的调用方式和链路会进一步简化。

1. 在服务器端调用

在服务器端调用包括了云函数、云主机和开发者本地命令行，可以使用 tcb-service-sdk 的 Node SDK。

```
const TcbService = require('tcb-service-sdk')
let tcbService = new TcbService({
    // 相关参数，腾讯云 secret、云开发 env 环境 ID 等
    secretID: 'xxx',
    secretKey: 'xxx',
    env: 'xxx'
})
tcbService
    .callService({
        service: 'ai',
        action: 'IDCardOCR',
        data: {
            ImageBase64: fs.readFileSync('./test/config/idcard.jpg').toString('base64')
        }
    })
    .then((res) => {
        // 处理数据
    })
```

2. 在小程序端调用

如果需要在小程序端使用 async/await，需要引入 runtime 文件：

```
import regeneratorRuntime from '路径/runtime'
import TcbService from '路径/tcb-service-sdk/index'
let tcbService = new TcbService()
tcbService
    .callService({
        service: 'sms',
        action: 'SmsSingleSend',
        data: {
            msgType: 0, // Enum{0: 普通短信, 1: 营销短信}
            nationCode: '86',
            phoneNumber: '18283748749',
            msg: '"腾讯云"您的验证码是：5678！'
        }
    })
    .then((res) => {
        // 处理结果
    })
```

如果有特殊原因，不能使用小程序的 ES6 转 ES5 编译模式，则可引用编译好的 cjs.js 文件：

```
import TcbService from '路径/tcb-service-sdk/cjs'
```

12.1.2 短信

短信是众多应用常见的通知和获取验证码的方式。虽然小程序在较新的版本中已经免费提供

了获取用户手机的组件，并且会提供免费的验证码校验，但对于许多场景下的验证，找回密码还是需要小程序开发者去寻找短信的供应商。本节会以腾讯云的短信为例，介绍如何在云开发中使用短信能力。

1. 短信能力介绍

目前腾讯云的短信能力有 3 种，分别是国内短信、国内语音和海外短信。一般来说，短信的应用场景有用户注册（新版本小程序微信已经内置该服务）、用户短信登录、支付短信校验、短信通知，等等。腾讯云的能力均可覆盖这些场景。

- **国内短信**

  ❑ 单发短信
  ❑ 指定模板单发短信
  ❑ 群发短信
  ❑ 指定模板群发短信
  ❑ 拉取短信回执和短信回复状态

- **海外短信**

  ❑ 单发短信
  ❑ 指定模板单发短信
  ❑ 群发短信
  ❑ 指定模板群发短信
  ❑ 拉取短信回执和短信回复状态

- **语音通知**

  ❑ 发送语音验证码
  ❑ 发送语音通知
  ❑ 上传语音文件
  ❑ 按语音文件 fid 发送语音通知
  ❑ 指定模板发送语音通知类

单发短信表示给单个用户发送短信；群发短信表示给一群用户发送短信；指定模板表示根据一个事先制定好的模板发送短信；拉取短信回执和短信回复状态表示有的短信需要检查用户的短信回复；发送语音短信表示会给用户打电话进行语音通知。

2. 准备工作

下面介绍使用短信能力所需要做的一些准备工作。

在开始开发短信小程序之前，需要准备如下信息。

(1) 开通短信服务

通过微信公众号的方式登录腾讯云的控制台，选择正在使用云开发的小程序作为授权登录的对象，在短信控制台里开通短信服务并且单击"添加应用"按钮，新增一个短信服务的应用。

(2) 添加应用及购买套餐包

登录腾讯云并进入腾讯云的"短信"控制台，添加一个短信应用，如图 12-2 所示。

图 12-2　添加应用

如果你想调试短信，可以先使用腾讯云的免费套餐包，如果需要上生产环境，则需要根据需要购买文字或语音的短信套餐包，如图 12-3 所示。

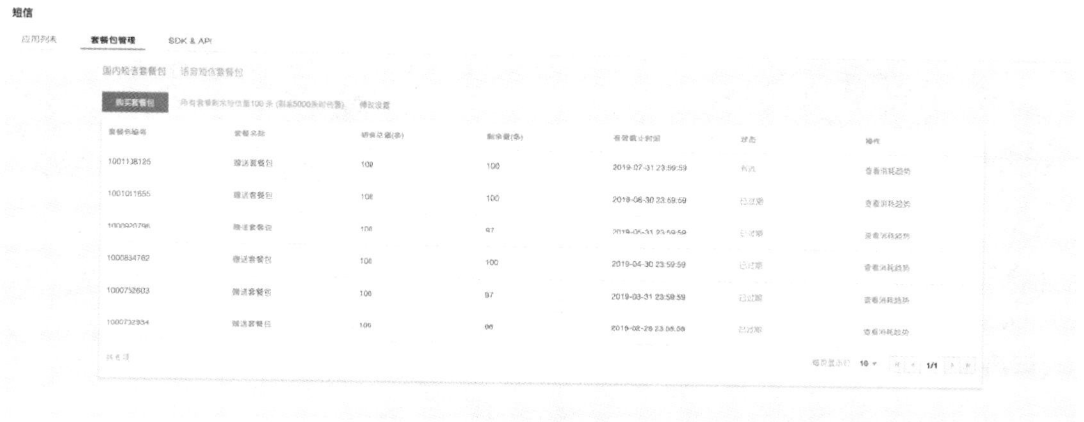

图 12-3　套餐包

(3) 获取 SDK AppID 和 AppKey

云短信应用 SDK AppID 和 AppKey 可在短信控制台的应用信息里获取，如图 12-4 所示。

图 12-4　获取 AppKey

(4) 申请签名

一个完整的短信由短信签名和短信正文内容两部分组成，短信签名须申请和审核，签名可在短信控制台的相应服务模块短信内容配置中进行申请，如图 12-5 所示。

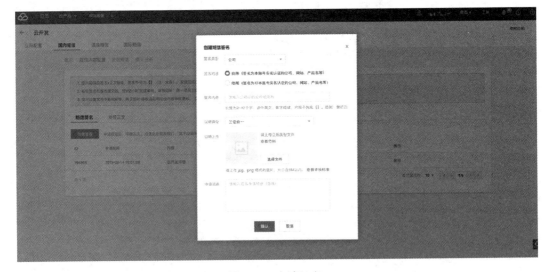

图 12-5　申请签名

(5) 申请模板

短信或语音正文内容模板须申请和审核，模板可在短信控制台的相应服务模块"短信内容配置"或"语音内容配置"中进行申请，如图 12-6 所示。

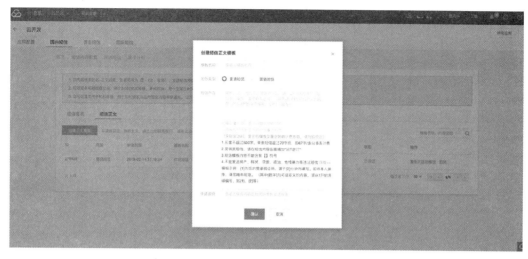

图 12-6　申请模板

(6) 购买语音号码

对于语音短信，还需要购买一个语音号码，用于系统拨打电话时给用户显示使用，如需使用可以在"语音短信"面板中的"语音号码"板块中购买，如图 12-7 所示。

图 12-7　购买语音号码

3. 短信能力使用

在理解了增值能力的调用链接并做好准备工作后，我们就来尝试一下在云开发中使用短信能力。短信能力的示例已经封装在 GitHub 上 miniprogram-bestpractise/tcb-demo-sms 代码仓库中。这个代码仓库所展示的能力基本包括了之前介绍的短信能力，如果你想在自己的小程序中使用短信能力，可以参考该代码仓库，然后将所需要的云函数、小程序代码逻辑复制到自己的小程序中使用。短信 demo 预览如图 12-8 所示。下面介绍整个接入流程。

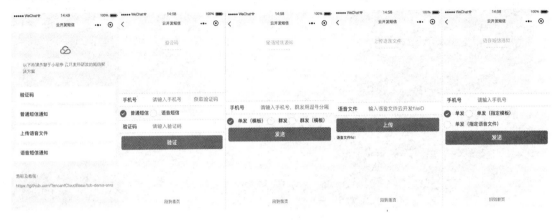

图 12-8　短信 demo 预览

- **填写小程序 appid**

使用微信开发者工具打开 demo 源码，在根目录下的 project.config.json 文件中，填写你的小程序 appid。

- **填写参数**

将准备工作中获取的 AppID 和 AppKey 记录下来，并在后续要用到云函数能力的地方，在 config/index.js 配置文件中填入这两个参数，格式可以参考 config/example.js。

- **验证码能力**

使用验证码能力需要创建名为"Verification"的集合，它是 CreateVerificationCode、VerifyVerificationCode、SmsSingleSend 和 CodeVoiceSend 这 4 个云函数的能力组合，前端代码则主要在 pages/verification 目录里。该能力的使用流程如图 12-9 所示。

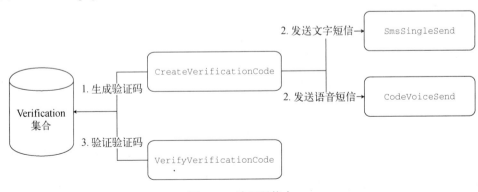

图 12-9　验证码能力

如果你想通过普通的文字短信发送验证码，则可使用 SmsSingleSend 云函数。你还需要在"国内短信"→"短信内容配置"控制台中，根据之前准备工作中的指引配置短信正文（短信模板）。如果有需要，可以同时配置短信签名。需要配置的短信正文如下，其中${1}表示开发者要传入的参数值：

> 你的验证码为：${1}，请于 2 分钟内填写。如非本人操作，请忽略本短信。

如果你想自定义发送的短信模板，在配置好短信模板后，还需要在 CreateVerificationCode 函数中的 sendNormalSMS() 方法里，将该短信模板填入 msg 参数，并且配置好要传入的参数。而如果你想用语音短信发送验证码，则可以使用云函数 CodeVoiceSend，但需要有企业资质才可以使用，可以不需要设置模板。

下面摘录代码仓库的部分代码进行示例说明。在小程序端，调用 CreateVerificationCode 云函数进行验证码的发送，并且在前端会有定时器做倒计时，超过时间才可以重新发送新的验证码。

```
// pages/verificaiton/index.js
let { result } = await wx.cloud.callFunction({
    name: 'CreateVerificationCode',
    data: {
        type,
        phoneNumber
    }
})
```

在云函数 CreateVerificationCode 中，首先要生成一个随机的验证码，存入 Verification 集合，然后调用 sendSMS，根据短信的类型（语音或文字）将验证码发出。在存储验证码的时候，会将来源用户的 _openid 存储下来，方便小程序前端校验的时候找到对应的验证码。

```
// cloud/functions/CreateVerificationCode/index.js

async function sendSMS(type, phoneNumber, code) {
    if (type === 'normal') {
        return await sendNormalSMS(phoneNumber, code)
    } else if (type === 'voice') {
        return await sendVoiceSMS(phoneNumber, code)
    }
}

async function sendNormalSMS(phoneNumber, code) {
    // 调用 SmsSingleSend 云函数发送文字验证码
    return await tcbService.callService({
        service: 'sms',
        action: 'SmsSingleSend',
        data: {
            nationCode: '86',
            phoneNumber,
            msg:`你的验证码为：${code}，请于 2 分钟内填写。如非本人操作，请忽略本短信。`
        }
```

```
    })
}

async function sendVoiceSMS(phoneNumber, code) {
    // 调用 CodeVoiceSend 云函数发送语音验证码
    return await tcbService.callService({
        service: 'sms',
        action: 'CodeVoiceSend',
        data: {
            msgType: 0,
            nationCode: '86',
            phoneNumber,
            msg: code
        }
    })
}

// 云函数入口函数
exports.main = async (event, context) => {
    // 此处省略部分代码

    // 存储生成的验证码，并通过_openid 记录该验证码属于某个小程序用户，便于校验
    let result = await collection.add({
        data: {
            code, // 验证码
            validTime, // 验证码有效时间
            gapTime, // 验证码发送间隔
            createTime: now, // 验证码生成时间
            _openid: wxContext.OPENID, // 该验证码对应用户 openid
            check: null // 校验结果
        }
    })
    smsResult = await sendSMS(type, phoneNumber, code)

    // 此处省略部分代码
}
```

VerifyVerificationCode 云函数则是在拿到验证码后，对比集合中该用户发送的验证码，如果不一致则报错，一致则表示验证成功并更改验证的状态。

```
// cloud/functions/VerifyVerificationCode/index.js
// 云函数入口函数
exports.main = async (event, context) => {
    // 此处省略部分代码
    // 读取用户发送的验证码，如果不存在，则报验证失败的错误
    let result = await collection
        .where({
            _openid: wxContext.OPENID
        })
        .get()

    if (!result.data.length) {
        response.code = 10001
```

```
        response.message = '验证失败'
        return response
    }

    let data = result.data[0]
    let now = Date.now()

    if (data.code !== code || now > data.createTime + data.validTime) {
        await collection.doc(data._id).update({
            data: {
                check: false
            }
        })
        response.code = 10002
        response.message = '验证失败'
    } else {
        // 如果在有效期内验证成功，则将验证码改为 true
        await collection.doc(data._id).update({
            data: {
                check: true
            }
        })
    }

    return response
}
```

● **文字短信通知功能**

文字短信通知功能，有单发短信、指定模板单发短信、群发短信、指定模板群发短信4种类型，分别对应 SmsSingleSend、SmsSingleSendTemplate、SmsMultiSend、SmsMultiSendTemplate 这4个云函数。这4个函数都需要在"国内短信"→"短信内容配置"中配置短信正文（短信模板如图 12-10 所示），如果有需要可以同时配置短信签名。

图 12-10　模板 ID

SmsSingleSendTemplate 和 SmsMultiSendTemplate 函数需要获取短信正文的 ID，并填写在 config/index.js 配置里；而对于 SmsMultiSend 和 SmsSingleSend，配置好短信正文后，需要放到 config/index.js 中的 Msg 参数里。配置完参数后，再通过 tcb-service-sdk 填入参数调用对应的短信服务。下面以 SmsMultiSendTemplate 为例进行说明。

```javascript
// cloud/functions/SmsMultiSendTemplate/index.js
// 云函数入口函数
exports.main = async (event, context) => {
    // 此处省略部分代码
    let result = await tcbService.callService({
        service: 'sms',
        action: 'SmsMultiSendTemplate',
        data: {
            nationCode,
            phoneNumbers,
            templId,
            params,
            sign,
            extend,
            ext
        }
    })
    // 此处省略部分代码
}
```

- 上传语音文件功能

该功能使用到了 VoiceFileUpload 云函数。首先将语音文件手动上传到云开发存储服务中，得到文件的 fileID，然后根据 fileID 调用 tcb-service-sdk 的 utils.getContent()方法，获取图片的 Base64 内容，之后再转成 Buffer，作为参数传给 VoiceFileUpload 上传到短信服务里。上传成功后，短信服务会返回音频文件的 fid，该 fid 在发送语音消息的时候会作为语音消息的模板。不过切记，在上传文件获得 fid 后，需要加管理员进行手动审核通过，因为目前腾讯云控制台还不支持上传语音文件。以下是 VoiceFileUpload 云函数的代码示例。

```javascript
// 云函数入口函数
exports.main = async (event, context) => {
    // 此处省略部分代码
    let fileContent = await tcbService.utils.getContent({
        fileID
    })

    if (fileContent) {
        let result = await tcbService.callService({
            service: 'sms',
            action: 'VoiceFileUpload',
            data: {
                fileContent: new Buffer(fileContent),
                contentType
            }
        })
```

```
        response = result
    } else {
        response.code = 10004
        response.message = '获取文件内容失败'
        return response
    }
    // 此处省略部分代码
}
```

● **语音短信通知功能**

该功能使用到了 `PromptVoiceSend`、`TtsVoiceSend` 和 `FileVoiceSend`。`PromptVoiceSend` 和 `TtsVoiceSend` 都需要在 "语音短信" → "语音内容配置" 中创建语音正文模板，前者需要在 config/index.js 中传到正文的内容，后者则需要填入正文的模板 ID。而前面提到的 fid 则是云函数 `FileVoiceSend` 所需要的语音文件参数，需要上传语音文件，并且在该文件经过审核后，才可用于语音短信通知。以下是 `FileVoiceSend` 云函数的代码示例。

```
// cloud/functions/FileVoiceSend
// 云函数入口函数
exports.main = async (event, context) => {
    // 此处省略部分代码
    let result = await tcbService.callService({
        service: 'sms',
        action: 'FileVoiceSend',
        data: {
            nationCode,
            phoneNumber,
            fid,
            playtimes,
            ext
        }
    })
}
```

12.1.3　智能图像

微信和腾讯云都推出了智能图像相关的能力。微信提供了常见的身份证、银行卡识别，而腾讯云的能力则更多。本节主要介绍腾讯云提供的智能图像能力是如何通过云开发对外提供服务的，包括人脸识别、人脸核身、人脸融合、文字识别以及图像分析等能力。

图 12-11 展示了一些智能图像 demo。

图 12-11　智能图像 demo 预览

1. 准备工作

获取腾讯云的 API 密钥对，具体流程可参见 12.3.2 节。

若需要某种智能图像服务，请到腾讯云的控制台进行开通。腾讯云的图像识别能力控制台混合了新版与旧版，需要分辨清楚。推荐尽量使用新版的能力而非旧版，因为旧版会在不久的将来下线，而且也并非所有能力都需要开通以及有控制台可管理，例如图片分析能力。

2. 智能图像能力使用

部分智能图像能力示例已经封装在 GitHub 上 miniprogram-bestpractise/tcb-demo-ai 代码仓库中。如果你想在自己的小程序中使用智能图像能力，可以参考该代码仓库，然后将所需要的云函数、小程序代码逻辑复制到自己的小程序中使用。下面通过讲解人脸融合和活体人脸核身两种能力，介绍如何基于云开发使用智能图像服务。

- 人脸融合

要想体验人脸融合，需要开通服务，点击"创建活动"并"添加素材"，获得以下配置。

❏ ProjectId（活动 ID），可在人脸融合控制台中查看，如图 12-12 所示。
❏ ModelId（素材 ID），可在人脸融合控制台中查看，如图 12-13 所示。

图 12-12　人脸融合–活动管理面板

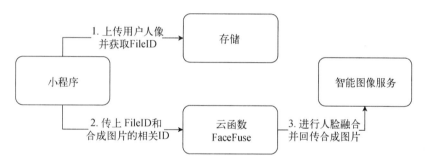

图 12-13　人脸融合–活动素材管理面板

该示例的小程序端代码在 client/pages/face-fusion 中，最核心的前端逻辑在自定义组件 client/components/face-fuse 中，而云函数的逻辑则是在 cloud/functions/FaceFuse 里。整个逻辑流程如图 12-14 所示。

图 12-14　人脸融合逻辑流程

其中云函数 FaceFuse 的源码和代码解释如下：

```
const config = require('./config')
const { SecretID, SecretKey } = config
const TcbService = require('tcb-service-sdk')
const tcbService = new TcbService()

exports.main = async (event) => {
    let {
        ProjectId = config.ProjectId, // 活动 ID
        ModelId = config.ModelId, // 素材 ID
        RspImgType = 'url', // 图像处理完毕后，返回类型为图片 url
        FileID // 传入是用户人像的 FileID
    } = event

    try {
        // 通过 utils.getContent 接口先获取用户人像的内容字符串
        let fileContent = await tcbService.utils.getContent({
            fileID: FileID
        })
```

```
    if (!fileContent) {
        return { code: 10002, message: 'fileContent is empty' }
    }

    let result = await tcbService.callService({
        service: 'ai',
        action: 'FaceFusion',
        data: {
            ProjectId,
            ModelId,
            RspImgType,
            Image: fileContent.toString('base64') // 转成 base64
        },
        options: {
            secretID: SecretID,
            secretKey: SecretKey
        }
    })

    return result
} catch (e) {
    return { code: 10001, message: e.message }
}
}
```

- **活体人脸核身**

使用活体人脸核身，先要开通"人脸核身–云智慧眼"服务。该例子的小程序端代码在 client/pages/liveness-recognition 中，而云函数则是在 cloud/functions/GetLiveCode 和 cloud/functions/LivenessRecognition 中。整个逻辑流程如图 12-15 所示。

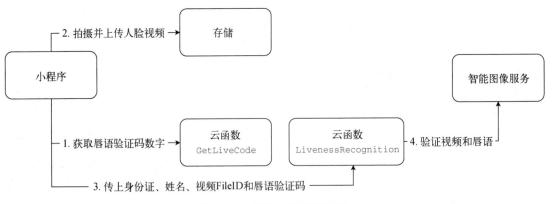

图 12-15　活体人脸核身流程

在小程序侧，为了提搞验证率，需要加上遮罩，引导用户对准位置再录制视频，如图 12-16 所示。

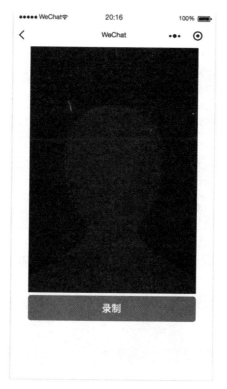

图 12-16 人脸核身遮罩

云函数 LivenessRecognition 的大体逻辑如下:

```
const config = require('./config')
const { SecretID, SecretKey } = config
const TcbService = require('tcb-service-sdk')
const tcbService = new TcbService()

exports.main = async (event) => {
    const {
        IdCard, // 身份证号码
        Name, // 姓名
        VideoFileID, // 人脸视频 FileID
        LivenessType = 'SILENT', // SILENT 验证模式
        ValidateData // 唇语验证码
    } = event

    try {
        // 获取视频内容的字符串
        let fileContent = await tcbService.utils.getContent({
            fileID: VideoFileID
        })

        if (!fileContent) {
```

```
            return { code: 10002, message: 'fileContent is empty' }
        }

        const result = await tcbService.callService({
            service: 'ai',
            action: 'LivenessRecognition',
            data: {
                IdCard,
                Name,
                VideoBase64: fileContent.toString('base64'), // 视频内容转 Base64
                LivenessType,
                ValidateData
            },
            options: {
                // 调用其他腾讯云账号的 AI 资源
                secretID: SecretID,
                secretKey: SecretKey
            }
        })

        return result
    } catch (e) {
        return { code: 10001, message: e.message }
    }
}
```

那在小程序端怎么让图片等元素盖在<camera>、<video>等原生组件上面呢？答案是使用
<cover-view>和<cover-image>：

```
<camera device-position="front" flash="off" binderror="error">
    <cover-view class="camera-cover">
        <cover-image class="camera-image" src="image path"> </cover-image>
    </cover-view>
    <cover-view class="number" wx-if="{{isRecording}}">
        请念数字：{{number}}
    </cover-view>
</camera>
```

12.1.4 实时音视频

该增值服务整合了腾讯云的实时音视频能力和云直播能力，通过云开发的云函数和数据库的
能力，简化了配置的拉取和房间的管理。实时音视频一般用于客服通话场景，而云直播侧一般用
于秀场、游戏直播等场景。实时音视频与智能图像和短信服务有所不同，它的核心能力不是通过
API 提供的，因此并没有封装成 tcb-service-sdk，而是使用小程序插件提供的，而云开发则是满
足实时音视频的一些使用场景，比如拉取直播流链接、创建房间、退出房间等。

1. 实时音视频能力使用

本节的案例代码示例在 GitHub 的 miniprogram-bestpractise/tcb-demo-video 中，包含了小程序
前端代码（client 目录下）和云函数代码（cloud 目录下）。实时音视频 demo 如图 12-17 所示。

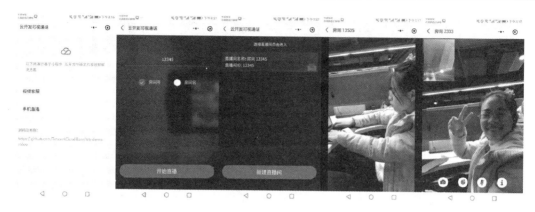

图 12-17 实时音视频 demo 预览

2. 服务开启与配置获取

(1) 登录小程序的管理后台，选择"设置"→"基本设置"→"服务类目"中添加允许视频直播类的管理，如图 12-18 所示。

图 12-18 小程序服务类目设置

(2) 在小程序管理后台"开发"→"接口设置"中，将实时播放音视频流和实时录制音视频流打开，如图 12-19 所示。

图 12-19 允许小程序实时音视频流

(3) 申请使用相关小程序插件。在"设置"→"第三方设置"→"插件管理"面板中，添加相关的音视频插件。如果使用实时音视频服务，请添加"腾讯视频云"插件；如果使用云直播服务，则添加"腾讯视频云直播"插件，如图 12-20 所示。

图 12-20　实时音视频小程序插件

由于插件仍在内测阶段，因此如果有需要，请在本仓库中发 issue，留下你的公司名、微信号、小程序 AppID，腾讯云会有专人联系你，并提供更详细的插件文档。

(4) 请使用微信开发者工具打开源码，在根目录下的 project.config.json 文件中，填写你的小程序 appid。

(5) 如果需要体验实时音视频或云直播的服务，就要按照不同的接入方式进行配置，后面会详细介绍。

3. 实时音视频 demo 体验

如果想体验实时音视频相关的功能，那还需要完成以下步骤。

(1) 通过微信公众号的方式登录腾讯云的控制台（需要是小程序的拥有者），选择正在使用云开发的小程序作为授权登录的对象，到"实时音视频"开通服务并购买体验包。进入控制台并获取 SDKAppid 和 accountType 的配置信息，如图 12-21 所示。

图 12-21　获取 SDKAppid 和 accountType

单击下载公私钥，使用其中的 private_key 文件，如图 12-22 所示。

图 12-22　获取 private_key 文件

(2) 按照以下步骤完成最后的配置操作。

❏ 在云函数目录 cloud/functions 的函数 `webrtcroom-enter-room` 中，将 private_key 文件放到 config 目录下。

❏ 在每个云函数目录的 config 目录下，参照 example.js 文件，新建 index.js 文件，并配置好 SDKAppid 和 accountType。

❏ 上传部署所有带有 `webrtc` 前缀的云函数。

❏ 最后，在云开发面板的数据库栏目中，创建 webrtcRooms 集合，如图 12-23 所示。

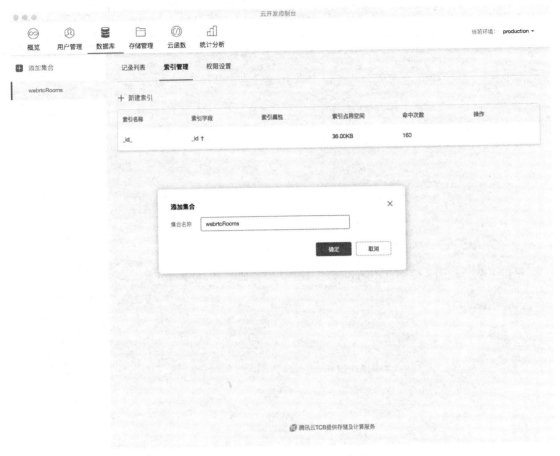

图 12-23 创建 webrtcRooms 集合

(3) 在微信开发者工具直接预览即可。

4. 实时音视频源码分析

WebRTC 的能力的体验主要围绕源码中 client/pages/webrtc-room 里的 join-room 和 room 两个目录，一个是手动输入房间号进入房间，另一个是视频房间。此外还涉及 cloud/functions/webrtcroom-enter-room 目录，此云函数主要用于在填写实时音视频的配置后进行加密，将加密好的信息传到小程序端，才能正常使用 WebRTC 视频通话能力。

在云函数 webrtcroom-enter-room 中，libs/sign.js 是官方提供的签名逻辑文件，而 index.js 不外乎是调用 libs/sign.js 中的方法，然后将 privateMapKey、userSig 提供到小程序。有了这两个信息，小程序端才能将直播流正常唤起。

房间管理主要通过云开发的云函数和数据库实现。webrtcRooms 集合的数据格式如图 12-24 所示。

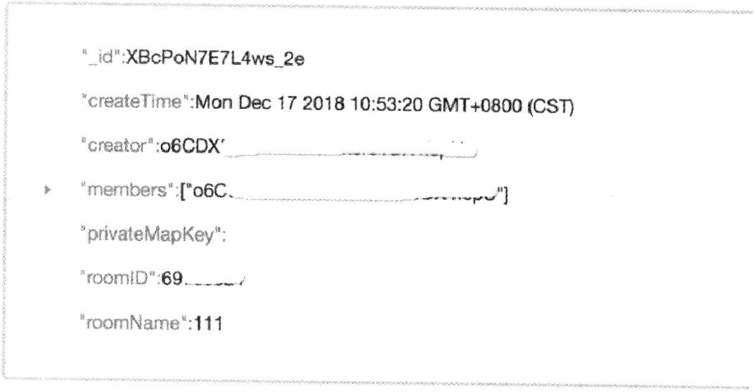

图 12-24 房间数据格式

数据包括房间创建者和观众的 openid、房间 id 和房间名、房间创建时间，还有房间的权限位 privateMapKey。

云函数分别有创建及进入房间（webrtcroom-enter-room）、退出房间（webrtcroom-quit-room）、获取房间信息（webrtcroom-get-room-info）、获取房间列表（webrtcroom-get-room-list）这 4 个云函数。

☐ webrtcroom-enter-room 函数主要用于创建房间，这里用到了数据库的读写，要先判断房间是否存在，如果不存在则创建。需要注意，该函数的 create.js 文件中有一处逻辑值得解读，此处是通过循环的方式去检查房间 ID，以防生成重复的 ID：

```
// 循环检查数据，避免 generateRoomID 生成重复的 roomID
while (await isRoomExist(roomInfo.roomID)) {
  roomInfo.roomID = generateRoomID()
}
```

此外，该函数还用于进入房间。如果房间存在，则将用户的 openid 写入房间观众字段，如果房间不存在，则进行房间创建。

☐ webrtcroom-quit-room 函数主要用于退出房间，如果房间内还有观众，则将退出者的 openID 清除，如果没有观众，则把房间数据清理掉。

☐ webrtcroom-get-room-info 函数主要用于获取房间数据。

☐ webrtcroom-get-room-list 函数主要用于获取房间列表数据。

5. 云直播 demo 体验

如果想体验云直播相关的功能，还需要完成以下步骤。

(1) 通过微信公众号的方式登录腾讯云的控制台（需要是小程序的拥有者），选择正在使用云开发的小程序作为授权登录的对象，然后到腾讯云的"云直播"开通服务并自动获得体验包，进入控制台，进行以下配置。

　　首先，配置推流和播放域名。云直播自 2018 年底不再支持通用域名，需要用户自己配置域名，还要在域名配置的站点（如 DNSPOD、万网等）配置域名的 CNAME，如图 12-25 到图 12-28 所示。

图 12-25　配置推流域名

图 12-26　配置推流 CNAME

图 12-27　配置播放域名

图 12-28　配置播放 CNAME

其次，配置 liveAppID、bizid 和 pushSecretKey。到腾讯云的"账号中心"获取 AppID，这跟 liveAppID 是一致的，如图 12-29 所示。

图 12-29　liveAppID 与账户的 AppID 一致

最后，到云直播控制台中的直播码接入获取 bizid 和 pushSecretKey，如图 12-30 所示。

图 12-30　获取 bizid 和 pushSecretKey

(2) 按以下步骤完成最后的配置操作。

❑ 基于 cloud/functions/liveroom-create-room/config/example.js，在同目录中新建 index.js 文件，然后将以上域名和配置信息填入该配置文件中。

❑ 上传部署所有带有 liveroom 前缀的云函数。

❑ 最后，在云开发面板的数据库栏目中，创建 liveRooms 集合，如图 12-31 所示。

图 12-31　创建 liveRooms 集合

(3) 在微信开发者工具直接预览即可。

6. 云直播源码分析

直播能力的体验主要围绕源码中 client/pages/live-room 中的 join-room 和 room 两个目录，一个是主播输入房间名创建房间，另一个是直播房间。

在 join-room 中会调用云函数 `liveroom-enter-room`，通过这个函数的地址生成算法，生成推流和播放流两个地址。进入房间后，如果是主播进入，则拿到推流地址塞入推流插件；如果是观众进入，则拿到播放流地址塞入播放插件中。

房间管理主要通过云开发的云函数和数据库实现。liveRooms 集合的数据格式如图 12-32 所示。

数据包括房间创建时间、创建者和观众的 openid，直播的推流和播放流地址、房间 ID、房间名还有一些配置项。

"_id":XEU94ZT75u22WPtS

"createTime":Mon Jan 21 2019 11:34:57 GMT+0800 (CST)

"creator":o6C...

"liveAppID":12...

▸ "members":["o6CD...

▸ "playUrl":["rtmp://live.docschina.org/live/4...","http://live.docschina.org/live/...

"pushUrl":rtmp://push.docschina.org/live/41be...?bizid=...&txSecret=...

"roomID":81023695

"roomName":我的直播间

"streamID":...

图 12-32　房间数据格式

云函数分别有创建房间（`liveroom-create-room`）、退出房间（`liveroom-quit-room`）、获取房间信息（`liveroom-get-room-info`）、获取房间列表（`liveroom-get-room-list`）4 个云函数。

❑ `liveroom-enter-room` 用于主播创建房间，同时根据配置信息生成推流和播放流地址。
❑ `liveroom-quit-room` 函数主要用于退出房间。如果主播退出房间，则房间直播清除；如果观众退出，则只会把该观众的 openid 清理掉。
❑ `liveroom-get-room-info` 函数主要用于获取房间数据。
❑ `liveroom-get-room-list` 函数主要用于获取房间列表数据。

由于目前对房间和加入用户进行处理的云函数还没有数据库的事务特性可使用，因此在用户并发调用的时候，有可能会重复加入用户或者创建房间。只有当后续云开发提供了数据库事务特性，让创建房间和用户加入上锁的时候，才能避免这种错误。

12.1.5　增值能力，远不止于此

以上只是介绍了官方进行封装或者有 demo 制作的 3 种常见的腾讯云能力，其实云开发可以使用的能力远不止于此，无论是阿里云、百度云还是亚马逊云，只要有提供 API 或者服务器端 SDK 调用的云服务，一律都可以在云开发上使用。

但要注意的是，云开发更适用于应用层面的使用，对于一些如深度学习的长耗时服务和大文件上传，并不推荐在云开发上使用。

12.2　云开发架构与优势

云开发可以节省许多运维的工作，还可以直接使用小程序的各种能力，为什么会如此强大呢？本节就来为你揭开谜底。

12.2.1 云开发的架构奥秘

体验了云开发的便捷与高效，你可能会发出"哇"的一声惊叹，同时你也会疑惑，究竟云开发是怎么做到的呢？省去了域名证书，又能快速拿到用户的 openid 等信息。通过本节的架构揭秘，相信你就会理解为什么云开发的功能会有如此的设计。

图 12-33 是云开发的架构图，可以看出，请求的来源主要有两个：一个是从小程序端，另一个是从服务器端（云函数或云服务器）。无论哪种来源，一律会经过云开发的网关服务。但有一点不同的是，从小程序端过来的请求会先经过微信后台，因此这些请求都会带上该请求的用户信息，而服务器端的请求则没有这些信息。因此在设计上，小程序端过来的请求只拥有个人用户的权限，而服务器端的请求都具备管理员的权限。云开发暴露给用户的数据库、存储、云函数等能力，其底层实质上都是腾讯云的能力，只是针对性地做了一些不同的处理罢了。

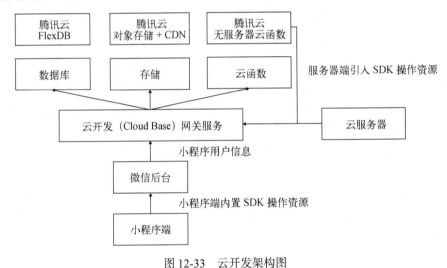

图 12-33　云开发架构图

那么云开发网关服务层究竟做了些什么工作呢？其实主要是从以下 4 个方面保证了全平台请求的性能、稳定和安全。

1. 默认接入负载均衡

对于有一定规模的小程序来说，一台服务器远远支撑不了大量用户的请求，随时会被大量请求冲垮，造成服务器无法正常响应用户的请求。最常见的办法是堆机器，用机器来支撑大量的请求。云开发也是采用了同样的做法，接入了腾讯云自研的负载均衡 CLB，除了可顶住大量用户的请求外，还可以非常方便地进行扩容，最关键的是，这些运维的操作不需用户操心，使用云开发就默认接入了负载均衡，在套餐配额的范围内都可以自由使用。

2. 平台维护数据库连接池

在后台服务中，除了网关层的请求并发是服务的一个瓶颈，数据库的读写往往也是一个令人头疼的问题。如果是自建服务，你需要去维护这个连接池，并且要考虑主从数据库的同步问题。而云开发的网关层则帮开发者处理好了这些逻辑，并且对数据做了一层缓存，提升读取的性能。

3. 免除鉴权的烦恼

无论是开发 Web 应用还是小程序，比较麻烦的是请求的鉴权问题，意思就是这个请求是否合法，能否允许这个请求进行资源的操作。云开发已经提供了一套标准化的鉴权体系，在小程序端的请求一律会带上用户信息，用户一般只能操作与他相关的资源；而在服务器端的请求一律具有管理员权限，具有最高的权限可以操作任意资源。当然，你也可以设计自己的一套体系，但还是建议你围绕官方提供的这套体系进行自定义设计，比如可以使用 JWT Token 进行鉴权，但 Token 中会包含用户的 openid 等信息。

4. 全链路一致性校验

为了保证数据的安全，云开发还在整个请求的通路引入了全程票据的办法。大体的原理就是小程序侧在初始化请求的时候，微信后台与云开发网关服务会联合下发一个票据，这个票据具有一定的时效性，在有效期内，云开发的请求都会带上这个票据并校验该票据是否合法，非法的请求会被拒绝，这样就能有效保障用户的数据安全。

12.2.2 云开发的优势

云开发对比传统开发模式的优势主要体现在以下 6 个方面。

1. 官方生态

云开发是微信与腾讯云联手打造的小程序 Serverless 云服务，它的资源开通和管理控制台直接内置在微信开发者工具里，免认证登录，调用资源的相关接口也可免安装直接使用，非常方便。官方也逐渐将一些开放能力与云开发进行对接，比如用户鉴权、客服消息等几十个开放 API 都允许通过云开发的云调用进行使用，未来预计还会支持微信支付。随着这些紧密能力的整合，官方也会推出一系列的最佳实践方法与案例，因此跟着官方的步伐走绝对没有错。

2. 快速上手

做研发的同学都知道，一般后台的服务都是以 API 的形式提供的，前端人员往往要针对这些 API 构造出相应的请求数据，而且不同的后台服务所提供的 API 格式甚至可能大相径庭。而云开发则用 SDK 的方式封装了这些请求的 API，用统一和标准的方式对外提供服务，这样就有效地减少了沟通的成本，并且在小程序侧的 SDK 是直接内置的，减少了 SDK 的学习上手成本。

3. 配置简单

这里的配置主要有两个方面。其一是资源的配置简便，如果你单独去购买云开发的三大核心资源，除了要注册云账号，还要完成认证，再分别购买这 3 种资源，而云开发只需要一键开通，就可自动创建一个与小程序关联的云账号并且自动获得这 3 种资源。其二是省掉了域名与证书，如果自己去买机器开发，要自己买域名并进行备案，还要申请 HTTPS 证书，备案的工作周期长，还会让人焦头烂额，而云开发由于已经添加了白名单的缘故，就免除了域名和证书配置的烦恼。

4. 高效鉴权

云开发内建微信小程序用户鉴权，开发者无须关注用户鉴权，可以将精力投放在核心业务逻辑上。所谓的内建，准确地说，一切从小程序侧发起的请求在到达云开发的时候，都会带上这个用户的身份标记（openid 和 unionid）。有了官方的这套鉴权机制，之前小程序开发的时候定下来的一套自定义的 token 存在的必要性就会逐步降低，如果将云开发作为小程序请求通路的接入层，则原有的这套小程序鉴权机制甚至都可以完全废弃。

5. 弹性伸缩

在传统的开发模式下，要实现业务的扩容，往往需要手动购买机器，做网络接入。更先进一点的可以像腾讯云那样，将机器接入负载均衡之后，配置一下弹性伸缩——当业务达到一定峰值的时候，自动购买机器并且接入服务，业务快速发展轻松实现扩容。而云开发是基于配额向用户提供服务的，比如云函数的调用次数、数据库的读写次数、CDN 的流量，这些都是天然具有可伸缩性的资源数据，用户可以基于自身业务的使用情况，快速上升或下调自己的云开发配额。

6. 降低成本

成本的降低主要体现在资源使用成本和运维成本等方面。

- **降低资源使用的成本**

传统开发模式需要开发者分别注册小程序和公有云账号，还需要买域名、备案和申请 SSL 证书（如图 12-34 所示），云开发则能省去域名和备案的一笔钱。另外，云开发早期有较长时间的免费扶持计划，这也能在一定程度上降低资源使用成本。

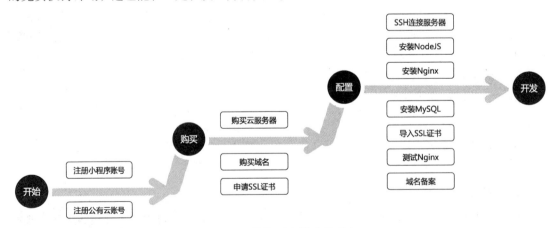

图 12-34　传统开发模式的成本

　　传统开发模式主要有 3 种云资源的形态（如图 12-35 所示）。最开始当互联网还没有云服务商的时候，公司得自己搭服务，不仅要花大价钱买机器和宽带流量，还得请人过来维护。如果过去要搞小程序开发，公司得请一个维护服务器硬件的硬件工程师、一个维护网络的网络运维工程师、一个数据工程师、一个后台研发，还有一个前端研发，一共要请 5 个人。当云服务商开始入局并变革整个市场的时候，公司就不用再自己维护硬件了，而是由云服务商来维护，因此公司可以少请一个维护硬件的工程师，但还是得有一个运维工程师去维护云服务。当云服务商将数据库、容器服务都抽象出来上云之后，连专业的数据库维护工程师也可以不请了，由后台或者运维兼岗就行了。

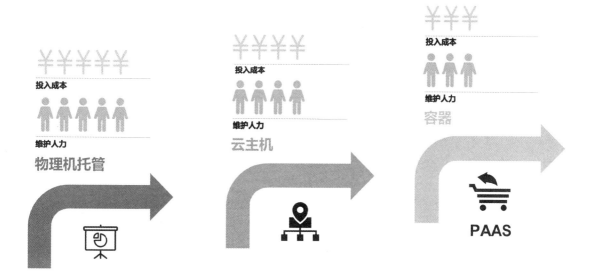

图 12-35　3 种传统开发模式开发成本的对比

　　云服务商的不断发展确实让云服务的成本不断下降，但公司节约开支是没有尽头的，云开发资源本身的特性就带来了较大的成本优势。比方说，云开发的三大能力都是单独部署的资源池子，而每个用户都根据自己使用的套餐限额在这个池子里有序地使用。一般来说，用户都不会用满配额，因此不需要足额地配置这些资源，单是这样的处理就可以降低不少成本。再比方说，云函数由于自身的特点，对于那些负载量不高的业务有着天然的成本节省优势。假设一项业务负载不高，买一台服务器可能只会消耗 30%以下的 CPU 和内存，如果迁移到云函数这种事件驱动的服务，只有在请求真正发生的时候才会消耗资源并收费，在这种情况下，使用云函数就会有较大的成本优势。

● 降低运维成本

　　在传统开发模式架构下，开发者需要像保姆一样，从前端到后台关注所有的开发和运维细节。而在云开发模式的架构下，由于云开发提供了较完整的云服务架构，简化了小程序开发过程中复杂的后端操作，开发者不必关心底层服务器资源部署运维，只需要关注业务实现即可，这可以极大地节约服务器架构搭建维护成本。传统开发模式与云开发模式的架构对比如图 12-36 所示。

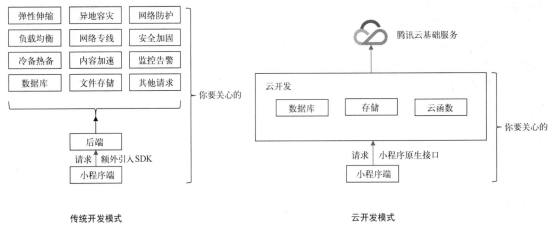

图 12-36　云开发与传统开发对比

12.3　在其他平台使用云开发

随着你的小程序越做越大，你可能会有向其他端扩展的诉求，比如再做 Web 端，或者 iOS、Android 客户端。究竟如何将云开发应用到这些不同的端呢？通过本节的学习，你将会获得一些启示。

12.3.1　在云服务器或开发机器上使用云开发

在用云开发做好一个电商小程序之后，你可能会有这样的想法：我想了解一下有多少用户下了订单，并且最终转化为成功支付，又有多少用户流失了。这时候应该怎么实现这个小需求呢？你可能会想，我可以在小程序中做一个隐藏功能，只允许管理员访问，让管理员看到这部分数据就行。但是，如果有许多这样的数据需求呢？并且还要从不同的维度展示这些数据，小程序这么小的界面如何放得下呢？

这时候你往往会需要一个 PC 端的 Web 管理平台。但云开发怎么实现这个功能呢？这就得借助 tcb-admin-node 的能力了。

12.3.2　获取腾讯云密钥对

在腾讯云登录时，选择"微信公众号"的登录方式，如图 12-37 所示。

图 12-37 微信公众号登录方式

扫码登录后，会出现可登录的小程序列表，如图 12-38 所示。选择你想操作云开发资源的小程序，即可登录成功。但前提是你是该小程序账号的拥有者。

图 12-38 可登录的小程序列表

登录成功后，在腾讯云的"API 密钥管理"面板中新建密钥，并且把密钥对保存下来，如图 12-39 所示。

图 12-39   腾讯云 API 密钥管理

12.3.3   初始化 tcb-admin-node

拿到腾讯云的密钥之后，就可以按以下格式填入 secretId 和 secretKey。如果不是使用默认环境，还需要填入 env 云开发的环境 ID。这样，tcb-admin-node 就可以在云服务器或者开发电脑上调用云开发的资源。如果这些环境中有网络代理，还需要填一下 proxy。

```
// 初始化示例
const tcb = require('tcb-admin-node')

// 初始化资源
// 云函数下不需要 secretId 和 secretKey
// 如果不指定 env，将使用默认环境
// 如果有网络代理，则需要填写 proxy，没有就不要填
tcb.init({
    secretId: 'xxxxx',
    secretKey: 'xxxx',
    env: 'xxx',
    proxy: 'xxx'
})
```

12.3.4   其他调用云开发的方式

通过 tcb-admin-node 调用云开发资源虽是权宜之计，但已经可以解决燃眉之急。不过，你还需要额外投入服务器、运维资源，还要给这个服务写鉴权的服务，因此并不是一个最佳实践的办法。

目前官方已经低调推出了 H5 云开发，与小程序的资源已经打通。在腾讯云的站点中使用微信公众号的登录方式登录小程序，进入云开发的控制台，就可以开通 H5 云开发。如图 12-40 所

示，进入 H5 云开发控制台后，默认可以看到的是在小程序里已经开通的云开发环境。如果想开发管理小程序·云开发的资源，可以基于这些与程序相通的环境进行开发。

图 12-40 H5 云开发控制台入口

目前 H5 的云开发提供了 H5 SDK、静态网站托管以及 H5 的鉴权，相信未来这些能力会扩展到其他的客户端如 Android、iOS 等。届时，整个应用的架构预计如图 12-41 所示。

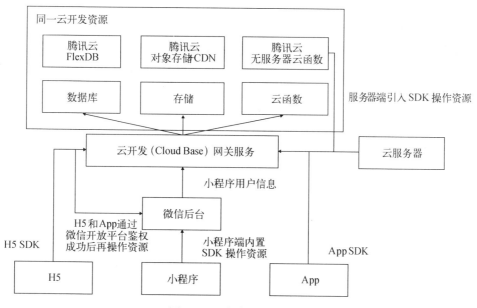

图 12-41 多端调用云开发

H5 和 App 都会像小程序那样，使用 SDK（只不过小程序是内置，其他端要另外引用）通过云开发服务层去操作云开发资源，并且为了简化开发任务，提供了标准化的鉴权。

12.4　云函数的开发模式

云函数可以算是云开发最为核心的能力，无论是核心能力，还是增值能力，都可以在云函数中玩出花样。那究竟云函数在不同的场景下有哪些推荐的开发模式呢？通过本节的讲解你会完全掌握。

12.4.1　云函数开发模式的特性

云函数主要具备两种开发特性：第一种是事件触发，第二种是逻辑解耦。

事件触发意味着云函数是无状态且有生态周期的，只有事件才能触发云函数的调用，比如一次 HTTP 请求、存储文件上传、数据的更新等，都可以看作事件。因此，云函数里不能存储数据状态，也不能做耗时过长的任务（尤其在小程序的云开发中，目前最长超时时间支持 20 秒）。由于这两种特性，云函数的中间状态最好存放在数据库中，而业务逻辑不仅需要比较好地划分，而且推崇单一责任制，由此引申出了云函数的 3 种常见的开发模式。

12.4.2　云函数开发模式的比较

本节会介绍 3 种主要的云函数开发模式及常见的使用场景。

1. 单一责任模式

根据云函数的开发模式特性，比较顺其自然的一种开发模式是单一责任模式。由于超时时间（最长 20 秒）的限制，一般开发者设计的云函数只负责某个小功能，而且不宜执行过长时间。比如在用户管理模块中，一个函数只负责注册，另一个函数只负责修改密码，绝不越权。模式示意如图 12-42 所示。

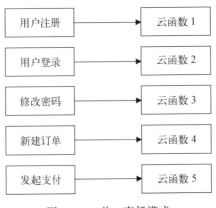

图 12-42　单一责任模式

2. 按模块划分模式

尽管单一责任模式逻辑清楚，并且避免了并发数过大，但是也引发了一些问题。比如目前云函数暂时没有支持公共的依赖，有些没有发布到 npm 平台的依赖包，如果被多个云函数使用，目前只能在各个云函数中分别放一次该公共依赖。这种办法不便于代码维护，一旦某个公共包要修改，就需要同时更新多个云函数中的文件。

　　稍微折中的办法就是使用按模块划分模式，将一些相似的业务逻辑归类到同一云函数中。比如用户注册、用户登录和修改密码等，可以合并到用户管理的一个云函数里，而像新建订单、发起支付、关闭订单则可以合并到商品支付的云函数中。模式架构如图 12-43 所示。

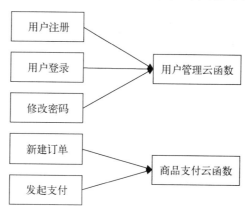

图 12-43　按模块划分模式

3. 任务分派模式

　　任务分派模式比按模块划分模式更加彻底，其实它在业务解耦这个层面上很像传统的后台服务，只是事件触发这一特性不变，另外就是要保证并发的配额较大，不能让这个跑着众多逻辑的单一云函数因为并发量较大而服务不可触达。

　　这种模式比较适用于想将整个云服务迁移过来的后台服务，只需要对路由和中间件做一些改动，就可以快速迁移过来。模式架构如图 12-44 所示。

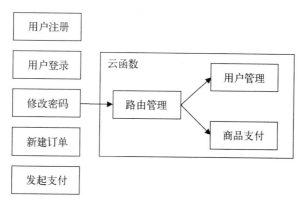

图 12-44　任务分派模式

12.4.3   支撑云函数开发模式的中间件工具

本节主要讲解如何通过 tcb-router 实现云开发的 3 种模式及其背后的实现原理。

1. 如何用 tcb-router 实现云开发的 3 种开发模式

为了方便大家试用，腾讯云（Tencent CloudBase）团队开发了 tcb-router 云函数路由管理库。

那具体怎么使用 tcb-router 去实现上面提到的架构呢？下面逐个举例说明。

- **架构 1：一个云函数处理一个任务**

在这种架构下，其实不需要使用 tcb-router，只需要像平时一样写好云函数，然后在小程序端调用就可以了。

云函数：

```
// 函数路由
exports.main = async (event, context) => {
    return {
        code: 0,
        message: 'success'
    }
}
```

小程序端：

```
wx.cloud
    .callFunction({
        name: 'router',
        data: {
            name: 'tcb',
            company: 'Tencent'
        }
    })
    .then((res) => {
        console.log(res)
    })
    .catch((e) => {
        console.log(e)
    })
```

- **架构 2：按请求给云函数归类**

这类架构就是将相似的请求归类到同一个云函数中进行处理，比如可以分为用户管理、支付等的云函数。

云函数：

```
// 函数 user
const TcbRouter = require('tcb-router')

exports.main = async (event, context) => {
    const app = new TcbRouter({ event })
```

```
    app.router('register', async (ctx, next) => {
        await next()
    }, async (ctx, next) => {
        await next()
    }, async (ctx) => {
        ctx.body = {
            code: 0,
            message: 'register success'
        }
    })

    app.router('login', async (ctx, next) => {
        await next()
    }, async (ctx, next) => {
        await next()
    }, async (ctx) => {
        ctx.body = {
            code: 0,
            message: 'login success'
        }
    })

    return app.serve()
};

// 函数 pay
const TcbRouter = require('tcb-router')

exports.main = async (event, context) => {
    const app = new TcbRouter({ event })

    app.router('makeOrder', async (ctx, next) => {
        await next()
    }, async (ctx, next) => {
        await next()
    }, async (ctx) => {
        ctx.body = {
            code: 0,
            message: 'make order success'
        }
    })

    app.router('pay', async (ctx, next) => {
        await next()
    }, async (ctx, next) => {
        await next()
    }, async (ctx) => {
        ctx.body = {
            code: 0,
            message: 'pay success'
        }
    })

    return app.serve()
};
```

小程序端：

```
// 注册用户
wx.cloud
    .callFunction({
        name: 'user',
        data: {
            $url: 'register',
            name: 'tcb',
            password: '09876'
        }
    })
    .then((res) => {
        console.log(res)
    })
    .catch((e) => {
        console.log(e)
    })

// 下单商品
wx.cloud
    .callFunction({
        name: 'pay',
        data: {
            $url: 'makeOrder',
            id: 'xxxx',
            amount: '3'
        }
    })
    .then((res) => {
        console.log(res)
    })
    .catch((e) => {
        console.log(e)
    })
```

- **架构 3：由一个云函数处理所有服务**

云函数：

```
// 函数 router
const TcbRouter = require('tcb-router')

exports.main = async (event, context) => {
    const app = new TcbRouter({ event })

    app.router('user/register', async (ctx, next) => {
        await next()
    }, async (ctx, next) => {
        await next()
    }, async (ctx) => {
        ctx.body = {
            code: 0,
            message: 'register success'
```

```
        }
    })

    app.router('user/login', async (ctx, next) => {
        await next()
    }, async (ctx, next) => {
        await next()
    }, async (ctx) => {
        ctx.body = {
            code: 0,
            message: 'login success'
        }
    })

    app.router('pay/makeOrder', async (ctx, next) => {
        await next()
    }, async (ctx, next) => {
        await next()
    }, async (ctx) => {
        ctx.body = {
            code: 0,
            message: 'make order success'
        }
    })

    app.router('pay/pay', async (ctx, next) => {
        await next()
    }, async (ctx, next) => {
        await next()
    }, async (ctx) => {
        ctx.body = {
            code: 0,
            message: 'pay success'
        }
    })

    return app.serve()
};
```

小程序端：

```
// 注册用户
wx.cloud
    .callFunction({
        name: 'router',
        data: {
            $url: 'user/register',
            name: 'tcb',
            password: '09876'
        }
    })
    .then((res) => {
        console.log(res)
    })
```

```
    .catch((e) => {
        console.log(e)
    })

// 下单商品
wx.cloud
    .callFunction({
        name: 'router',
        data: {
            $url: 'pay/makeOrder',
            id: 'xxxx',
            amount: '3'
        }
    })
    .then((res) => {
        console.log(res)
    })
    .catch((e) => {
        console.log(e)
    })
```

2. 借鉴 Koa2 的中间件机制实现云函数的路由管理

小程序·云开发的云函数目前推荐使用 async/await 来处理异步操作，因此这里参考了同样基于 async/await 的 Koa2 的中间件实现机制。

从上面的一些例子可以看出，主要是通过 use() 和 router() 两种方法传入路由以及相关处理的中间件。

use() 只能传入一个中间件，路由也只能是字符串，通常用于一些所有路由都得使用的中间件。

```
// 不写路由表示该中间件应用于所有的路由
app.use(async (ctx, next) => {})

app.use('router', async (ctx, next) => {})
```

router() 可以传入一个或多个中间件，路由也可以传入一个或者多个。

```
app.router('router', async (ctx, next) => {})

app.router(
    ['router', 'timer'],
    async (ctx, next) => {
        await next()
    },
    async (ctx, next) => {
        await next()
    },
    async (ctx, next) => {}
)
```

不过，无论是 use() 还是 router()，都只是将路由和中间件信息通过_addMiddleware()

和_addRoute()两个方法录入到_routerMiddlewares对象中，后续调用serve()的时候，再层层去执行中间件。最重要的运行中间件逻辑则是在serve()和compose()两个方法里。

　　serve()主要的作用是做路由的匹配，以及将中间件组合好之后，通过 compose()进行下一步的操作。比如以下这段节选的代码，其实是将匹配到的路由的中间件以及*这个通配路由的中间件合并，最后依次执行。

```
let middlewares = _routerMiddlewares[url] ? _routerMiddlewares[url].middlewares : []
if (_routerMiddlewares['*']) {
    middlewares = [].concat(_routerMiddlewares['*'].middlewares, middlewares)
}
```

　　组合好中间件后，执行这一段代码，将中间件compose()并返回一个函数，传入上下文this，最后将this.body的值resolve，即一般在最后一个中间件里，通过对ctx.body的赋值，实现云函数对小程序端的返回：

```
const fn = compose(middlewares)

return new Promise((resolve, reject) => {
    fn(this)
        .then((res) => {
            resolve(this.body)
        })
        .catch(reject)
})
```

　　那么compose()是怎么组合好这些中间件的呢？这里截取部分代码进行分析：

```
function compose(middleware) {
    /**
     * ... 其他代码
     */
    return function(context, next) {
        // 这里的next，如果是在主流程里，则一般都为空
        let index = -1

        // 在这里开始处理第一个中间件
        return dispatch(0)

        // dispatch是核心的方法，通过不断地调用dispatch来处理所有的中间件
        function dispatch(i) {
            if (i <= index) {
                return Promise.reject(new Error('next() called multiple times'))
            }

            index = i

            // 获取中间件函数
            let handler = middleware[i]

            // 处理完最后一个中间件，返回Proimse.resolve
            if (i === middleware.length) {
```

```
            handler = next
        }

        if (!handler) {
            return Promise.resolve()
        }

        try {
            // 在这里不断地调用 dispatch，同时增加 i 的数值处理中间件
            return Promise.resolve(handler(context, dispatch.bind(null, i + 1)))
        } catch (err) {
            return Promise.reject(err)
        }
    }
}
}
```

看完这段代码，你可能会有点疑惑：怎么通过 `Promise.resolve(handler(xxxx))` 这样的代码逻辑推进中间件的调用呢？

首先，我们知道，`handler` 其实就是一个 async function，`next` 就是 `dispatch.bind(null, i + 1)`，如下所示：

```
;async (ctx, next) => {
    await next()
}
```

而我们知道，`dispatch` 返回一个 `Promise.resolve` 或者一个 `Promise.reject`，因此在 async function 里执行 `await next()`，就相当于触发下一个中间件的调用。

当 `compose()` 完成后，会返回一个 `function (context, next)`，于是就走到了下面这个逻辑。执行 `fn` 并传入上下文 `this` 后，再 `resolve()` 在中间件中赋值的 `this.body`，最终就成为云函数要返回的值。

```
const fn = compose(middlewares)

return new Promise((resolve, reject) => {
    fn(this)
        .then((res) => {
            resolve(this.body)
        })
        .catch(reject)
})
```

看到 `Promise.resolve` 一个 async function，许多人都会很困惑。其实撤除 `next` 这个往下调用中间件的逻辑，我们可以很好地将逻辑简化成如下示例：

```
let a = async () => {
    console.log(1)
}

let b = async () => {
```

```
    console.log(2)

    return 3
}

let fn = async () => {
    await a()
    return b()
}

Promise.resolve(fn()).then((res) => {
    console.log(res)
})

// 输出
// 1
// 2
// 3
```

以上就是 tcb-router 的使用与原理介绍，相信现在你已能更好地驾驭云函数各种业务逻辑的组合方式了，为不同的业务场景使用合适的开发模式。

第13章

云开发案例

云开发诞生后，不仅给广大个人开发者带来了便利，也帮助大厂解决了许多小程序开发效率上的问题。本章会通过3个实战案例解构云开发在不同场景下的使用，这3个案例都是云开发早期笔者通过对外分享、技术工作坊、点对点联系等方式拿下来的大客户，而且这3个案例的使用场景都很有代表性，非常适合有意使用云开发的开发者借鉴。

13.1 腾讯相册：一个开发如何撑起过亿用户

本节以腾讯相册小程序为例，介绍如何在人力紧缺、用户量激增的情况下，利用云开发有效推进产品功能迭代。

13.1.1 用户量暴增的腾讯相册

2018年12月，腾讯相册累计用户量突破1亿，月活1200万，阿拉丁指数排行Top 30，成为小程序生态的重量级玩家。

3个多月来，腾讯相册围绕"在微信分享相册照片"这一核心场景，快速优化和新增一系列社交化功能，配合适当的运营，实现累计用户量突破1亿（如图13-1所示），大大超过预期。

图 13-1　腾讯相册用户量破亿

可是，谁曾想到，这样一个亿级体量的小程序，竟然是一个开发人员做出来的？他又拥有哪般"绝技"，可以一个人撑起一个用户过亿的小程序？

13.1.2　后台人力紧缺，怎么办

第一次见到腾讯相册小程序的开发 David（化名）时，他显得忧心忡忡。

"年底的目标是用户要过千万，但现在只有一位前端和一位后台开发。不仅如此，我们的后台开发还不能百分百地投入这个项目，大部分时间要抽身支援其他项目，人力非常紧缺。另外，原有后台系统有不少历史包袱，在原有架构上做新的社交化功能开发是不现实的。怎么办呢？要不试试小程序·云开发吧？只需要前端就可以把小程序搞起，正好解决我们缺后台的难题。"

于是，David 作为腾讯相册前端开发团队的骨干，承担起了用小程序·云开发实现腾讯相册小程序社交化功能的重任。说起小程序·云开发，David 不无感慨。

"第一次接触小程序·云开发时，觉得它的理念挺新颖的——小程序无服务开发模式。在一般的小程序开发中，有三大功能小程序开发无法绕开后台的帮助，分别是数据读取、文件管理以及敏感逻辑的处理（如权限）。因此，在传统的开发模式下，在小程序端都必须发送请求到后台进行鉴权，并且处理相关的文件或者数据。即使使用 Node 来搭建后端服务，也需要耗费不少搭基础架构和后期运维的工作量。

"而小程序·云开发则释放了小程序开发者的手脚，赋予了开发者安全稳定地读取数据、上传文件和控制权限的能力，不需关注其他的负载、容灾、监控等，我们小程序开发者只需要专注写好业务逻辑即可，其他的事情完全不用操心了！本来我还一筹莫展，了解完小程序·云开发的产品原理以后，我心里瞬间有谱了。"

13.1.3　二维码扫不出来了

然而，在腾讯相册小程序通往用户破亿的道路上，困难重重。最初生成的相片分享二维码如图 13-2 所示。

图 13-2　相片分享二维码示例

由于腾讯相册的二维码需要存储的信息量过大，因此它的二维码显得密密麻麻（如图 13-3 所示）。这种密集的二维码在某些 Android 机型下，容易出现无法识别小程序的问题。这严重制约了腾讯相册小程序分享获客的能力。

图 13-3　二维码需要存储大量信息

这个事情不难解决，只需后台开发把数据先存储到数据库中，然后把数据 id 放到分享链接上即可。这样链接便可以转化成 32 个字符的短链接，让二维码看起来没有那么密集了。

但由于后台开发人手不足，于是前端开发 David 利用小程序·云开发的数据库存储能力，通过调用 `db.collection('qr').add` 接口，快速实现了数据在数据库中的存储。具体操作如图 13-4 至图 13-6 所示。

首先创建一个数据库集合，然后将相片的分享信息都存储在该集合中。

集合名称
articles
docs
rooms
share_info_keys
users
记录列表
索引管理
权限设置
+ 添加记录
导入
导出
刷新
_id: b389c5465e9b1c12004c60...
+ 添加字段
"_id": "b389c5465e9b1c12004c600841448640"
"_openid": "oHxewfds454gf2_3fsf"
"aid": "99fd-3kcdi-f4fd-fddsf"
"ownerid": "oHxewfds454gf2_3fsf"
"page": "page/photolist/index"
"sk": "94846238"

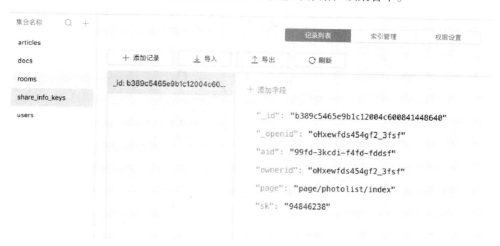

图 13-4　将相片分享信息存储在数据库中

如果想要加快相片读取的速度，可以给该集合添加索引。

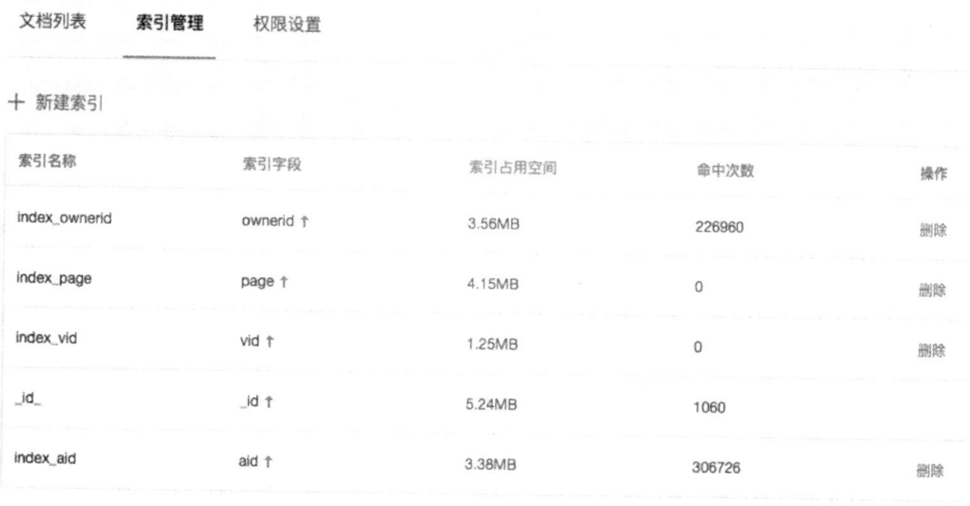

文档列表
索引管理
权限设置
+ 新建索引
索引名称
索引字段
索引占用空间
命中次数
操作
index_ownerid
ownerid ↑
3.56MB
226960
删除
index_page
page ↑
4.15MB
0
删除
index_vid
vid ↑
1.25MB
0
删除
_id_
_id ↑
5.24MB
1060
index_aid
aid ↑
3.38MB
306726
删除

图 13-5　云开发数据库索引可加快数据读取

然后将分享链接转换成短链，避免链接参数过长导致小程序读取失败。

图 13-6　将分享链接转成短链

此外，腾讯相册还借助小程序·云开发的云函数能力（如图 13-7 所示），生成辨识度更高的小程序码，用以在朋友圈传播分享，如图 13-8 所示。

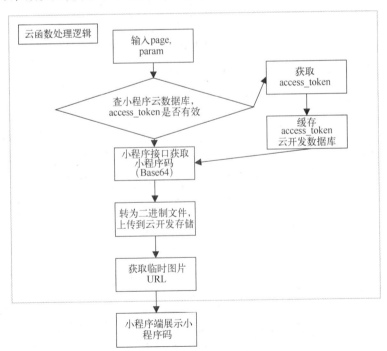

图 13-7　生成小程序码的云函数逻辑

长按二维码，查看视频
腾讯相册小程序

图 13-8　优化后的分享图片和小程序码

13.1.4　两天上线评论点赞功能

腾讯相册在微信端的核心应用场景是"在微信分享相册照片"，为了增强腾讯相册用户在微信里的互动，提升用户黏性和留存率，腾讯相册决定新增评论与点赞功能，并且把聊天评论直接在微信聊天窗口里实现。评论与点赞功能如图 13-9 所示。

图 13-9　评论与点赞功能

这时，David 面临两个选择：一是按原开发模式（前台开发–后台开发–前后台联调）做这个功能，问题是开发周期长、缺后台、迭代速度慢；二是借助云开发的能力，撸起袖子自己上。

为了加快产品迭代速度，David 决定采取云开发的方式。评论、点赞通过云开发的数据库插入和查询接口，如 `db.collection('comment').add`，很快就实现了。

但又遇到一个棘手的问题：对于一些敏感的操作（比如删除和编辑评论、点赞），还需要用到用户的鉴权操作，而这些鉴权信息都在原有的后台。此时，云函数的路由功能便发挥作用了。

用户进行评论点赞的时候，会在小程序端发起请求调用云函数并带上 openid，云函数用 openid 查询原有的后台服务，看看该用户是否有权限进行操作，如果有权限，则把评论和点赞的数据都写入云开发的数据库中，如图 13-10 所示。

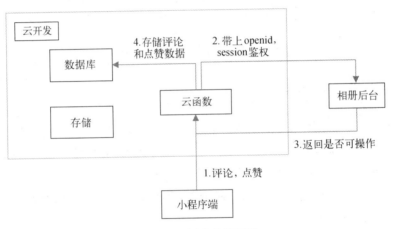

图 13-10　评论点赞逻辑

就这样，借助小程序·云开发的能力，David 仅用 2 天时间就完成了在传统开发模式下需要一周多工作量的开发工作。

表 13-1 详细展示了原有开发模式与云开发模式消耗人力的对比。

表 13-1　原有开发模式与云开发模式消耗人力对比

	原有开发模式	云开发模式
工作量	后台 1 周（微信登录态校验+业务逻辑 server 开发）+前后台联调 1 天	1~2 天，无须联调

13.2　《乐享花园》：享物说小游戏的新尝试

本节以享物说的《乐享花园》为例，介绍如何利用云开发解决游戏前端和后台开发过程中的痛点。

13.2.1 享物说小游戏的新实践

享物说是一个可以互相赠送物品，有趣、不花钱的社区平台。为了创造更好的社区氛围，享物说小游戏开发团队决定通过小游戏来增加社区的趣味性和互动性，如图 13-11 所示。

图 13-11 享物说小游戏增加趣味与互动

《乐享花园》是享物说在小游戏领域的第一个实践。这个游戏从立项到做完（准确地说是客户端做完），一共用了 3 天的时间。

但是，当时种花浇花、领水滴任务都是通过浏览器缓存实现的，如果要上线还要等服务器端人员到位，否则玩家清理一下手机，自己种的花就没了。但若等服务器端人员到位，再到游戏上线，就是几周以后的事情了。

13.2.2 小游戏开发之痛

大部分小游戏在开发时都会遇到一个问题：功能很简单，但就是摆脱不了对服务器端的依赖，如图 13-12 所示。

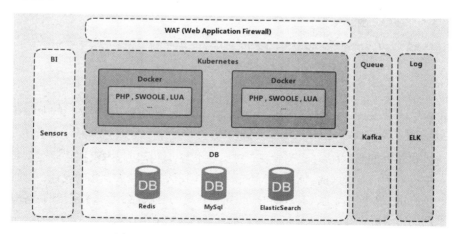

图 13-12 小游戏无法摆脱对服务器端的依赖

具体来说，小游戏对服务器端的依赖主要体现在以下两个方面。

微信接口只支持在服务器端调用。这就意味着，开发者必须为这些接口架设一个中转服务器，否则就没法做用户登录，没法获取用户头像、名称信息，也拿不到 access_token，更没有办法调用其他微信接口，如内容审查。

游戏功能实现需要服务器开发。对于很多单机小游戏来说，唯一用到服务器端的地方就是储存当前的关卡进度，展示一个世界排行，仅此而已。而当你想要实现这么一个简单的需求时，你会发现，隔行如隔山。

13.2.3 借助云开发解决痛点

借助云开发，使用云函数实现微信接口调用，再通过云函数+数据库实现全局排行榜功能，就可以完美地解决小游戏在服务器端的痛点。

1. 使用云函数实现微信接口调用

曾经，《乐享花园》的开发者 Xin 想过绕开服务器，直接通过客户端请求微信接口，结果踩了一个坑。

当时做的是聊天功能，需要对玩家发送的消息进行内容审查，如图 13-13 所示。他看完接口文档，就去跟服务器端的同学说："内容审查我这边来做就可以，你那边不需要做额外的处理。"

图 13-13 小程序文本检查 API

等整个流程调通，上了体验版，一打开报错，Xin 才想起，这个接口文档的上面有一行小字（而且颜色是灰色的）：此接口应在后端服务器调用。

第一次看到这句话时，Xin 还以为它只不过是一个警告，所以根本没把它放在心上，哪知道它居然是一个 error！而在这之前，Xin 还特意做了一些我认为比较人性化的设计，比如使用这个接口需要一个密钥，这个密钥是有有效期的，当密钥过期的时候，会把玩家发送的内容保存起来，向后端拉取新的密钥后再发送出去。这样对于玩家来说，整个过程是无感知的。而现在则意味着所有这些都要服务器去实现了。

现在通过云开发来实现小程序接口调用，事情就简单多了。

```
const rq = new Promise((resolve, reject) => {
    request({
        method:'GET',
        url: url_get_token,
    }).then(str_res => {
        const res = JSON.parse(str_res)
        if (!res.errcode) {
            cur_token = {
                access_token: res.access_token,
                expires_in: db.serverDate({
                    offset: res.expires_in
                })
                resolve(cur_token)
            }
        }
    }).catch(err => {
        reject(err)
    })
})
```

就拿登录来说吧。由于云函数具有微信天然鉴权的能力，可以直接返回 openid，这一点对于登录而言确实很方便。《乐享花园》需要和享物说平台打通小红花积分数据，所以需要用户的 unionid 信息，这一步也是在云函数中实现的。

还有 access_token，就是刚才用到的密钥，为什么要单独说这个密钥呢？因为它会用到云函数特别有意思的功能，那就是定时触发器。由于这个密钥有两个小时有效期，只要设定一个小时间隔定时刷新，保存到数据库中，用的时候直接从数据库中取出即可，这样就可以保证密钥永远不过期。

如图 13-14 所示，通过云开发，为微信接口准备的中转服务器就不需要了。更重要的是，服务器端与微信接口分离，无须关心客户端场景。不管这个客户端是来自 H5 游戏，还是来自小游戏环境，对于服务器端来说都是一样的，再也不需要为客户端提供这样那样的权限接口。

图 13-14　云函数作为服务中转

2. 通过云函数+数据库, 实现全局排行榜功能

小游戏开发对服务器端的另一个依赖是游戏功能的实现。对于大部分单机小游戏来说, 唯一用到服务器端的地方就是: 保存用户数据, 展示一个世界排行榜。而如果用传统服务器实现这些功能的话, 你会发现需要了解的后端架构知识非常庞大。

有一次, Xin 来到服务器端同学的旁边, 原本是打算说他一通的, 因为小游戏的功能早就已经写完了, 他还不知道在忙些什么。这时 Xin 看到: 他在一边写 dockfile 文件, 一边写 Linux 命令, 一边打开 Postman 调试, 完了后发邮件给运维说要执行几个 MySQL 语句。而所有这些都还没有涉及他要开发的游戏功能!

所以说, 会写一门后端语言, 与可以用于生产环境, 是两个完全不一样的概念。

云开发提供了数据库、云函数、云存储, 借助这些能力, 开发者完全可以取代服务器来实现游戏功能。

在《乐享花园》里, 享物说小游戏团队通过云开发实现了全民成语接龙这个游戏功能, 并且只用了两个云函数就实现了客户端对服务器的全部需求。这里简单介绍一下这两个云函数。

第一个云函数用于展示世界排行榜。由于云函数拉取数据库的条目是有限制的, 最大是 100 条, 其实这已经足够满足需求了。当然了, 你要说我们的客户端很牛, 性能不是问题, 数据什么的先给我来个 2000 条, 也不是不可以, 这里做个处理就可以了。

另外, 在检索数据库数据时, 这个过程会很慢, 一定要记得在后台添加数据库索引, 可以把这个过程理解为通过磁盘换取 CPU 计算, 这样速度会快很多。

```
let result = []
// 限制最大拉取条数为 100 条
let query_count = count > 100 ? 100 : count
while (count > 0 && query_count > 0) {
    // 拉取并合并数据
    const res = await scoreQuery
        .skip(fromInde + result.length)
        .limit(query_count)
        .get()
    if (res.data && res.data.length) {
        result = result.concat(res.data)
    }
    // 拉取了多少数据, 总数就减多少
    count -= query_count
    queryn_count = count > 100 ? 100 : count
}

return {
    data: result,
    total: count,
    user: userInfo
}
```

第二个云函数用来上报玩家数据。这个比较简单，一行代码就搞定了。

```
await db
    .collection(type)
    .doc(userId)
    .set({
        data: cur_data
    })
```

就这样，从微信接口调用，到游戏功能开发，一款不需要服务器的小游戏就全部开发完成了。

13.3 猫眼电影：快速实现运营平台可配置化

本节以猫眼电影小程序为例，介绍面对与日俱增的运营活动，如何基于云开发抽象出一套完整且敏捷的小程序运营平台。

13.3.1 运营活动需求与日俱增

能快速产出不同类型的活动，且这个过程不需要开发参与，完全由产品或运营独立完成小程序运营活动的创建，是产品、运营与开发共同的愿望。

近年小程序逐渐流行起来，各公司为吸引更多用户使用其小程序，运营活动的开发日益成为常见的场景和趋势。第一批开发微信小程序的猫眼电影，如今用户量与日俱增，基于小程序运营活动的需求也随之增长。图 13-15 展示了猫眼电影小程序的运营活动需求示例。

图 13-15　猫眼电影小程序运营活动需求

13.3.2　活动复用之痛

以下对话改编自真实案例。

产品&运营：春节快要到了，我们能不能复用一下之前七夕的活动？这次活动页面的颜色、头图、tab 文案、提示文案等统统都要换。还有，我们希望改版一下这里的排版，再加一个 xx 功能，首页再加一个 xx 提醒。这个活动之前做过，这次复用的话应该很快吧？明天能上线吗？

前端开发：……这个活动之前没有说过要复用，是一次性的，我们如果这次还想上这个活动，需要前端来改动代码，将你说的与之前活动不同的地方（颜色、头图、文案，等等）在代码中更换掉。你说的 xx 功能和这个 xx 提醒是需要后端开发来支持的，我们相当于是在原有页面的基础上进行二次开发，而且后端也有开发量，需要拉上后端一起来评估一下，明天上线是不可能的！

产品&运营：这个需求很简单，怎么实现我不管，明天上线！

前端开发：……

以上对话其实比较常见。之前某些一次性的活动，由于效果较好就会被要求复用。

每次都在原有活动的基础上改动代码及配置并重新上线，显然是浪费人力且不可持续的。而且事实证明，每次这种被要求再次上线的活动，除了改动一些活动相关的图片文案之外，往往还需要额外增加一些"简单"的优化和功能。

为了复用这种活动，活动模板化便被提上了日程。

如果采用传统的解决方案，在已有 B 端系统添加该活动配置项，同时需要后端开发接口将活动配置项存在数据库中，而依赖后端会产生一系列问题。

- ❏ 后端资源紧缺，时间成本高。这种与主流程不太相关的需求通常优先级比较低，如果后端无法及时配合，上线时间很难保证。前后端联调的时间成本也会比较高。
- ❏ 不灵活。前后端开发和产品运营需要沟通协调配置项的问题，一旦确定可配置项有哪些，表结构确定之后就难以改动了。如果有需求变更，需要产品运营和前后端讨论并告知前后端相关开发人员，改数据库，改前后端代码，费人力，费时间。
- ❏ 需求与后端关系不大。活动模板化存储的活动配置项数据与后端其他逻辑几乎无关联，只是为了配合前端而做的简单存储，存储在后端就意味着后端要为前端提供增删改查的接口。后端在心理上比较容易排斥这种需求。

13.3.3　用云开发解决活动复用之痛

当时小程序·云开发刚刚推出，这种 Serverless 的开发模式正好是做活动复用所需要的，何不用云开发来解决这个问题呢？

于是，我们创建了一个"小程序运营工具"（代号：唐图）的后台管理系统项目。运营可以通过唐图管理活动数据和状态，如新建、编辑、查看、删除、上线、下线、置顶、设为模板等操作。

前端开发根据不同的活动类型为运营提供不同的活动模板。目前为前端根据产品和运营的需要设计可配置项模板的表结构，并存储在云开发的云数据库中，之后计划开发为运营提供可视化配置，通过拖放模板组件动态生成活动模板，同时对于活动数据也将提供可视化编辑功能。

唐图产生的活动数据、活动模板数据、权限/身份数据等涉及图片文件与文字信息的存取，因此使用了云开发的数据库能力与存储能力，并使用云开发的 Node 端 SDK 支持该后台系统。

"小程序运营工具"中产生的每个活动数据都有活动类型与活动 id 标识，小程序端访问该活动时带上必要参数，在小程序端访问云开发的云数据库，拿到对应活动配置数据来渲染页面，即实现了使用一套模板创建不同活动的目的。

唐图架构如图 13-16 所示。

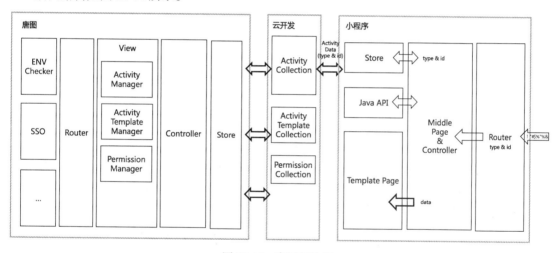

图 13-16 唐图架构图

13.3.4 问题、思考与解决方案

当然，在通过云开发实现唐图的过程中，我们遇到了一些值得思考的问题。

1. 不同环境数据存取策略

当开发一个新活动模板化时，小程序开发版将使用云开发 test 环境，线上版将使用云开发 prod 环境。云开发不同环境实质上就是两套不同的资源，由于环境的资源隔离，因此要考虑数据和图片两类资源存储在不同环境的策略。

- 数据的存取。唐图线上的活动配置项由运营来配置，如果线上配置的活动配置只在 prod 环境中存储，就意味着小程序开发版将拿不到活动配置项数据，然而开发需要验证，不可能等到上线之后。所以，唐图中的保存策略在考虑后确定为：将数据同时保存到两个不同环境中，从而保证线上线下的配置项数据一致，有利于开发与测试。

❑ 图片的存储与使用。唐图中的很多活动配置项为图片文件，上传文件即时上传并返回 fileID。通过 fileiID 拿到图片的链接，存储配置项字段时将包含图片信息的对象（fileID 和 url）存为数据。

在云开发中，如果权限是私有的，url 就是临时的 url；如果权限是公开的（所有用户可读），url 则永久不变。如图 13-17 所示，我们的活动配置权限设置为公开数据，url 不变，所以此处将图片 url 直接存入数据库中以供小程序使用。

图 13-17　存储权限

小程序云上的存储管理也是按照环境隔离的。如果也按照数据的存取策略来执行，将同一份数据上传到不同环境，图片数据就会变得很冗余，且没有必要，所以我们决定上传图片只存储到 prod 环境，返回的链接保存在两个不同环境的数据中。

调用上传文件接口之前必须转译一下文件名，因为文件名将直接作为图片链接的一部分。如果文件名包含汉字或特殊字符且没有被转译，就可能导致上传失败，或是生成的链接不可用（如果该图片是分享给好友时的分享图，带有汉字链接的图片将在分享的时候不可用）。

在上传之前，先查找一下有无与当前文件名相同的文件，如果有，需将该文件拼接一些随机字符串再上传；或者不查找文件，直接用随机字符串替换之前的文件名（但在我们的需求场景里，该文件名也许有含义，所以没有直接替换）。

2. 使用短链接生成猫眼小程序码

在活动可定制化之后，运营可以自己生成活动了！但是在生成活动之后，运营同学还需要投放该活动的入口，如果不清楚当前活动的链接地址与对应的小程序码，还需要找前端同学提供。

我们预料到了这种情况，在唐图事先添加了一个可查看链接和小程序码的功能。

使用 getWXACodeUnlimit API 生成小程序码，优点是永久有效、数量暂无限制，但是所传递的参数 scene 最大为 32 个可见字符，scene 参数需要传递的信息至少包括活动_id 与活动 type。在实现该功能时，小程序云数据库默认的_id 标识长度为 20 位，参数长度总和勉强没超限，但是只能支持扫码进入当前活动页。如果想实现先跳转到猫眼小程序首页再跳转到活动页（目的是希望用户可以返回到小程序首页），这种需求就显得力不从心了。

为了解决这个问题，我们利用云开发的云数据库，存储了活动链接（长链接）并返回新增这条数据后小程序云生成的唯一标识_id，只将_id 作为参数，当作 scene 字段的值。

存储在云数据库中的数据如图 13-18 所示。

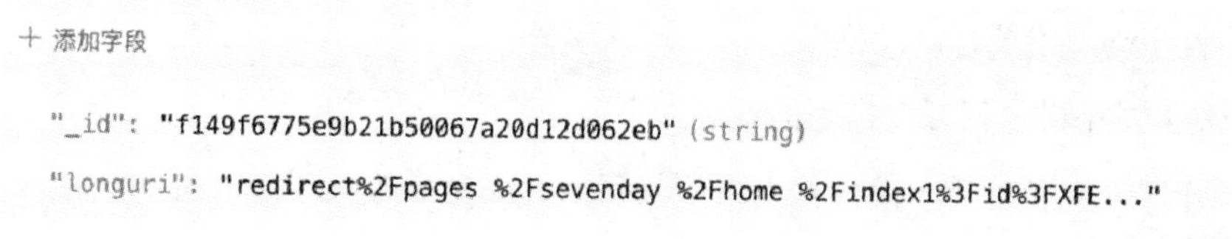
+ 添加字段
"_id": "f149f6775e9b21b50067a20d12d062eb" (string)
"longuri": "redirect%2Fpages %2Fsevenday %2Fhome %2Findex1%3Fid%3FXFE..."

图 13-18 小程序码数据示例

但不久后，我们就发现出了新的问题：通过唐图调用小程序云的 Node 端 SDK 存储长链接返回的唯一标识_id 从原来的 20 位变成了 32 位！我们这才意识到原来这个默认_id 位数是有可能变化的，不可以依赖默认_id 在该场景下（严格要求位数）使用。于是，我们在 Node 端生成随机字符串，并在新建数据时将该随机字符串指定给_id，而不再使用默认的_id。活动路径与小程序码的示例如图 13-19 所示。

活动路径和小程序码
页面路径【首页金刚位】：pages/sevenday/home/index?
id=13dba11c5d2d74dd089d3e8e7b484119
可返回到首页的页面路径【服务通知 / 服务号推送】：pages/movie/index?
redirect=%2Fpages%2Fsevenday%2Fhome%2Findex%3Fid%3D13dba1
1c5d2d74dd089d3e8e7b484119
小程序码：
取消
确定

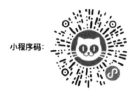

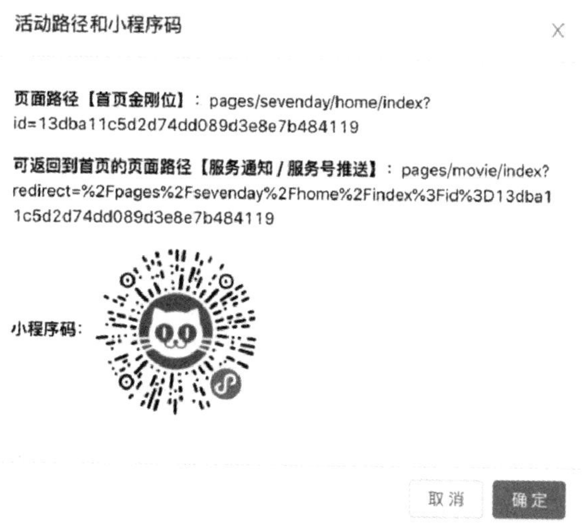

图 13-19 活动路径与小程序码

这个功能非常实用，上线后，运营人员再也不用来问前端开发人员“xx 情况下的路径应该填啥”“求生成一个小程序码”。

13.3.5   云开发让运营活动需求不再难以实现

唐图目前已实现最常用活动模板化，自一期上线以来已支持多个线上活动，收益显著。

对于运营人员来讲，云开发带来的便利如下。

- □ 想上就上，同类型的活动上线不再需要开发，创建一个活动的复杂度降低，效率大幅提高；
- □ 想改就改，运营人员可随心所欲地通过唐图新建并修改活动数据；
- □ 想在哪儿上就在哪儿上，运营人员可以通过唐图查看当前活动的小程序链接及当前活动的小程序码（用于入口投放）。

对于开发人员来讲，云开发带来的便利如下。

- □ 前端开发人员启动活动模板化不再依赖后端，面对模板化时随时可能被加入的新字段或新功能，也能从容应对。云开发的云数据库兼容 MongoDB 协议，自己就能改表结构而且代价不大。如果改动频繁，也可以自己先制作一个假数据，等稳定了再将假数据的 JSON 文件上传到数据库，非常简单。
- □ 后端开发人员摆脱苦海，不再需要配合前端做这些改来改去无聊的存储工作，有时间去做更为核心、更加复杂的任务。
- □ 测试人员也被解放了，因为只有模板化后的第一个活动需要测试，以后就不需要再无休止地测试同一个活动了。

模板化后的活动无形中限制了运营人员针对每次活动"定制化的"和"仅使用一次"的修改。改模板时将更加慎重地考虑今后的复用性，减少了脑洞大开或抽风的奇葩需求产生的概率。

借力云开发，猫眼电影在活动模板化和可定制化方面已经初见成效，小程序方面抽象出独立的活动插件项目，并在小程序插件中使用云开发来完善。我们的活动可定制化项目已在规划中，在不久的将来将会面世。

第 14 章

实战：用云开发完善商城类项目

我们在本书第一部分做的商城实战项目只是一个纯小程序端的示例，并没有任何后台的数据留存和支付功能。本章我们会尝试用云开发完成该商城项目包括数据拉取、下单、支付、通知等能力，使之成为一个前后台能力完整的小程序项目，从而让你能更好地掌握和理解小程序的前后台能力。

本实战项目的代码可从 GitHub 下载，建议你跟着本章的内容，一步一步地学习如何将这个实战项目运行起来。如果你对小程序和云开发已经有了不少了解，也可以跟随该项目 README.md 的指引，先将 demo 运行起来，再阅读本章，以便更好地巩固小程序和云开发的知识。

14.1 数据结构的设计

首先来设计整个小程序的数据结构。虽说 NoSQL 的数据库并未强制要求数据库的结构，但在项目早期将结构设计好，将有助于我们更好地理解业务，以及进行后续业务的接口调用设计。

一个商城项目一般需要设计用户、地址、商品、订单等几个核心的数据模块。根据我们项目的需求，我列出了如下 4 个核心模块的数据结构，这有助于我们对设计的商城项目具备的能力做到心中有数。

1. 用户（users）

```
{
    "_id": "075734515d96df85xxx", // 用户 id
    "_openid": "o1YH64h3EtLZ82D7ydgxxxx", // 小程序用户 openid
    "avatarUrl": "https://wx.qlogo.cn/mmopen/vi_32/ic4UJamMjws6OIUbOcaYmpwxectAprufQxxxxx/
        132", // 用户头像
    "expireTime": 1570456390779, // session 过期时间
    "gender": 1.0, // 用户性别
    "nickName": "Ben", // 用户昵称
    "phoneNumber": "137xxxxx71" // 用户手机
}
```

2. 地址（address）

```
{
    "_id": "3397e9015d97539a0axxx", // 地址 id
    "_openid": "o1YH64h3EtLZ82D7ydgxxxx", // 小程序用户 openid
    "postalCode": "510000", // 邮政编码
    "userName": "Ben", // 用户名
    "provinceName": "广东省", // 省份
    "telNumber": "020-81167888", // 电话
    "detailInfo": "新港中路 397 号", // 详细地址
    "nationalCode": "510000", // 国家编号
    "cityName": "广州市", // 城市
    "countyName": "海珠区", // 县区
    "userName": "张三" // 收件人
}
```

3. 商品（goods）

```
{
    "_id": "z94VJfCxCXNiusLkoRBk9Blxxxx", // 商品 id
    "sPicLink": "https://game.gtimg.cn/images/zb/x5/uploadImg/goods/201802/20180208171219_
        75008.jpg", // 商品图片
    "sDescribe": "星之守护者迷你手办套装", // 商品名称
    "iOriPrice": 220, // 商品市场价
    "iPriceReal": 0.01, // 商品折扣价
    "stock": 100 // 商品库存
}
```

4. 订单（orders）

```
{
    "_id": "0175c05ba5d9fadda8cc327d882e3e53", // 订单 id
    "total_fee": 2.0, // 支付金额，单位：分*100
    "createTime": { "$date": "2019-10-06T13:52:34.794Z" }, // 订单创建时间
    "nonce_str": "aFn4VKYR1hPxXVOs", // 微信侧统一下单随机字符串
    "status": 1, // 状态：0 未支付，1 已支付，2 已关闭
    "goodsNum": [1, 1], // 商品对应购买的数据
    "out_trade_no": "0175c05ba5d9fadda8cc327d882e3e53", // 微信侧统一下单后生成的订单 id，
    与订单 id 保持一致
    "body": "make order", // 订单正文
    "sign": "49483237D8D602E76F48413EF2FB64B3", // 小程序侧发起支付的签名字符串
    "prepay_id": "wx062152347306004cfd063daa1988480700", // 小程序侧的支付 id
    "goodsId": [ // 本订单购买商品的 id
        "z94VJfCxCXNiusLkoRBk9BlF4hdQF31rFFGvl1WA8U0mEzxO",
        "AUtQhl9bIGJAi5W00y1KHEMUlbL4XOIye2CKGVM2vPZf548r"
    ],
    "_openid": "o1YH64h3EtLZ82D7ydgwi1CSeOJw", // 发起订单的用户小程序 openid
    "totalAmount": "0.02", // 订单购买总金额，单位：分
    "time_stamp": "1570369955", // 微信侧统一下单后生成的时间戳
    "sign_type": "MD5", // sign 加密方式，默认 md5
    "addressId": "3397e9015d97539a0acf001d4cccfee7", // 订单地址 id
    "trade_state": "SUCCESS", // 微信侧的支付状态
    "trade_state_desc": "支付成功" // 微信侧支付状态的中文描述
}
```

14.2　商品上架与数据读取

本节会介绍如何通过控制台导入商品的示例数据，以及如何用云开发数据库的 API 读取并展示这些商品的数据。

14.2.1　新建集合与导入数据

基于上一节设计好的商品数据结构，我们可以按照格式填好商品的数据，然后依据 11.2.7 节的导入导出介绍的内容，将数据导入到名为 "goods" 的集合中，如图 14-1 所示。

图 14-1　导入商品数据

你可以直接使用如下示例中在/data 目录里的 goods.json 文件，然后导入到集合中，并且将权限设置为 "所有用户可读"。

```
{
    "sPicLink": "https://game.gtimg.cn/images/zb/x5/uploadImg/goods/201802/
        20180208171219_75008.jpg",
    "sDescribe": "星之守护者迷你手办套装",
    "iOriPrice": 220,
    "iPriceReal": 0.01,
    "stock": 100
}

{
    "sPicLink": "https://game.gtimg.cn/images/zb/x5/uploadImg/goods/201812/
        20181225102450_11993.jpg",
    "sDescribe": "CF 蓝牙便携式三折键盘 logo 款",
    "iOriPrice": 249,
    "iPriceReal": 0.01,
```

```
    "stock": 50
}

{
    "sPicLink": "https://game.gtimg.cn/images/zb/x5/uploadImg/goods/201811/
        20181113204355_75761.jpg",
    "sDescribe": "逍遥游鲲抱枕",
    "iOriPrice": 138,
    "iPriceReal": 0.01,
    "stock": 30
}

{
    "sPicLink": "https://game.gtimg.cn/images/zb/x5/uploadImg/goods/201809/
        20180912165838_45459.jpg",
    "sDescribe": "使徒来袭 2 典藏包",
    "iOriPrice": 299,
    "iPriceReal": 0.01,
    "stock": 250
}
```

14.2.2　商品数据的读取与分页

录入商品后，我们需要在商城的首页将商品展示出来，并且在向下滚动到底部的时候实现分页。对于数据的拉取，可以使用云开发的数据库能力，而分页则可以结合使用小程序提供的 scroll-view 组件。

首先，将 scroll-view 组件包裹所有的页面元素，并且设置好相关的参数和绑定滚动事件。其中 scroll-y 表示垂直方向滚动，bindscrolltolower 表示只在滚动到底部时才触发的滚动事件，而 scrollHeight 必须设置，因为只有设置了 scroll-view 才会触发滚动事件。

```
<scroll-view
    scroll-y="true"
    bindscrolltolower="scrollToLower"
    enable-flex="true"
    enable-back-to-top="true"
    style="height: {{scrollHeight}}rpx"
>
    <!-- 商品元素 -->
</scroll-view>
```

以下截取了部分分页拉取商品数据的逻辑代码。

```
Page({
    data: {
        scrollHeight: 0, // scroll-view 的高度
        index_recommends: [], // 精品推荐
        page: 0, // 第几页
        pageSize: 20, // 第几页拉取的数量
        isEnd: false // 是否到底部
    },
```

```
// 省略其他代码

onLoad() {
    this.getRecommendGoodsList()
},

onReady() {
    // 设置 scroll-view 高度，才能进行滚动
    wx.getSystemInfo({
        success: (res) => {
            this.setData({
                scrollHeight: res.screenHeight * res.pixelRatio
            })
        }
    })
},

onPullDownRefresh() {
    wx.stopPullDownRefresh()
    // 刷新列表
    this.getRecommendGoodsList(true)
},

scrollToLower() {
    // 滚动到底部再次拉取数据
    this.getRecommendGoodsList()
},

async getRecommendGoodsList(isRefresh = false) {
    let { page, pageSize } = this.data

    if (isRefresh) {
        page = 1
    } else {
        ++page
    }

    const db = wx.cloud.database()
    const res1 = await db.collection('goods').count()

    let index_recommends = this.data.index_recommends
    let skip = 0 + (page - 1) * pageSize

    // 当拉取的数量等于总数时，则不再翻页
    if (index_recommends.length >= res1.total) {
        return
    }

    const res2 = await db
        .collection('goods')
        .skip(skip)
        .limit(pageSize)
        .get()
```

```
        if (res2 && res2.data) {
            if (!isRefresh) {
                index_recommends = index_recommends.concat(res2.data)
            } else {
                index_recommends = res2.data
            }

            this.setData({
                page,
                index_recommends,
                isEnd: index_recommends.length >= res1.total ? true : false
                // 拉取数等于总数，则将 isEnd 设置为 true，展示滚动到底部的文案
            })
        }
    }
})
```

首先在 onReady 生命周期里，通过 wx.getSystemInfo 接口获取了窗口高度，而由于单位是 rpx，因此需要乘以 pixelRatio 才能得到正确的窗口高度。

getRecommendGoodsList() 则是拉取商品数据的核心方法，在页面 onLoad 的时候进行首次拉取，往下滚动的时候就会进行翻页，而翻页的能力是通过 skip 和 limit 来实现的。skip 表示从哪个元素开始截取，而 limit 则用来截取多长的数据（在小程序侧一般最高截取 20 个数据）。另外，还需要在该函数中判断，如果拉取的总数已经等于数据总量，会展示列表已到底部的文案，并且禁止再往下翻页。就这样简单的几十行代码片段，就完成了商品的翻页能力。

14.2.3 生成商品小程序码

如果你希望你的商城用户将看到的喜欢的商品分享给朋友，除了分享小程序的卡片（朋友圈不能直接分享小程序卡片），还可以生成小程序码的图片并分享出去。因此，能够生成商品小程序码就可以更好地为商城引流。此处，我们可以通过云函数使用云调用的能力，生成商品小程序码并存储到云开发的存储服务中。

以下代码是小程序侧的逻辑，主要调用了 getQrCode 这个云函数，生成小程序码并返回存储服务中的 fileID，然后给 image 组件进行展示。

```
async getQr() {
    if (this.data.qrcode) {
        return this.setData({
            isQrShow: true
        });
    }

    wx.showLoading({
        title: '正在生成商品码',
    });
```

```
        let goodId = this.data.goodId;
        let { result } = await wx.cloud.callFunction({
            name: 'getQrCode',
            data: {
                fileID: 'qr/' + goodId + '.png', // 位置存放的 fileID
                path: 'pages/detail/detail?id=' + goodId // 扫码后跳转的路径
            }
        });

        this.setData({
            qrcode: result.fileID,
            isQrShow: true
        }, () => {
            wx.hideLoading();
        });
    }
```

要使用云调用，需要在云函数 getQrCode 目录下给 config.json 配置调用权限，如下所示：

```
{
    "permissions": {
        "openapi": ["wxacode.createQRCode"]
    }
}
```

通过云调用生成的小程序码的数据类型是 Buffer，可以直接通过 cloud.uploadFile 传到存储服务，并生成 fileID，这样小程序侧的 image 组件拿到 fileID 后就可以直接将小程序码展示出来。那将 Buffer 直接传成 Base64 的数据类型，丢给小程序侧展示不可以吗？答案是否定的，因为小程序的 image 组件不识别 Base64 编码。

```
const cloud = require('wx-server-sdk')
cloud.init({
    env: cloud.DYNAMIC_CURRENT_ENV
})

// 云函数入口函数
exports.main = async (event, context) => {
    const qrResult = await cloud.openapi.wxacode.createQRCode({
        path: event.path,
        width: 500
    })

    return await cloud.uploadFile({
        cloudPath: event.fileID,
        fileContent: qrResult.buffer
    })
}
```

14.3　用户管理

本节会介绍小程序的用户注册登录流程，以及如何利用云开发实现这套流程。

14.3.1　小程序用户登录注册流程

上一节介绍的商品的录入与读取可以不涉及用户，但要购买商品，则必须由用户发起，因此商城小程序需要有用户的登录注册等管理的流程。用户管理包括用户的信息（昵称、性别、头像等的获取）、注册、登录、鉴权等，本节将分别从这几方面讲述基于云开发如何做用户的管理。

开始前，建议你先阅读一下《微信登录能力优化》和《获取用户信息》这两篇文章，本节的开发逻辑基本参照自这两篇文章。

我们比较了一些常用的小程序，比如知乎大学（如图 14-2 所示）、百果园、摩拜，等等，发现它们的登录方式有着相通之处。

图 14-2　知乎大学小程序登录流程

基本的登录流程如下：

(1) 用户授权小程序可获取用户的开放数据；

(2) 选择登录方式（微信绑定的手机/用户的其他手机）；

(3) 如果选用了微信绑定的手机，直接信任，注册/登录成功，而如果选用其他手机，则还需要通过发送短信进行手机验证。

因此，我们的商城项目也可以参照这些业界标杆小程序在用户管理上的一些处理方法。

14.3.2　用户登录、注册与信息

整个用户的登录、注册、获取信息过程会涉及以下接口。

(1) wx.getSetting，看看用户有没有授权小程序，可以获取昵称、头像、性别等用户信息。

(2) wx.getUserInfo(旧版)/button(新版),授权后,可通过此接口/组件获取用户信息。

(3) wx.checkSession,若不使用云调用,该接口主要用于获取 session_key 并检查 session_key 是否过期。若选择使用云调用,在获取用户数据的场景下,该接口仅用于让用户定期退出登录。若开发者希望用户的登录态更长久,可以不再使用该接口。

(4) 如果不使用云调用,若 session_key 过期,则通过 wx.login 获取 code 后,在云函数中调用 code2Session 更新 session_key;若使用云调用,则 session_key 不再有用,而 wx.login 也仅用于对 wx.checkSession 的登录态进行续期。

(5) 通过 button 组件,获取手机号码加密数据,并在云函数中通过云调用,或者通过取得的 session_key 进行解密,获取真实的手机号码。

整个流程如图 14-3 所示,分别展示了传统的以及云调用能力加持下的小程序注册登录流程,后面要介绍的示例主要展示基于云调用的注册登录流程。

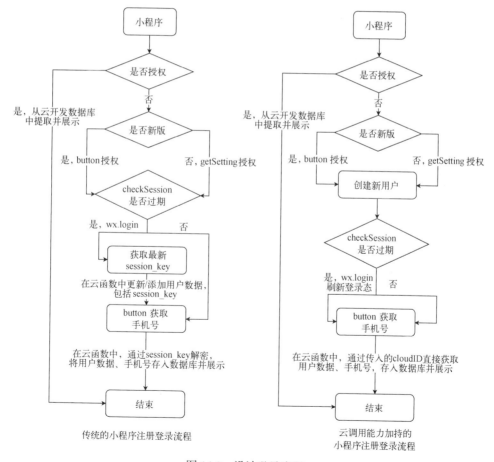

图 14-3 设计登录流程

14.3.3   用户授权

对于小程序来说，必须进行用户授权才能获取用户的开放数据。因此，我们在 `onLoad()` 生命周期里，做了授权的检测（用于旧版）；在模板文件中，则设置授权按钮（用于新版）。授权后，马上将用户数据存入临时的对象中：

```
onLoad(options) {
    this.db = wx.cloud.database();
    this.checkAuthSetting();
    this.checkUser();
},

// 检测权限，在旧版小程序若未授权会自己弹起授权
checkAuthSetting() {
    wx.getSetting({
        success: (res) => {
        if (res.authSetting['scope.userInfo']) {
            wx.getUserInfo({
            success: async (res) => {
                if (res.userInfo) {
                    const userInfo = res.userInfo
                    // 将用户数据放在临时对象中，用于后续写入数据库
                    this.setUserTemp(userInfo)
                }

                // 如果原本就有 userInfo 数据，则重新填入，如无则填空对象
                const userInfo = this.data.userInfo || {}
                userInfo.isLoaded = true

                this.setData({
                    userInfo,
                    isAuthorized: true
                })
            }
            })
        } else {
            this.setData({
                userInfo: {
                    isLoaded: true,
                }
            })
        }
        }
    })
},

// 设置临时数据，待 "真正登录" 时将用户数据写入 collection "users" 中
setUserTemp(userInfo = null, isAuthorized = true, cb = () => { }) {
    this.setData({
        userTemp: userInfo,
        isAuthorized,
    }, cb)
},
```

```
// 设置用户数据
setUserInfo(userInfo = {}, cb = () => { }) {
    userInfo.isLoaded = true

    app.globalData.userInfo = userInfo
    this.setData({
        userInfo,
    }, cb)
},

// 手动获取用户数据
async bindGetUserInfoNew(e) {
  const userInfo = e.detail.userInfo
  // 将用户数据放在临时对象中，用于后续写入数据库
  this.setUserTemp(userInfo)
},
<button
    wx:if="{{userInfo.isLoaded && !isAuthorized && !userInfo.nickName}}"
    class="weui-btn"
    type="primary"
    open-type="getUserInfo"
    bindgetuserinfo="bindGetUserInfoNew"
>
    授权微信后登录
</button>
```

14.3.4　数据解密

由于有些数据的安全性问题，我们需要在后台服务对数据进行解密，譬如手机号码。有了云开发，我们就可以借助云开发的云函数和云调用来做这件事情。

首先通过 checkUser() 方法，检测用户的登录态是否已经过期，如果过期，则调用 wx.login() 续期。如果登录态还有效，并且有该用户的数据，则在小程序中设置该用户的用户数据并将用户登录。如果发现没有用户的数据，则创建一条空的数据记录，并待用户数据授权获取后，再对该数据记录进行更新。

```
// 检测小程序的 session 是否有效
async checkUser() {
    const users = await this.db.collection('users').get()

    if (users.data.length) {
        wx.checkSession({
            success: () => {
                // session 未过期，并且在本生命周期一直有效
                // 数据里有用户，则直接获取
                if (User.checkSession(users.data[0].expireTime || 0)) {
                    this.setUserInfo(users.data[0])
                } else {
                    this.setUserInfo();
                }
```

```
        },
        fail: () => {
            // 用于更新小程序用户 session
            wx.login()
        }
    })
}
else {
    // 新增用户
    await this.db.collection('users').add({
        data: {}
    })
}
}
```

除了在 pages/center 页面里的检测用户登录态方法，商城项目还在 models/user.js 中提供了方法，用于在不同的页面检查登录态是否过期。如果过期，则调用 goToLogin() 跳转到个人页面进行登录。

```
export default {
    async checkUser() {
        let userInfo = app.globalData.userInfo || {}

        if (userInfo._openid && this.checkSession(userInfo.expireTime || 0)) {
            return userInfo
        }

        const db = wx.cloud.database()
        const users = await db.collection('users').get()

        if (users.data.length && this.checkSession(users.data[0].expireTime || 0)) {
            userInfo = users.data[0]
            userInfo.isLoaded = true
            app.globalData.userInfo = userInfo
            return userInfo
        }

        return false
    },

    goToLogin() {
        wx.switchTab({
            url: '/pages/center/center?isLoginNeeded=true',
            complete() {
                wx.showToast({
                    icon: 'none',
                    title: '请先登录',
                    duration: 2000
                })
            }
        })
    },
```

```
// 检查用户登录态是否过期
checkSession(expireTime = 0) {
    if (Date.now() > expireTime) {
        return false
    }

    return true
}
```

前面提到，如果没有找到用户记录，我们会先写入一条空记录。此时可以引导用户通过小程序获取微信绑定的手机号，实现快速登录。在模板文件中，我们添加了一个 button 组件，并将 open-type 设置为 getPhoneNumber。

```
<button
    wx:if="{{userInfo.isLoaded && isAuthorized && !userInfo.phoneNumber}}"
    class="login"
    open-type="getPhoneNumber"
    bindgetphonenumber="bindGetPhoneNumber"
>
    登录
</button>
```

点击"登录"后，便可马上调用 bindGetPhoneNumber()，将存放于临时对象的用户开放数据，以及手机数据的 cloudID，发送到 user-login-register 进行解密，并存入用户的数据中。

```
// 获取用户手机号码
async bindGetPhoneNumber(e) {
    wx.showLoading({
        title: '正在获取',
    })

    try {
        const data = this.data.userTemp
        const res = await wx.cloud.callFunction({
        name: 'user-login-register',
            data: {
                phoneData: wx.cloud.CloudID(e.detail.cloudID),
                user: {
                    nickName: data.nickName,
                    avatarUrl: data.avatarUrl,
                    gender: data.gender
                }
            }
        })

        if (!res.result.code && res.result.data) {
            this.setUserInfo(res.result.data)
        }

        wx.hideLoading()

        await this.getOrderList()
```

```
    } catch (err) {
        wx.hideLoading()
        wx.showToast({
            title: '获取手机号码失败，请重试',
            icon: 'none'
        })
    }
},
```

如果是使用传统小程序注册登录流程，详细的解密数据的原理可以参见微信官方文档中开放数据校验与解密相关的内容。而如果使用云调用，在 `event` 参数里，通过 `event.phoneData` 就可以直接拿到已经解密好的手机数据。以下是 `user-login-register` 云函数的源码及解释，其中包括如何拿到用户手机数据的逻辑。

```javascript
const cloud = require('wx-server-sdk')

const duration = 24 * 3600 * 1000 // 开发侧控制登录态有效时间

cloud.init({
    env: cloud.DYNAMIC_CURRENT_ENV
})

// 云函数入口函数
exports.main = async (event) => {
    const { OPENID, APPID } = cloud.getWXContext()

    const db = cloud.database()
    const users = await db
        .collection('users')
        .where({
            _openid: OPENID
        })
        .get()

    if (!users.data.length) {
        return {
            message: 'user not found',
            code: 1
        }
    }

    // 进行数据解密
    const user = users.data[0]
    const phoneNumber =
        event.phoneData && event.phoneData.data
            ? event.phoneData.data.phoneNumber
            : user.phoneNumber
    const expireTime = Date.now() + duration

    try {
        // 将用户数据和手机号码数据更新到该用户数据中
        const result = await db
            .collection('users')
```

```
            .where({
                _openid: OPENID
            })
            .update({
                data: {
                    ...event.user,
                    phoneNumber,
                    expireTime
                }
            })

        if (!result.stats.updated) {
            return {
                message: 'update failure',
                code: 1
            }
        }
    } catch (e) {
        return {
            message: e.message,
            code: 1
        }
    }

    return {
        message: 'success',
        code: 0,
        data: {
            ...users.data[0],
            ...event.user,
            phoneNumber,
            expireTime
        }
    }
}
```

14.3.5 退出登录

要做到使用用户退出登录，以上步骤还不够，因为我们无法控制微信官方小程序用户的登录态过期时间。如果我们不需要用户退出登录，单纯依赖 wx.checkSession 就可以作为用户登录态失效的办法。但如果我需要允许用户主动退出呢？

我们可以在用户数据里加一个 expireTime 字段，用于记录用户登录态失效的时间，在云函数 user-login-register 里就有 expireTime 的相关配置和写入逻辑。

```
// 节选自`user-login-register`
const duration = 24 * 3600 * 1000 // 开发侧控制登录态有效时间，此处表示 24 小时，即 1 天

// 此处省略部分代码

// 将 expireTime 写入用户数据里
const result = await db
```

```
        .collection('users')
        .where({
            _openid: OPENID
        })
        .update({
            data: {
                ...event.user,
                phoneNumber,
                expireTime
            }
        })
```

在 checkUser() 方法中，也有调用 checkSession() 去检测用户数据中的 expireTime 是否过期，如果过期，则不再展示用户数据，并更新 session_key。

```
// 检查用户登录态是否过期
checkSession(expireTime = 0) {
    if (Date.now() > expireTime) {
        return false;
    }

    return true;
},
```

以下则是用户主动点击退出登录按钮后触发的方法，会将用户的 expireTime 设零过期。

```
// 退出登录
async bindLogout() {
    const userInfo = this.data.userInfo
    console.log(userInfo);

    await this.db.collection('users').doc(userInfo._id).update({
        data: {
            expireTime: 0
        }
    })

    this.setUserInfo()
    // 重置订单数据
    this.setData({
        orderList: []
    })
},
```

这样就基本完成了一个简单有效的用户注册、登录页面。其实小程序的注册、登录、获取用户信息的方案多种多样，这里只是参照了一种，而且用户是以云开发的 openid 作为主要的识别字段。而知乎、摩拜等小程序一般以手机号作为主要识别字段，openid 会作为参考。

另外你会发现，通过云函数依然可以获得用户的 openid，因此如果你的小程序不需要使用手机号码，整个流程会更简单，只需要首次用户授权获取开放数据并存下来，以后每次都可以把用户的数据调出来（不过你需要处理一下开放数据更新的问题）。

14.4 订单、支付与通知

本节是实战案例中最为重要的一节，会讲解整个小程序如何跟微信支付产生联系，如何生成订单，以及如何发起支付等电商的核心环节。

14.4.1 订单从生成到支付的主体流程

在商城小程序里，用户登录后最想做的事情自然是"剁手"——买东西。购物涉及商品的下单流程。一般来说，商品下单经历的过程是，选择并将商品置入购物车，在购物车中选择商品进行下单，如果不涉及线下交易的话，最后就是支付环节。本案例会大体模拟这一过程。要使用微信支付，有许多需要提前准备的工作，包括申请微信支付商户账号，将商户账号与小程序绑定，只有这样，才能让小程序具备微信支付的能力。详情可以阅读微信小程序及微信支付的官方文档，此处不再赘述。

如果想了解小程序详细的支付流程，可以到小程序的官方文档中了解。如果仍未有微信支付商户号或未将商户号绑定小程序，可以阅读"业务说明"的文档部分。如果对小程序发起微信支付的流程感兴趣，可以阅读"业务流程"，里面有整个小程序微信支付的业务流程时序图。利用云开发实现微信支付的业务流程也大体参考了该流程，但由于云函数目前仍未支持回调（即 HTTP 触发器），因此订单的更新需要进行主动的查询。图 14-4 是基于云开发画的业务流程时序图。

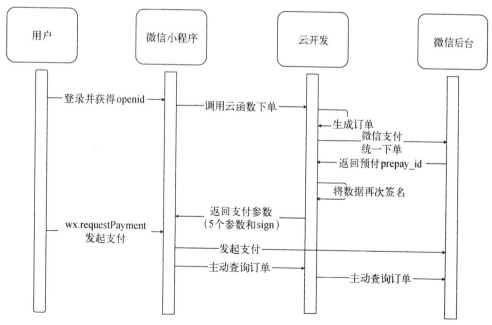

图 14-4　基于云开发的微信支付业务流程时序图

在某个商品详情页点击弹出购物车组件，添加商品的时候会调用 components/cart/cart.js 里的 `addShoppingCart` 逻辑，将商品添加到购物车里。该示例的购物车数据都存在本地的 storage 中。以下是购物车组件的代码片段。

```
// components/cart/cart.js
async addShoppingCart(e) {
    let {
        buyGoodsId,
        buyNum
    } = this.data.shoppingCart;
    let mode = e.currentTarget.dataset.mode;

    // 加入购物车
    if (+mode === 3) {
        // 将数据存入购物车的本地 storage 中
        cart.addToCart(this.data.shoppingCart);
        cart.refreshCart();
        this.hideShoppingCart();
        wx.showToast({
            title: '加入购物车成功',
        });
    }

    // 其他代码省略
};
```

在购物车页面选择好商品后，下单即生成订单，此处会调用名为 `pay` 的云函数，调用代码如下。

```
// pages/cart/cart.js
// 其他代码省略
let res = await wx.cloud.callFunction({
    name: 'pay', // 与下单和支付相关的云函数
    data: {
        type: 'unifiedorder', // 统一下单，会调用微信支付侧的接口生成一个订单号，
                              // 与商城的订单相关联
        data: {
            // 传入选购商品的 id 和数量数组
            goodsId,
            goodsNum
        }
    }
})

// 其他代码省略
```

跳转到订单详情页后，拿到商品订单以及微信支付订单的所有相关数据，可以作为参数调用小程序的 `wx.requestPayment`，便可调起微信支付的组件对该订单进行支付。然后再调用 pay 云函数，对订单的状态进行更改以及录入邮寄地址，然后再调用 pay-message 云函数，给用户发送微信小程序服务通知，整个订单便大功告成了。

```
// pages/order/order.js

pay(e) {

    if (!this.data.address._id) {
        return wx.showToast({
            icon: 'none',
            title: '请选择发货地址',
        });
    }

    // 方便 devtools 调试
    if (app.globalData.appInfo.platform !== 'devtools') {
        try {
            await this.requestMessagePermission();
        }
        catch (e) {
            return wx.showToast({
                icon: 'none',
                title: '请授权接收支付订单消息',
            })
        }
    }

    const order = this.data.order;

    // 商城订单与微信支付订单所有的相关数据
    const { _id, time_stamp, nonce_str, sign, prepay_id, body, total_fee,
        out_trade_no } = order

    // 小程序微信支付调用接口
    wx.requestPayment({
        timeStamp: time_stamp,
        nonceStr: nonce_str,
        package:`prepay_id=${prepay_id}`,
        signType: 'MD5',
        paySign: sign,
        success: async () => {
            wx.showLoading({
                title: '正在支付'
            })

            wx.showToast({
                title: '支付成功',
                icon: 'success',
                duration: 1500,
                success: async () => {

                    // 支付成功后更新订单状态
                    let {result} = await wx.cloud.callFunction({
                        name: 'pay',
                        data: {
                            type: 'payorder',
                            data: {
```

```
                                id: _id,
                                body,
                                prepay_id,
                                out_trade_no,
                                total_fee,
                                addressId: this.data.address._id
                        }
                    }
                });

                // 更新订单状态后，下发模板消息进行通知
                let data = result.data;
                const curTime = data.time_end;
                const time = utils.formatTimeString(curTime);

                const messageResult = await wx.cloud.callFunction({
                    name: 'pay-message',
                    data: {
                        page:`pages/pay-result/index?id=${out_trade_no}`,
                        data: {
                            character_string9: {
                                value: out_trade_no // 订单号
                            },
                            thing6: {
                                value: body // 物品名称
                            },
                            date8: {
                                value: time // 支付时间
                            },
                            amount7: {
                                value: total_fee / 100 + '元' // 支付金额
                            }
                        }
                    }
                })

                wx.redirectTo({
                    url: '/pages/orderstatus/orderstatus?id=' + _id,
                });
                wx.hideLoading()
            }
        })
    },
    fail() { }
    })
}
```

14.4.2　订单生成的背后

上一节提到，无论是订单的生成，还是订单状态的变更，都是通过名为 pay 的云函数进行的。云函数 pay 是一个复合云函数，通过 switch 对支付的不同操作类型进行分支处理，创建

订单的类型是 `unifiedorder`。

　　本节选取了云函数 `pay` 的核心代码。我们借助 `wx-js-utils` 封装好微信支付的能力，初始化的时候要填入小程序 **appId**、微信支付商店号、微信支付密钥等参数。值得注意的是，由于某些敏感操作如申请退款需要使用证书，因此我们需要带上证书并进行读取（如图 14-5 所示）。但对于云函数来说，服务器里有内置 CA 证书，因此不需要填写 `caFileContent` 参数。**我们根据微信支付统一下单的文档，先拼凑好请求参数。需要注意的参数是** `notify_url`，由于目前云函数还没有支持 HTTP 触发器和公开的外网地址（即将支持），因此这里可以先随便填一个，可以是自有业务的地址。后面支付成功后，建议由小程序端主动触发订单查询并更新状态。

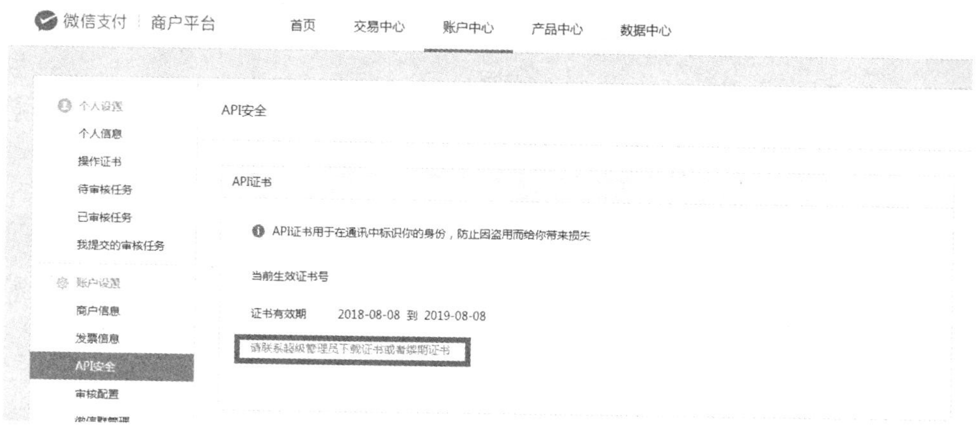

图 14-5　获取微信支付证书

　　另外，上一节提到的在订单详情页中调起 `wx.requestPayment` 进行支付，在成功回调中也会调用两个云函数，其中一个依然是云函数 `pay`，但类型使用了 `payorder`，而非 `unifiedorder`，表示需要更新订单的状态。

```
// 云函数 pay
const cloud = require('wx-server-sdk')
const uniqueString = require('unique-string')
const { WXPay, WXPayConstants, WXPayUtil } = require('wx-js-utils')
const ip = require('ip')
const { ENV, MCHID, KEY, CERT_FILE_CONTENT, TIMEOUT } = require('./config/index')

cloud.init({
    env: cloud.DYNAMIC_CURRENT_ENV
})

// 云函数入口
exports.main = async function(event) {
    const { OPENID, APPID } = cloud.getWXContext()

    const pay = new WXPay({
        appId: APPID,
```

```
        mchId: MCHID,
        key: KEY,
        certFileContent: CERT_FILE_CONTENT,
        timeout: TIMEOUT,
        signType: WXPayConstants.SIGN_TYPE_MD5,
        useSandbox: false // 不使用沙箱环境
    })

    const { type, data } = event

    const db = cloud.database()

    // 订单文档的 status: 0 未支付, 1 已支付, 2 已关闭
    switch (type) {
        // 统一下单（分别在微信支付侧和云开发数据库生成订单）
        case 'unifiedorder': {
            const { goodsId = [], goodsNum = [] } = data

            // 获得商品信息
            let res1 = await db
                .collection('goods')
                .aggregate()
                .match({
                    _id: {
                        $in: goodsId
                    }
                })
                .end()

            if (!res1 || !res1.list.length) {
                return {
                    code: 10000,
                    msg: '找不到该商品'
                }
            }

            // 计算总价
            let totalAmount = 0

            res1.list.forEach((item, key) => {
                totalAmount += goodsNum[key] * item.iPriceReal
            })
            totalAmount = totalAmount.toFixed(2)

            // 拼凑订单参数
            const curTime = Date.now()
            const tradeNo = `${uniqueString()}`
            const body = 'make order'
            const spbill_create_ip = ip.address() || '127.0.0.1'
            const notify_url = 'http://www.qq.com'
            // '云函数暂时没有外网地址和 HTTP 触发器, 暂时随便填个地址。'
            const total_fee = totalAmount * 100 // 单位: 分
            const time_stamp = '' + Math.ceil(Date.now() / 1000)
            const out_trade_no = `${tradeNo}`
```

```
const sign_type = WXPayConstants.SIGN_TYPE_MD5

const orderParam = {
    body,
    spbill_create_ip,
    notify_url,
    out_trade_no,
    total_fee,
    openid: OPENID,
    trade_type: 'JSAPI',
    timeStamp: time_stamp
}

// 在微信支付服务端生成该订单
const { return_code, ...restData } = await pay.unifiedOrder(orderParam)

if (return_code === 'SUCCESS' && restData.result_code === 'SUCCESS') {
    const { prepay_id, nonce_str } = restData

    // 生成微信支付签名，为在小程序端进行支付打下基础
    const sign = WXPayUtil.generateSignature(
        {
            appId: APPID,
            nonceStr: nonce_str,
            package:`prepay_id=${prepay_id}`,
            signType: 'MD5',
            timeStamp: time_stamp
        },
        KEY
    )

    const orderData = {
        _id: out_trade_no,
        out_trade_no,
        time_stamp,
        nonce_str,
        sign,
        sign_type,
        body,
        total_fee,
        prepay_id,
        sign,
        status: 0, // 0 表示刚创建订单
        _openid: OPENID,
        goodsId,
        goodsNum,
        totalAmount,
        createTime: db.serverDate()
    }

    const order = await db.collection('orders').add({
        data: orderData
    })
}
```

```
        return {
            code: return_code === 'SUCCESS' ? 0 : 1,
            data: {
                id: out_trade_no,
                out_trade_no,
                time_stamp,
                ...restData
            }
        }
    }

// 进行微信支付及更新订单状态
case 'payorder': {
    {
        const {
            out_trade_no,
            prepay_id,
            body,
            total_fee,
            addressId // 更新地址
        } = data

        // 查询微信支付接口
        const { return_code, ...restData } = await pay.orderQuery({
            out_trade_no
        })

        // 如果发现支付状态更新，同时更新数据库的状态，保持两侧状态一致
        if (restData.trade_state === 'SUCCESS') {
            const result = await db
                .collection('orders')
                .where({
                    out_trade_no
                })
                .update({
                    data: {
                        status: 1,
                        trade_state: restData.trade_state,
                        trade_state_desc: restData.trade_state_desc,
                        addressId
                    }
                })
        }

        return {
            code: return_code === 'SUCCESS' ? 0 : 1,
            data: restData
        }
    }
}
```

14.4.3 消息通知

在订单详情页中调起 wx.requestPayment() 进行支付之前，会先调用 requestMessage-Permission() 方法请求用户授权接收支付成功的消息。在支付成功回调中会调用云函数 pay-message，用于发送订阅消息，通知用户商品已经购买成功。加上通知这个环节后，整个商品的购买从下单、支付、更新状态到通知，才构成了闭环。

在本案例中，我们使用的是最新的订阅消息，而非小程序过往常使用的模板消息，这是因为自 2020 年 1 月起，模板消息已被官方停止使用，一律改用订阅消息。

以下是 requestMessagePermission() 方法中使用 wx.requestSubscribeMessage() 获取授权的逻辑。如果用户在接受授权的时候，选择"总是保持以上选择，不再询问"，那么该授权会被永久保存下来，否则，在每次发起支付的时候，小程序都会向用户发起授权的请求。为了更好的用户体验，建议引导用户永久接受该消息的授权。

```
async requestMessagePermission() {
    return new Promise((resolve, reject) => {
        wx.requestSubscribeMessage({
            tmplIds: ['xxxx'], // 填写需要授权的订阅消息模板 ID
            success: (res) => {
                resolve(res);
            },
            fail: (res) => {
                reject(res);
            }
        })
    })
},
```

无论是请求授权，还是发送消息，都离不开消息模板的 ID。要获取该 ID，需要到小程序管理后台中的"订阅消息"菜单添加需要使用的模板，如图 14-6 所示。开通订阅消息后，所有类目的小程序都将支持一次性订阅消息。只有个别特殊的类目，比如政务民生、医疗、交通、金融、教育等可以使用长期订阅消息。

图 14-6 获取小程序订阅消息模板 ID

订阅消息，有好处也有坏处。好处是无论是一次性还是长期订阅的消息，不再限制发送的时间，而之前的模板消息除了要收集 formID 和 prepayID，还要在 7 天内将消息发出，大大限制了使用场景。但订阅消息对小程序开发者的坏处也不少，比如如果用户对信息安全与隐私比较敏感，不愿意接受授权，而有些关键交易又必须发送通知，就势必强制用户授权，从而可能会导致用户流失；又比如有些用户不喜欢更新微信客户端，可能无法及时使用订阅消息的能力，但模板消息能力早已下线。

在这个云函数案例中，我们主要使用了云调用的方式发起通知的调用，因此除了要填好订阅消息的 ID 之外，还需要在 config.json 中填上调用函数的权限：

```json
//config.json
{
    "permissions": {
        "openapi": ["subscribeMessage.send"]
    }
}
```

如下便是云函数 pay-message 的核心代码，主要是通过 cloud.openapi.subscribe-Message.send 发送订阅消息，调用参数跟订阅消息的保持一致，除了省去了 access token 获取的步骤。

```js
// pay-message
const cloud = require('wx-server-sdk')
const {
    TEMPLATE_ID // 模板消息 ID
} = require('./config/index')

cloud.init({
    env: cloud.DYNAMIC_CURRENT_ENV
})

// 此处省略部分代码
const messegeParam = {
    touser: OPENID,
    data,
    page,
    templateId: TEMPLATE_ID
}

const result = await cloud.openapi.subscribeMessage.send(messegeParam)

// 此处省略部分代码
```

14.5　客服通知处理

本节会讲解云开发如何通过回调的方式，免除服务器的介入，直接处理客服消息。

14.5.1 自动回复消息

平时我们在电商购物时，与商店或者平台的客服沟通是必不可少的环节。客服能帮助我们解释对产品有困惑的地方，也会帮助我们处理订单的问题。在沟通的时候，我们时不时要带上链接发给客服进行沟通，那么在小程序里，怎么实现类似的功能呢？其中一个重要的能力就是消息的自动回复，而云开发的云函数可以完美支持这一需求。

首先，了解一下客服消息的类型，如表 14-1 所示。

表 14-1 客服消息的类型

类 型	MsgType
事件	event，目前只有一个事件，Event = user_enter_tempsession，表示用户进入客服消息聊天窗口的事件
文字	text
图片	image
小程序卡片	miniprogrampage

其次，我们需要在/pages/center/center.wxml 中加入客服的入口：

```
<button class="btn-client" open-type="contact" bindcontact="handleContact" plain>客服</button>
```

然后，新建一个名为 customer-message 的云函数，该云函数会处理两种情况的自动回复：一种是首次进入客服聊天窗口的自动回复，另一种是其他情况的自动回复。

```
const cloud = require('wx-server-sdk')

cloud.init()

exports.main = async (event, context) => {
    console.log(event)

    const { Event, MsgType } = event

    let content = ''

    // 首次进入客服聊天窗口的自动回复
    if (MsgType === 'event' && Event === 'user_enter_tempsession') {
        content = '你好，请问有什么可以帮到你呢？'
    }
    // 其他的自动回复
    else {
        content: '收到。'
    }

    const wxContext = cloud.getWXContext()

    await cloud.openapi.customerServiceMessage.send({
```

```
        touser: wxContext.OPENID,
        msgtype: 'text',
        text: {
            content
        }
    })

    return 'success'
}
```

　　最后，将云函数上传后，还需要在云开发控制台的"设置"面板的"全局设置"栏目中添加消息推送对应的云函数，如图 14-7 所示。这里可以添加的种类正好对应客服消息的类型，而且无论该云开发有几个环境，每种类型只能设置一个环境中的某个云函数。这里我们将所有的类型都设置成由 customer-message 接收消息并处理。设置完成后，用户每次进入客服消息窗口，都会根据对应的事件或者消息类型进行消息处理。

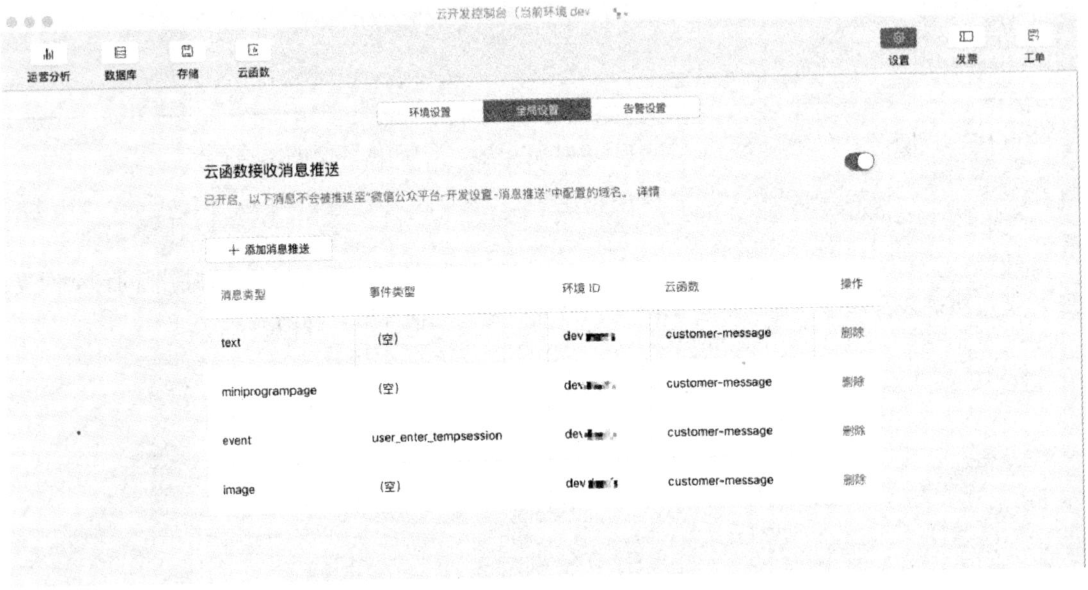

图 14-7　云函数接收消息推送

14.5.2　带卡片信息发送给客服

　　在小程序里，如果用户对某个订单有疑惑，可以将该订单的小程序卡片发送给客服，如图 14-8 所示。

图 14-8 客服消息示例

实现方法非常简单，只需要加一个是 open-type 还是 contact 的按钮组件以及相关的参数，就可以整体复用小程序提供的客服功能，实现发送订单卡片的能力。以下代码可以在 /pages/center/center.wxml 里找到。

```
<button
    class="btn-gray btn-concat"
    open-type="contact"
    bindcontact="handleContact"
    send-message-path="/pages/orderstatus/orderstatus?id={{item._id}}"
    show-message-card
    send-message-title="商品订单"
>
    联系客服
</button>
```

`show-message-card` 表示在进入客服消息时要带上小程序卡片，而 `send-message-path` 则表示客服点击卡片会跳转的路径。只需要以上这些设置，用户在点选商品订单的"联系客户"按钮时，就会自动带上该订单的小程序卡片，这极大地方便了客服人员对订单的查阅与处理（当然，这里还需要客服人员有权限读取这些数据，此处不再赘述）。

另外，如果需要专门的云函数处理此条商品信息，可以像上一节讲的那样，在云开发控制台中，给消息类型为 `miniprogrampage` 的消息设置一个云函数。

本章通过一个电商小程序的实战案例，讲述了如何使用小程序云开发，给一个只有前端代码的小程序加上后台程序与数据，并且添加了支付、消息推送等实用功能，使这个小程序真正达到了可以发布上线的水准。通过本章的学习，相信你能借鉴小程序前后端的优秀实战经验，落地一个个小程序，轻松应对以后不同的需求场景。

本章的完结意味着全书的结束。本书凝聚了我们三位作者在小程序与云开发的需求实战和架构设计方面多年的经验与心血，通过对技术文档的解读和对实战案例的剖析，带领你解决了小程序开发中的一个又一个难题。但由于小程序是一种新生的客户端技术形态，它还会不断地快速迭代升级，因此在本书出版后，书中讲解的个别用法难免会有落后于技术文档的情况。但本书的精华在于我们提供的一些优化经验和设计理念，这些能为你以后的小程序研发工作提供正确的指引。

很多人学习小程序开发往往只停留在前端的层面，强烈建议你好好阅读本书第三部分关于云开发的几章内容。云开发是微信官方提供的小程序后台技术，能够帮助前端开发人员从更宏观、更全面的角度认知小程序技术。

相信本书系统的讲解能够帮助你成为小程序开发的专家。然而，学无止境，你以后还需要了解更多官方提供的最新接口的用法，建议你在网上搜索最新的技术文章进一步学习。虽然这些文章可能不够系统，但能帮助你习得小程序的最新用法。

最后，希望你能通过本书有所收获，那才不枉我们上百个日夜的奋笔疾书。